高职高专"十二五"规划教材
21世纪全国高职高专土建系列技能型规划教材
国家精品课程"建筑结构"教改项目成果教材

建筑结构（第2版）（上册）

主　编　徐锡权
副主编　周立军　刘　宇　庞崇安
参　编　王　维　牟善林　王军丽
主　审　王海超

内容简介

本书根据高职高专建筑工程技术等土建类专业教学改革的要求，结合 2008 年国家精品课程"建筑结构"的教学经验进行编写。全书采用《混凝土结构设计规范》(GB 50010—2010)等国家最新实施的规范和标准。编写过程中突出对学生能力的训练，以能力训练为切入点，体现内容围绕训练项目组织、理论知识作为能力培养的补充思想；突出训练用现行的结构软件进行结构设计的能力，与实际职业工作岗位接轨，体现职业能力的培养。

全书分为 8 个模块，主要内容包括：课程介绍、结构设计标准、结构材料力学性能、钢筋混凝土受弯构件计算能力训练、钢筋混凝土受扭构件计算能力训练、钢筋混凝土纵向受力构件计算能力训练、预应力混凝土构件计算能力训练、钢筋混凝土梁板结构计算能力训练。同时还附有各种直径钢筋的公称截面面积、计算截面面积及理论质量，等截面、等跨连续梁在常用荷载作用下的内力系数表，按弹性理论计算在均布荷载作用下矩形双向板的弯矩系数表等附录。

本书适合作为高职高专建筑工程技术专业、工程监理专业等土建类专业及与土建类相关的桥梁、市政、道路、水利等专业的教学用书，也可作为在职职工的岗前培训教材和成人高校函授、自学教材，还可作为工程技术人员的参考用书。

图书在版编目(CIP)数据

建筑结构. 上册/徐锡权主编. —2 版. —北京：北京大学出版社，2013.4
(21 世纪全国高职高专土建系列技能型规划教材)
ISBN 978-7-301-21106-9

Ⅰ. ①建… Ⅱ. ①徐… Ⅲ. ①建筑结构—高等职业教育—教材 Ⅳ. ①TU3

中国版本图书馆 CIP 数据核字(2013)第 047870 号

书　　　名：	建筑结构(第 2 版)(上册)
著作责任者：	徐锡权　主编
策 划 编 辑：	赖　青　杨星璐
责 任 编 辑：	李　辉
标 准 书 号：	ISBN 978-7-301-21106-9/TU・0316
出 版 发 行：	北京大学出版社
地　　　址：	北京市海淀区成府路 205 号　100871
网　　　址：	http://www.pup.cn　新浪官方微博：@北京大学出版社
电 子 信 箱：	pup_6@163.com
电　　　话：	邮购部 62752015　发行部 62750672　编辑部 62750667　出版部 62754962
印 　刷 　者：	北京鑫海金澳胶印有限公司
经 　销 　者：	新华书店
	787 毫米×1092 毫米　16 开本　21.25 印张　492 千字
	2010 年 6 月第 1 版
	2013 年 4 月第 2 版　2016 年 7 月第 4 次印刷(总第 6 次印刷)
定　　　价：	41.00 元

未经许可，不得以任何方式复制或抄袭本书之部分或全部内容。

版权所有，侵权必究

举报电话：010-62752024　电子信箱：fd@pup.pku.edu.cn

北大版·高职高专土建系列规划教材
专家编审指导委员会

主　　任：　于世玮（山西建筑职业技术学院）

副 主 任：　范文昭（山西建筑职业技术学院）

委　　员：　（按姓名拼音排序）

　　　　　　丁　胜（湖南城建职业技术学院）

　　　　　　郝　俊（内蒙古建筑职业技术学院）

　　　　　　胡六星（湖南城建职业技术学院）

　　　　　　李永光（内蒙古建筑职业技术学院）

　　　　　　马景善（浙江同济科技职业学院）

　　　　　　王秀花（内蒙古建筑职业技术学院）

　　　　　　王云江（浙江建设职业技术学院）

　　　　　　危道军（湖北城建职业技术学院）

　　　　　　吴承霞（河南建筑职业技术学院）

　　　　　　吴明军（四川建筑职业技术学院）

　　　　　　夏万爽（邢台职业技术学院）

　　　　　　徐锡权（日照职业技术学院）

　　　　　　杨甲奇（四川交通职业技术学院）

　　　　　　战启芳（石家庄铁路职业技术学院）

　　　　　　郑　伟（湖南城建职业技术学院）

　　　　　　朱吉顶（河南工业职业技术学院）

特邀顾问：　何　辉（浙江建设职业技术学院）

　　　　　　姚谨英（四川绵阳水电学校）

北大版·高职高专土建系列规划教材
专家编审指导委员会专业分委会

建筑工程技术专业分委会

主　任：吴承霞　　吴明军
副主任：郝　俊　　徐锡权　　马景善　　战启芳　　郑　伟
委　员：（按姓名拼音排序）
　　　　白丽红　　陈东佐　　邓庆阳　　范优铭　　李　伟
　　　　刘晓平　　鲁有柱　　孟胜国　　石立安　　王美芬
　　　　王渊辉　　肖明和　　叶海青　　叶　腾　　叶　雯
　　　　于全发　　曾庆军　　张　敏　　张　勇　　赵华玮
　　　　郑仁贵　　钟汉华　　朱永祥

工程管理专业分委会

主　任：危道军
副主任：胡六星　　李永光　　杨甲奇
委　员：（按姓名拼音排序）
　　　　冯　钢　　冯松山　　姜新春　　赖先志　　李柏林
　　　　李洪军　　刘志麟　　林滨滨　　时　思　　斯　庆
　　　　宋　健　　孙　刚　　唐茂华　　韦盛泉　　吴孟红
　　　　辛艳红　　鄢维峰　　杨庆丰　　余景良　　赵建军
　　　　钟振宇　　周业梅

建筑设计专业分委会

主　任：丁　胜
副主任：夏万爽　　朱吉顶
委　员：（按姓名拼音排序）
　　　　戴碧锋　　宋劲军　　脱忠伟　　王　蕾
　　　　肖伦斌　　余　辉　　张　峰　　赵志文

市政工程专业分委会

主　任：王秀花
副主任：王云江
委　员：（按姓名拼音排序）
　　　　俞金贵　　胡红英　　来丽芳　　刘　江　　刘水林
　　　　刘　雨　　刘宗波　　杨仲元　　张晓战

第2版前言

本书第1版自2010年出版以来,受到广大读者的好评,也收到了很多宝贵意见。随着《工程结构可靠性设计统一标准》(GB 50153—2008)、《混凝土结构设计规范》(GB 50010—2010)等一系列国家标准的先后修订颁布,相关标准条文已作了调整和修改;同时随着经济建设的高速发展,高等职业教育的改革取得了新的成就。基于上述情况,编者结合本书第1版已发现的问题对它作了一次修订,以进一步提高其质量,满足教学的需要。

本次修订的主要原则如下。

(1) 保持和加强原书优点,对应国家精品课程"建筑结构"的课程标准,对模块中理论推理过程和实用性不是很强的理论知识内容及案例进行了删减,同时增添了部分新标准,使教材内容更具备分析和解决实际问题的指导作用。

(2) 在内容上以国家最新颁布的国家标准为依据去旧更新,包括国家标准所涉及的新材料、新技术、新工艺等。主要标准包括:《工程结构可靠性设计统一标准》(GB 50153—2008),《建筑结构荷载规范》(GB 50009—2012);《混凝土结构设计规范》(GB 50010—2010);《砌体结构设计规范》(GB 50003—2011);《钢结构设计规范(送审稿)》(GB 50017—2012);《建筑地基基础设计规范》(GB 50007—2011);《建筑工程抗震设防分类标准》(GB 50223—2008);《建筑抗震设计规范(附条文说明)》(GB 50011—2010);《高层建筑混凝土结构技术规程》(JGJ 3—2010);《建筑结构制图标准》(GB/T 50105—2010);《混凝土结构施工图平面整体表示方法制图规则和构造详图》(11G101)等。

(3) 本书仍分为14个模块,在模块内容的编排上稍微作了调整,将原模块12结构抗震能力训练调整为模块8,保留了结构抗震计算基本原理部分,将抗震措施部分调整到相关结构模块中。将原一册书分为上、下两册进行编写,上册包含0~7共8个模块,下册包含8~13共6个模块,便于各学校根据教学安排进行教学。

教学安排上,建议总学时为130~160学时,分两个学期进行。主要内容及建议课程的学时安排如下(带★的为选学内容)。

开设学期	模块序号	模块名称	参考学时
上学期	0	课程介绍	2
	1	结构设计标准	6
	2	结构材料力学性能	8
	3	钢筋混凝土受弯构件计算能力训练	16
	4	钢筋混凝土受扭构件计算能力训练	4
	5	钢筋混凝土纵向受力构件计算能力训练	16
	6	预应力混凝土结构计算能力训练	4
	7	钢筋混凝土梁板构件计算能力训练	16

续表

开设学期	模块序号	模块名称	参考学时
下学期	8	结构抗震能力训练	8
	9	钢筋混凝土单层厂房计算能力训练	4
	10	多高层钢筋混凝土房屋计算能力训练(含职业体验一)	12
	11	砌体结构构件计算能力训练(含职业体验二)	12
	12	钢结构构件计算能力训练(含职业体验三)	20
	13	结构软件设计应用训练★	30
合　计			158

　　本次修订邀请建设企业一线人员参与编写。本书上册由日照职业技术学院徐锡权任主编，日照职业技术学院周立军、济南工程职业技术学院刘宇、浙江同济科技职业技术学院庞崇安任副主编，山东科技大学土建学院王海超教授(博士)任主审。主编徐锡权对全书进行详细统稿和定稿。上册编写工作分工如下：徐锡权编写模块 0、模块 3(课题 8、9)、模块 4、模块 7；周立军编写模块 3(课题 1～7)；刘宇编写模块 5、模块 6；庞崇安编写模块 2；日照职业技术学院王维编写模块 1；广东工程职业技术学院王军丽编写模块 3(课题 8)；山东锦华建设集团公司的牟善林编写模块 3(课题 9)。

　　由于编者水平有限，书中错误及不当之处在所难免，欢迎广大读者批评指正。

编　者
2012 年 11 月

第1版前言

本书为北京大学出版社"21世纪全国高职高专土建系列技能型规划教材"之一。写作中按照新形势下高职高专建筑工程技术等土建类专业教学改革的要求,结合2008年国家精品课程"建筑结构"的教学经验进行编写。编写中突出能力训练,以能力训练为切入点,体现内容围绕训练项目组织,理论知识作为能力培养的补充的思想;突出用现行的结构软件进行结构设计能力训练,与实际职业工作岗位接轨,体现职业能力的培养。

全书共分14个模块,主要内容包括:课程介绍、结构设计标准、结构材料力学性能、钢筋混凝土受弯构件计算能力训练、钢筋混凝土受扭构件计算能力训练、钢筋混凝土纵向受力构件计算能力训练、预应力混凝土结构计算能力训练、钢筋混凝土梁板构件计算能力训练、钢筋混凝土单层厂房计算能力训练、多高层钢筋混凝土房屋计算能力训练、砌体结构构件计算能力训练、钢结构构件计算能力训练、结构抗震能力训练、结构软件设计应用训练。每个模块下分课题进行编写,在编写中前后贯穿了单项能力训练、综合能力训练、应用设计软件能力训练内容和职业体验的教学安排,每个模块后有模块小结、习题,建议总学时为130~160学时,分两个学期进行。

本书建议课程的学时安排如下(带★的为选学内容):

模块序号	模块名称	参考学时
0	课程介绍	2
1	结构设计标准	2
2	结构材料力学性能	4
3	钢筋混凝土受弯构件计算能力训练	16
4	钢筋混凝土受扭构件计算能力训练	4
5	钢筋混凝土纵向受力构件计算能力训练	12
6	预应力混凝土结构计算能力训练	4
7	钢筋混凝土梁板构件计算能力训练	24
8	钢筋混凝土单层厂房计算能力训练	4
9	多高层钢筋混凝土房屋计算能力训练(含职业体验一)	10
10	砌体结构构件计算能力训练(含职业体验二)	12
11	钢结构构件计算能力训练(含职业体验三)	22
12	结构抗震能力训练	8
13	结构软件设计应用训练★	30
合计		154

本书由日照职业技术学院的徐锡权任主编,日照职业技术学院的周立军、商丘职业技

术学院的史华、济南工程职业技术学院的刘宇、浙江同济科技职业技术学院的庞崇安任副主编。本书编写工作分工为：徐锡权编写模块0、模块3(课题8、9)、模块4、模块8、模块11(课题1、2、6、7、职业体验三)、模块13(课题4)，周立军编写模块3(课题1～7)，马方兴编写模块12，王维编写模块1，赵军编写模块13(课题1、2、3)，李颖颖编写模块11(课题3、4、5)，济南工程职业技术学院刘宇编写模块5、模块6，浙江同济科技职业技术学院的庞崇安编写模块2、模块9，商丘职业技术学院的史华编写模块10，湖北水利水电职业技术学院的王中发编写模块7。全书由徐锡权负责统稿。本书由山东科技大学土建学院的王海超教授(博士)担任主审。

本书在编写过程中，参阅和引用了一些院校优秀教材的内容，吸收了国内外众多同行专家的最新研究成果，均在推荐阅读资料和参考文献中列出，在此表示感谢。由于编者水平有限，加上时间仓促，书中不妥之处在所难免，衷心地希望广大读者批评指正。

本书所配套的课程被评为 2008 年国家精品课程，相关课程资源可在网站 http://jpkc.rzpt.cn/jpkc/index.asp/ 进行参考和下载。

编者
2010 年 1 月

目　　录

模块 0　课程介绍 1
 课题 0.1　建筑结构的含义 3
  0.1.1　建筑结构的概念 3
  0.1.2　建筑结构的分类及其主要
     优缺点 4
 课题 0.2　建筑结构的发展与应用现状 7
  0.2.1　砌体结构的发展与应用现状 7
  0.2.2　混凝土结构的发展与
     应用现状 7
  0.2.3　钢结构的发展与应用现状 8
 课题 0.3　建筑结构的学习目标、
     内容及要求 9
  0.3.1　学习目标 9
  0.3.2　学习内容 9
  0.3.3　学习要求 10
 本模块小结 11
 习题 11
 能力训练项目：编制学习方案 11

模块 1　结构设计标准 12
 课题 1.1　结构设计的基本要求 13
  1.1.1　结构的功能要求 13
  1.1.2　结构可靠性与可靠度 13
  1.1.3　结构构件的极限状态 14
  1.1.4　设计状况与极限状态设计 15
 课题 1.2　荷载效应与结构抗力 15
  1.2.1　荷载与荷载效应 15
  1.2.2　结构抗力 19
 课题 1.3　概率极限状态设计法 19
  1.3.1　概率极限状态设计原理 19
  1.3.2　混凝土结构极限状态计算 22
  1.3.3　砌体结构极限状态计算 29
  1.3.4　钢结构极限状态计算 30
 课题 1.4　混凝土结构耐久性设计 32

  1.4.1　耐久性与主要影响因素 32
  1.4.2　耐久性设计 32
 课题 1.5　砌体结构耐久性规定 34
  1.5.1　砌体结构的环境类别 34
  1.5.2　砌体结构耐久性规定概述 35
 本模块小结 36
 习题 37
 能力训练项目：荷载组合的效应
     设计值的计算 37

模块 2　结构材料力学性能 38
 课题 2.1　混凝土的选用及强度指标的
     查用 39
  2.1.1　混凝土的强度 39
  2.1.2　混凝土的变形 41
  2.1.3　混凝土的选用 45
 课题 2.2　钢筋的选用及强度指标的
     查用 45
  2.2.1　钢筋的种类 45
  2.2.2　钢筋的力学性能 47
  2.2.3　钢筋的强度标准值与
     设计值 49
  2.2.4　钢筋的选用 50
 课题 2.3　钢材的选用及强度指标的
     查用 50
  2.3.1　对钢结构用材的要求 50
  2.3.2　建筑钢材的力学性能 51
  2.3.3　影响钢材性能的因素 51
  2.3.4　建筑钢材的破坏形式 55
  2.3.5　建筑钢材的种类和选用 55
  2.3.6　钢结构的强度设计值 59
 课题 2.4　砌体材料的选用及强度
     指标的查用 61
  2.4.1　砌体结构材料 61
  2.4.2　砌体的力学特征 63

2.4.3 砌体的弹性模量、线膨胀系数和摩擦系数 68
本模块小结 69
习题 69
能力训练项目：材料选用及强度指标的查用 70

模块 3 钢筋混凝土受弯构件计算能力训练 71

课题 3.1 受弯构件的一般构造要求 73
  3.1.1 截面形状及尺寸 73
  3.1.2 梁板的配筋 75
  3.1.3 混凝土的保护层 79
  3.1.4 钢筋的弯钩、锚固与连接 80
课题 3.2 矩形截面受弯构件正截面承载力计算 84
  3.2.1 单筋矩形截面受弯构件沿正截面的破坏特征 84
  3.2.2 单筋矩形截面受弯构件正截面承载力计算 86
课题 3.3 单筋矩形截面受弯构件正截面设计与复核 89
  3.3.1 截面设计 89
  3.3.2 复核已知截面的承载力 95
课题 3.4 双筋矩形截面受弯构件正截面设计与复核 96
  3.4.1 采用双筋截面的条件 97
  3.4.2 计算公式与适用条件 97
  3.4.3 截面设计 98
  3.4.4 截面复核 99
课题 3.5 T 形截面梁正截面承载力设计与复核 102
  3.5.1 概述 102
  3.5.2 计算公式与适用条件 104
  3.5.3 设计计算方法 107
课题 3.6 受弯构件斜截面配筋计算 111
  3.6.1 概述 111
  3.6.2 受弯构件斜截面承载力试验研究 112
  3.6.3 斜截面的承载力计算公式及使用条件 114
  3.6.4 斜截面配筋计算 117
课题 3.7 抵抗弯矩图的绘制 122
  3.7.1 抵抗弯矩图的概念 122
  3.7.2 抵抗弯矩图的绘制方法 123
  3.7.3 抵抗弯矩图的作用 124
  3.7.4 满足斜截面受弯承载力的纵筋起位置 125
课题 3.8 梁的挠度计算 125
  3.8.1 钢筋混凝土构件抗弯刚度的计算 126
  3.8.2 受弯构件的挠度计算 130
课题 3.9 裂缝宽度验算 134
  3.9.1 裂缝宽度的计算公式 135
  3.9.2 非荷载效应引起裂缝的原因及相应的措施 137
  3.9.3 验算最大裂缝宽度的步骤 ... 138
本模块小结 140
习题 141

模块 4 钢筋混凝土受扭构件计算能力训练 145

课题 4.1 纯扭构件计算理论 146
  4.1.1 素混凝土纯扭构件的开裂弯矩 146
  4.1.2 钢筋混凝土纯扭构件的承载力计算 148
课题 4.2 弯扭组合构件设计计算 151
课题 4.3 弯剪扭组合构件设计计算 152
  4.3.1 矩形截面剪扭构件承载力计算 152
  4.3.2 钢筋混凝土弯剪扭构件承载力计算 153
课题 4.4 受扭构件的构造要求 155
本模块小结 160
习题 161

模块 5 钢筋混凝土纵向受力构件计算能力训练 162

课题 5.1 纵向受力构件的构造要求 163

        5.1.1 混凝土强度等级、计算长度、
              截面形式和尺寸 164
        5.1.2 纵向钢筋及箍筋 165
        5.1.3 上、下层柱的接头 166
    课题5.2 轴心受压构件设计计算 167
        5.2.1 普通箍筋柱 167
        5.2.2 螺旋箍筋柱 172
    课题5.3 偏心受压构件设计理论 174
        5.3.1 破坏类型 175
        5.3.2 两类偏心受压破坏的
              界限 176
        5.3.3 偏心受压构件的 M-N
              相关曲线 176
        5.3.4 附加偏心距和初始偏心距 177
        5.3.5 结构侧移和构件挠曲引起的
              附加内力 177
    课题5.4 偏心受压构件设计计算 179
        5.4.1 矩形截面偏心受压构件
              计算公式 179
        5.4.2 偏心受压构件的配筋计算 181
    课题5.5 受拉构件设计计算 198
        5.5.1 轴心受拉构件设计 198
        5.5.2 偏心受拉构件设计 200
    课题5.6 偏心受力构件斜截面
            受剪承载力计算 205
    本模块小结 208
    习题 209

模块6 预应力混凝土构件计算
       能力训练 211

    课题6.1 预应力混凝土基本知识 212
        6.1.1 预应力混凝土的概念 212
        6.1.2 预应力混凝土的分类 213
        6.1.3 预应力混凝土的材料要求 214
        6.1.4 施加预应力的方法与设备 215
    课题6.2 预应力混凝土计算与构造 223
        6.2.1 预应力损失 223
        6.2.2 预应力损失值的组合 227
        6.2.3 预应力混凝土构件的
              设计计算 228

        6.2.4 预应力混凝土结构构件的
              构造要求 234
    本模块小结 236
    习题 237

模块7 钢筋混凝土梁板结构计算
       能力训练 238

    课题7.1 梁板结构理论 239
        7.1.1 现浇整体式 240
        7.1.2 预制装配式 243
        7.1.3 装配整体式 243
    课题7.2 均布荷载不利布置计算 244
        7.2.1 均布活荷载的最不利位置 244
        7.2.2 弹性法计算内力 246
        7.2.3 塑性法计算内力 247
    课题7.3 集中荷载不利布置计算 252
        7.3.1 集中活荷载的最不利
              位置计算 252
        7.3.2 内力包络图 252
    课题7.4 单向板楼盖设计 257
        7.4.1 整体式单向板肋梁楼盖
              结构的平面布置 257
        7.4.2 整体式单向板肋梁楼盖
              结构的计算简图 258
        7.4.3 板的设计 260
        7.4.4 次梁的设计要点及
              构造规定 263
        7.4.5 主梁的设计要点及
              构造规定 264
    课题7.5 双向板楼盖设计计算 265
        7.5.1 双向板的试验研究 266
        7.5.2 双向板的内力计算 266
        7.5.3 双向板截面设计 268
    课题7.6 现浇板式楼梯计算 274
        7.6.1 楼梯的形式 274
        7.6.2 现浇板式楼梯的计算与
              构造要求 274
    课题7.7 雨篷承载力计算 281
    课题7.8 识读钢筋混凝土梁板结构
            施工图 283

7.8.1 钢筋混凝土楼(屋)盖结构施工图 283
7.8.2 识读有梁楼盖板平法施工图 288
7.8.3 板式楼梯平法识图 294
本模块小结 297
习题 297
能力训练项目：单向板肋梁楼盖设计训练 299

附录 A 各种直径钢筋的公称截面面积、计算截面面积及理论质量 316
附录 B 等截面、等跨连续梁在常用荷载作用下的内力系数表 317
附录 C 按弹性理论计算在均布荷载作用下矩形双向板的弯矩系数表 320
参考文献 324

模块 0

课程介绍

教学目标

能力目标：能根据本课程的教学要求思考学习方法，编制学习方案。

知识目标：通过学习，掌握建筑结构的概念(含混凝土结构、砌体结构、钢结构的概念与优缺点)；了解建筑结构的发展和建筑结构设计规范；熟悉本课程的学习目标、内容及要求，制订自己的学习计划。

态度养成目标：培养严肃认真的学习态度，激发学习本课程的兴趣。

教学要求

知识要点	能力要求	相关知识	所占分值(100分)
建筑结构的含义	掌握建筑结构的概念与分类	砌体结构、混凝土结构、钢结构的概念、分类及优缺点	50
建筑结构的发展与应用现状	了解各种结构类型的应用状况	砌体结构、混凝土结构、钢结构的发展与应用	20
建筑结构课程的学习目标、内容及要求	能结合个人学习情况编制学习方案	学习目标、学习内容与学习要求	30

引 例

在澳大利亚悉尼大桥附近有一个三面环水的奔尼浪岛。在这座岛上矗立着一组似群帆泊港、如白鹤惊飞的建筑群,它就是举世闻名的悉尼歌剧院(图 0.1)。悉尼歌剧院占地 18 000m^2,坐落在距离海面 19m 的花岗岩基座上,最高的壳顶距海面 60m,总建筑面积 88 000m^2,有 1 个 2700 座的音乐厅,1 个 1550 座的歌剧院,1 个 420 个座位的小剧场。此外,还有展览、录音、酒吧、餐厅等大小房间 900 个。实际上悉尼歌剧院是一座可以满足多种需要的文化中心。悉尼歌剧院造型独特、外观不凡。8 个薄壳分成两组,每组 4 个,分别覆盖这两个大厅。另外有两个小壳置于小餐厅上。壳下掉挂钢桁架,桁架下是天花板。两组薄壳彼此对称互靠,外面贴乳白色的贴面砖,闪烁夺目,吸引了成千上万的旅游者,并已成为悉尼港的标志。

图 0.1 悉尼歌剧院

悉尼歌剧院的建成,说起来还有一段趣话,1956 年任澳大利亚总理的凯西尔有个担任乐团总指挥的好朋友古斯申,应他的要求由政府出资在奔尼浪岛上建一座歌剧院,决定向全世界征集方案。30 个国家的设计师参加并送来了 223 个方案,由美国著名建筑师沙里宁等人组成评委会进行评选。沙里宁因故来迟,初评工作已经告一段落。沙里宁看过评出的 10 个方案,感觉均不满意。他从被淘汰的 213 个方案中挑出丹麦建筑师伍重的方案,沙里宁认为此方案如能实现,必能成为不凡的建筑。而这个方案不过是一个示意草图,其最大的特点是由一组薄壳组成,远望如海滨扬帆,景物生动,堂皇出众,富有诗意。沙里宁最后说服了评委会采纳了这个方案。当把这个方案付诸实施时,却遇到了不可克服的困难。当时预估壳顶只需厚 10cm,底部厚 50cm,经过科学计算,如此巨大的薄壳根本无法实现。于是伍重不得不求助于英国著名工程师阿鲁普。但历时 3 年,经过多次计算、试验,均告失败,阿鲁普束手无策,一筹莫展,最后不得不放弃单纯的薄壳观念,代之以预应力 Y 型、T 型钢筋混凝土肋骨拼接的三角瓣壳体,至此,才使壳体得以施工。但好事多磨,当工程进行到第九年时,坚定不移的支持者凯西尔总理猝然去世,自由党上台以造价超过估价的 5 倍为由,拒付所拖欠设计费,企图迫使工程停顿,而此时工程主体结构已经完成,势成骑虎,欲罢不能。最后政府三人小组取代伍重负责,工程才得以继续进行,到 1973 年,历时 17 年,耗资 5000 万英镑(超过原估价 14 倍),悉尼歌剧院始告落成。显然,当时的技术水平有限,现在看来,采用薄壳结构已经不再是不可能的事了。

以上这个实例初步说明了建筑造型(建筑设计)与结构设计的关系,建筑设计与结构设计是整个建筑设计过程中的两个重要环节,建筑设计主要体现的是对整个建筑物的外观效果,而结构设计对于建筑物的外观效果能否实现起着至关重要的作用。在我国,不管是钢结构的鸟巢,还是用 ETFE 膜做的水立方,不管是重心在外的央视新大楼,还是世界第一的上海中心,都体现了建筑与结构的完美结合。

优秀的建筑设计方案，依赖于合理的结构设计；而有限的结构设计技术水平又制约着建筑设计的层次。彭一刚先生在他的《建筑空间组合论》中曾经说过："现代的建筑师必须和结构工程师相配合才能最终地确定设计方案，因此正确地处理好功能、结构之间的关系显得非常重要。"

建筑是技术与艺术的结合。之所以有美丽的建筑，是因为有结构这个坚实的骨架在支撑着建筑美丽的外表。意大利现代著名建筑师奈维认为："建筑是一个技术与艺术的综合体"。美国现代著名建筑师赖特认为："建筑是用结构来表达思想的科学性的艺术"。总之，建筑具有技术和艺术的双重性。

本课程主要从结构设计的角度来讲述怎样通过各种结构和构件的计算与验算来保证建筑物的安全、适用、经济、美观，实现建筑设计的效果。

课题0.1 建筑结构的含义

0.1.1 建筑结构的概念

1. 概念

建筑是建筑物和构筑物的总称。建筑物是供人们在其中生产、生活或进行其他活动的房屋或场所，如住宅、学校、办公楼等。建筑物根据其使用性质，通常可以分为生产性建筑和非生产性建筑两大类。其中，生产性建筑根据其生产内容的区别划分为工业建筑、农业建筑等不同的类别；非生产性建筑统称为民用建筑，又分为公共建筑和居住建筑两类。构筑物是服务于生产、生活的建筑设施，是人们不在其中生产、生活的建筑，如水坝、烟囱等。不论建筑物还是构筑物，都是人类在自然空间里建造的人工空间，为了能够抵抗各种外界的作用，如风雨雪、地震等，建筑物必须要有足够抵抗能力的空间骨架，这个空间骨架就是建筑物的承重骨架。建筑工程中常提到"建筑结构"一词，就是指承重的骨架，即用来承受并传递荷载，并起骨架作用的部分，简称结构。

2. 组成

建筑物由3个系统组成：结构支承系统，围护、分隔系统和设备系统。结构支承系统是指建筑物的结构受力系统及保证结构稳定的系统。它是建筑物中不可变动的部分，要求构件布局合理，有足够的强度和刚度，并方便力的传递，使结构变形控制在规范允许的范围内。围护、分隔系统是指建筑物中起围合和分隔空间的界面作用的系统。必须考虑安装时与其周边构件连接的可能性及稳定问题；考虑对使用空间的物理特性(如防水、防火、隔热、保温、隔声等)的满足；考虑对建筑物某些美学要求(如形状、质感等)要求的满足。设备系统是指电力、电信、照明、给排水、供暖、通风、空调、消防等。需要建筑物提供主要设备的安置空间，还会有许多管道需要穿越主体结构或是其他构件，它们同样会占据一定的空间，还会形成相应的附加荷载，需要提供支承。

建筑物的主要构成部分包括楼地层、墙或柱、基础、楼电梯、屋盖、门窗六大部分，如图0.2所示。楼地层的作用是提供使用者在建筑物中活动所需要的各种平面，同时将由此而产生的各种荷载，如家具、设备、人体自重等荷载传递到支承它们的垂直构件上去。其中底层地坪可以直接铺设在天然土上或架设在建筑物的其他承重构件上。楼层则由楼板(或由梁和楼板)构成,除提供活动平面并传递水平荷载外,还沿建筑物的高度分隔空间。在高层建筑中,楼层是对抗风荷载等侧向水平力的有效支撑。墙或柱的作用是将屋盖、楼层等部分所承受的活荷载及其自重,分别通过支承它们的墙或柱传递到基础上,再传给地基。在房屋的有些部位,墙体不一定承重。无论承重与否,墙体往往还具有分隔空间或对建筑物起到围合、保护的功能。基础的作用是建筑物的垂直承重构件与支承建筑物的地基直接接触的部分。其状况既与其上部的建筑的状况有关,也与其下部的地基状况有关。楼电梯的作用是解决建筑物上下楼层之间联系的交通枢纽。特别是楼梯,由于使用时存在高差,对其安全性能应予以足够重视。屋盖的作用是承受由于雨雪或屋面上人所引起的荷载并主要起围护作用,关键是防水性能及热工性能。同时,屋盖的形式往往对建筑物的形状起着非常重要的作用。门窗用来提供交通及通风采光,设在建筑物外墙上的门窗还兼有分隔和维护的作用。

  本课程研究的是结构支承系统,为此要研究建筑物中的各基本构件的组成,研究其主要承重的构件:梁、板、墙(或柱)、基础等基本构件和由此组成的建筑结构。要求结构和构件应在各种直接和间接作用下保持其强度、刚度和稳定性要求。其中强度指建筑构件的牢固程度,简单地说就是抵御破坏的能力,刚度是指物体承受外力时抵御变形的能力,稳定性要求结构不出现整体与局部的倾覆。

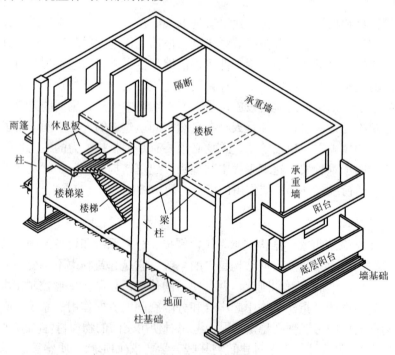

图 0.2　建筑结构的基本构件

0.1.2　建筑结构的分类及其主要优缺点

  建筑结构按承重结构所用的材料不同,主要分为木结构、砌体结构、混凝土结构、钢结构。由于木结构现在用得越来越少,本课程不再进行讲述,主要讲解其他 3 种结构及其构件。

1. 砌体结构

由块材和铺砌的砂浆黏结而成的材料称为砌体,由砌体砌筑的结构称砌体结构。因砌体强度较低,故在建筑物中适宜将砌体用作承重墙、柱、过梁等受压构件。因块材有石、砖和砌块,故而砌体结构又可分为石结构、砖结构和砌块结构。

1) 砌体结构的优点

(1) 容易就地取材。砖主要用黏土烧制;石材的原料是天然石;砌块可以用工业废料制作,来源方便,价格低廉。

(2) 砖、石、砌块、砌体具有良好的耐火性和较好的耐久性。

(3) 砌体砌筑时不需要模板和特殊的施工设备。在寒冷地区,冬季可用冻结法砌筑,不需特殊的保温措施。

(4) 砖墙和砌块墙体能够隔热和保温,所以既是较好的承重结构,也是较好的围护结构。

2) 砌体结构的缺点

(1) 与钢和混凝土相比,砌体的强度较低,因而构件的截面尺寸较大,材料用量多,自重大。

(2) 砌体的砌筑基本上是手工方式,施工劳动量大。

(3) 砌体的抗拉和抗剪强度都低,因而抗震性能较差,在使用上受到一定限制;砖、石的抗压强度也不能充分发挥。

(4) 黏土砖需用黏土制造,因此在某些地区过多占用农田,影响农业生产。

2. 混凝土结构

主要以混凝土为材料组成的结构称为混凝土结构。混凝土结构包括素混凝土结构、钢筋混凝土结构和预应力混凝土结构。素混凝土结构是指无筋或不配受力钢筋的混凝土结构,在建筑工程中一般用作基础垫层和室外地坪,素混凝土构件主要用于受压构件,素混凝土受弯构件仅允许用于卧置在地基上及不承受活荷载的情况;钢筋混凝土结构是指配置受力普通钢筋的混凝土结构;预应力混凝土结构是指配置受力预应力筋,通过张拉或其他方法建立预应力的混凝土结构。其中由钢筋混凝土梁、柱、楼板、基础组成一个承重的骨架,砖墙或砌体只起围护作用的框架结构应用最为广泛,此结构用于多(高)层或大跨度房屋建筑中。

1) 混凝土结构的优点

(1) 耐久性好。混凝土强度是随龄期增长的,钢筋被混凝土保护着锈蚀较小,所以只要保护层厚度适当,则混凝土结构的耐久性比较好。若处于侵蚀性的环境时,可以适当选用水泥品种及外加剂,增大保护层厚度,就能满足工程要求。

(2) 耐火性好。比起容易燃烧的木结构和导热快且抗高温性能较差的钢结构来讲,混凝土结构的耐火性较好。因为混凝土是不良热导体,遭受火灾时,混凝土起隔热作用,使钢筋不致达到或不致很快达到降低其强度的温度,经验表明,虽然经受了较长时间的燃烧,混凝土常常只损伤表面。对承受高温作用的结构,还可应用耐热混凝土。

(3) 就地取材。在混凝土结构的组成材料中,用量较大的石子和砂往往容易就地取材,有条件的地方还可以将工业废料制成人工骨料应用,这对材料的供应、运输和土木工程结构的造价都提供了有利的条件。

(4) 节省保养费。混凝土结构的维修较少，而钢结构和木结构则需要经常保养。

(5) 节约钢材。混凝土结构合理地应用了材料的性能，在一般情况下可以代替钢结构，从而能节约钢材、降低造价。

(6) 可模性。因为新拌和未凝固的混凝土是可塑的，故可以按照不同模板的尺寸和形状浇筑成建筑师设计所需要的构件。

(7) 刚度大、整体性好。混凝土结构刚度较大，对现浇混凝土结构而言其整体性尤其好，宜用于变形要求小的建筑，也适用于抗震、抗爆结构。

2) 混凝土结构的缺点

(1) 普通钢筋混凝土结构自重比钢结构大。自重过大对于大跨度结构、高层建筑结构的抗震都是不利的。

(2) 混凝土结构的抗裂性较差，在正常使用时往往带裂缝工作。

(3) 建造较为费工，现浇结构模板需耗用较多的木材，施工受到季节气候条件的限制，补强修复较困难。

(4) 隔热隔声性能较差等。

3. 钢结构

钢结构主要是指用钢板、热轧型钢、冷加工成型的薄壁型钢和钢管等构件经焊接、铆接或螺栓连接组合而成的结构及以钢索为主材建造的工程结构，如房屋、桥梁等。它是土木工程的主要结构形式之一。目前，钢结构在房屋建筑、地下建筑、桥梁、塔桅和海洋平台中都得到广泛采用。

1) 钢结构的优点

(1) 强度高、重量轻。钢材与其他材料相比，在同样的受力条件下，钢结构用材料少、自重轻，便于运输和安装。

(2) 塑性和韧性好。钢材的塑性好指钢结构破坏前一般都会产生显著的变形，易于被发现，可及时采取补救措施，避免重大事故发生。钢材的韧性好指钢结构对动力荷载的适应性强，具有良好的吸能能力，抗震性能优越。

(3) 材质均匀、物理力学性能可靠。钢材在钢厂生产时，整个过程可严格控制，质量比较稳定；钢材组织均匀，接近于各向同性匀质体；钢材的物理力学特性与工程力学对材料性能所作的基本假定符合较好；钢结构的实际工作性能比较符合目前采用的理论计算结果；钢结构通常是在工厂制作，现场安装，加工制作和安装可严格控制，施工质量有保证。

(4) 密封性好。钢结构采用焊接连接后可以做到安全密封，能够满足一些气密性和水密性要求较高的高压容器、大型油库、气柜油罐和管道等。

(5) 制作加工方便、工业化程度高、工期短。在钢结构加工厂制成的构件可运到现场拼装，采用焊接或螺栓连接，安装方便，施工机械化程度高，工期短。

(6) 抗震性能好。在国内外的历次地震中，钢结构是损坏最轻的结构，已被公认为是抗震设防地区，特别是强震区的最合适结构。

(7) 具有一定的耐热性。温度在 200℃ 以内，钢材性质变化很小，因此，钢结构可用于温度不高于 200℃ 的场合。

(8) 采用钢结构可大大减少砂石灰的用量，减轻对不可再生资源的破坏。

2) 钢结构的缺点

(1) 耐火性差。钢结构耐火性较差,在需要防火时,应采取防火措施。
(2) 耐腐蚀性差,易锈蚀。
(3) 钢结构在低温条件下可能发生脆性断裂。
(4) 钢材价格昂贵。

课题 0.2　建筑结构的发展与应用现状

0.2.1　砌体结构的发展与应用现状

砌体结构是由多种材料组成的块体砌筑而成的,其中砖石是最古老的建筑材料,由于其良好的物理力学性能,易于取材、生产和施工,造价低廉,多年来一直是我国主导的建筑材料。

我国砖的产量逐年增长,据统计,1980 年的全国砖年产量为 1600 亿块,1996 年增至 6200 亿块,为世界其他各国砖年产量的总和。在办公、住宅等民用建筑中大量采用砖墙承重。20 世纪 50 年代这类房屋一般为 3～4 层,现在,不少城市一般建到 7～8 层。我国还积累了在地震区建造砌体结构房屋的宝贵经验,我国绝大多数大中城市在地震烈度 6 度或 6 度以上抗震设防区,地震烈度≤6 度的非抗震设防区的砌体结构经受了地震的考验。经过设计和构造上的改进和处理,还在 7 度区和 8 度区建造了大量的砌体结构房屋。近 10 余年来,采用混凝土、轻骨料混凝土或加气混凝土,以及利用河沙、工业废料、粉煤灰、煤矸石等制成混凝土砌块或蒸压灰砂砖、粉煤灰硅酸盐砖(砌块)等在我国有较快的发展。砌块种类、规格较多,其中以中、小型砌块较为普遍,在小型砌块中又开发出多种强度等级的承重砌块和装饰砌块。据不完全统计,1996 年全国砌块总产量约为 2500 万立方米,各类砌块建筑约 5000 万平方米,近 10 年混凝土砌块与砌块建筑的年递增率都在 20%左右,尤其以大中城市推广最为迅速。

从 20 世纪 90 年代初期起,在总结国内外配筋混凝土砌块试验研究经验的基础上,我国在配筋砌块结构的配套材料、配套应用技术的研究上获得了突破,开展了更具代表性和针对性的试点工程,取得明显的社会效益。我国在 20 世纪 80 年代初期主持编制国际标准《配筋砌体设计规范》(ISO 9652—3),表明用配筋砌体可建造一定高度的既经济又安全的建筑结构,如配筋砌块高层有首钢 18 层配筋砌块工程,辽宁抚顺 6 栋 16 层砌块住宅等。可见配筋砌体中高层的研究和应用具有十分广阔的前景。在此基础之上,通过在砖墙中加大加密构造柱,形成所谓强约束砌体的中高层结构的研究也取得了可喜的成果。

0.2.2　混凝土结构的发展与应用现状

20 世纪 70 年代,在一般民用建设中已较广泛地采用定形化、标准化的装配式钢筋混凝土构件,并随着建筑工业化的发展及墙体改革的推行,发展了装配式大板居住建筑,在多高层建筑中还广泛采用大模剪力墙承重结构外加挂板或外砌砖墙结构体系。各地还研究了框架轻板体系,自重最轻的每平方米仅为 3～5kN。由于这种结构体系的自重大大减轻,不仅节约材料消耗,而且对于结构抗震具有显著的优越性。

改革开放后,混凝土高层建筑在我国也有了较大的发展。继 20 世纪 70 年代北京饭店、广州白云宾馆和一批高层住宅(如北京前门大街、上海漕溪路住宅建筑群)兴建以后,20 世纪80年代，高层建筑的发展加快了步伐，结构体系更为多样化，层数增多、高度加大，已逐步在世界上占据领先地位。

经过近十几年我国工程建设的快速发展及进入WTO的需要，自1997年起，我国对工程建设标准进行了多次修订，新标准的颁布进一步推动了新材料、新工艺、新结构的应用，使混凝土结构不断地发展，达到新的水平。

0.2.3 钢结构的发展与应用现状

我国是最早用铁建造结构的国家之一，比较典型的应用是铁链桥，主要有云南省永平与保山之间跨越澜沧江的霁虹桥及四川泸定大渡河上的泸定桥；其次是一些纪念性建筑，如建于967年的广州光孝寺的东铁塔、建于963年的西铁塔及建于1061年的湖北当阳玉泉寺的13层铁塔。中国古代在钢铁结构方面虽然有所创建，但在封建制度下，生产力发展极其缓慢。在半封建半殖民地的百年历史中，中国也曾建造过一些钢桥和钢结构高层建筑，但绝大多数是外国人设计的。

新中国成立以后，随着经济建设的发展，钢结构在重型厂房、大跨度公共建筑、铁路桥梁及塔桅结构中得到一定程度的发展。例如，我国鞍山、武汉和包头等钢厂的炼钢、轧钢和炼铸车间等都采用钢结构；在公共建筑方面，1975年建成跨度达110m的三向网架上海体育馆、1962年建成直径为94m的圆形双层辐射式悬索结构北京工人体育馆、1967年建成双曲抛物面正交索网的悬索结构浙江体育馆；桥梁方面，1957年建成的武汉长江大桥和1968年建成的南京长江大桥都采用了铁路公路两用双层钢桁架桥；在塔桅结构方面，广州、上海等地都建造了高度超过200m的多边形空间桁架钢电视塔。1977年北京建成的环境气象塔是一个高达325m的5层纤绳三角形杆身的钢桅杆结构。

改革开放以后，我国经济建设有了突飞猛进的发展，钢结构也有了前所未有的发展，应用的领域有了较大的扩展。高层和超高层房屋、多层房屋、单层轻型房屋、体育场馆、大跨度会展中心、大型客机检修库、自动化高架仓库、城市桥梁和大跨度公路桥梁、粮仓及海上采油平台等都已采用钢结构。目前已建和在建的高层和超高层钢结构已有30余幢，其中地上88层、地下3层、高421m的上海金茂大厦的建成，标志着我国的超高层钢结构已进入世界前列。在大跨度建筑和单层工业厂房中，网架和网壳等结构的广泛应用，已受到世界各国的瞩目，其中上海体育馆马鞍形环形大悬挑空间钢结构屋盖和上海浦东国际机场航站楼张弦梁屋盖的建成，更标志着我国的大跨度空间钢结构已进入世界先进行列。

桥梁方面，九江长江大桥、上海市杨浦大桥和江阴长江大桥等桥梁的建成标志着我国已有能力建造高难度的现代化的桥梁。

随着我国经济的高速发展，钢结构涉及越来越多的产业。我国在国民经济发展规划中明确指出：2015年建筑钢结构发展目标是争取全国每年建筑钢结构用钢量达到钢材总量的6%，即每年钢结构在建筑中用钢量要达到1200～2000万吨。这意味着我国的钢铁工业已步入了新的阶段，钢结构的广泛应用是必然的发展趋势。

近年来，国内大型钢结构工程建设项目越来越多，各种形式的空间结构已向超大跨度结构发展。例如，为2008年北京奥运会兴建的国家体育场"鸟巢"采用的是空间钢结构体系；总建筑面积近8万平方米的国家游泳中心"水立方"，所有屋盖和墙体都采用了多面体的刚接网架，一些已建或正在筹建的钢结构工程，以其创新的概念、新颖的造型和独特的结构形式成为标志性建筑。

目前，我国钢结构正处于迅速发展的前期。可以预期，今后我国钢结构的应用将极为广泛。

课题0.3　建筑结构的学习目标、内容及要求

0.3.1　学习目标

建筑结构课程是土建类专业进行职业能力培养的一门职业核心课程，集理论与实践为一体，培养学生直接用于房屋建造、工程管理、工程监理、建筑设计、工程造价等岗位工作中所必需的结构分析能力，掌握房屋结构构件的基本计算原理和初步设计方法，同时为后续专业课程准备必要的结构概念及结构知识。

建筑结构课程由混凝土结构、砌体结构、钢结构及建筑结构抗震等结构模块内容组成，讲授结构用材料的基本力学性质，结构设计标准，钢筋混凝土结构、砌体结构、钢结构基本构件的受力特点。使学生掌握钢筋混凝土梁、板、柱、楼(屋)盖，砌体结构的墙、柱及钢结构的连接，梁、柱的设计计算方法和一般结构的构造知识；同时掌握与施工和工程质量控制有关的结构基本知识。能初步进行一般民用房屋和单层工业厂房结构选型与结构计算，熟练识读结构施工图，并能绘制结构施工图。

0.3.2　学习内容

本课程的主要学习内容和学习能力目标见表0-1。

表0-1　学习内容和学习能力目标

序号	学习内容	学习能力目标
0	课程介绍	能根据本课程的教学要求思考本课程的学习方法，编制本课程的学习方案，指导本课程的学习
1	结构设计标准	能熟练查找钢筋强度标准值、设计值和弹性模量；钢材力学指标；混凝土强度标准值、设计值和弹性模量；砌体材料力学指标
2	结构材料力学性能	根据可靠度设计标准的规定，学会荷载效应组合值、标准值、准永久值的计算
3	钢筋混凝土受弯构件计算能力训练	能进行钢筋混凝土受弯构件正截面、斜截面承载力的基本设计计算与验算
4	钢筋混凝土受扭构件计算能力训练	能进行钢筋混凝土纯扭构件、剪扭、弯剪扭构件的基本设计计算与验算
5	钢筋混凝土纵向受力构件计算能力训练	能进行钢筋混凝土受压、受拉构件的基本设计计算与验算
6	预应力混凝土构件计算能力训练	能初步进行预应力混凝土构件预应力损失值的基本计算和轴心受力构件的应力分析
7	钢筋混凝土梁板结构计算能力训练	能初步进行钢筋混凝土梁板结构，尤其是肋梁楼盖的设计计算
8	结构抗震能力训练	能掌握抗震设计要求，能初步进行场地、地基基础抗震设计，学会底部剪力法的计算
9	钢筋混凝土单层厂房计算能力训练	能初步了解单层厂房排架结构的计算内容及要点

续表

序号	学习内容	学习能力目标
10	多高层钢筋混凝土房屋计算能力训练(含职业体验一)	能初步进行多层框架结构房屋结构设计,学会识读钢筋混凝土结构施工图
11	砌体结构构件计算能力训练(含职业体验二)	能进行无筋砌体和网状配筋砌体受压构件承载力的计算,砌体局部受压的承载力计算,受拉、受弯和受剪构件的承载力计算,房屋的静力计算方案的确定,混合结构房屋的墙柱高厚比的验算,刚性方案房屋墙、柱的计算。学会识读砌体结构施工图
12	钢结构构件计算能力训练(含职业体验三)	能进行钢结构连接计算;梁、柱基本构件设计计算,普通钢屋架的荷载及内力计算。学会识读钢结构施工图
13	结构软件设计应用训练	能掌握结构设计软件(PKPM 系列)的使用方法和主要功能,具备简单结构的设计能力

0.3.3 学习要求

学习建筑结构课程,主要是通过学习结构基本理论,熟悉结构设计规范,为将来从事结构设计工作、施工及管理岗位打下牢固的基础。在本课程的学习中要做到以下几点。

(1) 注重对力学原理的理解和应用。作为一门结构课程,其基本计算原理是以工程力学的基本理论为基础的。理解、掌握并能正确应用相关的力学原理,是学好结构计算理论的关键。因此,在课程的学习中要注意复习力学课程的相关内容,学完结构课程后,进一步领会力学原理在工程中的应用。

(2) 要注意熟悉规范,并正确运用规范。本课程的直接依据是《工程结构可靠性设计统一标准》(GB 50153—2008)、《建筑结构可靠度设计统一标准》(GB 50068—2001)、《建筑结构荷载规范》(GB 50009—2012)、《建筑抗震设计规范(附条文说明)》(GB 50011—2010)、《混凝土结构设计规范》(GB 50010—2010)、《混凝土结构工程施工质量验收规范(2010 版)》(GB 50204—2002)、《钢结构设计规范(送审稿)》(GB 50017—2012)、《钢结构工程施工质量验收规范》(GB 50205—2001)、《砌体结构设计规范》(GB 50003—2011)、《砌体结构工程施工质量验收规范》(GB 50203—2011)、《建筑地基基础设计规范》(GB 50007—2011)、《建筑地基基础工程施工质量验收规范》(GB 50202—2002)、《高层建筑混凝土结构技术规程》(JGJ 3—2010)、《建筑结构制图标准》(GB/T 50105—2010)、《混凝土结构施工图平面整体表示方法制图规则和构造详图》(11G101)等新规范、新标准。这是工程设计和施工人员必须共同遵守的技术标准,因此,在课程学习中必须结合章节内容理解掌握相关的规范条文,并力求在理解的基础上加以记忆。

(3) 要重视概念设计和各种构造措施。本课程涉及的设计与计算往往侧重于力的作用下的计算,其他影响如温度、混凝土收缩及地基不均匀沉降等难以用计算公式来表达。规范中也只有通过概念设计和各种构造措施来保证。结构概念设计是运用人的思维和判断能力,从宏观上决定结构设计中的基本问题,而构造措施是指一般不需计算而对结构和非结构各部分必须采取的各种细部要求。

(4) 理论联系实际,注重感性认识的学习。本课程的计算理论枯燥,但实践性又较强,在课程的学习中要经常到施工现场进行参观,不断积累工程经验,结合实际构件加强对施工图的识读能力。

(5) 要注意建筑结构设计答案的不唯一性。建筑结构设计常常会遇到这样的问题,即使同样的构件,承受同样的荷载,设计出的结构形式、结构截面、截面配筋等也不一定一样,要综合考虑安全、实用、经济、美观等诸多因素,为此要培养综合分析问题的能力。

(6) 关注结构的发展动态,注重学习新知识。随着现代科学技术的进步,结构技术也在不断更新发展,在学习结构的基本原理和方法的同时,要关注结构的发展,不断学习新知识。

(7) 加强职业素质的养成教育。结构的设计原理理论性强,不论设计与施工都要有严谨的科学态度,在结构课程学习中,无论是对结构原理、规范条文、计算方法,还是对计算实例,都必须一丝不苟,注意培养严谨认真的工作作风和工作方法。

本模块小结

(1) 建筑结构就是指承重的骨架,即建筑物中用来承受并传递荷载,并起骨架作用的部分,简称结构。

(2) 建筑结构按承重结构所用的材料不同,可分为木结构、砌体结构、钢筋混凝土结构和钢结构。砌体结构、混凝土结构和钢结构均有一定的优缺点。

(3) 随着建筑科学技术的发展,砌体结构、混凝土结构和钢结构的一些缺点已经或正在逐步地加以改善,因此它们应用更加广泛。

(4) 建筑结构课程是土建类专业进行职业能力培养的一门职业核心课程,集理论与实践为一体,在学习中主要注意多种学习方法的运用。

习 题

1. 什么是建筑结构?
2. 什么是砌体结构?它有哪些优缺点?
3. 什么是钢结构?它有哪些优缺点?
4. 什么是混凝土结构?它有哪些优缺点?
5. 简述各类结构的发展概况。
6. 通过本部分的学习,认真思考如何学好本门课程。

能力训练项目:编制学习方案

一、训练项目

根据课程的主要内容和特点,结合自己的学习情况和学习条件,制定一份本课程的学习方案。

二、训练要求

1. 学习方案中要包括以下几部分内容:学习目标、学习内容、学习安排(课前、课中、课后)、企业实践安排、学完本课程后对未来职业的设想等。
2. 字数不少于2000字。

模块 1

结构设计标准

教学目标

能力目标：根据工程结构可靠性设计标准的规定，学会荷载效应基本组合值、标准组合值、准永久组合值的计算。

知识目标：掌握建筑结构的功能要求、极限状态、荷载效应、结构抗力的概念；掌握结构构件承载力极限状态和正常使用极限状态的设计表达式及表达式中各符号所代表的含义；熟悉耐久性设计。

态度养成目标：培养遵循设计规范和认真负责的态度；培养按规范规定进行综合分析和综合运用的能力。

教学要求

知识要点	能力要求	相关知识	所占分值（100 分）
建筑结构的功能要求、极限状态、荷载效应、结构抗力	能理解建筑结构的功能要求、极限状态、荷载效应、结构抗力的概念	结构设计标准中的相关专业名词	15
结构构件承载力极限状态和正常使用极限状态	能熟练使用承载力极限状态和正常使用极限状态的设计表达式	表达式中各符号的含义	30
荷载效应基本组合值、标准值、组合值和准永久组合值的计算	能进行内力组合值的计算	永久荷载、可变荷载等的计算方法	30
混凝土结构耐久性设计	熟悉耐久性设计要求	混凝土结构的使用年限、使用环境等	15
砌体结构耐久性规定	熟悉耐久性规定	砌体结构的环境类别、耐久性规定等	10

引 例

图 1.1 所示是几种结构构件受到不同荷载作用,这些荷载大小都超出了构件的最大承载力而出现了不同的破坏状态。请思考,应如何设计才能使这些构件在受到这些荷载作用时不发生破坏(或者说处于一种安全工作的状态)?

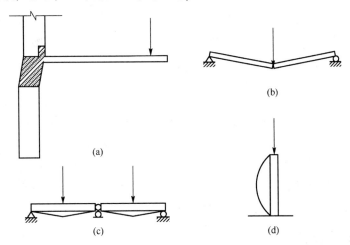

图 1.1 结构破坏状态示例

(a) 雨篷倾覆;(b) 简支梁断裂;(c) 连续梁转变为机动体系;(d) 柱子被压曲

课题 1.1 结构设计的基本要求

1.1.1 结构的功能要求

设计任何建筑物或构筑物,必须在其设计使用年限内(普通房屋和构筑物规定为 50 年),满足以下各预定功能的要求。

(1) 安全性要求。要求建筑结构在正常施工和正常使用时,能承受可能出现的各种作用;在设计规定的偶然事件发生时及发生后,仍能保持必需的整体稳定性,不致倒塌。

(2) 适用性要求。要求建筑结构在正常使用时保持良好的工作性能。例如,受弯构件在正常使用时不出现过大的挠度和过宽的裂缝,不妨碍使用。

(3) 耐久性要求。要求建筑结构在正常维护下,结构具有足够的耐久性能。这里足够的耐久性能,是指结构在规定的工作环境下,在预定的设计期限内,其材料性能的恶化不会导致结构出现不可接受的失效概率。

(4) 耐火性要求。当发生火灾时,在规定的时间内可保持足够的承载力。

(5) 稳固性要求。当发生爆炸、撞击、人为错误等偶然事件时,结构能保持必须的整体稳固性,不出现与起因不相称的破坏结果,防止出现结构的连续倒塌。

1.1.2 结构可靠性与可靠度

结构可靠性是指结构在规定的时间内,在规定的条件下,完成预定功能的能力。但是由于结构可靠性随着各种作用、材料性质和几何参数的变异而不同,结构完成预定功能的能力不能事先确定,只能用概率来描述。为此,引入结构可靠度的概念。

结构可靠度是指结构在规定的时间内，在规定的条件下，完成预定功能的概率。规定的时间指设计使用年限；规定条件指正常设计、正常施工、正常使用和正常维护；预定功能指结构的安全性、适用性和耐久性、耐火性和稳固性要求。结构的可靠度是结构可靠性的概率度量，即对结构可靠性的定量概述。

结构的设计、施工和维护应使结构在规定的设计使用年限内以适当的可靠度且经济的方式满足规定的各项功能要求。当建筑结构的使用年限到达后，并不意味着结构立刻报废不能使用了，而是说它的可靠性水平从此要逐渐降低了，在做结构鉴定及必要加固后，仍可继续使用。

结构设计的目的是要所设计的结构在规定的设计使用年限内满足预期的全部功能要求。所谓设计使用年限，是指设计规定的结构或构件不需要大修即可按其预定目的使用的时期。换言之，设计使用年限就是房屋建筑在正常设计、正常施工、正常使用和正常维护条件下所应达到的持久年限。房屋结构的设计使用年限应符合表1-12的规定。

1.1.3 结构构件的极限状态

整个结构或结构的一部分超过某一特定状态就不能满足设计规定的某一功能要求，此特定状态称为该功能的极限状态。因此，极限状态也可简称为临界状态，不超过这一状态，结构处于安全状态，超过这一界限，则结构进入失效状态。

极限状态分为承载能力极限状态和正常使用极限状态，并应符合下列要求。

(1) 承载能力极限状态。这种极限状态对应于结构或构件达到最大承载能力或不适于继续承载的变形。当结构或构件出现下列状态之一时，即认为超过了承载能力极限状态。

① 结构构件或连接因超过材料强度而破坏，或因过度变形而不适于继续承载。
② 整个结构或其一部分作为刚体失去平衡。
③ 结构转变成机动体系。
④ 结构或结构构件丧失稳定。
⑤ 结构因局部破坏而发生连续倒塌。
⑥ 地基丧失承载力而破坏。
⑦ 结构或结构构件的疲劳破坏。

(2) 正常使用极限状态。这种极限状态对应于结构或结构构件达到正常使用或耐久性能的某项规定限值。当结构或结构构件出现下列状态之一时，即认为超过了正常使用极限状态。

① 影响正常使用或外观的变形。
② 影响正常使用或耐久性能的局部损坏(包括裂缝)。
③ 影响正常使用的振动。
④ 影响正常使用的其他特定状态。

《混凝土结构设计规范(GB 50010—2010)》对结构的各种极限状态的标志及限值均有明确的规定。结构设计时，应对不同极限状态分别进行计算与验算；当某一极限状态的计算或验算起控制作用时，可以仅对该极限状态进行计算或验算。

1.1.4 设计状况与极限状态设计

1. 工程结构设计时应区分下列设计状况

(1) 持久设计状况,适用于结构使用时的正常情况。
(2) 短暂设计状况,适用于结构出现的临时情况,包括结构施工和维修时的情况。
(3) 偶然设计状况,适用于结构出现的异常情况,包括结构遭受火灾、爆炸、撞击时的情况。
(4) 地震设计状况,适用于结构遭受地震时的情况,在抗震设防地区必须考虑地震设计状况。

2. 对于以上4种工程结构设计状况应分别进行下列极限状态设计

(1) 对4种设计状况,均应进行承载能力极限状态设计。
(2) 对持久设计状况,尚应进行正常使用极限状态设计。
(3) 对短暂设计状况和地震设计状况,可根据需要进行正常使用极限状态设计。
(4) 对偶然设计状况,可不进行正常使用极限状态设计。

课题1.2 荷载效应与结构抗力

1.2.1 荷载与荷载效应

1. 作用

作用(F)是指施加在结构上的集中或分布力以及引起结构外加变形或约束变形的原因。习惯上,将前者称为直接作用,即通常所说的荷载,如结构自重、楼面人群、屋面的雪荷载等。而将引起结构外加变形或约束变形的原因称为间接作用,如地震、地基沉降、混凝土收缩及温度等因素。作用按随时间变化分类,可分为永久作用、可变作用和偶然作用。

2. 荷载

结构上的荷载按照其作用时间和性质不同,可分为以下几类。

(1) 永久荷载。也称恒荷载,在结构使用期间,其值不随时间变化,或其变化与平均值相比可以忽略不计,或其变化是单调的并能趋于限值的荷载,如结构自重、土压力、预应力等。对应于作用就是永久作用。

(2) 可变荷载。也称活荷载,在结构使用期间,其值随时间变化,且其变化与平均值相比不可以忽略不计的荷载,如楼面活荷载、屋面活荷载和积灰荷载、吊车荷载、风荷载、雪荷载、施工和检修荷载及栏杆水平荷载等。对应于作用就是可变作用。

(3) 偶然荷载。在结构使用期间有可能但不一定出现,一旦出现,其值很大且持续时间很短,如爆炸力、撞击力等。对应于作用就是偶然作用。

3. 荷载的代表值

荷载是随机变量,任何一种荷载的大小都具有程度不同的变异性。因此,进行建筑结构设计时,对于不同的荷载和不同的设计情况,应采用不同的代表值。荷载代表值是设计中用以验算极限状态所采用的荷载量值,包括标准值、组合值、频遇值和准永久值。标准值是荷载的基本代表值,为设计基准期内最大荷载统计分布的特征值(例如均值、众值、中值或某个分位值)。设计基准期是为确定可变荷载代表值而选用的时间参数,房屋建筑结构的设计基准期为 50 年。

1) 永久荷载的代表值

对于永久荷载而言,只有一个代表值,就是它的标准值,用大写符号 G_k(小写符号 g_k)表示。

永久荷载标准值,对于结构自重,可按结构构件的设计尺寸与材料单位体积(或单位面积)的自重计算确定。我国《建筑结构荷载规范》(GB 50009—2012)附录 A 给出了常用材料和构件的自重,使用时可查用。对于某些自重变异较大的材料构件(如现场制作的保温材料、混凝土薄壁构件等),自重的标准值应根据对结构的不利状态,取上限值或下限值。

几种常用材料单位体积自重(kN/m^3):混凝土 $20 kN/m^3$,钢筋混凝土 $25 kN/m^3$,水泥砂浆 $17 kN/m^3$,石灰、混合砂浆 $17 kN/m^3$,机制普通砖 $19 kN/m^3$。例如,截面尺寸为 $200mm \times 500mm$ 的钢筋混凝土矩形截面梁自重标准值计算为:$g_k = 0.2 \times 0.5 \times 25 = 2.5 kN/m$。

2) 可变荷载的代表值

对于可变荷载而言,应根据设计要求,分别取如下不同的荷载值作为其代表值。

(1) 标准值。可变荷载的标准值是可变荷载的基本代表值,用大写符号 Q_k(小写符号 q_k)表示。我国《建筑结构荷载规范》(GB 50009—2012),对于楼面和屋面活荷载、屋面积灰荷载、施工和检修荷载及栏杆水平荷载、吊车荷载、雪荷载和风荷载等可变荷载的标准值,规定了具体数值或计算方法,设计时可以查用。例如,民用建筑楼面均布活荷载标准值及其组合值、频遇值和准永久值系数可由表 1-1 查得;房屋建筑的屋面,其水平投影上的屋面均布活荷载,可由表 1-2 查用。

表 1-1 民用建筑楼面均布活荷载标准值及其组合值、频遇值和准永久值系数

项次	类别	标准值/(kN/m^2)	组合值系数 ψ_c	频遇值系数 ψ_f	准永久值系数 ψ_q
1	(1) 住宅、宿舍、旅馆、办公楼、医院病房、托儿所、幼儿园	2.0	0.7	0.5	0.4
	(2) 试验室、阅览室、会议室、医院门诊室	2.0	0.7	0.6	0.5
2	教室、食堂、餐厅、一般资料档案室	2.5	0.7	0.6	0.5
3	(1) 礼堂、剧场、影院、有固定座位的看台	3.0	0.7	0.5	0.3
	(2) 公共洗衣房	3.0	0.7	0.6	0.5
4	(1) 商店、展览厅、车站、港口、机场大厅及其旅客等候室	3.5	0.7	0.6	0.5
	(2) 无固定座位的看台	3.5	0.7	0.5	0.3
5	(1) 健身房、演出舞台	4.0	0.7	0.6	0.5
	(2) 运动场、舞厅	4.0	0.7	0.6	0.3
6	(1) 书库、档案室、储藏室、百货食品超市	5	0.9	0.9	0.8
	(2) 密集柜书库	12	0.9	0.9	0.8

续表

项次	类别		标准值/(kN/m²)	组合值系数 ψ_c	频遇值系数 ψ_f	准永久值系数 ψ_q
7	通风机房、电梯机房		7.0	0.9	0.9	0.8
8	汽车通道及停车库	(1) 单向板楼盖(板跨不小于 2m)和双向板楼盖(板跨不小于 3m×3m) 客车	4.0	0.7	0.7	0.6
		(1) 单向板楼盖(板跨不小于 2m)和双向板楼盖(板跨不小于 3m×3m) 消防车	35	0.7	0.7	0.0
		(2) 双向板楼盖(板跨不小于 6m×6m)和无梁楼盖(柱网尺寸不小于6m×6m) 客车	2.5	0.7	0.7	0.6
		(2) 双向板楼盖(板跨不小于 6m×6m)和无梁楼盖(柱网尺寸不小于6m×6m) 消防车	20.0	0.7	0.7	0.0
9	厨房	(1) 餐厅	2.0	0.7	0.7	0.7
		(2) 其他	2.0	0.7	0.6	0.5
10	浴室、卫生间、盥洗室		2.5	0.7	0.7	0.7
11	走廊、门厅	(1) 宿舍、旅馆、医院病房、托儿所、幼儿园、住宅	2.0	0.7	0.6	0.5
		(2) 办公楼、餐厅、医院门诊部	2.5	0.7	0.6	0.5
		(3) 教学楼及其他可能出现人员密集的情况	3.5	0.7	0.5	0.3
12	楼梯	(1) 多层住宅	2.0	0.7	0.5	0.4
		(2) 其他	3.5	0.7	0.5	0.3
13	阳台	(1) 可能出现人员密集的情况	3.5	0.7	0.6	0.5
		(2) 其他	2.5	0.7	0.6	0.5

注：1. 本表所给各项活荷载适用于一般使用条件，当使用荷载较大、情况特殊或有专门要求时，应按实际情况采用。
   2. 第6项书库活荷载当书架高度大于2m时，书库活荷载尚应按每米书架高度不小于2.5kN/m²确定。
   3. 第8项中的客车活荷载只适用于停放载人少于9人的客车；消防车活荷载适用于满载总重为300kN的大型车辆；当不符合本表的要求时，应将车轮的局部荷载按结构效应的等效原则，换算为等效均布荷载。
   4. 第8项消防车活荷载，当双向板楼盖板跨介于3m×3m～6m×6m之间时，应按跨度线性插值确定。
   5. 第12项楼梯活荷载，对预制楼梯踏步平板，尚应按1.5kN集中荷载验算。
   6. 本表各项荷载不包括隔墙自重和二次装修荷载。对固定隔墙的自重应按永久荷载考虑，当隔墙位置可灵活自由布置时，非固定隔墙的自重应取不小于1/3每延米长墙重(kN/m)作为楼面活荷载的附加值(kN/m²)计入，且附加值不小于1.0kN/m²。

表1-2 屋面均布活荷载标准值及其组合值、频遇值和准永久值系数

项次	类别	标准值/(kN/m²)	组合值系数 ψ_c	频遇值系数 ψ_f	准永久值系数 ψ_q
1	不上人的屋面	0.5	0.7	0.5	0.0
2	上人的屋面	2.0	0.7	0.5	0.4
3	屋顶花园	3.0	0.7	0.6	0.5
4	屋顶运动场地	3.0	0.7	0.6	0.4

注：1. 不上人屋面，当施工与维修荷载较大时，应按实际情况采用；对不同类型的结构应按有关设计规范的规定采用，但不得低于0.3kN/m²。

2. 当上人的屋面兼做其他用途时，应按相应楼面活荷载采用。
3. 对于因屋面排水不畅、堵塞等引起的积水荷载，应采取构造措施加以防止；必要时，应按积水的可能深度确定屋面活荷载。
4. 屋顶花园活荷载不应包括花圃土石等材料自重。

例如某中学 6 层教学楼，设计教室时，楼面活荷载标准值可查表 1-1 得 $q_k = 2.5\text{kN/m}^2$，不上人屋面活荷载标准值可查表 1-2 得 $q_k = 0.5\text{kN/m}^2$。

(2) 组合值。当结构承受两种或两种以上可变荷载，考虑到这两种或两种以上可变荷载同时达到最大值的可能性较小，因此，除主导荷载(产生最大效应的荷载)仍以其标准值作为代表值外，其他伴随荷载可以将它们的标准值乘以一个小于或等于 1 的荷载组合系数。这种将可变荷载标准值乘以荷载组合系数以后的数值，称为可变荷载的组合值。因此，可变荷载的组合值是当结构承受两种或两种以上可变荷载时的代表值。《建筑结构荷载规范》(GB 50009—2012)对组合值的定义为：对可变荷载，使组合后的荷载效应在设计基准期内的超越概率，能与该荷载单独出现时的相应概率趋于一致的荷载值；或使组合后的结构具有统一规定的可靠指标的荷载值。

可变荷载组合值可表示为 $\psi_c Q_k$，其中 ψ_c 为可变荷载组合值系数，Q_k 为可变荷载标准值。

(3) 频遇值。对可变荷载，在设计基准期内，其超越的总时间为规定的较小比率或超越频率为规定频率的荷载值，称为可变荷载的频遇值。可变荷载的频遇值为可变荷载的标准值乘以荷载频遇值系数。

可变荷载的频遇值可表示为 $\psi_f Q_k$，其中 ψ_f 为可变荷载频遇值系数，Q_k 为可变荷载标准值。

(4) 准永久值。可变荷载虽然在设计基准期内会随时间而发生变化，但是，研究表明，不同的可变荷载在结构上的变化情况不一样。对可变荷载，在设计基准期内，其超越的总时间约为设计基准期一半的荷载值，称为该可变荷载的准永久值。

可变荷载的准永久值为可变荷载标准值乘以荷载准永久值系数。由于可变荷载准永久值只是可变荷载标准值的一部分，因此，荷载准永久值系数小于或等于 1.0。

可变荷载的准永久值可表示为 $\psi_q Q_k$，其中 ψ_q 为可变荷载准永久值系数，Q_k 为可变荷载标准值。

◎ 特 别 提 示

永久荷载应采用标准值作为代表。可变荷载应根据设计要求采用标准值、组合值、频遇值或准永久值作为代表。偶然荷载应按建筑结构使用的特点确定其代表值。

4. 作用效应与荷载效应

由作用引起的结构或构件的反应称为作用效应，通常用 S 来表示。如对钢筋混凝土结构而言，结构上的作用使结构产生内力与变形，还可能使之出现裂缝，这些都是作用效应，是作用在结构上的反应。由荷载引起的结构或构件的反应称为荷载效应。例如，对一计算跨度为 l_0、截面刚度为 B、承受均布荷载作用 q 的简支梁，支座处剪力为 $V = \dfrac{1}{2} q l_0$，跨中弯矩为 $M = \dfrac{1}{8} q l_0^2$，跨中挠度为 $f = 5 q l_0^4 / 384 B$，这些就是作用效应，通常称为荷载效应。

1.2.2 结构抗力

结构或结构构件承受作用效应的能力称为结构抗力,通常用 R 来表示。例如,结构构件承载力(轴力、剪力、弯矩、扭矩)、变形(刚度)、抗裂等,都统称为结构的抗力。

影响结构抗力的主要因素是材料性能和构件的几何尺寸及计算的精确性等。由于材质及生产工艺等因素的影响,构件的制作误差及施工安装误差等的存在,构件几何参数和强度、变形也将存在差别,加之计算公式的不精确和理论上的假定,这些都导致结构抗力具有随机性。

课题 1.3 概率极限状态设计法

1.3.1 概率极限状态设计原理

建筑结构在规定的时间内,在规定的条件下,要完成预定的功能,就要考虑作用效应和结构的抗力这两个相互独立的随机变量,为此引入结构的功能函数:

$$Z=g(R,S)=R-S \tag{1.1}$$

式中 Z——结构的功能函数。

因 R、S 是随机变量,所以功能函数 Z 也是随机变量,则:$Z>0(R>S)$ 时,结构处于可靠状态;当 $Z<0(R<S)$ 时,结构处于失效状态;当 $Z=0(R=S)$ 时,结构处于极限状态。式 $Z=g(R,S)=R-S=0$ 称为极限状态方程。

结构能够完成预定功能的概率,称为可靠概率 p_s;反之,称为失效概率 p_f。$p_s+p_f=1.0$,因此可以用 p_s 或 p_f 来度量结构的可靠性。一般较多使用后者,结构失效概率为 $p_f=P(Z<0)(Z=R-S<0)$。按概率理论,若作用效应 S 与结构抗力 R 均为正态概率分布,则 $Z=R-S$ 亦为正态分布,功能函数 $Z=R-S$ 的概率密度分布如图 1.2 所示。

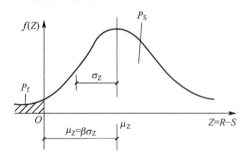

图 1.2 功能函数概率密度分布

其统计特征值,平均值为 $\mu_Z=\mu_R-\mu_S$,标准差为 $\sigma_Z=\sqrt{\sigma_R^2+\sigma_S^2}$。由图 1.2 可知 $\mu_Z=\beta\sigma_Z$,则 $\beta=\dfrac{\mu_Z}{\sigma_Z}=\dfrac{\mu_R-\mu_S}{\sqrt{(\sigma_R^2+\sigma_S^2)}}$。

结构失效概率 $p_f=P(Z<0)$,即图中阴影部分所对应的面积。若曲线形态大小不变,曲线越靠右,β 越大,失效概率 p_f 越小,结构越可靠,即 β 与 p_f 有一一对应关系,所以 β 与 p_f 一样可作为衡量结构可靠度的一个指标,故称 β 为结构可靠度指标。

实际设计的结构构件,当 μ_R 和 μ_S 之差越大或者 σ_R 及 σ_S 值越小时,可靠指标 β 值就越大,也就是失效概率越小,结构越可靠。反之,则结构越不可靠。可靠指标与失效概率之间关系互逆,表示为 $p_f = \Phi(-\beta)$,其中 $\Phi(\cdot)$ 表示标准正态分布函数,其对应关系值见表1-3。

表1-3 可靠指标与失效概率的对应关系 ($\beta - p_f$)

β	1	1.5	2	2.5	2.7	3	3.2	3.5	3.7	4	4.2	4.5
p_f	1.59×10^{-1}	6.68×10^{-2}	2.28×10^{-2}	6.21×10^{-3}	3.5×10^{-3}	1.35×10^{-3}	6.9×10^{-4}	2.33×10^{-4}	1.1×10^{-4}	3.17×10^{-5}	1.3×10^{-5}	3.4×10^{-6}

为使结构构件既安全可靠又经济合理,必须确定一个公众能够接受的结构构件失效概率或可靠指标,此值分别称为允许失效概率 $[p_f]$ 或目标可靠指标 $[\beta]$,要求 $p_f \leq [p_f]$ 或 $\beta \geq [\beta]$,并尽量接近。

我国规定房屋建筑结构构件持久设计状况承载能力极限状态设计的可靠指标,不应小于表1-4的规定。

表1-4 房屋结构构件的可靠指标 β

破坏类型	安全等级		
	一级	二级	三级
延性破坏	3.7	3.2	2.7
脆性破坏	4.2	3.7	3.2

房屋建筑结构构件持久设计状况正常使用极限状态设计的可靠指标,根据其可逆程度取 0~1.5。

但由于结构的荷载效应多数不服从正态分布,结构的抗力一般也不服从正态分布,此外极限状态方程也是非线性的,所以可靠指标的计算式非常复杂。为简化计算,《工程结构可靠性设计统一标准》(GB 50153—2008)采用以概率论为基础的以分项系数表达的极限状态设计方法。

1. 承载能力极限状态设计

结构或结构构件按承载能力极限状态设计时,结构或结构构件(包括基础等)的破坏或过度变形的承载能力极限状态设计,应符合式(1.2)要求:

$$\gamma_0 S_d \leq R_d \tag{1.2}$$

式中 γ_0 ——结构重要性系数;

S_d ——作用组合的效应(如轴力、弯矩或表示几个轴力、弯矩的向量)设计值;

R_d ——结构或结构构件的抗力设计值。

2. 正常使用极限状态设计

结构或结构构件按正常使用极限状态设计时,应符合式(1.3)要求:

$$S_d \leq C \tag{1.3}$$

式中 S_d ——作用组合的效应(如变形、裂缝等)设计值;

C ——设计对变形、裂缝等规定的相应限值。

利用式(1.2)、式(1.3)规范公式设计时要涉及结构重要性系数、作用组合的效应设计值、结构或结构构件的抗力设计值等,其中作用组合的效应设计值、结构或结构构件的抗力设计值考虑了荷载的分项系数和材料强度的分项系数,分项系数是按照目标可靠指标并考虑工程经验确定的,它使计算所得结果能满足可靠度要求,下面分别加以介绍。

1) 房屋建筑结构的安全等级和结构重要性系数

工程结构设计时,根据结构破坏可能产生的后果(危及人的生命、造成经济损失、对社会或环境产生影响等)的严重性,采用不同的安全等级。根据建筑结构破坏后果的严重程度,建筑结构划分为 3 个安全等级,设计时应根据具体情况按照表 1-5 的规定选用相应的安全等级。

表 1-5 房屋建筑结构的安全等级

安全等级	破坏后果	建筑物类型
一级	很严重:对人的生命、经济、社会或环境影响很大	大型的公共建筑等
二级	严重:对人的生命、经济、社会或环境影响较大	普通的住宅和办公楼等
三级	不严重:对人的生命、经济、社会或环境影响较小	小型的或临时性储存建筑等

注:1. 对有特殊要求的建筑物,其安全等级应根据具体情况另行确定。
2. 建筑物中各类结构构件的安全等级宜与整个结构的安全等级相同,对其中部分结构构件的安全等级,可根据其重要程度适当调整,但不得低于三级。

对应于房屋建筑结构的安全等级,房屋建筑的结构重要性系数不应小于表 1-6 的规定。

表 1-6 房屋建筑的结构重要性系数 γ_0

结构重要性系数	对持久设计状况和短暂设计状况 安全等级			对偶然设计状况和地震设计状况
	一级	二级	三级	
γ_0	1.1	1.0	0.9	1.0

2) 材料强度的分项系数和设计值

由于材料的离散性及不可避免的施工误差等因素可能造成材料的实际强度低于其强度标准值,因此,在承载能力极限状态计算中引入材料强度分项系数(大于 1)来考虑这一不利影响。材料强度设计值等于材料强度标准值除以材料的分项系数。例如,钢筋的强度设计值用 f_s 表示,钢筋的强度标准值用 f_{sk} 表示,材料分项系数用 γ_s 表示,则 $f_s = f_{sk}/\gamma_s$。不同材料的强度标准值和材料分项系数不同,在后面的各种结构中将分别介绍。

3) 荷载的分项系数和设计值

因荷载标准值按 95%的保证率取值,则实际荷载仍有可能超过预定的标准值。为了考虑这一不利情况,在承载能力极限状态设计表达式中还引入一个荷载分项系数(一般都大于 1,个别情况也可小于 1)。荷载的设计值等于荷载的标准值乘以荷载的分项系数。

永久荷载设计值用大写符号 G (小写符号 g)表示,永久荷载分项系数用符号 γ_G 表示,则永久荷载设计值 $G = \gamma_G G_k$;可变荷载设计值用大写符号 Q (小写符号 q)表示,永久荷载分项系数用符号 γ_Q 表示,则可变荷载设计值 $Q = \gamma_Q Q_k$。

荷载分项系数主要用来考虑实际荷载超过标准值的可能性,考虑到永久荷载标准值与可变荷载标准值保证率不同,因此它们采用的分项系数也是不同的,具体系数将在后面内容中讲述。

本课题将分别对混凝土结构、砌体结构和钢结构极限状态计算公式进行详细的讲解。

1.3.2 混凝土结构极限状态计算

根据《工程结构可靠性设计统一标准》(GB 50153—2008)所确定的原则,《混凝土结构设计规范》(GB 50010—2010)采用以概率理论为基础的极限状态设计方法,以可靠指标度量结构构件的可靠度,采用分项系数的设计表达式进行设计。

混凝土结构的安全等级和设计使用年限应符合现行国家标准《工程结构可靠性设计统一标准》(GB 50153—2008)的规定。混凝土结构中各类结构构件的安全等级,宜与整个结构的安全等级相同。对其中部分结构构件的安全等级,可根据其重要程度适当调整。对于结构中重要构件和关键传力部位,宜适当提高其安全等级。

1. 承载能力极限状态计算

1) 混凝土结构的承载能力极限状态计算应包括的内容
(1) 结构构件应进行承载力(包括失稳)计算。
(2) 直接承受重复荷载的构件应进行疲劳验算。
(3) 有抗震设防要求时,应进行抗震承载力计算。
(4) 必要时应进行结构的倾覆、滑移、漂浮验算。
(5) 对于可能遭受偶然作用,且倒塌可引起严重后果的重要结构,宜进行防连续倒塌设计。

2) 承载能力极限状态设计表达式

对持久设计状况、暂短设计状况和地震设计状况,当用内力的形式表达时,结构构件应采用下列承载能力极限状态设计表达式:

$$\gamma_0 S \leqslant R \tag{1.4}$$

$$R = R(f_c, f_s, a_k, \cdots)/\gamma_{Rd} \tag{1.5}$$

式中 γ_0 ——结构重要性系数:在持久设计状况和短暂设计状况下,对安全等级为一级的结构构件不应小于1.1,对安全等级为二级的结构构件不应小于1.0,对安全等级为三级的结构构件不应小于0.9;在地震设计状况下不应小于1.0;

S ——承载能力极限状态下作用组合的效应设计值:对持久设计状况和暂短设计状况按作用的基本组合计算;对地震设计状况按作用的地震组合计算;

R ——结构构件的抗力设计值;

$R(\cdot)$ ——结构构件的抗力函数;

γ_{Rd} ——结构构件的抗力模型不定性系数:对静力设计,一般结构构件取1.0,重要结构构件或不确定性较大的结构构件根据具体情况取大于1.0的数值;对抗震设计,采用承载力抗震调整系数 γ_{RE} 代替 γ_{Rd} 的表达形式;

f_c、f_s ——混凝土、钢筋的强度设计值,$f_c = \dfrac{f_{ck}}{\gamma_c}$,$f_s = \dfrac{f_{sk}}{\gamma_s}$;

f_{ck}、f_{sk} ——混凝土、钢筋强度标准值;

γ_c、γ_s ——材料强度的分项系数,规范规定 $\gamma_c = 1.4$,$\gamma_s = 1.1 \sim 1.5$。

a_k ——几何参数的标准值:当几何参数的变异性对结构性能有明显的不利影响时,可另增减一个附加值。

在荷载作用下,式(1.4)中的 S 为荷载效应组合的设计值,在规范中用轴力 N、弯矩 M、剪力 V、扭矩 T 等表达,这与建筑力学中的计算方法是一致的,只是这里要用荷载的设计值进行计算。在实际计算中,不同荷载作用下,可以先用各荷载的标准值乘以荷载分项系数计算出各荷载的设计值,然后计算各荷载效应设计值,根据规范规定的组合方法计算荷载效应组合设计值;也可以先用各荷载的标准值计算出各荷载效应标准值,然后各荷载效应标准值乘以荷载分项系数计算各荷载效应设计值,根据规范规定的组合方法计算荷载效应组合设计值。

承载能力极限状态下作用组合的效应设计值 S,对持久设计状况和暂短设计状况按作用的基本组合计算。《建筑结构荷载规范》(GB 50009—2012)规定:对于基本组合,荷载效应组合的设计值应从由可变荷载效应控制的组合和由永久荷载效应控制的两组组合中取最不利值确定。

(1) 由可变荷载效应控制的组合设计值表达式为:

$$S = \sum_{j=1}^{m} \gamma_{Gj} S_{Gjk} + \gamma_{Q1}\gamma_{L1} S_{Q1k} + \sum_{i=2}^{n} \gamma_{Qi}\gamma_{Li}\psi_{ci} S_{Qik} \tag{1.6}$$

式中 γ_{Gj} ——第 j 个永久荷载的分项系数;

γ_{Qi}——第 i 个可变荷载的分项系数,其中 γ_{Q1} 为可变荷载 Q_1 的分项系数;

γ_{Li}——第 i 个可变荷载考虑设计使用年限的调整系数,其中 γ_{L1} 为可变荷载 Q_1 考虑设计使用年限的调整系数;

S_{Gjk}——按永久荷载标准值 G_{jk} 计算的荷载效应值;

S_{Qik}——按可变荷载标准值 Q_{ik} 计算的荷载效应值,其中 S_{Q1k} 为可变荷载效应中起控制作用者;

ψ_{ci}——可变荷载 Q_{ik} 的组合值系数;

m——参与组合的永久荷载数;

n——参与组合的可变荷载数。

(2) 由永久荷载效应控制的组合设计值表达式为:

$$S = \sum_{j=1}^{m} \gamma_{Gj} S_{Gjk} + \sum_{i=1}^{n} \gamma_{Qi}\gamma_{Li}\psi_{ci} S_{Qik} \tag{1.7}$$

● 特 别 提 示

(1)基本组合中的效应的设计值仅适用于荷载与荷载效应为线性的情况。(2)当对 S_{Q1k} 无法明显判断时,轮次以各可变荷载效应为 S_{Q1k},选其中最不利的荷载效应组合。(3)当设计中要考虑预应力荷载时,应按永久荷载考虑。

(3) 基本组合的荷载分项系数。对于基本组合的荷载分项系数,应按下列规定采用。
永久荷载的分项系数有两种情况。
① 当其效应对结构不利时:对由可变荷载效应控制的组合,应取 1.2;对由永久荷载效应控制的组合,应取 1.35。
② 当其效应对结构有利时的组合,应取 1.0。
可变荷载的分项系数有两种情况。
① 一般情况,应取 1.4。

② 对标准值大于 $4kN/m^2$ 的工业房屋楼面结构的活荷载，应取 1.3。

对结构的倾覆、滑移或漂浮验算，荷载的分项系数应按有关的结构设计规范的规定采用。

(4) 可变荷载考虑设计使用年限的调整系数 γ_L。可变荷载考虑设计使用年限的调整系数 γ_L 应按表 1-7 采用。

表 1-7　可变荷载考虑设计使用年限的调整系数 γ_L

结构设计使用年限/年	5	50	100
γ_L	0.9	1.0	1.1

注：1. 当设计使用年限不为表中数值时，调整系数 γ_L 可线性内插。
　　2. 当采用 100 年年限期的风压和雪压为荷载标准值时，设计使用年限大于 50 年时风、雪荷载的 γ_L 取 1.0。
　　3. 对于荷载标准值可控制的可变荷载，设计使用年限调整系数 γ_L 取 1.0。

应用案例 1-1

某教室钢筋混凝土简支梁，跨度为 4.0m。梁上作用的均布恒载标准值 $g_k=12kN/m$，集中活荷载标准值 $F_k=8kN$（作用于跨中）。恒载分项系数 $\gamma_G=1.2$，活荷载分项系数 $\gamma_Q=1.4$。结构安全等级为二级，设计使用年限为 50 年。试计算荷载效应最大弯矩值和最大剪力值。

【解】

1. 由可变荷载效应控制的组合设计值

利用公式：$S = \sum_{j=1}^{m} \gamma_{Gj} S_{Gjk} + \gamma_{Q1} \gamma_{L1} S_{Q1k} + \sum_{i=2}^{n} \gamma_{Qi} \gamma_{Li} \psi_{ci} S_{Qik}$，此题只有一个恒载和活荷载，设计使用年限为 50 年，$\gamma_{L1}=1.0$。

(1) 荷载效应最大弯矩值（跨中弯矩）：

$$M_{max} = S = 1.2 \times \frac{1}{8} g_k l^2 + 1.4 \gamma_{L1} \times \frac{1}{4} F_k l = 1.2 \times \frac{1}{8} \times 12 \times 4^2 + 1.4 \times 1.0 \times \frac{1}{4} \times 8 \times 4 = 40(kN \cdot m)$$

(2) 荷载效应最大剪力值（支座处剪力）：

$$V_{max} = S = 1.2 \times \frac{1}{2} g_k l + 1.4 \gamma_{L1} \times \frac{1}{2} F_k = 1.2 \times \frac{1}{2} \times 12 \times 4 + 1.4 \times 1.0 \times \frac{1}{2} \times 8 = 34.4(kN)$$

2. 由永久荷载效应控制的组合设计值

利用公式：$S = \sum_{j=1}^{m} \gamma_{Gj} S_{Gjk} + \sum_{i=1}^{n} \gamma_{Qi} \gamma_{Li} \psi_{ci} S_{Qik}$，查表 1-1，$\psi_c = 0.7$。

(1) 荷载效应最大弯矩值（跨中弯矩）：

$$M_{max} = 1.35 \times \frac{1}{8} g_k l^2 + 1.4 \gamma_{L1} \times \frac{1}{4} F_k l \psi_c = 1.35 \times \frac{1}{8} \times 12 \times 4^2 + 1.4 \times 1.0 \times \frac{1}{4} \times 8 \times 4 \times 0.7$$
$$= 40.24(kN \cdot m) > 40 kN \cdot m$$

(2) 荷载效应最大剪力值（支座处剪力）：

$$V_{max} = 1.35 \times \frac{1}{2} g_k l + 1.4 \gamma_{L1} \times \frac{1}{2} F_k \times 0.7 = 1.35 \times \frac{1}{2} \times 12 \times 4 + 1.4 \times 1.0 \times \frac{1}{2} \times 8 \times 0.7$$
$$= 36.32(kN) > 34 kN$$

故在实际设计中取永久荷载效应控制的组合设计值 $M_{max} = 40.24 kN \cdot m$，$V_{max} = 36.32 kN$。

案例点评

求解该案例时要注意可变荷载考虑设计使用年限的调整系数 γ_L、可变荷载组合值系数 ψ_c 的取值。要充分理解不同荷载效应控制组合值的计算、分项系数的含义,最终组合设计值的取值。

应用案例 1-2

某办公楼现浇钢筋混凝土简支平板,厚度 $h=80\text{mm}$,计算跨度 $l=2.24\text{m}$,净跨 $l_0=2.16\text{m}$,受到外加的均布活荷载标准值 $q_k=2\text{kN}/\text{m}^2$ 和 30mm 厚细石混凝土面层自重(钢筋混凝土容重取 $25\text{kN}/\text{m}^3$,细石混凝土取 $22\text{kN}/\text{m}^3$),结构安全等级为二级,设计使用年限为 50 年。试求其荷载效应最大弯矩设计值和最大剪力设计值。

【解】
1. 由可变荷载效应控制的组合设计值

取 1m 板宽进行计算,自重和活荷载分项系数分别为 $\gamma_G=1.2$,$\gamma_Q=1.4$,$\gamma_{L1}=1.0$,则简支梁恒荷载标准值为:
$$g_k=(25\times 0.08+22\times 0.03)\times 1.0\,(\text{kN}/\text{m})$$

则跨中最大弯矩设计值为:
$$M_{max}=\gamma_G\frac{l^2}{8}g_K+\gamma_Q\gamma_{L1}\frac{l^2}{8}q_k$$
$$=[1.2\times(25\times 0.08+22\times 0.03)+1.4\times 2]\times\frac{2.24^2}{8}$$
$$=5.99\times 0.627=3.757(\text{kN}\cdot\text{m})$$

简支梁支座边最大剪力设计值为:
$$V_{max}=pl_0/2=[1.2\times(25\times 0.08+22\times 0.03)+1.4\times 2]\times 2.16/2$$
$$=5.99\times 2.16/2=6.47(\text{kN})$$

2. 由永久荷载效应控制的组合设计值

跨中最大弯矩设计值为:
$$M_{max}=[1.35\times(25\times 0.08+22\times 0.03)+1.4\times 2\times 0.7]\times\frac{2.24^2}{8}=3.480(\text{kN}\cdot\text{m})$$

简支梁支座边最大剪力设计值为:
$$V_{max}=pl_0/2=[1.2\times(25\times 0.08+22\times 0.03)+1.4\times 2\times 0.7]\times 2.16/2=5.995(\text{kN})$$

故在实际设计中取可变荷载效应控制的组合设计值 $M_{max}=3.757\text{kN}\cdot\text{m}$,$V_{max}=6.47\text{kN}$。

案例点评

该案例求解时,要注意:跨中弯矩计算时计算长度为计算跨度 $l=2.24\text{m}$,支座剪力计算时取计算长度为净跨 $l_0=2.16\text{m}$。

2. 正常使用极限状态验算

1) 混凝土结构构件正常使用极限状态验算

混凝土结构构件应根据其使用功能及外观要求,按下列规定进行正常使用极限状态验算。

(1) 对需要控制变形的构件，应进行变形验算。
(2) 对不允许出现裂缝的构件，应进行混凝土拉应力验算。
(3) 对允许出现裂缝的构件，应进行受力裂缝宽度验算。
(4) 对有舒适度要求的楼盖结构，应进行竖向自振频率验算。

2) 正常使用极限状态设计表达式

对于正常使用极限状态，钢筋混凝土构件、预应力混凝土构件应分别按荷载的准永久组合并考虑长期作用的影响或标准组合并考虑长期作用的影响，采用下列极限状态设计表达式进行验算：

$$S \leqslant C \tag{1.8}$$

式中 S——正常使用极限状态的荷载组合效应值；
C——结构构件达到正常使用要求所规定的变形、应力、裂缝宽度和自振频率等的限值。

(1) 荷载效应组合。在计算正常使用极限状态的荷载组合效应值 S 时，须首先确定荷载效应的标准组合、频遇组合和准永久组合。

① 对于标准组合，荷载效应组合的设计值 S 应按下式采用：

$$S = \sum_{j=1}^{m} S_{Gjk} + S_{Q1k} + \sum_{i=2}^{n} \psi_{ci} S_{Qik} \tag{1.9}$$

② 对于频遇组合，荷载效应组合的设计值 S 应按下式采用：

$$S = \sum_{j=1}^{m} S_{Gjk} + \psi_{f1} S_{Q1k} + \sum_{i=2}^{n} \psi_{qi} S_{Qik} \tag{1.10}$$

式中 ψ_{f1}——可变荷载的频遇值系数；
ψ_{qi}——可变荷载准永久值系数。

③ 对于准永久组合，荷载效应组合的设计值 S 可按下式采用：

$$S = \sum_{j=1}^{m} S_{Gjk} + \sum_{i=1}^{n} \psi_{qi} S_{Qik} \tag{1.11}$$

● 特 别 提 示

式(1.9)、(1.10)、(1.11)组合中的效应设计值仅适用于荷载与荷载效应为线性的情况。

应用案例 1-3

已知某受弯构件由各种荷载引起的弯矩标准值分别为：永久荷载 3000 N·m，活荷载 2000 N·m，风荷载 400 N·m，雪荷载 300 N·m。其中活荷载的组合值系数 $\psi_{c1}=0.7$，风荷载的组合值系数 $\psi_{c2}=0.6$，雪荷载的组合值系数 $\psi_{c3}=0.7$。若构件安全等级为二级 ($\gamma_0=1.0$)，设计使用年限为 50 年 ($\gamma_L=1.0$)，求按承载能力极限状态设计时的荷载效应 M。

又若各种可变荷载的准永久值系数分别为：使用活荷载 $\psi_{q1}=0.4$，风荷载 $\psi_{q2}=0$，雪荷载 $\psi_{q1}=0.4$，求在正常使用极限状态下的荷载标准组合 M_s 和荷载准永久组合 M_1。

【解】

1. 按承载能力极限状态计算荷载效应 M

可变荷载效应控制的组合：

$$S = M = \sum_{j=1}^{m}\gamma_{Gj}S_{Gjk} + \gamma_{Q1}\gamma_{L1}S_{Q1k} + \sum_{i=2}^{n}\gamma_{Qi}\gamma_{Li}\psi_{ci}S_{Qik} = \gamma_G M_{Gk} + \gamma_{Q1}\gamma_{L1}M_{Q1k} + \sum_{i=2}^{n}\gamma_{Qi}\gamma_{Li}\psi_{ci}M_{Qik}$$

$$= 1.2\times 3000 + 1.4\times 1.0\times 2000 + 1.4\times 1.0\times 0.6\times 400 + 1.4\times 1.0\times 0.7\times 300$$

$$= 7030(\text{N}\cdot\text{m})$$

由永久荷载效应控制的组合：

$$S = M = \sum_{j=1}^{m}\gamma_{Gj}S_{Gjk} + \sum_{i=1}^{n}\gamma_{Qi}\gamma_{Li}\psi_{ci}S_{Qik} = \gamma_G M_{Gk} + \sum_{i=1}^{n}\gamma_{Qi}\gamma_{Li}\psi_{ci}M_{Qik}$$

$$= 1.35\times 3000 + 1.4\times 1.0(0.7\times 2000 + 0.6\times 400 + 0.7\times 300) = 6640(\text{N}\cdot\text{m})$$

最终承载能力极限状态计算荷载效应 $M = 7030\text{N}\cdot\text{m}$。

2. 按正常使用极限状态下的荷载标准组合 M_s 和荷载准永久组合 M_l

荷载效应的标准组合：

$$S = M_s = \sum_{j=1}^{m}S_{Gjk} + S_{Q1k} + \sum_{i=2}^{n}\psi_{ci}S_{Qik} = M_{Gk} + M_{Q1k} + \sum_{i=2}^{n}\psi_{ci}M_{Qik}$$

$$= 3000 + 2000 + 0.6\times 400 + 0.7\times 300 = 5450(\text{N}\cdot\text{m})$$

荷载效应准永久组合：

$$S = M_l = \sum_{j=1}^{m}S_{Gjk} + \sum_{i=1}^{n}\psi_{qi}S_{Qik} = M_{Gk} + \sum_{i=1}^{n}\psi_{qi}M_{Qik}$$

$$= 3000 + 0.4\times 2000 + 0\times 400 + 0.2\times 300 = 3860(\text{N}\cdot\text{m})$$

(2) 变形验算。钢筋混凝土受弯构件的最大挠度应按荷载的准永久组合，预应力混凝土受弯构件的最大挠度应按荷载的标准组合，并均考虑荷载长期作用的影响进行计算，其计算值不应超过表 1-8 规定的挠度限值，即：

$$f \leqslant f_{\lim} \tag{1.12}$$

表 1-8　受弯构件的挠度限值 $f_{\lim}$

构件类型		挠度限值
吊车梁	手动吊车	$l_0/500$
	电动吊车	$l_0/600$
屋盖、楼盖及楼梯构件	当 $l_0 < 7\text{m}$ 时	$l_0/200$　($l_0/250$)
	当 $7\text{m} \leqslant l_0 \leqslant 9\text{m}$ 时	$l_0/250$　($l_0/300$)
	当 $l_0 > 9\text{m}$ 时	$l_0/300$　($l_0/400$)

注：1. 表中 l_0 为构件的计算跨度；计算悬臂构件的挠度限值时，其计算跨度 l_0 按实际悬臂长度的 2 倍取用。

2. 表中括号内的数值适用于使用上对挠度有较高要求的构件。

3. 如果构件制作时预先起拱，且使用上也允许，则在验算挠度时，可将计算所得的挠度值减去起拱值；对预应力混凝土构件，尚可减去预加力所产生的反拱值。

4. 构件制作时的起拱值和预加力所产生的反拱值，不宜超过构件在相应荷载组合作用下的计算挠度值。

(3) 裂缝控制验算。结构构件正截面的受力裂缝控制等级分为三级。在直接作用下,结构构件的裂缝控制等级划分及要求应符合下列规定。

一级——严格要求不出现裂缝的构件,按荷载标准组合计算时,构件受拉边缘混凝土不应产生拉应力,即:

$$\sigma_{ck} \leqslant 0 \tag{1.13}$$

二级——一般要求不出现裂缝的构件,按荷载标准组合计算时,构件受拉边缘混凝土拉应力不应大于混凝土抗拉强度的标准值,即:

$$\sigma_{ck} \leqslant f_{tk} \tag{1.14}$$

三级——允许出现裂缝的构件:对钢筋混凝土构件,按荷载准永久组合并考虑长期作用影响计算时,构件的最大裂缝宽度不应超过表 1-9 规定的最大裂缝宽度限值,即:

$$w_{max} \leqslant w_{lim} \tag{1.15}$$

对预应力混凝土构件,按荷载标准组合并考虑长期作用的影响计算时,构件的最大裂缝宽度不应超过表 1-9 规定的最大裂缝宽度限值;对二 a 类环境的预应力混凝土构件,应按荷载准永久组合计算,构件受拉边缘混凝土的拉应力不应大于混凝土的抗拉强度标准值。

表 1-9 结构构件的裂缝控制等级及最大裂缝宽度的限值

mm

环境类别	钢筋混凝土结构		预应力混凝土结构	
	裂缝控制等级	w_{lim}	裂缝控制等级	w_{lim}
一	三级	0.30(0.40)	三级	0.20
二 a				0.10
二 b		0.20	二级	—
三 a、三 b			一级	—

注:1. 对处于年平均相对湿度小于 60% 地区一级环境下的受弯构件,其最大裂缝宽度限值可采用括号内的数值。
2. 在一类环境下,对钢筋混凝土屋架、托架及需做疲劳验算的吊车梁,其最大裂缝宽度限值应取为 0.20mm;对钢筋混凝土屋面梁和托梁,其最大裂缝宽度限值应取为 0.30mm。
3. 在一类环境下,对预应力混凝土屋架、托架及双向板体系,应按二级裂缝控制等级进行验算;对一类环境下的预应力混凝土屋面梁、托梁、单向板,按表中二 a 级环境的要求进行验算;在一类和二类环境下的需做疲劳验算的预应力混凝土吊车梁,应按一级裂缝控制等级进行验算。
4. 表中规定的预应力混凝土构件的裂缝控制等级和最大裂缝宽度限值仅适用于正截面的验算;预应力混凝土构件的斜截面裂缝控制验算应符合《混凝土结构设计规范》(GB 50010—2010) 第 7 章的要求。
5. 对于烟囱、筒仓和处于液体压力下的结构构件,其裂缝控制要求应符合专门标准的有关规定。
6. 对于处于四、五类环境下的结构构件,其裂缝控制要求应符合专门标准的有关规定。
7. 表中的最大裂缝宽度限值为用于验算荷载作用引起的最大裂缝宽度。

表 1-9 中环境类别按表 1-10 确定,严寒和寒冷的划分见表 1-11。

表 1-10 混凝土结构的环境类别

环境类别	条件
一	室内干燥环境; 无侵蚀性静水浸没环境

续表

环境类别		条件
二	a	室内潮湿环境; 非严寒和非寒冷地区的露天环境; 非严寒和非寒冷地区与无侵蚀性的水或土壤直接接触的环境; 严寒和寒冷地区的冰冻线以下与无侵蚀性的水或土壤直接接触的环境
二	b	干湿交替环境; 水位频繁变动环境; 严寒和寒冷地区的露天环境; 严寒和寒冷地区的冰冻线以上与无侵蚀性的水或土壤直接接触的环境
三	a	严寒和寒冷地区冬季水位变动区环境; 受除冰盐影响环境; 海风环境
三	b	盐渍土环境; 受除冰盐影响环境; 海岸环境
四		海水环境
五		受人为或自然的侵蚀性物质影响的环境

表 1-11 严寒和寒冷的划分

分区名称	最冷月平均温度/℃	日平均温度不高于5℃的天数
严寒地区	≤-10	≥145
寒冷地区	-10~0	90~145

1.3.3 砌体结构极限状态计算

《砌体结构设计规范》(GB 50003—2011)采用了以概率论为基础的极限状态设计方法,以可靠指标度量结构构件的可靠度,采用分项系数的设计表达式进行设计。

砌体结构除应按承载能力极限状态设计外,还应满足正常使用极限状态的要求。根据砌体结构的特点,砌体结构正常使用极限状态的要求,一般情况下可由相应的构造措施保证,只需对砌体结构进行承载力极限状态验算即可。

砌体结构按承载能力极限状态设计时,应按下列公式中最不利组合进行计算:

$$\gamma_0(1.2S_{GK} + 1.4\gamma_L S_{Q1K} + \gamma_L \sum_{i=2}^{n} \gamma_{Qi}\psi_{Ci}S_{QiK}) \leq R(f, \alpha_k \cdots) \tag{1.16}$$

$$\gamma_0(1.35S_{GK} + 1.4\gamma_L \sum_{i=1}^{n}\psi_{Ci}S_{QiK}) \leq R(f, \alpha_k \cdots) \tag{1.17}$$

式中 γ_0——结构重要性系数。对安全等级为一级或设计使用年限为 50 年以上的结构构件,不应小于1.1;对安全等级为二级或设计使用年限为 50 年的结构构件,不应小于1.0;对安全等级为三级或设计使用年限为 1~5 年的结构构件,不应小于0.9;

γ_L——结构构件的抗力模型不定性系数。对静力设计,考虑结构设计使用年限的荷载调整系数,设计使用年限为 50 年,取 1.0;设计使用年限为 100 年,取 1.1;

S_{Gk}——永久荷载标准值的效应;

S_{Q1k} ——在基本组合中起控制作用的一个可变荷载标准值的效应;

S_{Qik} ——第 i 个可变荷载标准值的效应;

$R(\cdot)$ ——结构构件的抗力函数;

γ_{Qi} ——第 i 个可变荷载的分项系数;

ψ_{ci} ——第 i 个可变荷载的组合值系数。一般情况下应取 0.7;对书库、档案库、储藏室或通风机房、电梯机房应取 0.9;

f ——砌体抗压强度设计值,$f = f_k / \gamma_f$;

f_k ——砌体抗压强度标准值,$f_k = f_m - 1.645\sigma_f$;

γ_f ——砌体结构的材料性能分项系数,一般情况下,宜按施工控制等级为 B 级考虑,取 $\gamma_f = 1.6$;当为 C 级时,取 $\gamma_f = 1.8$;

f_m ——砌体强度的平均值;

σ_f ——砌体强度的标准差;

α_k ——几何参数标准值。

特别提示

当楼面活荷载标准值大于 $4kN/m^2$ 时,式(1.16)、(1.17)中系数 1.4 应为 1.3;永久荷载应采用标准值作为代表值。

施工质量控制等级划分要求应符合《砌体结构工程施工质量验收规范》(GB 50203—2011)的规定。

当砌体结构作为一个刚体,需验算整体稳定性时,如倾覆、滑移、漂浮等,应按下列公式中最不利组合进行验算:

$$\gamma_0(1.2S_{G2k} + 1.4\gamma_L S_{Q1k} + \gamma_L \sum_{i=2}^{n} S_{Qik}) \leqslant 0.8 S_{G1k} \quad (1.18)$$

$$\gamma_0(1.35 S_{G2k} + 1.4\gamma_L \sum_{i=1}^{n} \psi_{ci} S_{Qik}) \leqslant 0.8 S_{G1k} \quad (1.19)$$

式中 S_{G1k} ——起有利作用的永久荷载标准值的效应;

S_{G2k} ——起不利作用的永久荷载标准值的效应。

1.3.4 钢结构极限状态计算

钢结构设计有两种设计方法,即容许应力法和以概率论为基础的极限状态设计法。现行《钢结构设计规范(送审稿)》(GB 50017—2013)规定除疲劳计算外,均采用以概率论为基础的极限状态设计法,用分项系数的设计表达式进行计算。

1. 容许应力法

容许应力法是一种传统的设计方法,为保证结构在一定使用条件下连续、安全、正常地工作,它用一个总的安全系数来考虑实际工作和设计计算的差异,即将钢材可以使用的最大强度(如屈服强度)除以一个笼统的安全系数,作为结构计算时容许达到的最大应力——容许应力,其表达式为:

$$\sigma = \frac{f_y}{k} \leqslant [\sigma] \tag{1.20}$$

式中 f_y——钢材的屈服点；

k——安全系数。

容许应力方法的缺点是，由于笼统的采用了一个安全系数，将使各构件的安全度各不相同，从而整个结构的安全度一般取决于安全度最小的构件。优点是表达简洁、计算方便、概念明确。

容许应力的方法目前被许多国家采用。我国的铁路和桥梁规范也采用这种方法。建筑钢结构中不能按极限平衡或弹塑性分析的结构也仍然采用该方法。

2. 以概率论为基础的极限状态设计法

钢结构的安全等级和设计使用年限应符合现行国家标准《建筑结构可靠性设计统一标准》(GB 50068—2001)和《工程结构可靠度性设计统一标准》(GB 50153—2008)的规定。一般工业与民用建筑钢结构的安全等级应取为二级，其他特殊建筑钢结构的安全等级应根据具体情况另行确定。建筑物中各类结构构件的安全等级，宜与整个结构的安全等级相同。对其中部分结构构件的安全等级可进行调整，但不得低于三级。

钢结构应按承载能力极限状态和正常使用极限状态进行设计。

(1) 承载能力极限状态包括：构件或连接的强度破坏、疲劳破坏、脆性断裂、因过度变形而不适用于继续承载，结构或构件丧失稳定、结构转变为机动体系和结构倾覆。

(2) 正常使用极限状态包括：影响结构、构件或非结构构件正常使用或外观的变形，影响正常使用的振动，影响正常使用或耐久性能的局部损坏(包括混凝土裂缝)。

按承载能力极限状态设计钢结构时，应考虑荷载效应的基本组合，必要时应考虑荷载效应的偶然组合。按正常使用极限状态设计钢结构时，应考虑荷载效应的标准组合，对钢与混凝土组合梁，应考虑准永久组合。

计算结构或构件的强度、稳定性及连接的强度时，应采用荷载设计值(荷载标准值乘以荷载分项系数)；计算疲劳和正常使用极限状态的变形时，应采用荷载标准值。

对于直接承受动力荷载的结构：在计算强度和稳定性时，动力荷载设计值应乘以动力系数；在计算疲劳和变形时，动力荷载标准值不乘动力系数。

设计钢结构时，荷载的标准值、荷载分项系数、荷载组合系数、动力荷载的动力系数等，应按《建筑结构荷载规范》(GB 50009—2012)的规定采用。

(1) 承载能力极限状态表达式。结构构件应采用下列承载能力极限状态设计表达式：

无地震作用效应组合验算：

$$\gamma_0 S \leqslant R \tag{1.21}$$

有地震作用效应组合验算：

$$S \leqslant R / \gamma_{RE} \tag{1.22}$$

式中 γ_0——结构重要性系数：对安全等级为一级的结构构件不应小于1.1，对安全等级为二级的结构构件不应小于1.0，对安全等级三级的结构构件不应小于0.9；

S——承载能力极限状况下，作用组合的效应设计值：对非抗震设计，应按作用的基本组合计算；对抗震设计，应按作用的地震组合计算；

R——结构构件的抗力设计值；

γ_{RE}——承载力抗震调整系数，按现行国家标准《建筑抗震设计规范》(GB 50011—2010)取值。

(2) 正常使用极限状态设计表达式。为了不影响结构或构件的正常使用和观感，设计时应对结构或构件的变形(挠度或侧移)规定相应的限值。一般情况下，构件变形的容许值见《钢结构设计规范(送审稿)》(GB 50017—2012)规范附录 A 的规定，结构变形的容许值应满足此规范第 4 章的相关规定。当有实践经验或有特殊要求时，可根据不影响正常使用和观感的原则对此规范附录 A 的规定进行适当的调整。

课题1.4　混凝土结构耐久性设计

1.4.1　耐久性与主要影响因素

1. 耐久性

混凝土结构的耐久性是指在设计使用年限内，在正常维护条件下，必须满足正常使用的功能要求，而不需进行维修加固。

混凝土结构的耐久性设计主要根据结构的环境类别和设计使用年限进行，同时还要考虑对混凝土材料的基本要求。在我国，采用满足耐久性规定的方法进行耐久性设计，实质上是针对影响耐久性能的主要因素提出相应的对策。

2. 影响耐久性能的主要因素

影响混凝土结构耐久性能的因素很多，主要有内部和外部两个方面。内部因素主要有混凝土的强度、密实性、水泥用量、水灰比、氯离子及碱含量、外加剂用量、保护层厚度等；外部因素则主要是环境条件，包括温度、湿度、CO_2 含量、侵蚀性介质等。出现耐久性能下降的问题，往往是内、外部因素综合作用的结果。此外，设计不周、施工质量差或使用中维修不当等也会影响耐久性能。

1.4.2　耐久性设计

1. 耐久性设计的目的和内容

耐久性设计的目的是在规定的设计使用年限内，在正常维护条件下，必须保持适合于使用，满足既定功能的要求，即要求在规定的设计使用年限内，混凝土结构应能在自然和人为环境的化学和物理作用下，不出现无法接受的承载力减小、使用功能降低和不能接受的外观破损等耐久性问题。所出现的问题通过正常的维护即可解决，而不需付出很高的代价。

对临时性混凝土结构和大体积混凝土的内部可以不考虑耐久性设计。

混凝土结构应根据结构的使用环境类别和设计使用年限进行设计。耐久性设计包括下列内容。

(1) 确定结构所处的环境类别。
(2) 提出对混凝土材料的耐久性要求。
(3) 确定构件中钢筋的混凝土保护层厚度。
(4) 不同环境条件下的耐久性技术措施。
(5) 提出结构使用阶段的检测与维护要求。

2. 混凝土结构设计使用年限和使用环境类别

结构构件的设计使用年限是指在正常的维护条件下，能够保持其使用功能而无须进行大修加固的时间。混凝土结构相同但所处使用环境不同，结构的寿命不同，很显然，处于强腐蚀环境中要比处在一般大气环境中的寿命短。因此，混凝土结构的耐久性与其使用环境密切相关。混凝土结构应按混凝土结构的环境类别和表 1-12 所示的设计使用年限进行设计。

表 1-12　设计使用年限

类别	设计使用年限/年	示例
1	5	临时性结构
2	25	易于替换的结构构件
3	50	普通房屋和构筑物
4	100	纪念性建筑和特别重要的建筑结构

3. 保证耐久性的技术措施及构造要求

为保证混凝土结构的耐久性，根据使用环境类别和设计使用年限，针对影响耐久性的主要因素，应从设计、材料和施工方面提出技术措施，并采取有效的构造措施。

1) 结构设计技术措施

(1) 未经技术鉴定及设计许可，不能改变结构的使用环境，不得改变结构的用途。

(2) 对于结构中使用环境较差的构件，宜设计成可更换或易更换的构件。

(3) 宜根据环境类别，规定维护措施及检查年限；对重要的结构，宜在与使用环境类别相同的适当位置设置供耐久性检查的专用构件。

(4) 对于暴露在侵蚀性环境中的结构构件，其受力钢筋可采用环氧涂层带肋钢筋，预应力筋应有防护措施。在此情况下宜采用高强度等级的混凝土。

2) 对混凝土材料的要求

用于一、二和三类环境中设计使用年限为 50 年的混凝土结构，其混凝土材料宜符合表 1-13 的要求。

表 1-13　混凝土结构材料的耐久性基本要求

环境类别	最大水胶比	最低混凝土强度	最大氯离子含量/%	最大碱含量/(kg/m^3)
一	0.65	C20	0.3	不限制
二 a	0.55	C25	0.2	3.0
二 b	0.50(0.55)	C30(C25)	0.15	3.0
三 a	0.45(0.50)	C35(C30)	0.15	3.0
三 b	0.40	C40	0.10	3.0

注：1. 氯离子含量指其占胶凝材料总量的百分率。
　　2. 预应力混凝土构件中的最大氯离子含量为 0.06%；其最低混凝土强度等级宜按表中规定提高两个等级。
　　3. 素混凝土构件的水胶比及最低强度等级的要求可适当放松。
　　4. 有可靠的工程经验时，处于二类环境中的最低混凝土强度等级可降低一个等级。
　　5. 处于严寒和寒冷地区二 b、三 a 类环境中的混凝土应使用引气剂，并可采用括号中的有关参数。
　　6. 当使用非碱活性骨料时，对混凝土中的碱含量可不作限制

一类环境中，设计使用年限为 100 年的混凝土结构，应符合下列规定。

(1) 钢筋混凝土结构的最低强度等级为 C30，预应力混凝土结构的最低强度等级为 C40。

(2) 混凝土中最大氯离子含量为 0.06%。

(3) 宜使用非碱活性骨料；当使用碱活性骨料时，混凝土中最大碱含量为 3.0kg/m^3。

(4) 混凝土保护层厚度应符合《混凝土结构设计规范》(GB 50010—2010)第 8.2.1 条的

规定；当采取有效的表面防护措施时，混凝土保护层厚度可适当减少。

二类、三类环境中，设计使用年限为100年的混凝土结构应采取专门有效的措施。

耐久性环境类别为四类和五类的混凝土结构，其耐久性要求应符合有关标准的规定。

3) 施工要求

混凝土的耐久性主要取决于它的密实性，除应满足上述对混凝土材料的要求外，还应高度重视混凝土的施工质量，控制商品混凝土的各个环节，加强对混凝土的养护，防止过早受荷等。混凝土结构及构件应采取下列耐久性技术措施。

(1) 预应力混凝土结构中的预应力筋应根据具体情况采取表面防护、孔道灌浆、加大混凝土保护层厚度等措施；外露的锚固端应采取封锚和混凝土表面处理等有效措施。

(2) 有抗渗要求的混凝土结构，混凝土的抗渗等级应符合有关标准的要求。

(3) 严寒及寒冷地区的潮湿环境中，混凝土结构应满足抗冻要求，混凝土抗冻等级应符合有关标准的要求。

(4) 处于二、三类环境中的悬臂构件宜采用悬臂梁-板的结构形式，或在其上表面增设防护层。

(5) 处于二、三类环境中的结构构件，其表面的预埋件、吊钩、连接件等金属部件应采取可靠的防锈措施。

(6) 处在三类环境中的混凝土结构构件，可采用阻锈剂、环氧树脂涂层钢筋或其他耐腐蚀性能的钢筋、采取阴极保护措施或采用可更换的构件等措施。

4) 混凝土保护层最小厚度

混凝土保护层最小厚度是以保证钢筋与混凝土共同工作，满足对受力钢筋的有效锚固及保证耐久性的要求为依据的。见模块3中课题1表3-5混凝土保护层的最小厚度。

5) 检测与维护要求

(1) 建立定期检测、维修制度。

(2) 设计中可更换的混凝土构件应按规定更换。

(3) 构件表面的保护层，应按规定维护或更换。

(4) 结构出现可见的耐久性缺陷时，应及时进行处理。

课题1.5 砌体结构耐久性规定

砌体结构的耐久性应根据环境类别和设计使用年限进行设计。

1.5.1 砌体结构的环境类别

砌体结构的环境类别的划分见表1-14。

表1-14 砌体结构的环境类别

环境类别	条件
1	正常居住及办公建筑的内部干燥环境
2	潮湿的室内或室外环境，包括与无侵蚀性土和水接触的环境
3	严寒和使用化冰盐的潮湿环境(室内或室外)
4	与海水直接接触的环境，或处于滨海地区的盐饱和的气体环境
5	有化学侵蚀的气体、液体或固态形式的环境，包括有侵蚀性土壤的环境

1.5.2 砌体结构耐久性规定概述

1. 钢筋

当设计使用年限为 50 年时,砌体中钢筋的耐久性选择应符合表 1-15 的规定。

表 1-15 砌体中钢筋耐久性选择

环境类别	钢筋种类和最低保护要求	
	位于砂浆中的钢筋	位于灌孔混凝土中的钢筋
1	普通钢筋	普通钢筋
2	重镀锌或有等效保护的钢筋	当采用混凝土灌孔时,可为普通钢筋;当采用砂浆灌孔时应为重镀锌或有等效保护的钢筋
3	不锈钢或有等效保护的钢筋	重镀锌或有等效保护的钢筋
4 和 5	不锈钢或有等效保护的钢筋	不锈钢或有等效保护的钢筋

注:1. 对夹心墙的外叶墙,应采用重镀锌或有等效保护的钢筋。
  2. 表中的钢筋即为国家现行标准《混凝土结构设计规范》(GB 50010—2010)和《冷轧带肋钢筋混凝土结构技术规程》(JGJ 95—2011)等标准规定的普通钢筋或非预应力钢筋。

2. 保护层

设计使用年限为 50 年时,砌体中钢筋的保护层厚度,应符合下列规定。
(1) 配筋砌体中钢筋的最小混凝土保护层应符合表 1-16 的规定。
(2) 灰缝中钢筋外露砂浆保护层的厚度不应小于 15mm。
(3) 所有钢筋端部均应有与对应钢筋的环境类别条件相同的保护层厚度。
(4) 对填实的夹心墙或特别的墙体构造,钢筋的最小保护层厚度,应符合下列规定。
① 用于环境类别 1 时,应取 20mm 厚砂浆或灌孔混凝土与钢筋直径较大者。
② 用于环境类别 2 时,应取 20mm 厚灌孔混凝土与钢筋直径较大者。
③ 采用重镀锌钢筋时,应取 20mm 厚砂浆或灌孔混凝土与钢筋直径较大者。
④ 采用不锈钢筋时,应取钢筋的直径。

表 1-16 钢筋的最小保护层厚度

环境类别	混凝土强度等级			
	C20	C25	C30	C35
	最低水泥含量/(kg/m³)			
	260	280	300	320
1	20	20	20	20
2	—	25	25	25
3	—	40	40	30
4	—	—	40	40
5	—	—	—	40

注:1. 材料中最大氯离子含量和最大碱含量应符合现行国家标准《混凝土结构设计规范》(GB 50010—2010)的规定。

2. 当采用防渗砌体块体和防渗砂浆时，可以考虑部分砌体(含抹灰层)的厚度作为保护层，但对环境类别1、2、3，其混凝土保护层的厚度相应不应小于10mm、15mm和20mm。

3. 钢筋砂浆面层的组合砌体构件的钢筋保护层厚度宜比表1-16规定的混凝土保护层厚度数值增加5~10mm。

4. 对安全等级为一级或设计使用年限为50年以上的砌体结构，钢筋保护层的厚度应至少增加10mm。

3. 防护涂层

设计使用年限为50年时，夹心墙的钢筋连接件或钢筋网片、连接钢板、锚固螺栓或钢筋，应采用重镀锌或等效的防护涂层，镀锌层的厚度不应小于290g/m²；当采用环氯涂层时，灰缝钢筋涂层厚度不应小于290μm，其余部件涂层厚度不应小于450μm。

4. 砌体材料

设计使用年限为50年时，砌体材料的耐久性应符合下列规定。

(1) 地面以下或防潮层以下的砌体、潮湿房间的墙或环境类别为2的砌体，所用材料的最低强度等级应符合表1-17的规定。

表1-17 地面以下或防潮层以下的砌体、潮湿房间的墙所用材料的最低强度等级

潮湿程度	烧结普通砖	混凝土普通砖、蒸压普通砖	混凝土砌块	石材	水泥砂浆
稍潮湿的	MU15	MU20	MU7.5	MU30	M5
很潮湿的	MU20	MU20	MU10	MU30	M7.5
含水饱和的	MU20	MU25	MU15	MU40	M10

注：1. 在冻胀地区，地面以下或防潮层以下的砌体，不宜采用多孔砖。如采用时，其孔洞应用不低于M10的水泥砂浆预先灌实。当采用混凝土空心砌块时，其孔洞应采用强度等级不低于Cb20的混凝土预先灌实。

2. 对安全等级为一级或设计使用年限大于50年的房屋，表中材料强度等级应至少提高一级。

(2) 处于环境类别3~5等有侵蚀性介质的砌体材料应符合下列规定。

① 不应采用蒸压灰砂普通砖、蒸压粉煤灰普通砖。

② 应采用实心砖，砖的强度等级不应低于MU20，水泥砂浆的强度等级不应低于M10。

③ 混凝土砌块的强度等级不应低于MU15，灌孔混凝土的强度等级不应低于Cb30，砂浆的强度等级不应低于Mb10。

④ 应根据环境条件对砌体材料的抗冻指标、耐酸、碱性能提出要求，或符合有关规范的规定。

本模块小结

本模块主要讲述了建筑结构的功能要求、极限状态、荷载效应、结构抗力的概念；分混凝土结构、砌体结构、钢结构讲述了结构构件承载能力极限状态和正常使用极限状态的设计表达式及表达式中各符号的含义；讲述了混凝土结构的耐久性设计和砌体结构的耐久性规定。在以后各模块中将进一步学习各设计表达式的具体运用。

习 题

1. 建筑结构应该满足哪些功能要求？
2. 什么是结构可靠性？什么是结构可靠度？
3. 什么是结构的极限状态？结构的极限状态分为几类？其含义各是什么？
4. 什么是结构上的作用？荷载代表值是如何划分的？
5. 什么是荷载效应？什么是结构的抗力？
6. 什么是功能函数？如何用功能函数表达"可靠"、"失效"和"极限状态"？
7. 什么是失效概率？什么是可靠指标？两者之间有哪些关系？
8. 建筑结构的安全等级是如何划分的？它与目标可靠指标之间的关系如何？
9. 什么是荷载效应的组合值？对正常使用极限状态验算，为什么要区分荷载效应的标准组合和荷载效应的准永久组合？如何考虑荷载效应的标准组合和荷载效应的准永久组合？
10. 我国现行的混凝土结构设计规范、砌体结构设计规范、钢结构设计规范所采用的极限状态设计表达式各为何种形式？说明式中各符号的物理意义。
11. 正常使用极限状态中的挠度限值和裂缝控制等级是如何划分的？
12. 什么是混凝土结构的耐久性？

能力训练项目：荷载组合的效应设计值的计算

1. 某简支梁，计算跨度 $l_0 = 4\text{m}$，承受均布荷载为永久荷载，其标准值为 $g_k = 3000\text{N/m}$，跨中承受集中荷载为可变荷载，其标准值为 $F_k = 1000\text{N}$。结构的安全等级为二级，设计使用年限为50年。求由可变荷载效应控制和由永久荷载效应控制的梁跨中截面的弯矩设计值。

2. 图 1.3 所示为某钢筋混凝土悬臂外伸梁，跨度 $l = AB = 6\text{m}$，伸臂的外挑长度 $a = BC = 2\text{m}$，截面尺寸 $b \times h = 250\text{mm} \times 500\text{mm}$，承受永久荷载标准值 $g_k = 20\text{kN/m}$，可变荷载标准值 $q_k = 10\text{kN/m}$。组合值系数 $\psi_c = 0.7$。结构的安全等级为二级。

试计算：(1) AB 跨中的最大弯矩设计值。(2) B 支座截面处的最大弯矩设计值。

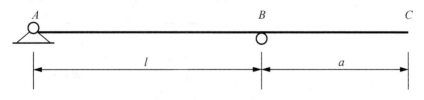

图 1.3 结构计算简图

模块 2

结构材料力学性能

🎓 教学目标

能力目标： ①会查找混凝土强度标准值、设计值和弹性模量；②会查找钢筋强度标准值、设计值和弹性模量；③会查找钢材力学指标；④会查找砌体材料力学指标。

知识目标： ①掌握立方体抗压强度、轴心抗压强度、轴心抗拉强度理论来源；②掌握混凝土一次短期加荷时的变形性能和弹性模量；③掌握有明显屈服点和无明显屈服点钢筋应力应变曲线特点及设计强度的取值标准；④了解钢材种类及其力学性能；⑤了解砌体结构中使用的各种材料及其力学性能；⑥掌握砌体结构强度及其强度的调整。

态度养成目标： 培养按照规范要求进行查表计算的态度。

🎓 教学要求

知识要点	能力要求	相关知识	所占分值 (100 分)
混凝土的选用及强度指标的查用	读懂混凝土结构规范中混凝土的应力应变曲线图；会查找混凝土强度标准值、设计值和弹性模量	混凝土立方体抗压强度、轴心抗压强度、轴心抗拉强度，混凝土一次短期加荷时的变形性能和弹性模量	30
钢筋的选用及强度指标的查用	读懂混凝土结构规范中钢筋的应力应变曲线图；会查找钢筋强度标准值、设计值和弹性模量	钢筋的种类、级别、形式和混凝土结构对钢筋性能的影响。有明显屈服点和无明显屈服点钢筋应力应变曲线特点及设计强度的取值标准	30
钢材的选用及强度指标的查用	会查找钢材力学指标	钢材的力学性能	20
砌体材料的选用及强度指标的查用	会查找砌体材料力学指标	砌体的分类；各类砌体的受力特征及破坏特征；各种砌体强度查表方法	20

模块 2 结构材料力学性能

引 例

某学院办公楼结构施工图的结构设计总说明中，列出了该工程所采用的材料，具体如下。
(1) 混凝土：基础及一层柱为 C30，基础垫层为 C15，其余为 C25。
(2) 钢筋：采用热轧 HPB300 级钢筋(用Φ表示)和 HRB335(用Φ表示)。
(3) 填充墙采用加气混凝土砌块，M5 混合砂浆砌筑。

上述结构设计说明中给出了混凝土、钢筋、混合砂浆等材料及其强度指标，本模块针对混凝土的强度指标及如何选用、钢筋的强度指标及如何选用、砌体材料的强度指标及如何选用等问题进行详细讲解。

课题 2.1 混凝土的选用及强度指标的查用

2.1.1 混凝土的强度

1. 混凝土的抗压强度

1) 混凝土立方体抗压强度

混凝土立方体抗压强度是衡量混凝土强度大小的基本指标，用符号 f_{cu} 表示。立方体抗压强度标准值是按照标准方法制作的边长为 150mm 的立方体试件，在标准养护条件下(温度 20℃±3℃，相对湿度不小于 90%)养护 28d 龄期，用标准试验方法测得的具有 95%保证率的抗压强度，用符号 $f_{cu,k}$ 表示。

立方体抗压强度标准值 $f_{cu,k}$ 是混凝土各种力学指标的基本代表值。混凝土强度等级由立方体抗压强度标准值确定，混凝土强度等级共 14 个，分别为 C15、C20、C25、C30、C35、C40、C45、C50、C55、C60、C65、C70、C75、C80。"C"为混凝土强度符号，后面的数值为混凝土立方体抗压强度标准值，单位为 MPa。

2) 混凝土轴心抗压强度

用标准棱柱体试件(150mm×150mm×300mm)测定的混凝土抗压强度，称为混凝土的轴心抗压强度或棱柱体抗压强度，用符号 f_c 表示，其标准值用符号 f_{ck} 表示。混凝土轴心抗压强度标准值，由立方体抗压强度标准值 $f_{cu,k}$ 经计算确定，数值见表 2-1。混凝土轴心抗压强度设计值由强度标准值除以混凝土材料分项系数(γ_c)确定，混凝土材料分项系数取为 1.4，则 $f_c = f_{ck}/\gamma_c$，数值见表 2-2。

表 2-1 混凝土强度标准值

MPa

强度种类	混凝土强度等级													
	C15	C20	C25	C30	C35	C40	C45	C50	C55	C60	C65	C70	C75	C80
f_{ck}	10.0	13.4	16.7	20.1	23.4	26.8	29.6	32.4	35.5	38.5	41.5	44.5	47.4	50.2
f_{tk}	1.27	1.54	1.78	2.01	2.20	2.39	2.51	2.64	2.74	2.85	2.93	2.99	3.05	3.11

表 2-2　混凝土强度设计值和弹性模量

MPa

强度种类	混凝土强度等级													
	C15	C20	C25	C30	C35	C40	C45	C50	C55	C60	C65	C70	C75	C80
f_c	7.2	9.6	11.9	14.3	16.7	19.1	21.1	23.1	25.3	27.5	29.7	31.8	33.8	35.9
f_t	0.91	1.10	1.27	1.43	1.57	1.71	1.80	1.89	1.96	2.04	2.09	2.14	2.18	2.22
弹性模量 $E_c \times 10^4$	2.20	2.55	2.80	3.00	3.15	3.25	3.35	3.45	3.55	3.60	3.65	3.70	3.75	3.80

2. 混凝土的轴心抗拉强度

混凝土的抗拉强度远小于其抗压强度,一般只有抗压强度的 1/18～1/9。混凝土轴心抗拉强度用符号 f_t 表示,其标准值用符号 f_{tk} 表示。混凝土轴心抗拉强度标准值,由立方体抗压强度标准值 $f_{cu,k}$ 经计算确定,数值见表 2-1。混凝土轴心抗拉强度设计值由强度标准值除以混凝土材料分项系数(γ_c)确定,混凝土材料分项系数取为 1.4,则 $f_c = f_{tk}/\gamma_c$,数值见表 2-2。

3. 混凝土在复合应力作用下的强度

混凝土双向受压时,两个方向的抗压强度都有所提高,最大可达单向受压时的 1.2 倍;一向受压、一向受拉时,混凝土强度均低于单向受力的强度;双向受拉强度接近于单向受拉强度;混凝土三向受压时,各个方向上的抗压强度都有很大的提高。圆柱体三向受压试验(图 2.1)得到的圆柱体纵向抗压强度 f'_{cc} 按式(2.1)计算:

$$f'_{cc} = f_c + 4.1 f_L \tag{2.1}$$

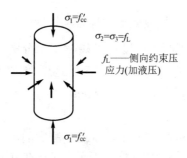

f_L——侧向约束压应力(加液压)

图 2.1　混凝土三向受压

● 特 别 提 示

混凝土三向受压时强度提高的原因:侧向压应力约束了混凝土的横向变形,从而延迟和限制了混凝土内部裂缝的发生和发展,提高了混凝土在受压方向上的抗压强度。

混凝土在正拉应力 σ 和剪应力 τ 共同作用下,混凝土的抗剪强度随正拉应力的增大而减小;当压应力小于 $(0.5\sim0.7)f_c$ 时,抗剪强度随压应力增大而增大;当压应力大于 $(0.5\sim0.7)f_c$ 时,由于混凝土内裂缝的明显发展,抗剪强度反而随压应力的增大而减小。由于剪应力的存在,其抗压强度和抗拉强度均低于相应的单向强度。

2.1.2 混凝土的变形

混凝土的变形分两类：一类是荷载作用下的受力变形，包括一次短期加载的变形、荷载长期作用下的变形和多次重复荷载作用下的变形；另一类是体积变形，包括收缩、膨胀和温度变形。

1. 一次短期加载下混凝土的变形性能

1) 混凝土的应力-应变曲线

混凝土的应力-应变曲线通常用一次短期加载棱柱体试件进行测定，图2.2所示为轴心受压混凝土应力-应变曲线。这条曲线包括上升段和下降段两个部分。图2.3所示为混凝土内部微裂缝发展过程。

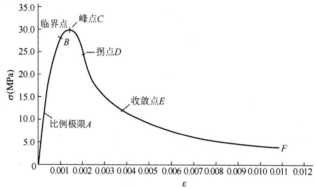

图 2.2 轴心受压混凝土的应力-应变曲线

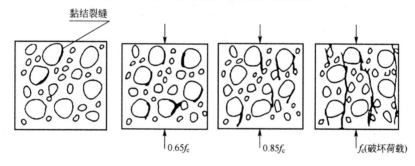

图 2.3 混凝土内部微裂缝发展过程

上升段 OC 分为三段。

OA 段，应力较小，$\sigma \leqslant 0.3f_c$，混凝土表现出理想的弹性性质，应力-应变关系呈直线变化，变形主要为弹性变形，内部初始微裂缝没有发展。

AB 段，$\sigma = (0.3 \sim 0.8)f_c$，混凝土开始表现出明显的非弹性性质，应力-应变关系偏离直线，变形为弹塑性变形，内部微裂缝有所发展，但处于稳定。临界点 B 的应力可作为长期抗压强度的依据。

BC 段，$\sigma = (0.8 \sim 1.0)f_c$，应力-应变曲线斜率急剧减小，应变增长进一步加快，内部微裂缝发展的不稳定状态直至峰点 C。峰值应力 $\sigma_{\max}$ 通常作为混凝土棱柱体的抗压强度 f_c。

下降段 CE，C 点以后，试件的平均应力强度下降，应力-应变曲线向下弯曲，直到凹向发生改变，曲线出现"拐点 D"。过"拐点 D"曲线凸向应变轴，这一段中曲率最大的一

点 E 称为"收敛点"。从收敛点 E 开始以后的曲线称为收敛段，此时贯通的主裂缝很宽，对无侧向约束的混凝土，收敛段 EF 已失去结构意义。

下降段反映了混凝土内部沿裂缝面的剪切滑移及骨料颗粒处裂缝不断延伸扩展，此时的承载力主要依靠滑移面上的摩擦咬合力。

影响混凝土应力-应变曲线形状的因素有很多，如混凝土强度、组成材料的性质及配合比、试验方法及约束情况等。

不同强度的混凝土对应的应力-应变曲线如图2.4所示，混凝土强度对上升段影响不大。在下降段区别较明显，混凝土强度越高，曲线下降段越陡，应力下降越快，即延性越差。强度等级低的混凝土，曲线的下降段平缓，应力下降慢，即低强度混凝土延性比高强度混凝土的延性好。

加载速度对混凝土应力-应变曲线也有影响。加载慢，最大应力值减小，相应于最大应力值时的应变增加，曲线下降缓；加载快，最大应力值增大，相应于最大应力值时的应变减小，曲线下降陡。

横向约束对混凝土应力-应变曲线也有影响。混凝土试件横向受到约束时，应力-应变曲线的峰值提高，应变也增大，且曲线下降段减缓明显，说明混凝土抗压强度提高，延性也提高。工程上通过设置密排螺旋钢筋或箍筋来约束混凝土，改善钢筋混凝土结构的受力性能。

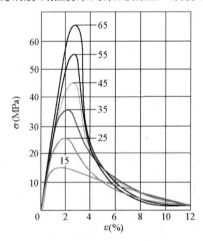

图 2.4 不同强度的混凝土对应的应力-应变曲线

根据混凝土的应力应变曲线，混凝土结构设计时采用理想化的应力应变关系图，如图 2.5 所示。

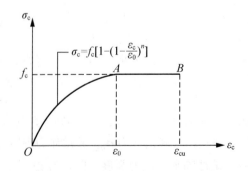

图 2.5 混凝土应力-应变关系

2) 混凝土的弹性模量与变形模量

在材料力学中,衡量弹性材料应力与应变之间的关系,可用弹性模量表示为 $E = \sigma/\varepsilon$。混凝土结构工程应用中,为了计算结构的变形、混凝土及钢筋的应力分布和预应力损失等,也必须要有一个材料常数——弹性模量,但混凝土的应力应变关系图是一条曲线,只有在应力很小时,才接近直线,因此它的应力与应变之比是一个常数,即弹性模量,而在应力较大时,应力与应变之比是一个变数,称为变形模量。混凝土的受压变形模量有如图 2.6 所示的几种表达方式。

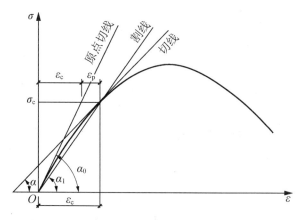

图 2.6 混凝土变形模量的表示方法

(1) 原点弹性模量,也称原始或初始弹性模量,简称弹性模量 E_c。过应力应变曲线原点作曲线的切线,该切线的斜率即为原点弹性模量,以 E_c 表示,从图 2.6 中可得 $E_c = \tan\alpha_0$。由于混凝土的弹性模量 E_c 要做出通过曲线原点的切线得出 α_0 角度,是较难测定且不容易做准确的。我国《混凝土结构设计规范》(GB 50010—2010)(以下简称《规范》)给出了由立方体抗压强度标准值确定弹性模量数值计算公式,计算结果见表 2-2。

$$E_c = \frac{10^5}{2.2 + \dfrac{34.7}{f_{cu,k}}} (\text{N/mm}^2) \tag{2.2}$$

(2) 变形模量,也称割线模量 E_c'。作原点 O 与曲线任一点(σ_c、ε_c)的连线,其所形成的割线的正切值,即为混凝土的变形模量,可表达为 $E_c' = \nu E_c$,ν 为弹性特征系数。一般地,当 $\sigma \leqslant f_c/3$ 时,$\nu = 1.0$,当 $\sigma = 0.8f_c$ 时,$\nu = 0.4 \sim 0.8$。

(3) 泊松比,混凝土试件在单调短期加压时,纵向受到压缩,横向产生膨胀,横向应变与纵向应变之比称为横向变形系数(υ_c),也称泊松比。《规范》中混凝土的泊松比取 $\upsilon_c = 0.2$。

(4) 剪切变形模量,我国《规范》规定混凝土的剪变模量为 $G_c = 0.4E_c$。

《规范》规定:受拉时的弹性模量与受压时的弹性模量基本相同,可取相同的数值,当混凝土受拉达到极限应变时,取弹性特征系数 $\nu = 0.5$。

2. 荷载长期作用下混凝土的变形性能(徐变)

混凝土在长期荷载作用下,应力不变,应变随时间继续增长的现象称为徐变。混凝土的徐变特性主要与时间参数有关。图 2.7 所示为一施加的初始压力为 $\sigma = 0.5f_c$ 时的徐变与时间的关系。

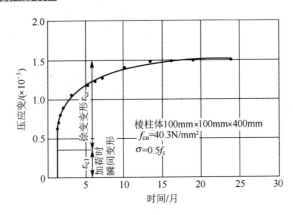

图2.7 混凝土徐变曲线

> **特别提示**
>
> 混凝土的徐变对混凝土结构构件的受力性能有重要的影响：它将使结构构件的变形增加；轴心受压构件中钢筋的应力增加而混凝土的压应力减小的应力重分布现象产生；在预应力混凝土结构构件中引起预应力损失等。

产生徐变的主要原因有：水泥胶凝体在外力作用下产生黏性流动；混凝土内部微裂缝在长期荷载作用下不断发展和增加，从而引起徐变增加。

影响混凝土徐变的主要因素有：内在因素、环境影响、应力条件。

混凝土的组成配比是影响徐变的内在因素。骨料的弹性模量越大、骨料的体积比越大，徐变就越小。水灰比越小，水泥用量少，徐变也越小。

养护及使用条件下的温湿度是影响徐变的环境因素。受荷前养护的温湿度越高，水泥水化作用越充分，徐变就越小，蒸汽养护可使徐变减少 20%～25%。试件受荷后所处使用环境的温度越高、湿度越低，徐变就越大。因此，高温干燥环境将使徐变显著增大。

加荷时混凝土的龄期和施加初应力的水平（σ 与 f_c 的比值）是影响徐变的重要因素。加荷时试件的龄期越长，徐变越小。当加荷龄期相同时，初应力越大，徐变也越大（图2.8）。

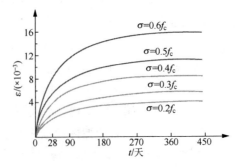

图2.8 初应力与徐变的关系

3. 混凝土在荷载重复作用下的变形（疲劳变形）

混凝土的疲劳是在荷载重复作用下产生的。混凝土在荷载重复作用下引起的破坏称为疲劳破坏。疲劳现象大量存在于工程结构中，钢筋混凝土吊车梁受到重复荷载的作用，钢筋混凝土道桥受到车辆振动的影响及港口海岸的混凝土结构受到波浪冲击而损伤等都属于疲劳破坏现象。疲劳破坏的特征是裂缝小而变形大。

4. 混凝土的收缩、膨胀和温度变形

混凝土在空气中结硬时体积缩小的现象称为收缩。混凝土在水中结硬时体积会膨胀。收缩和膨胀是混凝土在不受力的情况下体积变化产生的变形。混凝土的热胀冷缩变形称为混凝土的温度变形。

● 特 别 提 示

混凝土的收缩和膨胀相比，前者数值大，对结构有明显的不利影响，必须注意；后者数值很小，且对结构有利，一般可不考虑。温度变形对大体积混凝土结构极为不利，应采用低热水泥、表层保温等措施，必要时还须采用内部降温措施；对钢筋混凝土无盖房屋，屋顶与其下部结构的温度变形相差较大，为防止温度裂缝，房屋每隔一定长度宜设置伸缩缝。

影响混凝土收缩的因素如下。
(1) 水泥用量越多，水灰比越大，收缩越大。
(2) 骨料级配好，骨料的弹性模量大，收缩小。
(3) 构件养护时的温度高、湿度高，收缩小。蒸汽养护混凝土的收缩值小于常温养护下的收缩值(图 2.9)。
(4) 构件使用环境的温度低、相对湿度大，收缩小。

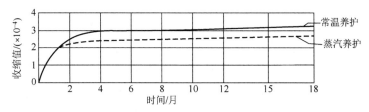

图 2.9 混凝土的收缩

2.1.3 混凝土的选用

素混凝土结构的混凝土强度等级不应低于 C15；钢筋混凝土结构的混凝土强度等级不应低于 C20；采用强度等级 400MPa 及以上的钢筋时，混凝土强度等级不应低于 C25。

预应力混凝土结构的混凝土强度等级不宜低于 C40，且不应低于 C30。

承受重复荷载的钢筋混凝土构件，混凝土强度不应低于 C30。

课题 2.2 钢筋的选用及强度指标的查用

2.2.1 钢筋的种类

《规范》根据"四节一环保"的要求，提倡应用高强、高性能钢筋，主要有热轧钢筋、余热处理钢筋、细晶粒带肋钢筋、预应力螺纹钢筋和预应力钢丝与钢绞线等。

钢筋按外形的不同分为光圆钢筋、带肋钢筋(人字纹、螺旋纹、月牙纹)、刻痕钢筋和钢绞线，如图 2.10 所示。

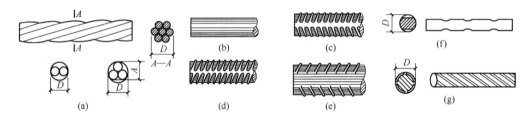

图 2.10　钢筋的类型

(a) 钢绞线；(b) 光面钢筋；(c) 人字纹钢筋；(d) 螺旋纹钢筋；
(e) 月牙纹钢筋；(f) 刻痕钢筋；(g) 螺旋肋钢筋

钢筋按使用前是否施加预应力分为普通钢筋和预应力钢筋。普通钢筋是用于混凝土结构构件中的各种非预应力筋的总称；预应力筋指用于混凝土结构构件中施加预应力的钢丝、钢绞线和预应力螺纹钢筋等的总称。

1. 热轧钢筋

热轧钢筋是经热轧成型并自然冷却的成品钢筋。热轧钢筋按强度可分为四级：HPB300 级、HRB335 级、HRB400 级和 HRB500 级，强度随级别依次升高，塑性下降。热轧光面钢筋 HPB300 属于低强度钢筋，它塑性好、伸长率高、便于弯折成形、容易焊接，常用于中小型钢筋混凝土构件中的受力钢筋和箍筋。热轧带肋钢筋 HRB335、HRB400、HRB500 强度较高，用于钢筋混凝土结构的受力钢筋，其中 HRB400、HRB500 为纵向受力的主导钢筋。《规范》推广具有较好的延性、可焊性、机械连接性能及施工适应性的 HRB 系列普通热轧带肋钢筋，限制并准备逐步淘汰 HRB335 及热轧带肋钢筋，用 HPB300 级光面钢筋取代 HPB235 级光面钢筋。在规范的过渡期及对既有结构进行设计时，HPB235 级光面钢筋的设计值仍按《混凝土结构设计规范》(GB 50010—2002)取值。

2. 余热处理钢筋

RRB 系列余热处理钢筋是由轧制钢筋经高温淬火，余热处理后提高强度。其延性、可焊性、机械连接性能及施工适应性降低，一般可用于对变形性能及加工性能要求不高的构件中，如基础、大体积混凝土、楼板、墙体及次要的中小结构构件中。《规范》列入了 RRB400 级钢筋。

3. 细晶粒带肋钢筋

《规范》列入了采用控温轧制工艺生产的 HRBF 系列细晶粒带肋钢筋，有 HRBF335 级、HRBF400 级和 HRBF500 级。

4. 预应力螺纹钢筋

预应力螺纹钢筋(也称精轧螺纹钢筋)是在整根钢筋上轧有外螺纹的大直径、高强度、高尺寸精度的直条钢筋。它具有连接锚固简便、黏着力强、施工方便等优点。《规范》列入了大直径预应力螺纹钢筋用作预应力筋。

5. 预应力钢丝与钢绞线

直径小于 6mm 的钢筋称为钢丝。《规范》列入了中强度预应力钢丝(光面、螺旋肋)、消除应力钢丝(光面、螺旋肋)用作预应力筋。钢绞线是由多根高强钢丝(一般有 2 根、3 根和 7 根)绞织在一起而形成的,《规范》列入了 1×3(三股)、1×7(七股)不同公称直径的钢绞线,多用于后张法大型构件。

2.2.2 钢筋的力学性能

用于混凝土结构中的钢筋可分为两类:一类是有明显屈服点的钢筋,如热轧钢筋;另一类是没有明显屈服点的钢筋,如钢丝、钢绞线和预应力螺纹钢筋等。

1. 有明显屈服点的钢筋

有明显屈服点钢筋的力学性能基本指标有:屈服强度、抗拉强度、伸长率和冷弯性能。这也是有明显屈服点钢筋进行质量检验的四项主要指标。

有明显屈服点钢筋典型的拉伸应力-应变曲线如图 2.11 所示。

从图 2.11 可见,在应力值达到 a 点之前,应力与应变成正比例地增长,应力与应变之比为常数,称为弹性模量,即 $E_s = \sigma/\varepsilon$。a 点对应的应力为比例极限。

过 a 点后,应力-应变曲线略有弯曲,应变增长速度比应力增长速度稍快,钢筋表现出塑性性质。

应力到达 b 点后,钢筋开始屈服,即应力基本保持不变,应变继续增长,直到 c 点。b 点为屈服上限,它与加载速度、断面形式、试件表面光洁度等因素有关,是不稳定的;故一般以屈服下限 c 点作为钢筋的屈服点,所对应的应力为屈服强度(σ_s)。

c 点以后,应力-应变关系接近水平直线,此时应力不增加,应变急剧增加,直到 d 点,cd 段称为屈服台阶或流幅。

d 点以后,应力-应变曲线继续上升,直到 e 点,应力达到最大值,称为钢筋的极限抗拉强度(σ_b),de 段称为强化阶段。

e 点以后,在试件的薄弱处发生颈缩现象,变形迅速增加,应力随之下降,断面缩小,到达 f 点时试件被拉断。

屈服强度是钢筋强度的设计依据,一般取屈服下限作为屈服强度。这是因为钢筋应力达到屈服强度后将产生很大的塑性变形,且卸载后塑性变形不可恢复,这会使钢筋混凝土构件产生很大的变形和不可闭合的裂缝,影响结构正常使用。热轧钢筋属于有明显屈服点的钢筋,取屈服强度作为强度设计指标。《规范》采用如图 2.12 所示如钢筋应力-应变设计曲线,弹性模量 E_s 取斜线段的斜率。

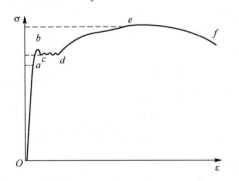
图 2.11 有明显屈服点钢筋的应力-应变曲线

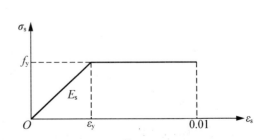
图 2.12 钢筋应力-应变设计曲线

强屈比为钢筋极限抗拉强度与屈服强度的比值,反映了钢筋的强度储备。《规范》规定,按一、二、三级抗震等级设计的框架和斜撑构件,当采用普通钢筋配筋时,要求按纵向受力钢筋检验所得的强度实测值确定的强屈比不应小于 1.25。

钢筋拉断时的应变称为伸长率,是反映钢筋塑性性能的指标。伸长率大的钢筋,在拉断前有足够预兆,延性较好。伸长率按下式确定:

$$\delta_{5\text{或}10} = \frac{l - l_0}{l_0} \tag{2.3}$$

式中　l_0——试件拉伸前量测标距的长度(一般取 $5d$ 或 $10d$,d 为钢筋直径);

　　　l——拉断时测标距的长度。

冷弯性能是检验钢筋塑性性能的另一项指标。为使钢筋在加工、使用时不开裂、弯断或脆断,需对钢筋试件进行冷弯试验(图 2.13),要求钢筋弯绕一辊轴弯心而不产生裂缝、鳞落或断裂现象。弯转角度愈大、弯心直径 D 愈小,钢筋的塑性就愈好。冷弯试验较受力均匀的拉伸试验能更有效地揭示材质的缺陷,冷弯性能是衡量钢筋力学性能的一项综合指标。

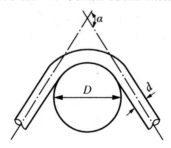

图 2.13　钢筋的冷弯性能

2. 无明显屈服点的钢筋

无明显屈服点钢筋的力学性能基本指标有:抗拉强度、伸长率和冷弯性能。这也是无明显屈服点钢筋进行质量检验的 3 项主要指标。

无明显屈服点钢筋拉伸时的典型应力-应变曲线如图 2.14 所示。

从图 2.14 中可见,这类钢筋没有明显的屈服点,延伸率小,塑性差,破坏时呈脆性。a 点为比例极限;a 点以后,应力—应变曲线呈非线性,有一定的塑性变形;达到极限抗拉强度 σ_b 后很快被拉断。

对这类钢筋,通常取残余应变为 0.2%时对应的应力作为强度设计指标,称为条件屈服强度,用 $\sigma_{0.2}$ 表示。预应力筋均为此类钢筋,对传统的预应力钢丝、钢绞线,规范规定取 $0.85\sigma_b$ 作为条件屈服强度;对新增的中强度预应力钢丝和螺纹钢筋,按上述原则计算并考虑工程经验适当调整。

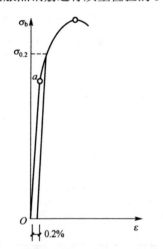

图 2.14　无明显屈服点钢筋的应力-应变曲线

2.2.3 钢筋的强度标准值与设计值

钢筋的强度设计值为其强度标准值除以材料分项系数 γ_s 的数值。延性较好的热轧钢筋 γ_s 取 1.10。对高强度 500MPa 级钢筋适当提高安全储备,取为 1.15。对预应力筋,取条件屈服强度标准值除以材料分项系数 γ_s,由于延性稍差,预应力筋 γ_s 一般取不小于 1.20。

按性能确定钢筋的牌号和强度级别,钢筋的强度标准值应具有不小于 95%的保证率。普通钢筋的屈服强度标准值 f_{yk}、极限强度标准值 f_{stk}、抗拉强度设计值 f_y、抗压强度设计值 f'_y 和弹性模量应按表 2-3 采用,当构件中配有不同种类的钢筋时,每种钢筋应采用各自的强度设计值。横向钢筋的抗拉强度设计值 f_{yv} 应按表 2-3 中 f_y 的数值采用;当用作受剪、受扭、受冲切承载力计算时,其数值大于 360N/mm² 时应取 360N/mm²。

表 2-3 普通钢筋强度标准值、设计值和弹性模量

MPa

牌号	符号	公称直径 d/mm	弹性模量 $E_s/(\times10^5)$	强度标准值 屈服 f_{yk}	强度标准值 极限 f_{stk}	强度设计值 抗拉 f_y	强度设计值 抗压 f'_y
HPB235	ϕ	6~20	2.10	235		210	210
HPB300	ϕ	6~22	2.10	300	420	270	270
HRB335 HRBF335	ϕ ϕ^F	6~50	2.00	335	455	300	300
HRB400 HRBF400 RRB400	ϕ ϕ^F ϕ^R	6~50	2.00	400	540	360	360
HRB500 HRBF500	ϕ ϕ^F	6~50	2.00	500	630	435	410

预应力筋的屈服强度标准值 f_{pyk}、极限强度标准值 f_{ptk}、抗拉强度设计值 f_{py}、抗压强度设计值 f'_{py} 和弹性模量应按表 2-4 采用。

表 2-4 预应力筋强度标准值、设计值和弹性模量

MPa

种类	符号	公称直径 D/mm	弹性模量 $E_s/(\times10^5)$	强度标准值 屈服 f_{pyk}	强度标准值 极限 f_{ptk}	强度设计值 抗拉 f_{py}	强度设计值 抗压 f'_{py}
中强度预应力钢丝	光面 ϕ^{PM} 螺旋肋 ϕ^{HM}	5、7、9	2.05	620 780 980	800 970 1270	510 650 810	410
预应力螺纹钢筋	螺纹 ϕ^T	18、25、32、40、50	2.00	785 930 1080	980 1080 1230	650 770 900	410
消除应力钢丝	光面 ϕ^P 螺旋肋 ϕ^H	5	2.05	— —	1570 1860	1110 1320	410
		7			1570	1110	410
		9	2.05		1470 1570	1040 1110	410

续表

种类	符号	公称直径 D/mm	弹性模量 E_s/($\times 10^5$)	强度标准值		强度设计值	
				屈服 f_{pyk}	极限 f_{ptk}	抗拉 f_{py}	抗压 f'_{py}
钢绞线	ϕ^S	8.6、10.8、12.9 (1×3 三股)	1.95	—	1570	1110	390
				—	1860	1320	
				—	1960	1390	
		9.5、12.7、15.2、17.8 (1×7 七股)		—	1720	1220	
				—	1860	1320	
				—	1960	1390	
		21.6		—	1860	1320	

注：1. 当极限强度标准值为1960MPa的钢绞线作后张预应力配筋时，应有可靠的工程经验。
2. 当预应力筋的强度标准值不符合表2-4的规定时，其强度设计值应进行相应的比例换算。

2.2.4 钢筋的选用

《规范》根据混凝土构件对受力的性能要求，规定了各种牌号钢筋的选用原则。要求混凝土结构的钢筋应按下列规定选用。

(1) 纵向受力普通钢筋宜采用 HRB400、HRB500、HRBF400、HRBF500 钢筋，也可采用 HPB300、HRB335、HRBF335、RRB400 钢筋。

(2) 梁、柱纵向受力普通钢筋应采用 HRB400、HRB500、HRBF400、HRBF500 钢筋。

(3) 箍筋宜采用 HRB400、HRBF400、HPB300、HRB500、HRBF500 钢筋，也可采用 HRB335、HRBF335 钢筋。

(4) 预应力钢筋宜采用预应力钢丝、钢绞线和预应力螺纹钢筋。

课题2.3 钢材的选用及强度指标的查用

2.3.1 对钢结构用材的要求

用作钢结构的钢材须具有以下性能。
(1) 较高的强度，即抗拉强度 f_u 和屈服点 f_y 都比较高。
(2) 足够的变形性能，即塑性性能好。
(3) 较好的韧性，即韧性性能好。
(4) 良好的加工性能，即适合冷、热加工，还有良好的可焊性。
(5) 耐久性好，能适应低温、有害介质侵蚀(包括大气锈蚀)及重复荷载作用等性能。

为了使所设计的钢结构满足承载力和正常使用要求，《钢结构设计规范(送审稿)》(GB 50017—2012)提出了对承重结构钢材的质量要求，包括 5 个力学指标和碳、硫、磷的含量要求。这 5 个力学指标是抗拉强度、屈服强度、伸长率、冷弯性能和冲击韧性。

2.3.2 建筑钢材的力学性能

建筑钢材的 5 个力学指标——抗拉强度、屈服强度、伸长率、冷弯性能和冲击韧性，前 4 个已在课题 2.2 中进行了讲解，本部分只讲解冲击韧性。

冲击韧性指钢材抵抗冲击荷载的能力。它是用试验机摆锤冲击带有 V 形缺口的标准试件的背面，将其折断后试件单位截面积上所消耗的功，作为钢材的冲击韧性指标，以 a_k 表示(J/cm^2)。a_k 值越大，表明钢材的冲击韧性愈好，如图 2.15 所示。

影响钢材冲击韧性的因素很多，钢的化学成分、组织状态，以及冶炼、轧制质量都会影响冲击韧性。

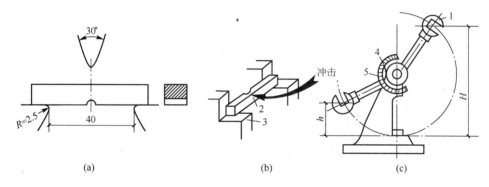

图 2.15 冲击韧性试验图
(a) 试件尺寸；(b) 试验装置；(c) 试验机
1—摆锤；2—试件；3—试验台；4—刻度盘；5—指针

在不同的温度下，钢材的冲击韧性不同，在钢材的机械性能指标中针对不同温度提出了冲击韧性的要求，分别是：常温、0℃、−20℃、−40℃，并由此分为 A、B、C、D 4 个等级，表示其质量由低到高。

2.3.3 影响钢材性能的因素

1. 化学成分的影响

普通碳素钢中含有多种化学成分，其中，铁占 99%左右，碳(C)、锰(Mn)、硅(Si)、硫(S)、磷(P)、氮(N)、氧(O)等共占 1%左右。在低合金钢中还有合金元素，如锰、硅、钒(V)、铌(Nb)、钛(Ti)等，它们含量低于 5%。合金元素通过冶炼工艺以一定的结晶形式存在于钢中，可以改善钢材的性能。影响钢材主要性能的元素有 C、Si、Mn、S、P、O、N。

1) 碳(C)

碳是形成钢材强度的主要成分，如图 2.16 所示，随着含碳量的增加，钢的强度和硬度提高，塑性和韧性下降。但当含碳量大于 1.0%时，由于钢材变脆，强度反而下降。因此结构用钢的含碳量不宜太高，一般不应超过 0.22%，焊接结构中应限制在 0.2%以下。

2) 锰(Mn)、硅(Si)

锰和硅是钢中的有益元素，起到脱氧降硫的作用。

适量的锰可提高强度而不明显影响塑性，同时可消除热脆和改善冷脆倾向，是低合金钢中的主要合金元素成分。硅是脱氧剂，适量(含量不超过 0.2%时)可提高钢材强度，而对塑性、韧性和可焊性无明显不良影响。

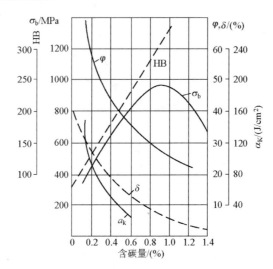

图 2.16 含碳量对热轧碳素钢性质的影响

σ_b—抗拉强度；a_k—冲击韧性；HB—硬度；δ—伸长率；φ—面积缩减率

3) 钒(V)、铌(Nb)、钛(Ti)

它们是钢的强脱氧剂和合金元素，能改善钢的组织、细化晶粒、改善韧性，并显著提高强度。

4) 硫(S)、磷(P)

硫、磷是冶炼过程中留在钢中的杂质，是有害元素。

硫不溶于铁而以 FeS 的形式存在，FeS 和 Fe 形成低熔点的共晶体。当钢材温度升至 1000℃以上进行热加工时，共晶体熔化，晶粒分离，使钢材沿晶界破裂，这种现象叫做热脆性。磷能使钢的强度、硬度提高，但显著降低钢材的塑性和韧性，特别是低温状态的冲击韧性下降更为明显，使钢材容易脆裂，这种现象叫做冷脆性。因此应严格控制硫、磷的含量。硫的含量一般控制在 0.045%～0.05%，磷的含量不得超过 0.045%。

5) 氧(O)、氮(N)

氧和氮是钢中的有害杂质。

未除尽的氧、氮大部分以化合物的形式存在。这些非金属化合物、夹杂物降低了钢材的强度、冷弯性能和焊接性能。氧还使钢的热脆性增加，氮使冷脆性及时效敏感性增加。因此对它们的含量也应严加控制。钢在浇筑成钢锭时，根据需要进行不同程度的脱氧处理。

2. 成材过程的影响

根据炼钢设备所用炉种不同，炼钢方法主要可分为平炉炼钢、氧气转炉炼钢、电炉炼钢 3 种。冶炼后的钢水中含有以 FeO 形式存在的氧，FeO 与碳作用生成 CO 气泡，并使某些元素产生偏析(分布不均匀)，影响钢的质量，所以必须进行脱氧处理。其方法是在钢水中加入锰铁、硅铁或铝等脱氧剂。

根据脱氧程度的不同，钢可分为沸腾钢、镇静钢和半镇静钢 3 种。沸腾钢是脱氧不完全的钢。镇静钢是脱氧充分的钢。半镇静钢的脱氧程度和质量介于上述两者之间。

3. 热处理的影响

钢材经过适当的热处理程序，可显著提高强度并有良好的塑性与韧性。钢铁整体热处理大致有退火、正火、淬火和回火 4 种基本工艺。

(1) 退火是将工件加热到适当温度,根据材料和工件尺寸采用不同的保温时间,然后进行缓慢冷却,目的是使金属内部组织达到或接近平衡状态,获得良好的工艺性能和使用性能,或者为进一步淬火作组织准备。

(2) 正火是将工件加热到适宜的温度后在空气中冷却,正火的效果同退火相似,只是得到的组织更细。

(3) 淬火是将工件加热保温后,在水、油或其他无机盐、有机水溶液等淬冷介质中快速冷却。淬火后钢件变硬,但同时变脆。

(4) 回火是为了降低钢件的脆性,将淬火后的钢件在高于室温而低于650℃的某一适当温度进行长时间的保温,再进行冷却。回火虽然使钢的硬度略为减少,但可增加钢的韧性而降低其脆性。

4. 温度的影响

钢材对温度很敏感,温度升高与降低都使钢材性能发生变化。相比之下,钢材的低温性能更重要。

在正温范围内,即正常温度以上,钢材的性能是随着温度升高,强度降低,变形增大。大约在200℃以内,钢材的性能没有很大变化;430~540℃之间,强度(屈服强度f_y和抗拉强度f_u)急剧下降;在600℃时,强度很低不能承担荷载。此外,在250℃左右有蓝脆现象,在260~320℃时有徐变现象。

在负温范围内,即当温度从常温下降,钢材的屈服强度f_y和抗拉强度f_u都有提高,但塑性变形能力减小,材料转脆。

> **特 别 提 示**
>
> (1) 蓝脆现象,温度达250℃左右时,钢材抗拉强度提高,塑性、韧性下降,表面氧化膜呈蓝色,即发生蓝脆现象。
>
> (2) 徐变现象是指在应力持续不变的情况下钢材变形缓慢增长的现象。

5. 冷加工硬化的影响

钢材在常温下加工叫冷加工。钢材经冷加工产生一定塑性变形后,其屈服强度、硬度提高,而塑性、韧性及弹性模量降低,这种现象称为冷加工硬化。

钢筋的冷加工方式有冷拉、冷拔、冷轧、冷轧扭等,图2.17所示为钢筋经冷拉时效后应力-应变图的变化。钢筋冷拉后屈服强度可提高15%~20%。

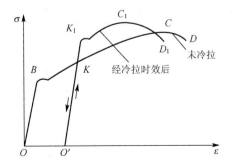

图 2.17 钢筋经冷拉时效后应力-应变图的变化

冷拔是将外形为光圆的盘条钢筋从硬质合金拔丝模孔中强行拉拔(如图 2.18)，由于模孔直径小于钢筋直径，钢筋在拔制过程中既受拉力又受挤压力，使强度大幅度提高但塑性显著降低。冷拔后屈服强度可提高 40%～60%。

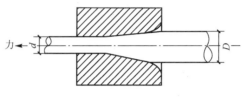

图 2.18　冷拔模孔

知　识　链　接

冷作硬化，是指钢材在常温或再结晶温度以下的加工，能显著提高强度和硬度，降低塑性和冲击韧性。

时效硬化，钢材中的 C 和 N 的化合物以固溶体的形式存在于纯铁的结晶体中，随着时间的增长逐渐析出，进入结晶群之间，对纯铁体的塑性变形起着遏制作用，使 f_y、f_u 提高，a_{kv}、δ 降低。图 2.19 所示为钢筋经冷作硬化和时效硬化后应力-应变图的变化。

时效硬化的过程一般较长，若将经过冷加工后(10%左右的塑性变形)的材料加热可使时效硬化迅速发展这种方法称为人工时效。

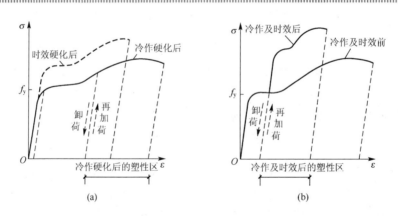

图 2.19　钢筋经冷作硬化和时效硬化后应力-应变图的变化

6. 应力集中的影响

钢结构构件中存在的孔洞、槽口、凹角、裂缝、厚度变化、形状变化、内部缺陷等使一些区域产生局部高峰应力，在另外一些区域则应力降低，即是应力集中现象，如图 2.20 所示。高峰区的最大应力与净截面的平均应力之比称为应力集中系数。

特　别　提　示

(1) 应力集中系数 $K = \sigma_{max} / \sigma_0$。其中，$\sigma_{max}$ 为高峰区的最大应力，σ_0 为净截面的平均应力。

(2) $\sigma_0 = N / A_n$，A_n 为净截面积。

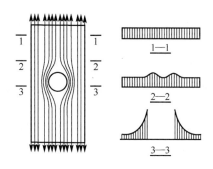

图 2.20 圆形孔洞处的应力集中

应力集中系数越大,变脆的倾向愈严重。在负温下或动力荷载作用下工作的结构,应力集中的不利影响将十分突出。因此,在进行钢结构设计时,应尽量使构件和连接节点的形状和构造合理,防止截面的突然改变,采取圆滑的过渡。在进行钢结构的焊接构造设计和施工时,应尽量减少焊接残余应力。

2.3.4 建筑钢材的破坏形式

有屈服现象的钢材或者虽然没有明显屈服现象而能发生较大塑性变形的钢材,一般属于塑性材料。没有屈服现象或塑性变形能力很小的钢材,则属于脆性材料。

(1) 塑性破坏是指材料在破坏之前有显著的变形,延续较长时间,且吸收较多的能量,使破坏有明显的预兆。

(2) 脆性破坏是指材料在破坏之前没有显著的变形,吸收能量较少,破坏突然发生。

严格地说,不宜把钢材分为塑性破坏和脆性破坏,而应该区分材料可能发生的塑性破坏与脆性破坏。

2.3.5 建筑钢材的种类和选用

建筑工程中所用的建筑钢材基本上是碳素结构钢和低合金高强度结构钢。

1. 建筑钢材的类别

1) 碳素结构钢

碳素结构钢按含碳量的多少,可分成低碳钢、中碳钢和高碳钢。通常把含碳量在 0.03%～0.25%范围内的钢材称为低碳钢,含碳量在 0.26%～0.60%之间的称为中碳钢,含碳量在 0.60%～2.0%的称为高碳钢。建筑钢结构主要使用低碳钢。

碳素结构钢的牌号由字母 Q、屈服点数值、质量等级代号、脱氧方法代号四个部分组成。Q 是代表钢材屈服点的字母;屈服点数值有 195、215、235、255 和 275,以 N/mm^2 为单位;质量等级代号有 A、B、C、D,按冲击韧性试验要求的不同,表示质量由低到高;脱氧方法代号有 F、b、Z、TZ,分别表示沸腾钢、半镇静钢、镇静钢、特殊镇静钢,其中代号 Z、TZ 可以省略不写。钢结构采用的 Q235 钢,分为 A、B、C、D 四级,A、B 两级的脱氧方法可以是 Z、b 或 F,C 级只能为 Z,D 级只能为 TZ。如 Q235A·F 表示屈服强度为 $235N/mm^2$,A 级,沸腾钢。

2) 低合金高强度结构钢

低合金高强度结构钢是指在冶炼过程中添加一些合金元素,其总量不超过 5%的钢材。

加入合金元素后，钢材强度明显提高，钢结构构件的强度、刚度、稳定3个主要控制指标能充分发挥，尤其在大跨度或重负载结构中优点更为突出。

低合金高强度结构钢的牌号由代表屈服点的字母Q、屈服点数值、质量等级符号3个部分按顺序排列表示。钢的牌号有Q345、Q390、Q420、Q460、Q500、Q550、Q620、Q690共8种，质量等级有A、B、C、D、E5个等级。A级无冲击功要求，B、C、D、E级均有冲击功要求。不同质量等级对碳、硫、磷、铝等含量的要求也有区别。低合金高强度结构钢的A、B级属于镇静钢，C、D、E级属于特殊镇静钢。

2. 型钢的规格

型钢有热轧成型的钢板、型钢及冷弯(或冷压)成型的薄壁型材。

1) 热轧钢板

热轧钢板分厚板和薄板两种，厚板的厚度为4.5～60mm，薄板厚度为0.35～4mm。在图纸中钢板用"—宽×厚×长"或"—宽×厚"表示，单位为mm。如—800×12×2100、—800×12。

2) 热轧型钢

热轧型钢有角钢、工字钢、槽钢、H型钢、剖分T型钢、钢管(图2.21)。

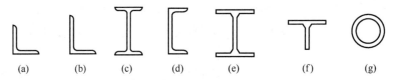

图 2.21 热轧型钢截面

(a) 等边角钢；(b) 不等边角钢；(c) 工字钢；(d) 槽钢；(e) 工字钢；(f) T型钢；(g) 钢管

角钢有等边角钢和不等边角钢两大类。等边角钢也称等肢角钢，以符号"∟"加"边宽×厚度"表示，单位为mm。例如，∟100×10表示肢宽为100mm、厚10mm的等边角钢。不等边角钢也叫不等肢角钢，以符号"∟"加"长边宽×短边宽×厚度"表示，单位为mm。例如，∟100×80×8表示长肢宽为100mm、短肢宽为80mm、厚8mm的不等边角钢。

工字钢是一种工字形截面型材，分普通工字钢和轻型工字钢两种，其型号用符号"I"加截面高度来表示，单位为cm，如I16。20号以上普通工字钢根据腹板厚度和翼缘宽度的不同，同一号工字钢又有a、b、c 3种区别，其中a类腹板最薄、翼缘最窄，b类较厚较宽，c类最厚最宽，如I30b。轻型工字钢以符号"QI"加截面高度来表示，单位为cm，如QI25。

槽钢是槽形截面(⊏)的型材，有热轧普通槽钢和热轧轻型槽钢。普通槽钢以符号"⊏"加截面高度表示，单位为cm，并以a、b、c区分同一截面高度中的不同腹板厚度，如⊏30a表示槽钢外廓高度为30cm且腹板厚度为最薄的一种。轻型槽钢以符号"Q⊏"加截面高度表示，单位为cm，如Q⊏25。

特 别 提 示

同样高度的轻型工字钢的翼缘比普通工字钢的翼缘宽而薄，腹板亦薄，截面回转半径略大，故重量较轻，节约钢材。

H型钢翼缘端部为直角,便于与其他构件连接。热轧H型钢分为宽翼缘H型钢(代号HW)、中翼缘H型钢(代号HM)和窄翼缘H型钢(代号HN)3类。此外还有桩类H型钢,代号为HP。H型钢的规格以代号加"高度H×宽度B×腹板厚度t_1×翼缘厚度t_2"表示,单位为mm,如HN300×150×6.5×9。

H型钢与工字钢的区别如下。

(1) H型钢翼缘内表面无斜度,上下表面平行。

(2) 从材料分布形式上看,工字钢截面中材料主要集中在腹板左右,愈向两侧延伸,钢材愈少;轧制H型钢中,材料分布侧重在翼缘部分。

剖分T型钢分3类:宽翼缘剖分T型钢TW、中翼缘剖分T型钢TM、窄翼缘剖分T型钢TN。剖分T型钢的规格以代号加"高度H×宽度B×腹板厚度t_1×翼缘厚度t_2"表示,单位为mm,如TM147×200×8×12。

钢管分为无缝钢管和焊接钢管。以符号"ϕ"加"外径×厚度"表示,单位为mm,如ϕ426×10。

公称直径采用符号DN表示。

3) 冷弯薄壁型钢

冷弯薄壁型钢由厚度为1.5~6mm的钢板或带钢,经冷加工(冷弯、冷压或冷拔)成型,同一截面部分的厚度都相同,截面各角顶处呈圆弧形,如图2.22(a)~(i)所示。在工业民用和农业建筑中,可用薄壁型钢制作各种屋架、刚架、网架、檩条、墙梁、墙柱等结构和构件。

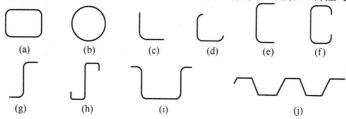

图2.22 冷弯薄壁型材的截面形式

(a)~(i) 冷弯薄壁型钢;(j) 压型钢板

压型钢板是冷弯薄壁型材的另一种形式(图2.22(j)),常用0.4~2mm厚的镀锌钢板和彩色涂塑镀锌钢板冷加工成型,可广泛用作屋面板、墙面板和隔墙。

3. 钢材的选择

根据建筑结构的设计要求,对于承重结构,《钢结构设计规范(送审稿)》(GB 50017—2012)推荐使用5种牌号钢:Q235、Q345、Q390、Q420、Q460。

钢结构选材应遵循技术可靠、经济合理的原则，综合考虑结构的重要性、荷载特征、结构形式、应力状态、连接方法、钢材厚度、价格和工作环境等因素，选用合适的钢材牌号和材性。

《钢结构设计规范(送审稿)》(GB 50017—2012)规定：承重结构采用的钢材应具有屈服强度、伸长率、抗拉强度、冲击韧性和硫、磷含量的合格保证，对焊接结构尚应具有碳含量(或碳当量)的合格保证。焊接承重结构及重要的非焊接承重结构采用的钢材还应具有冷弯试验的合格保证。当选用 Q235 钢时，其脱氧方法应选用镇静钢。

钢材的质量等级，应按下列规定选用。

(1) 对不需要验算疲劳的焊接结构，应符合下列规定。

① 不应采用 Q235A(镇静钢)。

② 当结构工作温度大于 20℃时，可采用 Q235B、Q345A、Q390A、Q420A、Q460 钢。

③ 当结构工作温度不高于 20℃但高于 0℃时，应采用 B 级钢。

④ 当结构工作温度不高于 0℃但高于-20℃时，应采用 C 级钢。

⑤ 当结构工作温度不高于-20℃时，应采用 D 级钢。

(2) 对不需要验算疲劳的非焊接结构，应符合下列规定。

① 当结构工作温度高于 20℃时，可采用 A 级钢。

② 当结构工作温度不高于 20℃但高于 0℃时，宜采用 B 级钢。

③ 当结构工作温度不高于 0℃但高于-20℃时，应采用 C 级钢。

④ 当结构工作温度不高于-20℃时，对 Q235 钢和 Q345 钢应采用 C 级钢；对 Q390 钢、Q420 钢和 Q460 钢应采用 D 级钢。

(3) 对于需要验算疲劳的非焊接结构，应符合下列规定。

① 钢材至少应采用 B 级钢。

② 当结构工作温度不高于 0℃但高于-20℃时，应采用 C 级钢。

③ 当结构工作温度不高于-20℃时，对 Q235 钢和 Q345 钢应采用 C 级钢；对 Q390 钢、Q420 钢和 Q460 钢应采用 D 级钢。

(4) 对于需要验算疲劳的焊接结构，应符合下列规定。

① 钢材至少应采用 B 级钢。

② 当结构工作温度不高于 0℃但高于-20℃时，Q235 钢和 Q345 钢应采用 C 级钢对 Q390 钢、Q420 钢和 Q460 钢应采用 D 级钢。

③ 当结构工作温度不高于-20℃时，Q235 钢和 Q345 钢应采用 D 级钢；对 Q390 钢、Q420 钢和 Q460 钢应采用 E 级钢。

(5) 承重结构在低于-30℃环境下工作时，其选材还应符合下列规定。

① 不宜采用过厚的钢板。

② 严格控制钢材的硫、磷、氮含量。

③ 重要承重结构的受拉板件，当板厚大于等于 40mm 时，宜选用细化晶粒的 GJ 钢板。

2.3.6 钢结构的强度设计值

1. 钢材的强度设计值

钢材的强度设计值(钢材强度的标准值除以材料分项系数),应根据钢材牌号、厚度或直径按表 2-5 采用。

表 2-5　钢材的强度设计值

N/mm²

牌号	厚度或直径 /mm	抗拉、抗压和抗弯 f	抗剪 f_v	端面承压 (刨平顶紧) f_{ce}	钢材名义屈服强度 f_y	极限抗拉强度最小值 f_u
Q235	≤16	215	125	325	235	370
	>16~40	205	120		225	370
	>40~60	200	115		215	370
	>60~100	200	115		205	370
Q345	≤16	300	175	400	345	470
	>16~40	295	170		335	470
	>40~63	290	165		325	470
	>63~80	280	160		315	470
	>80~100	270	155		305	470
Q390	≤16	345	200	415	390	490
	>16~40	330	190		370	490
	>40~63	310	180		350	490
	>63~80	295	170		330	490
	>80~100	295	170		330	490
Q420	≤16	375	215	440	420	520
	>16~40	355	205		400	520
	>40~63	320	185		380	520
	>63~80	305	175		360	520
	>80~100	305	175		360	520
Q460	≤16	410	235	470	460	550
	>16~40	390	225		440	550
	>40~63	355	205		420	550
	>63~80	340	195		400	550
	>80~100	340	195		400	550
Q345GJ	>16~35	310	180	415	345	490
	>35~50	290	170		335	490
	>50~100	285	165		325	490

注:1. GJ 钢的名义屈服强度取上屈服强度,其他均取下屈服强度。
　　2. 表中厚度系指计算点的钢材厚度,对轴心受拉和轴心受压构件系指截面中较厚板件的厚度。

2. 焊缝的强度设计值

焊缝的强度设计值应按表 2-6 采用。

表2-6 焊缝的强度设计值

N/mm²

焊接方法和焊条型号	钢材牌号规格和标准号		对接焊缝				角焊缝
	牌号	厚度或直径/mm	抗压 f_c^w	焊缝质量为下列等级时，抗拉 f_t^w		抗剪 f_v^w	抗拉、抗压和抗剪 f_f^w
				一级、二级	三级		
自动焊、半自动焊和E43型焊条手工焊	Q235钢	≤16	215	215	185	125	160
		>16～40	205	205	175	120	
		>40～60	200	200	170	115	
		>60～100	200	200	170	115	
自动焊、半自动焊和E50、E55型焊条手工焊	Q345钢	≤16	305	305	260	175	200
		>16～40	295	295	250	170	
		>40～63	290	290	245	165	
		>63～80	280	280	240	160	
		>80～100	270	270	230	155	
自动焊、半自动焊和E50、E55型焊条手工焊	Q390钢	≤16	345	345	295	200	200(E50) 220(E55)
		>16～40	330	330	280	190	
		>40～63	310	310	265	180	
		>63～80	295	295	250	170	
		>80～100	295	295	250	170	
自动焊、半自动焊和E55、E60型焊条手工焊	Q420钢	≤16	375	375	320	215	220(E55) 240(E60)
		>16～40	355	355	300	205	
		>40～63	320	320	270	185	
		>63～80	305	305	260	175	
		>80～100	305	305	260	175	
自动焊、半自动焊和E55、E60型焊条手工焊	Q460钢	≤16	410	410	350	235	220(E55) 240(E60)
		>16～40	390	390	330	225	
		>40～63	355	355	300	205	
		>63～80	340	340	290	195	
		>80～100	340	340	290	195	
自动焊、半自动焊和E50、E55型焊条手工焊	Q345GJ钢	>16～35	310	310	265	180	200
		>35～50	290	290	245	170	
		>50～100	285	285	240	165	

注：1. 手工焊用焊条、自动焊和半自动焊所采用的焊丝和焊剂，应保证其熔敷金属的力学性能不低于母材的性能。
2. 焊缝质量等级应符合现行国家标准《钢结构焊接规范》(GB 50661—2011)的规定，其检验方法应符合现行国家标准《钢结构工程施工质量验收规范》(GB 50205—2001)的规定。其中厚度小于8mm钢材的对接焊缝，不应采用超声波探伤确定焊缝质量等级。
3. 对接焊缝在受压区的抗弯强度设计值取 f_c^w，在受拉区的抗弯强度设计值取 f_t^w。
4. 表中厚度系指计算点的钢材厚度，对轴心受拉和轴心受压构件系指截面中较厚板件的厚度。
5. 进行无垫板的单面施焊对接焊缝的连接计算时，上表规定的强度设计值应乘折减系数0.85。

3. 螺栓连接的强度设计值

螺栓连接的强度设计值应按表2-7采用。

表 2-7 螺栓连接的强度设计值

N/mm²

螺栓的性能等级、锚栓和构件钢材的牌号		普通螺栓					锚栓	承压型或网架用高强度螺栓		
		C 级螺栓			A 级、B 级螺栓					
		抗拉 f_t^b	抗剪 f_v^b	承压 f_c^b	抗拉 f_t^b	抗剪 f_v^b	承压 f_c^b	抗拉 f_t^b	抗拉 f_t^b	抗剪 f_v^b	承压 f_c^b
普通螺栓	4.6 级、4.8 级	170	140	—	—	—	—	—	—	—	—
	5.6 级	—	—	—	210	190	—	—	—	—	—
	8.8 级	—	—	—	400	320	—	—	—	—	—
锚栓	Q235 钢	—	—	—	—	—	—	140	—	—	—
	Q345 钢	—	—	—	—	—	—	180	—	—	—
	Q390 钢	—	—	—	—	—	—	185	—	—	—
承压型连接高强度螺栓	8.8 级	—	—	—	—	—	—	—	400	250	—
	10.9 级	—	—	—	—	—	—	—	500	310	—
螺栓球网架用高强度螺栓	9.8 级	—	—	—	—	—	—	—	385	—	—
	10.9 级	—	—	—	—	—	—	—	430	—	—
构件	Q235 钢	—	—	305	—	—	405	—	—	—	470
	Q345 钢	—	—	385	—	—	510	—	—	—	590
	Q390 钢	—	—	400	—	—	530	—	—	—	615
	Q420 钢	—	—	425	—	—	560	—	—	—	655
	Q460 钢	—	—	450	—	—	595	—	—	—	695
	Q345GJ 钢	—	—	400	—	—	530	—	—	—	615

注：1. A 级螺栓用于 $d \leqslant 24mm$ 和 $L \leqslant 10d$ 或 $L \leqslant 150mm$ (按较小值)的螺栓；B 级螺栓用于 $d > 24mm$ 和 $L > 10d$ 或 $L > 150mm$ (按较小值)的螺栓；d 为公称直径，L 为螺栓公称长度。

2. A、B 级螺栓孔的精度和孔壁表面粗糙度，C 级螺栓孔的允许偏差和孔壁表面粗糙度，均应符合现行国家标准《钢结构工程施工质量验收规范》(GB 50205—2001)的要求。

3. 用于螺栓球节点网架的高强度螺栓，M12～M36 为 10.9 级，M39～M64 为 9.8 级。

课题 2.4 砌体材料的选用及强度指标的查用

2.4.1 砌体结构材料

1. 砌体的块材

1) 砖

砌体结构中用于承重结构的砖主要有烧结普通砖、烧结多孔砖、蒸压灰砂普通砖、蒸压粉煤灰普通砖、混凝土普通砖和混凝土多孔砖 6 种。

烧结普通砖、烧结多孔砖的强度等级为：MU30、MU25、MU20、MU15 和 MU10。

蒸压灰砂普通砖、蒸压粉煤灰普通砖的强度等级为：MU25、MU20 和 MU15。

混凝土普通砖、混凝土多孔砖的强度等级为：MU30、MU25、MU20 和 MU15。

砌体结构中用于自承重结构的砖主要是空心砖，空心砖的强度等级为：MU10、MU7.5、MU5、MU3.5。

其中 MU 表示块体的强度等级，数字表示块体的强度大小，单位为 MPa。

> **特别提示**
>
> 对用于承重的多孔砖及蒸压硅酸盐砖的折压比限值和用于承重的非烧结材料多孔砖的孔洞率、壁及肋尺寸限值及碳化、软化性能要求应符合现行国家标准《墙体材料应用统一技术规范》(GB 50574—2010)的有关规定。

2) 砌块

砌块一般指单排孔混凝土砌块、轻集料混凝土砌块、双排孔或多排孔轻集料混凝土砌块。用于承重结构的混凝土砌块、轻集料混凝土砌块的强度等级为：MU20、MU15、MU10、MU7.5 和 MU5。用于自承重结构的轻集料混凝土砌块的强度等级为：MU10、MU7.5、MU5、MU3.5。

3) 石材

天然石材根据其外形和加工程度分为毛石与料石两种。料石又分为细料石、半细料石、粗料石和毛料石。石材的强度等级为：MU100、MU80、MU60、MU50、MU40、MU30、MU20。

2. 砌体的砂浆

砌体砂浆的作用是把块材粘结成一个整体共同工作。对砂浆的基本要求是强度、流动性和保水性。

按组成材料的不同，砂浆可分为水泥砂浆、石灰砂浆和混合砂浆。

(1) 水泥砂浆具有强度高、硬化快、耐久性好等特点，但和易性差，适用于砌筑受力较大或潮湿环境中的砌体。

(2) 石灰砂浆具有饱水性、流动性好等特点，但强度低、耐久性差，只适用于低层建筑和不受潮的地上砌体。

(3) 混合砂浆的保水性和流动性比水泥砂浆好，强度高于石灰砂浆，适用于砌筑一般墙、柱砌体。

按用途不同，砂浆可分为普通砂浆、混凝土块体专用砌筑砂浆、蒸压灰砂普通砖和蒸压粉煤灰普通砖专用砌筑砂浆。普通砂浆的强度等级用符号"M"表示，单位为 $MPa(N/mm^2)$；混凝土块体专用砌筑砂浆强度等级用符号"Mb"表示；蒸压灰砂普通砖和蒸压粉煤灰普通砖专用砌筑砂浆强度等级用符号"Ms"表示。

3. 砌体的类型

根据块体的类别和砌筑形式的不同，砌体主要分为以下几类。

1) 砖砌体

砖砌体是由砖和砂浆砌筑而成的砌体，是采用最普遍的一种砌体。主要有烧结普通砖、烧结多孔砖、蒸压灰砂普通砖、蒸压粉煤灰普通砖、混凝土普通砖和混凝土多孔砖的无筋和配筋砌体。

2) 石砌体

石砌体有石材和砂浆(或混凝土)砌筑而成。按石材加工后的外形规则程度，可分为料石砌体、毛石砌体。

3) 砌块砌体

由砌块和砂浆砌成的砌体称为砌块砌体，包括混凝土砌块、轻集料混凝土砌块的无筋和配筋砌体。

4) 配筋砌体

为了提高砌体的承载力，减小构件的截面，可在砌体内配置适当的钢筋形成配筋砌体。配筋砌体可分为网状配筋砌体、组合砖砌体和配筋混凝土砌块砌体。配筋砌体加强了砌体的各种强度和抗震性能，扩大了砌体结构的使用范围。

知 识 链 接

《规范》规定，砂浆的强度等级应按下列规定采用。

烧结普通砖、烧结多孔砖、蒸压灰砂普通砖、蒸压粉煤灰普通砖砌体采用的普通砂浆强度等级：M15、M10、M7.5、M5 和 M2.5。蒸压灰砂普通砖和蒸压粉煤灰普通砖砌体采用的专用砌筑砂浆强度等级为：Ms15、Ms10、Ms7.5、Ms5.0。

混凝土普通砖、混凝土多孔砖、单排孔混凝土砌块和煤矸石混凝土砌块砌体采用的砂浆强度等级为：Mb20、Mb15、Mb10 和 Mb7.5 和 Mb5。

双排孔或多排孔轻集料混凝土砌块砌体采用的砂浆强度等级为：Mb10 和 Mb7.5 和 Mb5。

毛料石、毛石砌体采用的砂浆强度等级为：M7.5 和 M5 和 M2.5。

2.4.2 砌体的力学特征

1. 砌体的抗压强度

1) 砌体受压破坏机理

根据试验表明，砖砌体的破坏大致经历以下 3 个阶段。

第一阶段，从开始加荷到个别砖出现第一条(或第一批)裂缝，如图 2.23(a)所示。此阶段的细小裂缝是因为砖本身形状不规整或砖间砂浆层不均匀使单块砖处于拉、弯、剪复合作用，如不再增加荷载，裂缝不扩展。

第二阶段，随着荷载的增加，单块砖内个别裂缝不断开展并扩大，并沿竖向穿过若干层砖形成连续裂缝，如图 2.23(b)所示。此时若不再增加荷载，裂缝仍会继续发展，砌体已接近破坏。

第三阶段，砌体完全破坏的瞬间为第三阶段。继续增加荷载，裂缝将迅速开展，砌体被几条贯通的裂缝分割成互不相连的若干小柱，如图 2.23(c)所示，小柱失稳朝侧向突出，其中某些小柱可能被压碎，以致最终丧失承载力而破坏。

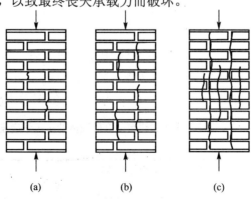

图 2.23 砌体轴心受压的破坏特征

(a)第一阶段；(b)第二阶段；(c)第三阶段

● 特 别 提 示

砌体的破坏并不是因为砖本身抗压强度不足,而是小柱失稳破坏。除单砖较早开裂外,另一个原因是砖与砂浆的受压变形性能不一致。

砌体在受压产生压缩变形的同时还产生横向变形,而砖的横向变形小于砂浆的横向变形(因为砖的弹性模量一般高于砂浆的弹性模量),又因为两者之间存在粘结力和摩擦力,因此砂浆受到横向压力,砖阻止砂浆的横向变形;反过来砂浆将横向拉力作用于砖,增大砖的横向变形。砖内产生的横向拉应力将加快裂缝的出现和发展,加上竖向灰缝的不饱满、不密实将造成砌体竖向灰缝处的应力集中,加快了砖的开裂,从而也使砌体的强度降低。

2) 影响砌体抗压强度的因素

根据试验分析,影响砌体抗压强度的主要因素有如下几个。

(1) 砌体的强度主要取决于块体和砂浆的强度。

(2) 块体的尺寸、几何形状和表面的平整度对砌体的抗压强度也有较大的影响。砌体强度随块体厚度的加大而增大,随块体长度的加大而降低。因为增加块体的厚度,其抗弯、抗剪能力亦会增加,同样会提高砌体的抗压强度。块体的表面愈平整,灰缝的厚度将愈均匀,从而减少块体的受弯受剪作用,砌体的抗压强度就会提高。

(3) 和易性好的砂浆具有很好的流动性和保水性。在砌筑时易于铺成均匀、密实的灰缝,减少了单个块体在砌体中弯、剪应力,因而提高了砌体的抗压强度。

(4) 砌筑质量对砌体抗压强度的影响,主要表现在水平灰缝砂浆的饱满程度。灰缝的厚度也将影响砌体强度。水平灰缝厚些容易铺得均匀,但增加了砖的横向拉应力;灰缝过薄,使砂浆难以均匀铺砌。实践证明,水平灰缝厚度宜为 8~12mm。

● 知 识 链 接

《砌体结构工程施工质量验收规范》(GB 50203—2011)规定:砌体施工质量等级应分为 3 级:A 级、B 级、C 级。主要根据现场质量管理,砂浆、混凝土强度,砂浆拌和方式,砌筑工人 4 个方面的情况分为 3 级,A 级质量最好,强度最高,B 级次之,C 级最差。为此《砌体结构工程施工质量验收规范》(GB 50203—2011)对应提出了不同的强度设计值。

3) 砌体的抗压强度

龄期为 28d 的以毛截面计算的各类砌体抗压强度设计值,当施工质量控制等级为 B 级时,应根据块体和砂浆的强度等级分别按规定采用。

(1) 烧结普通砖和烧结多孔砖砌体的抗压强度设计值按表 2-8 采用。

表 2-8 烧结普通砖和烧结多孔砖砌体的抗压强度设计值 f

MPa

砖强度等级	砂浆强度等级					砂浆强度
	M15	M10	M7.5	M5	M2.5	0
MU30	3.94	3.27	2.93	2.59	2.26	1.15
MU25	3.60	2.98	2.68	2.37	2.06	1.05

续表

砖强度等级	砂浆强度等级					砂浆强度
	M15	M10	M7.5	M5	M2.5	0
MU20	3.22	2.67	2.39	2.12	1.84	0.94
MU15	2.79	2.31	2.07	1.83	1.60	0.82
MU10	—	1.89	1.69	1.50	1.30	0.67

注：当烧结多孔砖的孔洞率大于30%时，表中数值应乘以0.9。

(2) 混凝土普通砖和混凝土多孔砖砌体的抗压强度设计值按表2-9采用。

表2-9 混凝土普通砖和混凝土多孔砖砌体的抗压强度设计值 f

MPa

砖强度等级	砂浆强度等级					砂浆强度
	Mb20	Mb15	Mb10	Mb7.5	Mb5	0
MU30	4.61	3.94	3.27	2.93	2.59	1.15
MU25	4.21	3.60	2.98	2.68	2.37	1.05
MU20	3.77	3.22	2.67	2.39	2.12	0.94
MU15	—	2.79	2.31	2.07	1.83	0.82

(3) 蒸压灰砂普通砖和蒸压粉煤灰普通砖砌体的抗压强度设计值按表2-10采用。

表2-10 蒸压灰砂普通砖和蒸压粉煤灰普通砖砌体的抗压强度设计值 f

MPa

砖强度等级	砂浆强度等级				砂浆强度
	M15	M10	M7.5	M5	0
MU25	3.60	2.98	2.68	2.37	1.05
MU20	3.22	2.67	2.39	2.12	0.94
MU15	2.79	2.31	2.07	1.83	0.82

注：当采用专用砂浆砌筑时，其抗压强度设计值按表中数值采用。

(4) 单排孔混凝土砌块和轻集料混凝土砌块对孔砌筑砌体的抗压强度设计值按表2-11采用。

表2-11 单排孔混凝土砌块和轻集料混凝土砌块对孔砌筑砌体的抗压强度设计值 f

MPa

砌块强度等级	砂浆强度等级					砂浆强度
	Mb20	Mb15	Mb10	Mb7.5	Mb5	0
MU20	6.30	5.68	4.95	4.44	3.94	2.33
MU15	—	4.61	4.02	3.61	3.20	1.89
MU10	—	—	2.79	2.50	2.22	1.31
MU7.5	—	—	—	1.93	1.71	1.01
MU5	—	—	—	—	1.19	0.70

注：1. 对独立柱或厚度为双排组砌的砌块砌体，应按表中数值乘以0.7。

2. 对T形截面墙体、柱，应按表中数值乘以0.85。

(5) 双排孔或多排孔轻集料混凝土砌块砌体的抗压强度设计值按表 2-12 采用。

表 2-12 双排孔或多排孔轻集料混凝土砌块砌体的抗压强度设计值 f

MPa

砌块强度等级	砂浆强度等级			砂浆强度
	Mb10	Mb7.5	Mb5	0
MU10	3.08	2.76	2.45	1.44
MU7.5	—	2.13	1.88	1.12
MU5	—	—	1.31	0.78
MU3.5	—	—	0.95	0.56

注：1. 表中的砌块为火山渣、浮石和陶粒轻集料混凝土砌块。
    2. 对厚度方向为双排组砌的轻集料混凝土砌块砌体的抗压强度设计值，应按表中数值乘以 0.8。

2. 砌体的抗拉、抗弯与抗剪强度

砌体的抗压性能远高于其抗弯、抗拉、抗剪性能，因此砌体多用于受压构件。但实际工程中，圆形水池的池壁由于水的压力而产生环向水平拉力，使砌体垂直截面处于轴心受拉状态(图 2.24)。由图 2.24 可见，砌体的轴心受拉破坏有两种基本形式：①当块体强度等级较高，砂浆强度等级较低时，砌体将沿齿缝破坏(图 2.24(a)中的Ⅰ—Ⅰ、Ⅰ′—Ⅰ′均为齿缝破坏)；②当块体强度等级较低，砂浆强度等级较高时，砌体的破坏可能沿竖直灰缝和块体截面连成的直缝破坏(图 2.24(a)中的Ⅱ—Ⅱ)。

带支墩的挡土墙和风荷载作用下的围墙均承受弯矩作用(图 2.25)。由图可见，砌体的弯曲受拉破坏有 3 种基本形式：①当块体强度等级较高时，砌体沿齿缝破坏(图 2.25(a)中的Ⅰ—Ⅰ)；②当块体强度等级较低，而砂浆强度等级较高时，砌体可能沿竖直灰缝和块体截面连成的直缝破坏(图 2.25(a)中的Ⅱ—Ⅱ)；③当弯矩较大时，砌体将沿弯矩最大截面的水平灰缝产生沿通缝的弯曲破坏(图 2.25(b)中的Ⅲ—Ⅲ)。

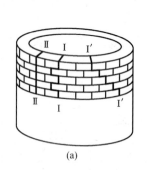  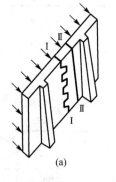 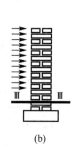

图 2.24 砌体轴心受拉　　　　　　　　图 2.25 砌体弯曲受拉
(a) 破坏形式；(b) 受力图　　　　(a) 齿缝破坏和直缝破坏；(b) 沿通缝的弯曲破坏

拱支座受到剪切作用(图 2.26)。它们可能沿阶梯形截面受剪破坏(图 2.26(a))，沿通缝截面受剪破坏(图 2.26(b))。

龄期为 28d 的以毛截面计算的各类砌体的轴心抗拉强度设计值、弯曲抗拉强度设计值和抗剪强度设计值，当施工质量控制等级为 B 级时，可由表 2-13 查得。

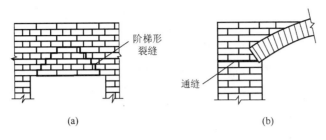

图 2.26 砌体的受剪破坏
(a)沿阶梯形截面；(b)沿通缝截面

表 2-13 沿砌体灰缝截面破坏时砌体的轴心抗拉强度设计值 f_t、
弯曲抗拉强度设计值 f_{tm} 和抗剪强度设计值 f_v

MPa

强度类别	破坏特征及砌体种类	砂浆强度等级			
		≥M10	M7.5	M5	M2.5
轴心抗拉（沿齿缝）	烧结普通砖、烧结多孔砖	0.19	0.16	0.13	0.09
	混凝土普通砖、混凝土多孔砖	0.19	0.16	0.13	—
	蒸压灰砂普通砖、蒸压粉煤灰普通砖	0.12	0.10	0.08	—
	混凝土和轻集料混凝土砌块	0.09	0.08	0.07	—
	毛石	—	0.07	0.06	0.04
弯曲抗拉（沿齿缝）	烧结普通砖、烧结多孔砖	0.33	0.29	0.23	0.17
	混凝土普通砖、混凝土多孔砖	0.33	0.29	0.23	—
	蒸压灰砂普通砖、蒸压粉煤灰普通砖	0.24	0.20	0.16	—
	混凝土和轻集料混凝土砌块	0.11	0.09	0.08	—
	毛石	—	0.11	0.09	0.07
弯曲抗拉（沿通缝）	烧结普通砖、烧结多孔砖	0.17	0.14	0.11	0.08
	混凝土普通砖、混凝土多孔砖	0.17	0.14	0.11	—
	蒸压灰砂普通砖、蒸压粉煤灰普通砖	0.12	0.10	0.08	—
	混凝土和轻集料混凝土砌块	0.08	0.06	0.05	—
抗剪	烧结普通砖、烧结多孔砖	0.17	0.14	0.11	0.08
	混凝土普通砖、混凝土多孔砖	0.17	0.14	0.11	—
	蒸压灰砂普通砖、蒸压粉煤灰普通砖	0.12	0.10	0.08	—
	混凝土和轻集料混凝土砌块	0.09	0.08	0.06	—
	毛石	—	0.19	0.16	0.11

注：1. 对于用形状规则的块体砌筑的砌体，当搭接长度与块体高度的比值小于1时，其轴心抗拉强度设计值 f_t 和弯曲抗拉强度设计值 f_{tm} 应按表中数值乘以搭接长度与块体高度比值后采用。

2. 表中数值是依据普通砂浆砌筑的砌体确定，采用经研究性试验且通过技术鉴定的专用砂浆砌筑的蒸压灰砂普通砖、蒸压粉煤灰普通砖砌体，其抗剪强度设计值按相应普通砂浆强度等级砌筑的烧结普通砖砌体采用。

3. 对混凝土普通砖、混凝土多孔砖、混凝土和轻集料混凝土砌块砌体，表中的砂浆强度等级分别为：≥Mb10、Mb7.5 及 Mb5。

3. 砌体强度的调整

下列情况的各类砌体,其砌体强度设计值应乘以调整系数 γ_a。

(1) 对无筋砌体构件,其截面面积小于 $0.3m^2$ 时,γ_a 为其截面面积加 0.7;对配筋砌体构件,当其中砌体截面面积小于 $0.2m^2$ 时,γ_a 为其截面面积加 0.8;构件截面面积以"m^2"计算。

(2) 当砌体用强度等级小于 M5.0 的水泥砂浆砌筑时,对表 2-8～表 2-12 中的数值,γ_a 为 0.9;对表 2-13 中数值,γ_a 为 0.8。

(3) 当验算施工中房屋的构件时,γ_a 为 1.1。

2.4.3 砌体的弹性模量、线膨胀系数和摩擦系数

砌体的弹性模量、线膨胀系数和摩擦系数分别按表 2-14～表 2-16 采用。砌体的剪变模量 G 按砌体弹性模量的 0.4 倍采用,即 $G=0.4E$。烧结普通砖砌体的泊松比可取 0.15。

表 2-14 砌体的弹性模量

MPa

砌体种类	砂浆强度等级			
	≥M10	M7.5	M5	M2.5
烧结普通砖、烧结多孔砖砌体	1600f	1600f	1600f	1390f
混凝土普通砖、混凝土多孔砖砌体	1600f	1600f	1600f	—
蒸压灰砂普通砖、蒸压粉煤灰普通砖砌体	1060f	1060f	1060f	—
非灌孔混凝土砌块砌体	1700f	1600f	1500f	—
粗料石、毛料石、毛石砌体	—	5650	4000	2250
细料石砌体	—	17000	12000	6750

注:1. 轻集料混凝土砌块砌体的弹性模量,可按表中混凝土砌块砌体的弹性模量采用。
   2. 表中砌体抗压强度设计值不按 2.4.2 节的第 4 条"砌体强度的调整"进行调整。
   3. 表中砂浆为普通砂浆,采用专用砂浆砌筑的砌体的弹性模量也按此表取值。
   4. 对混凝土普通砖、混凝土多孔砖、混凝土和轻集料混凝土区块砌体,表中的砂浆强度等级分别为:≥Mb10、Mb7.5 及 Mb5。
   5. 对蒸压灰砂普通砖和蒸压粉煤灰普通砖砌体,当采用专用砂浆砌筑时,其强度设计值按表中数值采用。

表 2-15 砌体的线膨胀系数和收缩率

砌体类别	线膨胀系数/(10^{-6}/℃)	收缩率/(mm/m)
烧结普通砖、烧结多孔砖砌体	5	-0.1
蒸压灰砂普通砖、蒸压粉煤灰普通砖砌体	8	-0.2
混凝土普通砖、混凝土多孔砖、混凝土砌块砌体	10	-0.2
轻集料混凝土砌块砌体	10	-0.3
料石和毛石砌体	8	—

注:表中的收缩率系由达到收缩允许标准的块体砌筑 28d 的砌体收缩系数,当地方有可靠的砌体收缩试验数据时,亦可采用当地的试验数据。

表 2-16 砌体的摩擦系数

材料类别	摩擦面情况	
	干燥	潮湿
砌体沿砌体或混凝土滑动	0.70	0.60
砌体沿木材滑动	0.60	0.50
砌体沿钢滑动	0.45	0.35
砌体沿砂或卵石滑动	0.60	0.50
砌体沿粉土滑动	0.55	0.40
砌体沿黏性土滑动	0.50	0.30

本模块小结

(1) 混凝土强度的基本指标是立方体抗压强度，轴心抗压强度和轴心抗拉强度依据立方体抗压强度计算取得。混凝土的变形分荷载作用下的受力变形和体积变形。

(2)《混凝土结构设计规范》(GB 50010—2010)规定混凝土结构中采用的钢筋有热轧钢筋、余热处理钢筋、细晶粒带肋钢筋、预应力螺纹钢筋、钢丝、钢绞丝，当采用其他钢筋时应符合专门规范的规定。钢筋的基本力学性能指标为：抗拉强度、屈服强度和伸长率、冷弯性能。

(3) 用做钢结构的钢材须具有以下性能：较高的强度、足够的变形性能、良好的加工性能、良好的可焊性、能适应低温、有害介质侵蚀(包括大气锈蚀)及重复荷载作用等性能。建筑工程中所用的建筑钢材基本上是碳素结构钢和低合金结构钢。钢结构选材应遵循技术可靠、经济合理的原则，综合考虑结构的重要性、荷载特征、结构形式、应力状态、连接方法、钢材厚度、价格和工作环境等因素，选用合适的钢材牌号和材性。

(4) 砌体结构类型有砖砌体、砌块砌体、石砌体和配筋砌体、所采用的材料有砖、砌块、石材、砂浆。影响砌体抗压强度的主要因素有：砌体的强度、块体的尺寸、几何形状和表面的平整度、砂浆的和易性、砌筑质量等。砌体的抗压强度高，在设计和使用时主要利用这个优点。

(5) 通过本模块的学习，在了解各种结构材料性能的基础上，要学会在设计和施工中选择好所需要的材料，学会查找所需要的强度和变形指标。

习题

1. 什么是混凝土立方体抗压强度、轴心抗压强度和轴心抗拉强度？
2. 混凝土三向受压时的强度为何会提高？
3. 混凝土的变形分哪两类？各包括哪些变形？
4. 什么是混凝土的徐变现象？影响混凝土徐变的因素有哪些？如何影响？
5. 影响混凝土收缩的因素有哪些？如何影响？有明显屈服点的钢筋的拉伸试验过程可分为哪 4 个阶段？试作出其应力-应变图并标出各阶段的特征应力值。
6. 结构设计计算中，有明显屈服点的钢筋和无明显屈服点的钢筋在设计强度取值上有什么不同？

7. 钢材有哪几项主要力学性能指标？各项指标可用来衡量钢材的哪些方面的性能？
8. 碳、锰、硅、硫、磷对碳素结构钢的机械性能分别有哪些影响？
9. 试阐述什么是应力集中。
10. 常用的砂浆有哪几种？
11. 为什么砌体的抗压强度远低于砖的抗压强度？
12. 影响砌体抗压强度的主要因素有哪些？
13. 在什么情况下，砌体强度设计值需乘以调整系数 γ_a？

能力训练项目：材料选用及强度指标的查用

一、训练项目1

1. 根据混凝土强度表，查下列混凝土的抗压强度设计值和抗拉强度设计值。
2. 条件：
(1) C25 混凝土。
(2) C30 混凝土。

二、训练项目2

1. 根据钢筋强度表，查下列钢筋的抗拉强度标准值。
2. 条件：
(1) HPB300。
(2) HRB335。

三、训练项目3

1. 根据砌体强度表，查下列砌体的强度设计值。
2. 条件：
(1) 由 MU15 烧结普通砖，M5 砂浆组成的砌体。
(2) 由 MU20 单排孔混凝土砌块，Mb10 砂浆组成的砌体。

四、训练项目4

1. 根据钢材强度表，查表求钢材的抗压强度设计值。
2. 条件：
某屋架采用的钢材为 $Q_{235}-BF$，型钢及节点板厚度均不超过 16mm。

模块 3

钢筋混凝土受弯构件计算能力训练

🎯 教学目标

能力目标：掌握梁、板的配筋构造；学会单筋矩形截面受弯构件正截面承载力计算公式的推导过程，并能利用该公式进行截面设计和校核；能够利用双筋矩形正截面承载力计算公式进行截面的设计与复核；能够利用 T 形截面梁正截面承载力计算理论进行 T 形截面梁受弯构件正截面设计与校核；能理解受弯构件斜截面配筋计算理论，并能够进行斜截面的配筋计算；能够读懂抵抗弯矩图，并能够绘制抵抗弯矩图；能够掌握挠度计算和裂缝验算的计算方法。

知识目标：通过学习掌握钢筋混凝土受弯构件正截面和斜截面的配筋计算和截面的承载力校核，以及挠度与裂缝宽度的验算，熟悉建筑结构设计规范；具备从事工作必备的钢筋混凝土专业知识。

态度养成目标：培养严密的逻辑思维能力和严谨的工作作风，为以后的工作奠定良好的基础。

🎯 教学要求

知识要点	能力要求	相关知识	所占分值 (100 分)
受弯构件的一般构造要求	能进行梁、板的配筋构造	纵向受力钢筋的配置；架立钢筋的配置；弯起钢筋的配置；箍筋、纵向构造钢筋及拉筋的配置；分布钢筋的配置	10
单筋矩形截面承载力计算公式及适用范围	能进行单筋矩形截面承载力计算	$\sum X = 0 \quad \alpha_1 f_c b x = f_y A_s$ $\sum M = 0 \quad M \leq M_u = \alpha_1 f_c b x (h_0 - \dfrac{x}{2})$ $\xi \leq \xi_b$ 或 $x \leq \xi_b h_0$，防止超筋破坏；$\rho \geq \rho_{\min}$ 或 $A_s \geq A_{s,\min}$，防止少筋破坏	20

续表

知识要点	能力要求	相关知识	所占分值(100分)
双筋矩形截面承载力计算公式及适用范围	能进行双筋矩形截面承载力计算	$f_y A_s = \alpha_1 f_c bx + f'_y A'_s = \alpha_1 f_c bh_0 \xi + f'_y A'_s$ $M \leq M_u = \alpha_1 f_c bx(h_0 - \dfrac{x}{2}) + f'_y A'_s(h_0 - a'_s)$ $= \alpha_1 f_c bh_0^2 \xi(1-0.5\xi) + f'_y A'_s(h_0 - a'_s)$ $\xi \leq \xi_b$，防止超筋破坏；$x \geq 2a'_s$，保证受压钢筋达到抗压强度设计值	15
T形截面承载力计算公式	能进行T形截面承载力计算	第一类T形截面： $f_y A_s = \alpha_1 f_c b'_f x \qquad M \leq M_u = \alpha_1 f_c b'_f x(h_0 - \dfrac{x}{2})$ 第二类T形截面： $f_y A_s = \alpha_1 f_c bx + \alpha_1 f_c (b'_f - b)h'_f$ $M \leq M_u = \alpha_1 f_c bx(h_0 - \dfrac{x}{2}) + \alpha_1 f_c (b'_f - b)h'_f(h_0 - \dfrac{h'_f}{2})$	15
影响斜截面抗剪强度的主要因素	能把握影响抗剪强度的主要因素	剪跨比(集中荷载)或高跨比(均布荷载)；混凝土强度；纵筋配筋率；配箍率 ρ_{sv}；截面形式	5
斜截面的计算公式及限制条件	能进行斜截面承载力计算	仅配箍筋的受弯构件的情况；同时配置箍筋和弯起钢筋的情况；截面的限制条件；抗剪箍筋的最小配箍率条件	20
抵抗弯矩图的绘制	能够读懂抵抗弯矩图	抵抗弯矩图的绘制方法	5
挠度计算和裂缝宽度验算	能进行挠度计算和裂缝宽度验算	最小刚度原则；$\omega_m = (\varepsilon_{sm} - \varepsilon_{cm})l_{cr}$	10

引 例 1

钢筋混凝土梁是建筑物中的主要受力构件，钢筋混凝土梁是否安全，是建筑物能否正常工作的关键。

图 3.1 所示为汶川地震某建筑物底层楼梯平台梁受到破坏时的现场图片，请大家结合这幅图片，掌握钢筋混凝土梁正截面破坏的 3 种形态，了解裂缝的相关知识。

图 3.1 汶川地震某建筑物底层楼梯平台梁受到破坏时的现场图片

引例 2

图 3.2 所示为某施工现场梁的受剪破坏图,请大家结合图片,掌握受弯构件斜截面配筋,并了解梁斜截面破坏的 3 种形态。

图 3.2 某施工现场梁的受剪破坏图

受弯构件是指轴力(N)可以忽略不计的构件,它是土木工程中数量较多、使用较为广泛的一类构件。工程结构中的梁和板就是典型的受弯构件。

受弯构件在荷载作用下可能发生两种破坏。当受弯构件沿弯矩最大的截面发生破坏时,破坏截面与构件的纵轴线垂直,称为沿正截面破坏,如图 3.3(a)所示。当受弯构件沿剪力最大或弯矩和剪力都较大的截面发生破坏时,破坏截面与构件的纵轴线斜交,称为沿斜截面破坏,如图 3.3(b)所示。

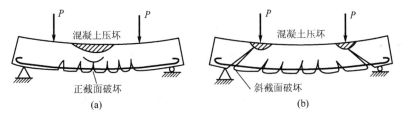

图 3.3 受弯构件的破坏形式
(a) 正截面破坏;(b) 斜截面破坏

本模块将分 9 个课题从受弯构件的一般构造到梁的裂缝宽度验算逐一讲述。

课题 3.1 受弯构件的一般构造要求

3.1.1 截面形状及尺寸

1. 截面形状

工程结构中的梁和板的区别在于:梁的截面高度一般大于自身的宽度,而板的截面高度则远小于自身的宽度。

梁的截面形状常见的有矩形、T 形、工字形、箱形、倒 L 形等;板的截面形状常见的有矩形、槽形及空心形等,如图 3.4 所示。

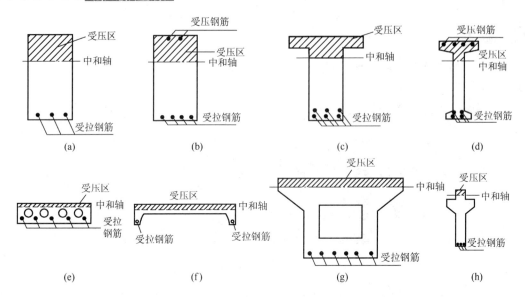

图 3.4 受弯构件常用截面形状

(a) 单筋矩形梁；(b) 双筋矩形梁；(c) T 形梁；(d) 工字形梁
(e) 空心板；(f) 槽形板；(g) 箱形板；(h) 花篮梁

2. 截面尺寸

受弯构件的截面尺寸的确定，既要满足承载能力的要求，也要满足正常使用的要求，同时还要满足施工方便的要求。也就是说，梁、板的截面高度 h 与荷载的大小、梁的计算跨度(l_0)有关。一般根据刚度条件由设计经验确定。工程结构中梁的截面高度可参照表 3-1 选用。同时，考虑便于施工和利于模板的定型化，构件截面尺寸宜统一规格，可按下述要求采用。

表 3-1 不需要做变形验算的梁的截面最小高度

构件种类		简支	两端连续	悬臂
整体肋形梁	主梁	$l_0/12$	$l_0/15$	$l_0/6$
	次梁	$l_0/15$	$l_0/20$	$l_0/8$
独立梁		$l_0/12$	$l_0/15$	$l_0/6$

注：l_0 为梁的计算跨度；当 $l_0>9m$ 时表中数值应乘以 1.2 的系数；悬臂梁的高度指其根部的高度。

矩形截面梁的高宽比 h/b 一般取 2.0～3.5；T 形截面梁的 h/b 一般取 2.5～4.0。矩形截面的宽度或 T 形截面的梁肋宽 b 一般取为 100、120、150 (180)、200 (220)、250、300、350…，300mm 以上每级级差为 50mm。括号中的数值仅用于木模板。

矩形截面梁和 T 形梁高度一般为 250、300、350…750、800、900…，800mm 以下每级级差为 50mm，800mm 以上每级级差为 100mm。

板的宽度一般比较大，设计计算时可取单位宽度($b=1000mm$)进行计算。其厚度应满足(如已满足则可不进行变形验算)：①单跨简支板的最小厚度不小于 $l_0/35$；②多跨连续板的最小厚度不小于 $l_0/40$；③悬臂板的最小厚度(指的是悬臂板的根部厚度)不小于 $l_0/12$。同时，应满足表 3-2 的规定。

表 3-2 现浇钢筋混凝土板的最小厚度

板的类别		厚度/mm
单向板	屋面板	60
	民用建筑楼板	60
	工业建筑楼板	70
	行车道下的楼板	80
双向板		80
密肋楼盖	面板	50
	肋高	250
悬臂板(根部)	悬臂长度不大于 500mm	60
	板的悬臂长度 1200mm	100
无梁楼板		150
现浇空心楼盖		200

3.1.2 梁板的配筋

1. 梁的配筋

梁中通常配置纵向受力钢筋、架力钢筋、弯起钢筋、箍筋等,构成钢筋骨架,如图 3.5 所示,有时还配置纵向构造钢筋及相应的拉筋等。

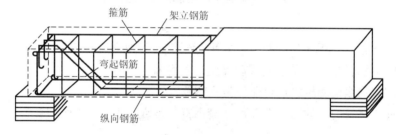

图 3.5 梁的配筋图

1) 纵向受力钢筋

根据纵向受力钢筋配置的不同,受弯构件分为单筋截面和双筋截面两种。单筋截面指只在受拉区配置纵向受力钢筋的受弯构件,如图 3.4(a)所示;双筋截面指同时在梁的受拉区和受压区配置纵向受力钢筋的受弯构件,如图 3.4(b)所示。配置在受拉区的纵向受力钢筋主要用来承受由弯矩在梁内产生的拉力,配置在受压区的纵向受力钢筋则是用来补充混凝土受压能力的不足。由于双筋截面利用钢筋来协助混凝土承受压力,一般不经济。因此,实际工程中双筋截面梁一般只在有特殊需要时采用。

梁纵向受力钢筋的直径应当适中,太粗不便于加工,与混凝土的粘结力也差;太细则根数增加,在截面内不好布置,甚至降低受弯承载力。梁纵向受力钢筋的常用直径 d=12~32mm。当 h<300mm 时,d≥8mm;当 h≥300mm 时,d≥10mm。一根梁中同一种受力钢筋最好为同一种直径;当有两种直径时,其直径相差不应小于 2mm,以便施工时辨别。梁中受拉钢筋的根数不应少于 2 根,最好不少于 3~4 根。纵向受力钢筋应尽量布置成一层。当一层排不下时,可布置成两层,但应尽量避免出现两层以上的受力钢筋,以免过多地影响截面受弯承载力。

为了保证钢筋周围的混凝土浇筑密实,避免钢筋锈蚀而影响结构的耐久性,梁的纵向受力钢筋间必须留有足够的净间距。

在梁的配筋密集区域,如受力钢筋单根布置导致混凝土浇筑密实困难时,为方便施工,可采用 2 根或 3 根钢筋并在一起配置,称为并筋(钢筋束),如图 3.6 所示。当采用并筋(钢筋束)的形式配筋时,并筋的数量不应超过 3 根。并筋可视为一根等效钢筋,其等效直径 d_e。可按截面面积相等的原则换算确定,等直径二并筋公称直径为 $d_e=1.41d$,三并筋为 $d_e=1.73d$,d 为单根钢筋的直径。等效钢筋公称直径的概念可用于钢筋间距、保护层厚度、裂缝宽度验算、钢筋锚固长度、搭接接头面积百分率及搭接长度等的计算中。

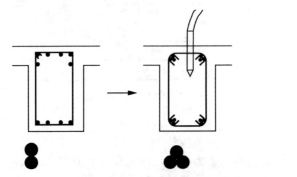

图 3.6 梁内纵向受力钢筋的并筋配置方式图

2) 架立钢筋

架立钢筋设置在受压区外缘两侧,并平行于纵向受力钢筋。其作用,一是固定箍筋位置以形成梁的钢筋骨架;二是承受因温度变化和混凝土收缩而产生的拉应力,防止发生裂缝。受压区配置的纵向受压钢筋可兼作架立钢筋。

架立钢筋的直径与梁的跨度有关,其最小直径不宜小于表 3-3 所列数值。

表 3-3 架立钢筋的最小直径

梁跨/m	<4	4~6	>6
架立钢筋最小直径/mm	8	10	12

3) 弯起钢筋

弯起钢筋在跨中是纵向受力钢筋的一部分,在靠近支座的弯起段弯矩较小处则用来承受弯矩和剪力共同产生的主拉应力,即作为受剪钢筋的一部分。钢筋的弯起角度一般为 45°,梁高 $h>800mm$ 时可采用 60°。当按计算需设弯起钢筋时,前一排(对支座而言)弯起钢筋的弯起点至后一排的弯终点的距离不应大于表 3-4 中 $V>0.7f_t bh_0$ 栏的规定。第一排钢筋的弯终点至支座边缘的距离不宜小于 50mm,亦不应大于表 3-4 中 $V>0.7f_t bh_0$ 栏的规定,实际工程中第一排弯起钢筋的弯终点距支座边缘的距离通常取为 50mm,弯起钢筋的弯终点外应留有锚固长度,其长度在受拉区不应小于 $20d$,在受压区不应小于 $10d$,如图 3.7 所示,d 为弯起钢筋的直径;对光面钢筋在末端尚应设置弯钩,位于梁底层两侧的钢筋不应弯起。

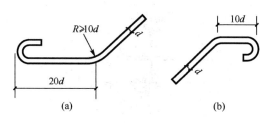

图 3.7 弯起钢筋的形式

表 3-4 梁中箍筋和弯起钢筋的最大间距 S_{max}

mm

梁高 h/mm	$V>0.7f_tbh_0$	$V\leq 0.7f_tbh_0$
$150<h\leq 300$	150	200
$300<h\leq 500$	200	300
$500<h\leq 800$	250	350
$h>800$	300	400

4) 箍筋

箍筋主要用来承受由剪力和弯矩在梁内引起的主拉应力,并通过绑扎或焊接把其他钢筋联系在一起,形成空间骨架。

箍筋应根据计算确定。按计算不需要箍筋的梁,当梁的截面高度 $h>300$mm,应沿梁全长按构造配置箍筋;当 $h=150\sim 300$mm 时,可仅在梁的端部各 1/4 跨度范围内设置箍筋,但当梁的中部 1/2 跨度范围内有集中荷载作用时,仍应沿梁的全长设置箍筋;若 $h<150$mm,可不设箍筋。

梁内箍筋宜采用 HPB300、HRB335、HRB400 级钢筋。箍筋直径:当梁截面高度 $h\leq 800$mm 时,不宜小于 6mm;当 $h>800$mm 时,不宜小于 8mm。当梁中配有计算需要的纵向受压钢筋时,箍筋直径还不应小于纵向受压钢筋最大直径的 1/4。为了便于加工,箍筋直径一般不宜大于 12mm。箍筋的常用直径为 6、8、10mm。

箍筋的最大间距应符合表 3-4 的规定。当梁中配有计算需要的纵向受压钢筋时,箍筋的间距不应大于 $15d$(d 为纵向受压钢筋的最小直径),同时不应大于 400mm;当一层内的纵向受压钢筋多于 5 根且直径大于 18mm 时,箍筋间距不应大于 $10d$。

箍筋的形式可分为开口式和封闭式两种(图 3.8)。除无振动荷载且计算不需要配置纵向受压钢筋的现浇 T 形梁的跨中部分可用开口箍筋外,均应采用封闭式箍筋。箍筋的肢数,当梁的宽度 $b\leq 150$mm 时,可采用单肢;当 $b\leq 400$mm,且一层内的纵向受压钢筋不多于 4 根时,应设置复合箍筋。梁中一层内的纵向受拉钢筋多于 5 根时,宜采用复合箍筋。

梁支座处的箍筋一般从梁边(或墙边)50mm 处开始设置。支承在砌体结构上的独立梁,在纵向受力钢筋的锚固长度 l_a 范围内应配置两道箍筋,其直径不宜小于纵向受力钢筋最大直径的 0.25 倍,间距不宜大于纵向受力钢筋最小直径的 10 倍。当梁与钢筋混凝土梁或柱整体连接时,支座内可不设置箍筋(图 3.9)。

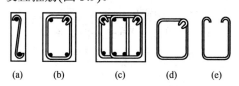

图 3.8 箍筋的肢数与形式

(a) 单肢;(b) 双肢;(c) 四肢;(d) 封闭;(e) 开口

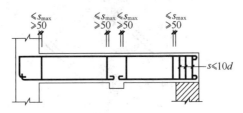

图 3.9 箍筋的布置

应当注意,箍筋是受拉钢筋,必须有良好的锚固。其端部应采用 135° 弯钩,弯钩端头直段长度不小于 50mm,且不小于 5d。

5) 纵向构造钢筋及拉筋

当梁的截面高度较大时,为了防止在梁的侧面产生垂直于梁轴线的收缩裂缝,同时也为了增强钢筋骨架的刚度,增强梁的抗扭作用,当梁的腹板高度 $h_w \geqslant 450$mm 时,应在梁的两个侧面沿高度配置纵向构造钢筋(亦称腰筋),并用拉筋固定(图 3.10)。每侧纵向构造钢筋(不包括梁的受力钢筋和架立钢筋)的截面面积不应小于腹板截面面积 bh_w 的 0.1%,且其间距不宜大于 200mm。此处 h_w 的取值为:矩形截面取截面有效高度,T 形截面取有效高度减去翼缘高度,I 形截面取腹板净高。纵向构造钢筋一般不必做弯钩。拉筋直径一般与箍筋相同,间距常取为箍筋间距的两倍。

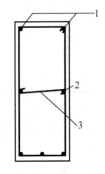

图 3.10 腰筋及拉筋

1—架立筋;2—腰筋;3—拉筋

2. 板的配筋

板通常只配置纵向受力钢筋和分布钢筋(图 3.11)。

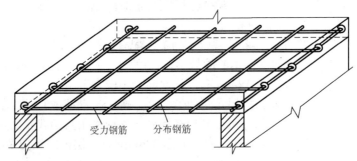

图 3.11 纵向受力钢筋和分布钢筋

1) 受力钢筋

梁式板的受力钢筋沿板的短跨方向布置在截面受拉一侧,用来承受弯矩产生的拉力。板的纵向受力钢筋的常用直径为 6、8、10、12mm。

为了正常地分担内力,板中受力钢筋的间距不宜过稀,但为了绑扎方便和保证浇捣质量,板的受力钢筋间距也不宜过密。当 $h \leqslant 150$mm 时,不宜大于 200mm;当 $h > 150$mm 时,不宜大于 $1.5h$,且不宜大于 300mm。板的受力钢筋间距通常不宜小于 70mm。

2) 分布钢筋

分布钢筋垂直于板的受力钢筋方向,在受力钢筋内侧按构造要求配置。分布钢筋的作用,一是固定受力钢筋的位置,形成钢筋网;二是将板上荷载有效地传到受力钢筋上去;

三是防止温度或混凝土收缩等原因沿跨度方向的裂缝。

分布钢筋宜采用 HPB300、HRB335 级钢筋,常用直径为 6、8mm。梁式板中单位长度上分布钢筋的截面面积不宜小于单位宽度上受力钢筋截面面积的 15%,且不宜小于该方向板截面面积的 0.15%。分布钢筋的直径不宜小于 6mm,间距不宜大于 250mm;当集中荷载较大时,分布钢筋截面面积应适当增加,间距不宜大于 200mm。分布钢筋应沿受力钢筋直线段均匀布置,并且受力钢筋所有转折处的内侧也应配置。

3.1.3 混凝土的保护层

结构构件中钢筋外边缘至构件表面范围用于保护钢筋的混凝土称为钢筋的混凝土保护层,简称保护层,其厚度用 c 表示,如图 3.12 所示。其主要作用,一是保护钢筋不致锈蚀,保证结构的耐久性;二是保证钢筋与混凝土间的粘结;三是在火灾等情况下,避免钢筋过早软化。

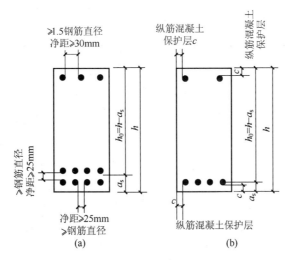

图 3.12 钢筋净距、保护层及有效高度
(a) 双排受力钢筋;(b) 单排受力钢筋

《规范》规定:①构件中受力钢筋的混凝土保护层不应小于钢筋的公称直径;②设计使用年限为 50 年的混凝土结构,最外层钢筋的保护层厚度应符合表 3-5 的规定;设计使用年限为 100 年的混凝土结构,最外层钢筋的保护层厚度不应小于表 3-5 中数值的 1.4 倍。对梁柱类构件最外层钢筋一般可考虑为箍筋。

表 3-5 混凝土保护层的最小厚度 c

mm

环境等级	板墙壳	梁柱
一	15	20
二 a	20	25
二 b	25	35
三 a	30	40
三 b	40	50

注:1. 混凝土强度等级不大于 C25 时,表中保护层厚度数值应增加 5mm。
  2. 钢筋混凝土基础宜设置混凝土垫层,其受力钢筋的混凝土保护层厚度应从垫层顶面算起,且不应小于 40mm。

 **应用案例 3-1**

某框架-剪力墙结构办公楼,采用现浇混凝土。各类构件的混凝土强度等级及最大钢筋直径见表3-6。试确定保护层厚度。

表3-6 各类构件的混凝土强度等级及最大钢筋直径

构件类型	环境条件	混凝土强度等级	纵向受力钢筋直径/mm	箍筋直径/mm
基础	地下有垫层	C20	32	10
柱	室内	C35~C50	32	10
梁	室内	C30~C40	25	10
楼板	室内	C25~C30	12	8
	厕所、浴室	C25~C30	12	8
剪力墙	室内	C25~35	14	8

【解】
(1) 根据结构中各类构件的类型及其环境条件确定其环境类别。
(2) 根据其混凝土强度等级及受力主筋的直径确定其混凝土保护层的最小厚度,结果见表3-7。

表3-7 混凝土结构保护层厚度一览表

mm

构件类型	环境条件	环境类别	混凝土强度等级	纵向受力钢筋		箍筋	
				直径	保护层厚	直径	保护层厚
基础	地下有垫层	二a	C20	32	50	10	40
柱	室内	一	C35~C50	32	30	10	20
梁	室内	一	C30~C40	25	30	10	20
楼板	室内	一	C25~C30	12	23	8	15
	厕所、浴室	二a	C25~C30	12	28	8	20
剪力墙	室内	一	C25~C35	14	23	8	15

3.1.4 钢筋的弯钩、锚固与连接

钢筋和混凝土之所以能共同工作,最主要的原因是二者间存在黏结力。在结构设计中,常要在材料选用和构造方面采取一些措施,以使钢筋和混凝土之间具有足够的黏结力,确保钢筋与混凝土能共同工作。材料措施包括选择适当的混凝土强度等级,采用黏结强度较高的变形钢筋等。构造措施包括保证足够的混凝土保护层厚度和钢筋间距,保证受力钢筋有足够的锚固长度,光面钢筋端部设置弯钩,绑扎钢筋的接头保证足够的搭接长度并且在搭接范围内加密箍筋等。

1. 钢筋的弯钩

为了增加钢筋在混凝土内的抗滑移能力和钢筋端部的锚固作用,绑扎钢筋骨架中的受拉光面钢筋末端应做弯钩。

2. 钢筋的锚固

钢筋混凝土构件中，某根钢筋若要发挥其在某个截面的强度，则必须从该截面向前延伸一个长度，以借助该长度上钢筋与混凝土的黏结力把钢筋锚固在混凝土中，这一长度称为锚固长度。钢筋的锚固长度取决于钢筋强度及混凝土强度，并与钢筋外形有关。它根据钢筋应力达到屈服强度时，钢筋才被拔动的条件确定。

(1) 当计算中充分利用钢筋的抗拉强度时，普通受拉钢筋的基本锚固长度l_{ab}按式(3.1)计算：

$$l_{ab} = \alpha \frac{f_y}{f_t} d \tag{3.1}$$

式中 l_{ab}——受拉钢筋的基本锚固长度；

f_y——普通钢筋的抗拉强度设计值；

f_t——混凝土轴心抗拉强度设计值，当混凝土强度等级高于C40时，按C40取值；

d——锚固钢筋的直径；

α——锚固钢筋的外形系数，按表3-8采用。

表3-8 锚固钢筋的外形系数 α

钢筋类型	光面钢筋	带肋钢筋	螺旋肋钢丝	四股钢绞线	七股钢绞线
α	0.16	0.14	0.13	0.16	0.17

注：光面钢筋末端应做180°弯钩，弯后平直段长度不应小于3d，但作受压钢筋时可不做弯钩。

按式(3.1)计算的锚固长度应按下列规定进行修正，且不应小于250mm。

$$l_a = \zeta_a l_{ab} \tag{3.2}$$

式中 l_a——受拉钢筋的锚固长度；

ζ_a——锚固长度修正系数，按下列规定取用，当多于一项时，可按连乘计算，但不应小于0.6；对预应力筋，可取1.0。

① 当带肋钢筋的公称直径大于25mm时，取1.10；

② 环氧树脂涂层带肋钢筋取1.25；

③ 施工过程中易受扰动的钢筋取1.10；

④ 当纵向受力钢筋的实际配筋面积大于其设计计算面积时，修正系数取设计计算面积与实际配筋面积的比值，但对有抗震设防要求及直接承受动力荷载的结构构件，不应考虑此项修正；

⑤ 锚固区保护层厚度为3d时修正系数可取0.80，保护层厚度为5d时修正系数可取0.70，中间按内插取值，此处d为纵向受力带肋钢筋的直径。

当纵向受拉普通钢筋末端采用钢筋弯钩或机械锚固措施时(图3.13)，包括弯钩或锚固端头在内的锚固长度(投影长度)可取为基本锚固长度l_{ab}的0.6倍。钢筋弯钩和机械锚固的形式(图3.13)和技术要求应符合表3-9的规定。

表3-9 钢筋弯钩和机械锚固的形式和技术要求

锚固形式	技术要求
90°弯钩	末端90°弯钩，弯后直段长度12d
135°弯钩	末端135°弯钩，弯后直段长度5d

续表

锚固形式	技术要求
一侧贴焊锚筋	末端一侧贴焊长 $5d$ 同直径钢筋,焊缝满足强度要求
两侧贴焊锚筋	末端两侧贴焊长 $3d$ 同直径钢筋,焊缝满足强度要求
焊端锚板	末端与厚度 d 的锚板穿孔塞焊,焊缝满足强度要求
螺栓锚头	末端旋入螺栓锚头,螺纹长度满足强度要求

注:1. 锚板或锚头的承压净面积应不小于锚固钢筋计算截面积的 4 倍。
2. 螺栓锚头产品的规格、尺寸应满足螺纹连接的要求,并应符合相关标准的要求。
3. 螺栓锚头和焊接锚板的间距不大于 $3d$ 时,宜考虑群锚效应对锚固的不利影响。
4. 截面角部的弯钩和一侧贴焊锚筋的布筋方向宜向内偏置。

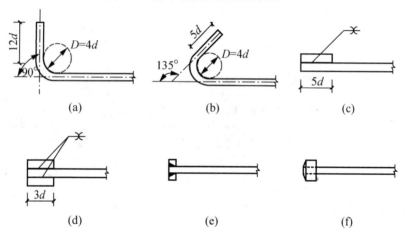

图 3.13 钢筋弯钩和机械锚固的形式和技术要求
(a) 90°弯钩;(b) 135°弯钩;(c) 侧贴焊锚筋;
(d) 两侧贴焊锚筋;(e) 穿孔塞焊锚板;(f) 螺栓锚头

(2) 混凝土结构中的纵向受压钢筋,当计算中充分利用钢筋的抗压强度时,其锚固长度不应小于相应受拉锚固长度的 70%。

3. 钢筋的连接

钢厂生产的热轧钢筋,直径较细时采用盘条供货,直径较粗时采用直条供货。盘条钢筋长度较长,连接较少,而直条钢筋长度有限(一般 9~15m),施工中常需连接。当需要采用施工缝或后浇带等构造措施时,也需要连接。

钢筋的连接形式分为三类:绑扎搭接、机械连接和焊接。《混凝土结构设计规范》(GB 50010—2010)规定,轴心受拉及小偏心受拉构件的纵向受力钢筋不得采用绑扎搭接接头;直径大于 28mm 的受拉钢筋及直径大于 32mm 的受压钢筋不宜采用绑扎搭接接头。

钢筋连接的核心问题,是要通过适当的连接接头将一根钢筋的力传给另一根钢筋。由于钢筋通过连接接头传力总不如整体钢筋,所以钢筋连接的原则是:接头应设置在受力较小处,同一根钢筋上应尽量少设接头;机械连接接头能产生较牢固的连接力,所以应优先采用机械连接。

1) 绑扎搭接接头

绑扎搭接接头的工作原理,是通过钢筋与混凝土之间的黏结强度来传递钢筋的内力。

因此，绑扎接头必须保证足够的搭接长度，而且光面钢筋的端部还需做弯钩。

纵向受拉钢筋绑扎搭接接头的搭接长度 l_1 应根据位于同一连接区段内的钢筋搭接接头面积百分率按下式计算，且在任何情况下均不应小于300mm，即：

$$l_1 = \zeta_1 l_a \geqslant 300 \tag{3.3}$$

式中 l_a ——受拉钢筋的锚固长度；

ζ_1 ——纵向受拉钢筋搭接长度的修正系数，按表3-10取用。当纵向搭接钢筋接头面积百分率为表的中间值时，修正系数可按内插取值。

表3-10 纵向受拉钢筋搭接长度修正系数

纵向搭接钢筋接头面积百分率/%	≤25	50	100
搭接长度修正系数 ζ_1	1.2	1.4	1.6

纵向受压钢筋采用搭接连接时，其受压搭接长度不应小于按式(3.3)计算的受拉搭接长度的70%，且在任何情况下均不应小于200mm。

钢筋绑扎搭接接头连接区段的长度为 1.3 倍搭接长度，凡搭接接头中点位于该长度范围内的搭接接头均属同一连接区段。位于同一连接区段内的受拉钢筋搭接接头面积百分率(即有接头的纵向受力钢筋截面面积占全部纵向受力钢筋截面面积的百分率)，对于梁类、板类和墙类构件，不宜大于25%；对柱类构件，不宜大于50%。当工程中确有必要增大受拉钢筋搭接接头面积百分率时，对梁类构件不应大于50%；对板类、墙类及柱类构件，可根据实际情况放宽。如图 3.14 所示。

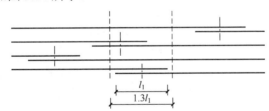

图 3.14 同一连接区段内的纵向受拉钢筋绑扎搭接接头

注：图中所示同一连接区段内的搭接接头钢筋为两根，当钢筋直径相同时，钢筋搭接接头面积百分率可为50%。

同一构件中相邻纵向的绑扎搭接接头宜相互错开。在纵向受力钢筋搭接长度范围内应配置箍筋，其直径不应小于搭接钢筋较大直径的25%。当钢筋受拉时，箍筋间距 s 不应大于搭接钢筋较小直径的 5 倍，且不应大于 100mm；当钢筋受压时，箍筋间距 s 不应大于搭接钢筋较小直径的 10 倍，且不应大于 200mm。当受压钢筋直径大于25mm时，还应在搭接接头两个端面外 100mm 范围内各设置两个箍筋。

需要注意的是，上述搭接长度不适用于架立钢筋与受力钢筋的搭接。架立钢筋与受力钢筋的搭接长度应符合下列规定：架立钢筋直径小于10mm时，搭接长度为100mm；架立钢筋直径大于或等于10mm时，搭接长度为150mm。

2) 机械连接接头

纵向受力钢筋机械连接接头宜相互错开。钢筋机械连接接头连接区段的长度为 $35d$(d 为纵向受力钢筋的较大直径)。在受力较大处设置机械连接接头时,位于同一连接区段内纵向受拉钢筋机械连接接头面积百分率不宜大于 50%,纵向受压钢筋可不受限制;在直接承受动力荷载的结构构件中不应大于 50%。

3) 焊接接头

纵向受力钢筋的焊接接头应相互错开。钢筋焊接连接接头连接区段的长度为 $35d$(d 为纵向受力钢筋的较大直径)且不小于 500mm。位于同一连接区段内纵向受拉钢筋的焊接接头面积百分率不应大于 50%,纵向受压钢筋可不受限制。

课题 3.2 矩形截面受弯构件正截面承载力计算

3.2.1 单筋矩形截面受弯构件沿正截面的破坏特征

钢筋混凝土受弯构件正截面的破坏形式与钢筋和混凝土的强度以及纵向受拉钢筋配率 ρ 有关。ρ 用纵向受拉钢筋的截面面积与正截面的有效面积的比值来表示,即

$$\rho = \frac{A_s}{bh_0}$$

式中 A_s——受拉钢筋截面面积;
b——梁的截面宽度;
h_0——梁的截面有效高度,如图 3.15 所示。

根据梁纵向钢筋配筋率的不同,钢筋混凝土梁可分为适筋梁、超筋梁和少筋梁 3 种类型,如图 3.16 所示。不同类型梁的具有不同破坏特征。

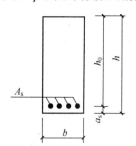

图 3.15 矩形截面受力钢筋配筋示意

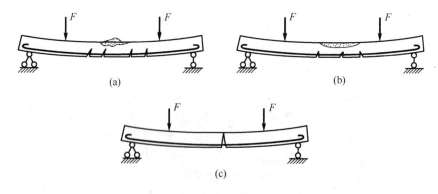

图 3.16 梁的正截面破坏

(a) 适筋梁;(b) 超筋梁;(c) 少筋梁

1. 适筋梁

配置适量纵向受力钢筋的梁称为适筋梁,该类梁的破坏称为适筋破坏,如图 3.16(a)所示。适筋梁从开始加载到完全破坏,其应力变化经历了 3 个阶段(图 3.17)。

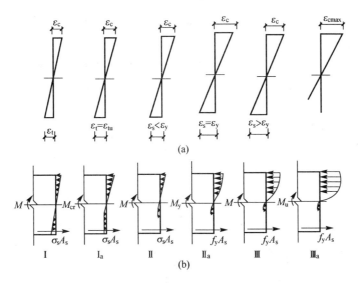

图 3.17 适筋梁工作的 3 个阶段

(a) 应变力分布图；(b) 应力分布图

(1) 第Ⅰ阶段(弹性工作阶段)：荷载很小时，混凝土的压应力及拉应力都很小，应力和应变几乎成直线关系。当弯矩增大时，受拉区混凝土表现出明显的塑性特征，应力和应变不再呈直线关系，应力分布呈曲线。当受拉边缘纤维的应变达到混凝土的极限拉应变 ε_{tu} 时，截面处于将裂未裂的极限状态，即第Ⅰ阶段末，用Ⅰa表示，此时截面所能承担的弯矩称抗裂弯矩 M_{cr}。Ⅰa阶段的应力状态是抗裂验算的依据。

(2) 第Ⅱ阶段(带裂缝工作阶段)：当弯矩继续增加时，受拉区混凝土的拉应变超过其极限拉应变 ε_{tu}，受拉区出现裂缝，截面即进入第Ⅱ阶段。裂缝出现后，在裂缝截面处，受拉区混凝土大部分退出工作，拉力几乎全部由受拉钢筋承担。随着弯矩的不断增加，裂缝逐渐向上扩展，中和轴逐渐上移，受压区混凝土呈现出一定的塑性特征，应力图形呈曲线形。第Ⅱ阶段的应力状态是裂缝宽度和变形验算的依据。当弯矩继续增加，钢筋应力达到屈服强度 f_y，这时截面所能承担的弯矩称为屈服弯矩 M_y。它标志截面进入第Ⅱ阶段末，以Ⅱa表示。

(3) 第Ⅲ阶段(破坏阶段)：弯矩继续增加，受拉钢筋的应力保持屈服强度不变，钢筋的应变迅速增大，促使受拉区混凝土的裂缝迅速向上扩展，受压区混凝土的塑性特征表现得更加充分，压应力呈显著曲线分布。到本阶段末(即Ⅲa阶段)，受压边缘混凝土压应变达到极限压应变，受压区混凝土产生近乎水平的裂缝，混凝土被压碎，甚至崩脱，截面宣告破坏，此时截面所承担的弯矩即为破坏弯矩 M_u。Ⅲa阶段的应力状态作为构件承载力计算的依据。

由上述可知，适筋梁的破坏始于受拉钢筋屈服。从受拉钢筋屈服到受压区混凝土被压碎(即弯矩由 M_y 增大到 M_u)，需要经历较长过程。由于钢筋屈服后产生很大塑性变形，使裂缝急剧开展和挠度急剧增大，给人以明显的破坏预兆，这种破坏称为延性破坏。适筋梁的材料强度能得到充分发挥。

2. 超筋梁

纵向受力钢筋配筋率大于最大配筋率的梁称为超筋梁，该类梁的破坏成为超筋破坏，如图 3.16(b)所示。这种梁由于纵向钢筋配置过多，受压区混凝土在钢筋屈服前即达到极限压应变被压碎而破坏。破坏时钢筋的应力还未达到屈服强度，因而裂缝宽度均较小，且形不成一根开展宽度较大的主裂缝，梁的挠度也较小。这种单纯因混凝土被压碎而引起的破坏，发生得非常突然，没有明显的预兆，属于脆性破坏。实际工程中不应采用超筋梁。

3. 少筋梁

配筋率小于最小配筋率的梁称为少筋梁，该类梁的破坏成为少筋破坏，如图 3.16(c)所示。这种梁破坏时，裂缝往往集中出现一条，不但开展宽度大，而且沿梁高延伸较高。一旦出现裂缝，钢筋的应力就会迅速增大并超过屈服强度而进入强化阶段，甚至被拉断。在此过程中，裂缝迅速开展，构件严重向下挠曲，最后因裂缝过宽，变大而丧失承载力，甚至被折断。这种破坏也是突然的，没有明显预兆，属于脆性破坏。实际工程中不应采用少筋梁。

3.2.2 单筋矩形截面受弯构件正截面承载力计算

1. 计算原则

1) 基本假定

钢筋混凝土受弯构件正截面承载力计算以适筋梁Ⅲ$_a$阶段的应力状态为依据。为便于建立基本公式，现作如下假定。

(1) 构件正截面弯曲变形后仍保持一平面，即在 3 个阶段中，截面上的应变沿截面高度为线性分布，这一假定称为平截面假定。由实测结果可知，混凝土受压区的应变基本呈线性分布，受拉区的平均应变大体也符合平截面假定。

(2) 钢筋的应力σ_s等于钢筋应变ε_s与其弹性模量E_s的乘积，但不得大于其强度设计值f_y，即$\sigma_s = A_s \leqslant f_y$。

(3) 不考虑截面受拉区混凝土的抗拉强度。

(4) 受压混凝土采用理想化的应力-应变关系(图 3.18)，当混凝土强度等级为 C50 及以下时，混凝土极限压应变$\varepsilon_{cu}=0.0033$。

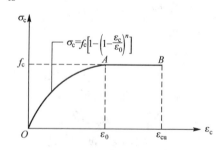

图 3.18　混凝土应力-应变关系

2) 等效矩形应力图

根据前述假定，适筋梁Ⅲa 阶段的应力图形可简化为图如 3.19(c)所示的曲线应力图，其中x_c为实际混凝土受压区高度。为进一步简化计算，按照受压区混凝土的合力大小不变、受压区混凝土的合力作用点不变的原则，将其简化为如图 3.19(d)所示的等效矩形应力图形。等效矩形应力图形的混凝土受压区高度$x = \beta_1 x_c$，等效矩形应力图形的应力值为$\alpha_1 f_c$，其

中 f_c 为混凝土轴心抗压强度设计值，β_1 为等效矩形应力图受压区高度与中和轴高度的比值，α_1 为受压区混凝土等效矩形应力图的应力值与混凝土轴心抗压强度设计值的比值，β_1、α_1 的值见表 3-11 所示。

表 3-11　β_1、α_1 值

混凝土强度等级	≤C50	C55	C60	C65	C70	C75	C80
β_1	0.8	0.79	0.78	0.77	0.76	0.75	0.74
α_1	1.0	0.99	0.98	0.97	0.96	0.95	0.94

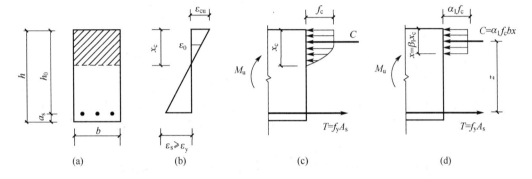

图 3.19　第Ⅲa 阶段梁截面应力分布图

(a) 截面示意；(b) 应变分布图；(c) 曲线应力分布图；(d) 等效矩形应力分布图

3）适筋梁与超筋梁的界限——界限相对受压区高度 ξ_b

比较适筋梁和超筋梁的破坏，前者始于受拉钢筋屈服，后者始于受压区混凝土被压碎。理论上，二者间存在一种界限状态，即所谓界限破坏。这种状态下，受拉钢筋达到屈服强度和受压区混凝土边缘达到极限压应变是同时发生的。将受弯构件等效矩形应力图形的混凝土受压区高度 x 与截面有效高度 h_0 之比称为相对受压区高度，用 ξ 表示，$\xi = \dfrac{x}{h_0}$，适筋梁界限破坏时等效受压区高度与截面有效高度之比称为界限相对受压区高度，用 ξ_b 表示。

ξ_b 值是用来衡量构件破坏时钢筋强度能否充分利用的一个特征值。若 $\xi > \xi_b$，构件破坏时受拉钢筋不能屈服，表明构件的破坏为超筋破坏；若 $\xi \leqslant \xi_b$，构件破坏时受拉钢筋已经达到屈服强度，表明发生的破坏为适筋破坏或少筋破坏。普通钢筋配筋的受弯构件的 ξ_b 值见表 3-12 所示。

表 3-12　普通钢筋配筋的受弯构件的相对界限受压区高度 ξ_b 值

钢筋级别	屈服强度 f_y(N/mm²)	ξ_b						
		≤C50	C55	C60	C65	C70	C75	C80
HPB235	210	0.614	—	—	—	—	—	—
HPB300	270	0.576	0.566	0.556	0.547	0.537	0.528	0.518
HRB335、HRBF335	300	0.550	0.541	0.531	0.522	0.512	0.503	0.493

续表

钢筋级别	屈服强度 f_y(N/mm²)	ξ_b						
		≤C50	C55	C60	C65	C70	C75	C80
HRB400、HRBF400、RRB400	360	0.518	0.508	0.499	0.490	0.481	0.472	0.463
HRB500、HRBF500	435	0.482	0.473	0.464	0.455	0.447	0.438	0.429

注：表中空格表示高强度混凝土不易配置低强度钢筋。

4) 适筋梁与少筋梁的界限——截面最小配筋率 ρ_{min}

少筋破坏的特点是"一裂即坏"。为了避免出现少筋情况，必须控制截面配筋率，使之不小于某一界限值，即最小配筋率 ρ_{min}。理论上讲，最小配筋率的确定原则是：配筋率为 ρ_{min} 的钢筋混凝土受弯构件，按Ⅲa阶段计算的正截面受弯承载力应等于同截面素混凝土梁所能承受的弯矩 M_{cr}(M_{cr} 为按 Ia 阶段计算的开裂弯矩)。当构件按适筋梁计算所得的配筋率小于 ρ_{min} 时，理论上讲，梁可以不配受力钢筋，作用在梁上的弯矩仅素混凝土梁就足以承受，但考虑到混凝土强度的离散性，加之少筋破坏属于脆性破坏，以及收缩等因素，《混凝土结构设计规范》(GB 50010—2010)规定梁的配筋率不得小于 ρ_{min}。实际的 ρ_{min} 往往是根据经验得出的。

梁的截面最小配筋率按表 3-13 查取，即对于受弯构件，ρ_{min} 按式(3.4)计算：

$$\rho_{min} = \max(45 f_t / f_y \%, 0.2\%) \tag{3.4}$$

表 3-13 纵向受力钢筋的最小配筋百分率 ρ_{min} %

受力类型			最小配筋百分率
受压构件	全部纵向钢筋	强度级别 500MPa	0.50
		强度级别 400 MPa	0.55
		强度级别 300 MPa、335 MPa	0.60
	一侧纵向钢筋		0.20
受弯构件、偏心受拉、轴心受拉构件一侧的受拉钢筋			0.20 和 $45 f_t / f_y$ 中的较大值

注：1. 受压构件全部纵向钢筋最小配筋百分率，当采用 C60 及以上强度等级的混凝土时，应按表中规定增加 0.10。
2. 板类受弯构件(不包括悬臂板)的受拉钢筋，当采用强度级别 400 MPa、500 MPa 的钢筋时，其最小配筋百分率应允许采用 0.15 和 $45 f_t / f_y$ 中的较大值。
3. 偏心受拉构件中的受压钢筋，应按受压构件一侧纵向钢筋考虑。
4. 受压构件的全部纵向钢筋和一侧纵向钢筋的配筋率以及轴心受拉构件和小偏心受拉构件一侧受拉钢筋的配筋率均应按构件的全截面面积计算。
5. 受弯构件、大偏心受拉构件一侧受拉钢筋的配筋率按全截面面积扣除受压翼缘面积 $(b'_f - b)h'_f$ 后的截面面积计算。
6. 当钢筋沿构件截面周边布置时，一侧纵向钢筋指沿受力方向两个对边中一边布置的纵向钢筋。

2. 基本公式及其适用条件

图 3.19(d)所示为等效矩形应力图形，根据静力平衡条件，可得出单筋矩形截面梁正截面承载力计算的基本公式：

$$\sum X = 0 \quad \alpha_1 f_c bx = f_y A_s \tag{3.5}$$

$$\sum M = 0 \quad M \leqslant M_u = \alpha_1 f_c bx(h_0 - \frac{x}{2}) \tag{3.6}$$

或

$$M \leqslant M_u = f_y A_s (h_0 - \frac{x}{2}) \tag{3.7}$$

式中 M——弯矩设计值；

f_c——混凝土轴心抗压强度设计值；

f_y——钢筋抗拉强度设计值；

x——混凝土受压区高度；

h_0——截面的有效高度；

A_s——受拉钢筋截面面积；

b——梁的截面宽度。

其余符号意义同前。

式(3.5)~式(3.7)应满足下列两个适用条件。

(1) 为防止发生超筋破坏，需满足 $\xi \leqslant \xi_b$ 或 $x \leqslant \xi_b h_0$，$\rho = \frac{\alpha_1 f_c}{f_y} \cdot \xi \leqslant \rho_{max} = \frac{\alpha_1 f_c}{f_y} \cdot \xi_b$，其中 ξ、ξ_b 分别称为相对受压区高度和界限相对受压区高度。

(2) 防止发生少筋破坏，应满足 $\rho \geqslant \rho_{min}$ 或 $A_s \geqslant A_{s,min}$，$A_{s,min} = \rho_{min} bh$，其中 ρ_{min} 为截面最小配筋率。取 $x = \xi_b h_0$，即得到单筋矩形截面所能承受的最大弯矩的表达式：

$$M_{u,max} = \alpha_1 f_c bh_0^2 \xi_b (1 - 0.5\xi_b) \tag{3.8}$$

课题 3.3 单筋矩形截面受弯构件正截面设计与复核

单筋矩形截面受弯构件正截面承载力计算，可以分为两类问题：一类是截面设计问题，另一是复核已知截面的承载力问题。

3.3.1 截面设计

1. 基本公式法

已知：弯矩设计值 M，混凝土强度等级，钢筋级别，构件截面尺寸 b、h。

求：所需受拉钢筋截面面积 A_s。

计算步骤如下。

1) 确定截面有效高度 h_0

$$h_0 = h - \alpha_s \tag{3.9}$$

式中 h——梁的截面高度；

α_s——受拉钢筋合力作用点到截面受拉边缘的距离，它与保护层厚度、箍筋直径及受拉钢筋的直径及排放有关。

当钢筋布置成一排时：$\alpha_s = c + d_1 + \frac{d}{2}$（对于板，$\alpha_s = c + \frac{d}{2}$）；当钢筋布置成两排时：

$\alpha_s = c + d_1 + \dfrac{d}{2} + d_2$,其中 c 为箍筋的混凝土保护层厚度,d_1 为箍筋直径,d 为钢筋直径,d_2 为两排钢筋之间的间距(图 3.11)。

梁中受拉钢筋常用直径为 12~28mm,平均按 20mm 计算。在室内干燥环境下,当混凝土强度等级大于 C25 时,最外层钢筋的混凝土保护层最小厚度为 c=20mm。当有效高度为一排钢筋时,$h_0=h\sim(35\sim 40)$;当有效高度为两排钢筋时,$h_0=h\sim(60\sim 65)$。

混凝土强度等级不大于 C25 时,最外层钢筋保护层厚度数值增加 5 mm。

若取受拉钢筋直径为 20mm,则不同环境等级下,当混凝土强度等级大于 C25 时,钢筋混凝土梁设计计算中 α_s 参考取值可近似按表 3-14 取用。

表 3-14　钢筋混凝土梁 α_s 参考取值

mm

环境等级	梁混凝土保护层最小厚度	箍筋直径 $\phi 6$		箍筋直径 $\phi 8$	
		受拉钢筋一排	受拉钢筋两排	受拉钢筋一排	受拉钢筋两排
一	20	35	60	40	65
二 a	25	40	65	45	70
二 b	35	50	75	55	80
三 a	40	55	80	60	85
三 b	50	65	90	70	95

2) 计算混凝土受压区高度 x,并判断是否属超筋梁

$$x = h_0 - \sqrt{h_0^2 - \dfrac{2M}{\alpha_1 f_c b}} \quad (3.10)$$

若 $x \leqslant \xi_b h_0$,则不属超筋梁。否则为超筋梁,应加大截面尺寸,或提高混凝土强度等级,或改用双筋截面。

3) 计算钢筋截面面积 A_s,并判断是否属少筋梁

$$A_s = \dfrac{\alpha_1 f_c bx}{f_y} \quad (3.11)$$

若 $As \geqslant \rho_{min} bh$,则不属少筋梁。否则为少筋梁,应取 $A_s = \rho_{min} bh$。

4) 选配钢筋

计算出的 A_s,在表格中绝大多数情况下不会恰好存在,因此选用的配筋面积一般在 5% 的范围内进行上下浮动,即 $A_{s(实际)} = (1 \pm 5\%) A_s$。

5) 验算配筋率

检查截面实际配筋率是否低于最小配筋率,即 $\rho \geqslant \rho_{min}$ 或 $A_s \geqslant A_{s,min}$,否则取 $\rho = \rho_{min}$,则 $A_{s.min} = \rho_{min} bh$。

2. 基本表格法

已知:弯矩设计值 M,混凝土强度等级,钢筋级别,构件截面尺寸 b、h。

求:所需受拉钢筋截面面积 A_s。

计算步骤如下。

(1) 求 α_s: 令 $x=\xi h_0$, 则 $M=\alpha_1 f_c bx(h_0-\dfrac{x}{2})=\alpha_1 f_c bh_0^2\xi(1-0.5\xi)=\alpha_1 f_c bh_0^2\alpha_s$, 式中 $\alpha_s=\xi(1-0.5\xi)$ 称为截面抵抗系数, 则 $\alpha_s=\dfrac{M}{\alpha_1 f_c bh_0^2}$。

(2) 根据 α_s 由表 3-15 查出 γ_s 或 ξ (若 α_s 值超出表中粗黑体字值, 即 $\xi>\xi_b$ 时, 应加大截面, 或提高混凝土强度等级, 或改用双筋矩形截面)。

令 $x=\xi\cdot h_0$, 则 $M=f_y A_s(h_0-\dfrac{x}{2})=f_y A_s h_0(1-0.5\xi)=f_y A_s h_0\gamma_s$, 式中 $\gamma_s=(1-0.5\xi)$ 称为内力臂系数。

系数 α_s、γ_s、ξ 之间存在着如下关系: $\xi=1-\sqrt{1-2\alpha_s}$; $\gamma_s=\dfrac{1+\sqrt{1-2\alpha_s}}{2}$。这也是表 3-15 中各数值的来源。

(3) 求 A_s: $A_s=\dfrac{M}{\gamma_s f_y h_0}$ 或 $A_s=\dfrac{\alpha_1 f_c bx}{f_y}=\xi bh_0\dfrac{\alpha_1 f_c}{f_y}$

(4) 选配钢筋。计算出的 A_s, 在表格中绝大多数情况下不会恰好存在, 因此我们选用的配筋面积一般在 5% 的范围内进行上下浮动, 即 $A_{s(实际)}=(1\pm5\%)A_s$。

(5) 验算配筋率检查截面实际配筋率是否低于最小配筋率, 即 $\rho\geq\rho_{\min}$ 或 $A_s\geq\rho_{\min}bh$ 中, 若 $\rho<\rho_{\min}$, 取 $A_s=\rho_{\min}bh$。

表 3-15 钢筋混凝土矩形截面受弯构件正截面受弯承载力计算系数表

ξ	γ_s	α_s	ξ	γ_s	α_s
0.01	0.995	0.010	0.35	0.825	0.289
0.02	0.990	0.020	0.36	0.820	0.295
0.03	0.985	0.030	0.37	0.815	0.301
0.04	0.980	0.039	0.38	0.810	0.309
0.05	0.975	0.048	0.39	0.805	0.314
0.06	0.970	0.058	0.40	0.800	0.320
0.07	0.965	0.067	0.41	0.795	0.326
0.08	0.960	0.077	0.42	0.790	0.332
0.09	0.955	0.085	0.43	0.785	0.337
0.10	0.950	0.095	0.44	0.780	0.343
0.11	0.945	0.104	0.45	0.775	0.349
0.12	0.940	0.113	0.46	0.770	0.354
0.13	0.935	0.121	0.47	0.765	0.359
0.14	0.930	0.130	0.48	0.760	0.365
0.15	0.925	0.139	0.482	0.759	0.366
0.16	0.920	0.147	0.49	0.755	0.370
0.17	0.915	0.155	0.50	0.750	0.375
0.18	0.910	0.164	0.51	0.745	0.380
0.19	0.905	0.172	**0.518**	**0.741**	**0.384**

续表

ξ	γ_s	a_s	ξ	γ_s	a_s
0.20	0.900	0.180	0.52	0.740	0.385
0.21	0.895	0.188	0.523	0.736	0.389
0.22	0.890	0.196	0.53	0.735	0.390
0.23	0.885	0.203	0.54	0.730	0.394
0.24	0.880	0.211	0.544	0.728	0.396
0.25	0.875	0.219	**0.55**	**0.725**	**0.400**
0.26	0.870	0.226	0.556	0.722	0.401
0.27	0.865	0.234	0.56	0.720	0.403
0.28	0.860	0.241	0.57	0.715	0.408
0.29	0.855	0.248	0.576	0.725	0.399
0.30	0.850	0.256	0.58	0.710	0.412
0.31	0.845	0.262	0.59	0.705	0.416
0.32	0.840	0.269	0.60	0.700	0.420
0.33	0.835	0.275	**0.614**	**0.693**	**0.426**
0.34	0.830	0.282			

注：1. 本表数值是用于混凝土强度等级不超过 C50 的受弯构件。

2. 表中 ξ=0.482 以下数值不适用于 500MPa 级钢筋；ξ=0.518 以下的数值不适用于 400MPa 级钢筋；ξ=0.550 以下数值不适用于 335MPa 级钢筋。在表中，常用的钢筋所对应的相对界限受压区高度 ξ_b 值用粗黑体字示出。因此，只要当计算出来的相对受压区高度 ξ 未超过粗黑体字时，即表明已满足第一个条件。但表格中不能表示最小配筋率，所以仍需验算第二个适用条件。

3. 计算系数法

基本表格法计算中求 ξ 和 γ_s 有时要用插入法，因此在实际应用中，求出 α_s 后，常用关系式直接求出 ξ 或 γ_s，然后求 A_s，选配钢筋并验算适用条件。

应用案例3-2

某钢筋混凝土矩形截面简支梁，跨中弯矩设计值 M=80 kN·m，梁的截面尺寸 $b \times h$=200×450mm，采用 C25 级混凝土，HRB400 级钢筋，安全等级为二级，环境类别为一类。试确定跨中截面纵向受力钢筋的数量。

【解】
1. 基本公式法
查表得 f_c=11.9N/mm², f_t=1.27 N/mm², f_y=360 N/mm², a_1=1.0, ξ_b=0.518, c=25mm。
1) 确定截面有效高度 h_0
假设纵向受力钢筋为单层，则 h_0=h-40=450-40=410mm。
2) 计算 x，并判断是否为超筋梁

$$x = h_0 - \sqrt{h_0^2 - \frac{2M}{\alpha_1 f_c b}} = 410 - \sqrt{410^2 - \frac{2 \times 80 \times 10^6}{1.0 \times 11.9 \times 200}}$$

$$= 92.4(mm) < \xi_b h_0 = 0.518 \times 410 = 212.4(mm)$$

不属超筋梁。

(3) 计算 A_s，并判断是否为少筋梁

$$A_s = \frac{\alpha_1 f_c bx}{f_y} = 1.0 \times 11.9 \times 200 \times 92.4/360 = 610.9 (mm^2)$$

$0.45 f_t / f_y = 0.45 \times 1.27/360 = 0.16\% < 0.2\%$，取 $\rho_{min} = 0.2\%$

$A_{s,min} = 0.2\% \times 200 \times 450 = 180 (mm^2) < A_s = 610.9 mm^2$

不属少筋梁。

(4) 选配钢筋

选配 4Φ14（$A_s = 615 mm^2$），如图 3.20 所示。

2. 基本表格法

(1) 确定截面有效高度，同基本公式法。

(2) 计算 α_s。

$$\alpha_s = \frac{M}{\alpha_1 f_c b h_0^2} = \frac{80 \times 10^6}{1.0 \times 11.9 \times 200 \times 410^2} = 0.19996$$

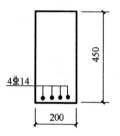

图 3.20 例 3-2 图

(3) 查表求出 ξ 或 γ_s。

查表 3-15 得，$\gamma_s = 0.887$，$\xi = 0.225$

(4) 计算 A_s，并判断是否为少筋梁。

$$A_s = \frac{M}{\gamma_s f_y h_0} = \frac{80 \times 10^6}{0.887 \times 360 \times 410} = 611.05 (mm^2)$$

或

$$A_s = \xi b h_0 \frac{\alpha_1 f_c}{f_y} = 0.225 \times 200 \times 410 \times \frac{1.0 \times 11.9}{360} = 609.9 (mm^2)$$

(5) 选配钢筋。同基本表格法。

3. 计算系数法

(1)、(2) 同基本表格法。

(3) 通过公式求 γ_s 或 ξ。

$$\gamma_s = \frac{1 + \sqrt{1 - 2\alpha_s}}{2} = \frac{1 + \sqrt{1 - 2 \times 0.19996}}{2} = 0.887$$

$$\xi = 1 - \sqrt{1 - 2\alpha_s} = 1 - \sqrt{1 - 2 \times 0.19996} = 0.225$$

(4) 计算 A_s，并判断是否为少筋梁。同基本公式法。

(5) 选配钢筋。同基本公式法。

 案例点评

本案例是根据已知弯矩设计值，通过计算，确定单筋矩形截面的配筋问题，对于这种类型的问题要注意进行判断梁的截面破坏类型。

 应用案例 3-3

某教学楼的内廊为简支在砖墙上的现浇钢筋混凝土板(单位体积自重为 $25 kN/m^3$)，计算跨度 $l_0 = 2.56 m$，板上作用的均布活荷载标准值为 $q_k = 2.5 kN/m^2$。水磨石地面及细石混凝土

垫层共 30mm 厚(单位体积自重密度为 22kN/m³)，板底白灰砂浆粉刷 12mm 厚(单位体积自重为 17kN/m³)，混凝土强度等级 C30，采用 HRB400 级钢筋，环境等级为一类，构件的安全等级为二级，如图 3.21 所示。求板所需的纵向受拉钢筋。

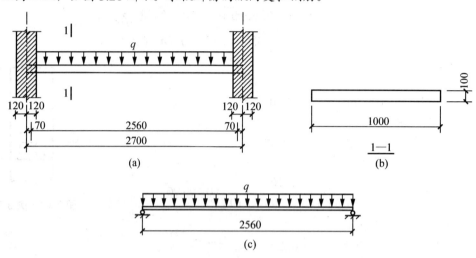

图 3.21 例 3-3 计算简图

【解】
1. 确定基本数据

混凝土的设计强度 $f_c = 14.3 \text{N/mm}^2$，$f_t = 1.43 \text{N/mm}^2$，$a_1 = 1.0$；

钢筋的设计强度 $f_y = 360 \text{N/mm}^2$，$\xi_b = 0.518$。

取 1m 宽的板带作为计算单元，即 $b = 1000\text{mm}$，板厚 $\geqslant l_0/35 = 2560/35 = 73.1\text{mm}$，取板厚 $h = 100\text{mm}$，如图 3.21 所示。钢筋的混凝土保护层最小厚度为 15mm，取 $a_s = 20\text{mm}$，则板的有效高度 $h_0 = 100 - 20 = 80\text{mm}$。

2. 荷载设计值的计算

1) 永久荷载标准值

30mm 厚水磨石地面　　　　　$1.0 \times 0.03 \times 22 = 0.66 (\text{kN/m})$
100mm 厚现浇钢筋混凝土板　　$1.0 \times 0.10 \times 25 = 2.5 (\text{kN/m})$
12mm 厚底板白灰砂浆粉刷　　$1.0 \times 0.012 \times 17 = 0.204 (\text{kN/m})$

$$g_k = 0.66 + 2.5 + 0.204 = 3.364 (\text{kN/m})$$

2) 可变荷载标准值

$$q_k = 2.5 \times 1.0 = 2.5 (\text{kN/m})$$

3) 荷载设计值

由可变荷载效应控制的组合，取荷载分项系数 $\gamma_G = 1.2$，$\gamma_Q = 1.4$。

$$q = \gamma_g g_k + \gamma_q q_k = 1.2 \times 3.364 + 1.4 \times 2.5 = 7.54 (\text{kN/m})$$

由永久荷载效应控制的组合，取取荷载分项系数 $\gamma_G = 1.35$，$\gamma_Q = 1.4$。组合值系数取 $\psi_c = 0.7$。

$$q = \gamma_g g_k + \gamma_q q_k \psi_c = 1.35 \times 3.364 + 1.4 \times 2.5 \times 0.7 = 6.99 (\text{kN/m})$$

故取荷载设计值 $q = 7.54 (\text{kN/m})$。

3. 跨中截面的弯矩设计值

构件的安全等级为二级，重要性系数 $\gamma_0 = 1.0$。

$$M = \gamma_0 \times \frac{1}{8} q l_0^2 = 1.0 \times \frac{1}{8} \times 7.54 \times 2.56^2 = 6.18 (\text{kN} \cdot \text{m})$$

4. 求受拉钢筋 A_s

$$a_s = \frac{M}{a_1 f_c b h_0^2} = \frac{6.18 \times 10^6}{1.0 \times 14.3 \times 1000 \times 80^2} = 0.068$$

$$\xi = 1 - \sqrt{1 - 2a_s} = 1 - \sqrt{1 - 2 \times 0.068} = 0.070 < \xi_b = 0.518$$

$$A_s = \xi b h_0 \frac{a_1 f_c}{f_y} = 0.070 \times 1000 \times 80 \times \frac{1.0 \times 14.3}{360} = 222.44 (\text{mm}^2)$$

5. 选配钢筋直径及根数

选配 Φ6@120，实际配筋面积 $A_s = 236 \text{mm}^2$，配筋如图 3.22 所示。

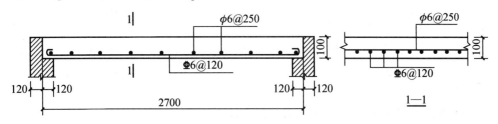

图 3.22　选配钢筋直径及根数

6. 验算适用条件

$\rho_{\min}$ 取 0.2% 和 $45\frac{f_t}{f_y}\%$ 中的较大值，$45\frac{f_t}{f_y}\% = 45 \times \frac{1.43}{360}\% = 0.18\%$，取 $\rho_{\min} = 0.2\%$。

$A_{s,\min} = \rho_{\min} b h = 0.2\% \times 1000 \times 100 = 200 \text{mm}^2 < 236 \text{mm}^2$，满足要求。

3.3.2 复核已知截面的承载力

已知：构件截面尺寸 b、h，钢筋截面面积 A_s，混凝土强度等级，钢筋级别，弯矩设计值 M。求：复核截面是否安全。

计算步骤如下。

(1) 确定截面有效高度 h_0。

(2) 判断梁的类型。

$$x = A_s f_y / a_1 f_c b \tag{3.12}$$

若 $A_s \geq \rho_{\min} bh$，且 $x \leq \xi_b h_0$，为适筋梁；

若 $x > \xi_b h_0$，为超筋梁；若 $A_s < \rho_{\min} bh$，为少筋梁。

(3) 计算截面受弯承载力 M_u。

适筋梁　$M_u = f_y A_s (h_0 - \frac{x}{2})$ (3.13)

超筋梁　$M_u = M_{u,\max} = a_1 f_c b h_0^2 \xi_b (1 - 0.5\xi_b)$ (3.14)

对少筋梁，应将其受弯承载力降低使用(已建成工程)或修改设计。

(4) 判断截面是否安全。若 $M \leq M_u$，则截面安全。

应用案例 3-4

某钢筋混凝土矩形截面梁，截面尺寸 $b×h=200mm×500mm$，混凝土强度等级 C25，纵向受拉钢筋为 3⌀18 的 HRB400 级钢筋，环境类别为二 a，安全等级为二级。该梁承受最大弯矩设计值 $M=105 kN·m$。试复核该梁是否安全。

【解】

$f_c=11.9N/mm^2$，$f_t=1.27N/mm^2$，$f_y=360N/mm^2$，$\xi_b=0.518$，$a_1=1.0$，$c=30mm$，$A_s=763mm^2$。

1. 计算 h_0

因纵向受拉钢筋布置成一层，箍筋直径按 6mm 考虑，故

$$h_0=h-30-\frac{18}{2}-6=455(mm)$$

2. 判断梁的类型

$$x=\frac{A_s f_y}{\alpha_1 f_c b}=\frac{763×360}{1.0×11.9×200}=115.4(mm)<\xi_b h_0=0.518×460=238.3(mm)$$

$$0.45f_t/f_y=0.45×1.27/360=0.16\%<0.2\%，取 \rho_{min}=0.2\%$$

$$\rho_{min}bh=0.2\%×200×500=200(mm^2)<A_s=763mm^2$$

故该梁属适筋梁。

3. 求截面受弯承载力 M_u，并判断该梁是否安全

已判断该梁为适筋梁，故

$$M_u=f_y A_s(h_0-x/2)=360×763×(455-115.4/2)$$
$$=109.1×10^6 N·mm=109.1(kN·m)>M=105 kN·m$$

故该梁安全。

案例点评

本案例是通过计算截面梁的承载力，复核单筋矩形截面是否安全问题，对这种类型的问题要注意题干中的 M 是用来最后比较的，不是用来计算的。

课题 3.4 双筋矩形截面受弯构件正截面设计与复核

双筋截面是指同时配置受拉和受压钢筋的截面，如图 3.23 所示。一般来说，采用受压钢筋协助混凝土承受压力是不经济的。

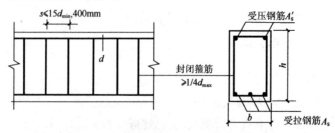

图 3.23 受压钢筋及其箍筋直径和间距

3.4.1 采用双筋截面的条件

(1) 弯矩很大,同时按单筋矩形截面计算所得的 ξ 又大于 ξ_b,而梁截面尺寸受到限制,混凝土强度等级又不能提高时。

(2) 在不同荷载组合情况下,梁截面承受异号弯矩。此外,配置受压钢筋可以提高截面的延性,因此在抗震结构中要求框架梁必须配置一定比例的受压钢筋。

由于受压钢筋在纵向压力作用下易产生压曲而导致钢筋侧向凸出,将受压区保护层崩裂,从而使构件提前发生破坏,降低构件的承载力。为此,必须配置封闭箍筋防止受压钢筋的压曲,并限制其侧向凸出。为保证有效防止受压钢筋的压曲和侧向凸出,《规范》规定箍筋的间距 s 不应大于 15 倍受压钢筋最小直径和 400mm;箍筋直径不应小于受压钢筋最大直径的 1/4。上述箍筋的设置要求是保证受压钢筋发挥作用的必要条件。

3.4.2 计算公式与适用条件

1. 计算公式

双筋矩形截面受弯构件正截面承载力计算简图如图 3.24(a)所示。

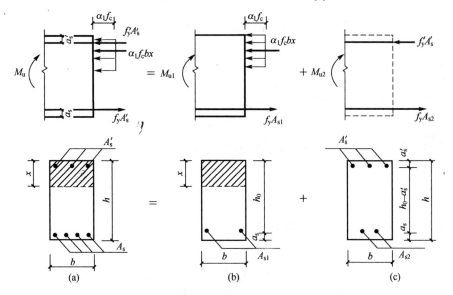

图 3.24 双筋矩形截面受弯构件正截面承载力计算简图

(a) M_u 计算简图;(b) M_{u1} 计算简图;(c) M_{u2} 计算简图

$$\sum X = 0 \quad f_y A_s = \alpha_1 f_c b x + f_y' A_s' = \alpha_1 f_c b h_0 \xi + f_y' A_s' \tag{3.15a}$$

$$\sum M = 0 \quad \begin{aligned} M \leqslant M_u &= \alpha_1 f_c b x (h_0 - \frac{x}{2}) + f_y' A_s' (h_0 - a_s') \\ &= \alpha_1 f_c b h_0^2 \xi (1 - 0.5\xi) + f_y' A_s' (h_0 - a_s') \end{aligned} \tag{3.15b}$$

分析公式(3.15a)和(3.15b)可以看出,双筋矩形截面受弯承载力设计值 M_u 可分为两部分。第一部分是由受压区混凝土和相应的一部分受拉钢筋 A_{s1} 所形成的承载力设计值 M_{u1},如图 3.24(b)所示,相当于单筋矩形截面的受弯承载力;第二部分是由受压钢筋和相应的另一部分受拉钢筋 A_{s2} 所形成的承载力设计值 M_{u2},如图 3.24(c)所示,即:

$$M_u = M_{u1} + M_{u2} \tag{3.15c}$$

$$A_s = A_{s1} + A_{s2} \tag{3.15d}$$

对第一部分(图 3.24(b))，由平衡条件可得：

$$f_y A_{s1} = \alpha_1 f_c bx \tag{3.15e}$$

$$M_{u1} = \alpha_1 f_c bx\left(h_0 - \frac{x}{2}\right) \tag{3.15f}$$

对第二部分(图 3.24(c))，由平衡条件可得：

$$f_y A_{s2} = f'_y A'_s \tag{3.15g}$$

$$M_{u2} = f'_y A'_s (h_0 - a'_s) \tag{3.15h}$$

2. 适用条件

(1) $\xi \leqslant \xi_b$——防止发生超筋脆性破坏。

(2) $x \geqslant 2a'_s$——保证受压钢筋达到抗压强度设计值。

双筋截面一般不会出现少筋破坏情况，故可不必验算最小配筋率。

3.4.3 截面设计

在双筋截面的配筋计算中，可能遇到下列两种情况。

1. 情况 1

已知：弯矩设计值 M、截面尺寸 $b \times h$、混凝土和钢筋的强度等级。

求：受压钢筋面积 A'_s 和受拉钢筋面积 A_s。

在计算公式中，有 A'_s、A_s 及 x 这 3 个未知数，还需增加一个条件才能求解。为取得较经济的设计，应使用总的钢筋截面面积($A'_s + A_s$)为最小的原则来确定配筋，则应充分利用混凝土的强度。

计算的一般步骤如下。

(1) 判断是否采用双筋截面

不满足下式可设计成双筋截面 $M \leqslant M_{u,max} = \alpha_1 f_c bh_0^2 \xi_b (1 - 0.5\xi_b)$

(2) 令：$\xi = \xi_b$，代入计算式(3.15b)，则有：

$$A'_s = \frac{M - \alpha_1 f_c bh_0^2 \xi_b (1 - 0.5\xi_b)}{f'_y (h_0 - a'_s)} \tag{3.16}$$

(3) 由式(3.15a)得

$$A_s = \frac{f'_y A'_s + \alpha_1 f_c bh_0 \xi_b}{f_y} \tag{3.17}$$

2. 情况 2

已知：弯矩设计值 M、截面尺寸 $b \times h$、混凝土和钢筋的强度等级、受压钢筋面积 A'_s。

求：受拉钢筋面积 A_s。

在计算公式中，有 A_s 及 x 两个未知数，该问题可用计算公式求解，也可用公式分解求解。

1) 计算公式求解

由式(3.14b)可知，$M - f'_y A'_s (h_0 - a'_s) = \alpha_1 f_c bh_0^2 \xi (1 - 0.5\xi)$，

令 $\alpha_s = \xi(1-0.5\xi) = \dfrac{M - f'_y A'_s(h_0 - a'_s)}{\alpha_1 f_c b h_0^2}$，由 $\xi = 1 - \sqrt{1-2\alpha_s}$ 可推出 x 的表达式(3.18)。

计算的一般步骤如下。

(1) $x = h_0 \left[1 - \sqrt{1 - \dfrac{2\left[M - f'_y A'_s(h_0 - a'_s)\right]}{\alpha_1 f_c b h_0^2}}\right]$。 (3.18)

(2) 当 $2a'_s \leqslant x \leqslant \xi_b h_0$ 时，由式(3.15a)得 $A_s = \dfrac{f'_y A'_s + \alpha_1 f_c b x}{f_y}$。 (3.19)

(3) 当 $x < 2a'_s$ 时，则取 $x = 2a'_s$，$A_s = \dfrac{M}{f_y(h_0 - a'_s)}$。 (3.20)

(4) 当 $x > \xi_b h_0$ 时，则说明给定的受压钢筋面积 A'_s 太少，此时按 A_s 和 A'_s 未知计算。

2) 公式分解求解

计算的一般步骤如下。

(1) 由式(3.15h)计算 $M_{u2} = f'_y A'_s(h_0 - a'_s)$。

(2) 由式(3.15c)得 $M_{u1} = M_u - M_{u2}$。

(3) $\alpha_s = \dfrac{M_{u1}}{\alpha_1 f_c b h_0^2}$，$\xi = 1 - \sqrt{1 - 2\alpha_s}$，$x = \xi h_0$。

(4) 当 $2a'_s \leqslant x \leqslant \xi_b h_0$ 时，由式(3.15a)得 $A_s = \dfrac{f'_y A'_s + \alpha_1 f_c b x}{f_y}$。

(5) 当 $x < 2a'_s$ 时，则取 $x = 2a'_s$，$A_s = \dfrac{M}{f_y(h_0 - a'_s)}$。

(6) 当 $x > \xi_b h_0$ 时，则说明给定的受压钢筋面积 A'_s 太少，此时按 A_s 和 A'_s 未知计算。

3.4.4 截面复核

已知：弯矩设计值 M、截面尺寸 $b \times h$、混凝土和钢筋的强度等级、受压钢筋面积 A'_s 和受拉钢筋面积 A_s。求：受弯承载力 M_u。

计算的一般步骤如下。

(1) 由式(3.15a)得 $x = \dfrac{f_y A_s - f'_y A'_s}{\alpha_1 f_c b}$。

(2) 当 $2a'_s \leqslant x \leqslant \xi_b h_0$ 时，由式(3.15b)计算 $M_u = f'_y A'_s(h_0 - a'_s) + \alpha_1 f_c b x \left(h_0 - \dfrac{x}{2}\right)$。

(3) 当 $x < 2a'_s$ 时，取 $x = 2a'_s$，$M_u = f_y A_s(h_0 - a'_s)$。

(4) 当 $x > \xi_b h_0$ 时，则说明双筋梁的破坏始自受压区，取 $x = \xi_b h_0$，
$M_u = \alpha_1 f_c b h_0^2 \xi_b (1 - 0.5\xi_b) + f'_y A'_s(h_0 - a'_s)$。

(5) 当 $M \leqslant M_u$ 时，构件截面安全，否则为不安全。

● 特 别 提 示

在混凝土结构设计中，凡是正截面承载力复核的问题，都必须求出混凝土受压区高度 x 值。

应用案例 3-5

已知矩形梁的截面尺寸 $b×h=250\text{mm}×500\text{mm}$，承受弯矩设计值 $M=300\text{kN·m}$，混凝土强度等级为 C30，钢筋采用 HRB400 级，环境类别为一类，结构的安全等级为二级，试计算所需配置的纵向受力钢筋面积。

【解】

(1) 设计参数：C30 混凝土，查得：$f_c=14.3\text{N/mm}^2$、$f_t=1.43\text{N/mm}^2$、$\alpha_1=1.0$，环境类别为一类，$c=20\text{mm}$，假设受拉钢筋为双排配置，$a_s=60\text{mm}$，$h_0=500-60=440(\text{mm})$，HRB400 级钢筋，查得 $f_y=360\text{ N/mm}^2$、$f_y'=360\text{ N/mm}^2$，查表 3-10 得 $\xi_b=0.518$。

(2) 计算系数 α_s、ξ。

$$\alpha_s = \frac{M_u}{\alpha_1 f_c b h_0^2} = \frac{300\times10^6}{1.0\times14.3\times250\times440^2} = 0.433$$

$$\xi = 1-\sqrt{1-2\alpha_s} = 1-\sqrt{1-2\times0.433} = 0.634 > \xi_b = 0.518$$

若截面尺寸和混凝土的强度等级不能改变，则应设计成双筋截面。

(3) 计算 A_s'、A_s。

取 $\xi=\xi_b=0.518$，$a_s'=40\text{mm}$，由式(3.16)、(3.17)计算：

$$A_s' = \frac{M-\alpha_1 f_c b h_0^2 \xi_b(1-0.5\xi_b)}{f_y'(h_0-a_s')}$$

$$= \frac{300\times10^6-1.0\times1.43\times250\times440^2\times0.518(1-0.50\times0.518)}{360(440-40)} = 238(\text{mm}^2)$$

$$A_s = \frac{f_y' A_s' + \alpha_1 f_c b h_0 \xi_b}{f_y} = \frac{360\times238+1.0\times14.3\times250\times440\times0.518}{360} = 2501(\text{mm}^2)$$

(4) 选钢筋。受压钢筋选用 2Φ14，$A_s'=308\text{mm}^2$；受拉钢筋选用 8Φ20，$A_s=2513\text{mm}^2$。截面配筋如图 3.25 所示。

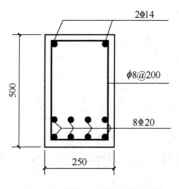

图 3.25　例 3-5 截面配筋图

案例点评

本案例是常见截面设计中的配筋计算问题，对这种类型的构件要重点注意的是对设计成单筋截面还是设计成双筋截面的判断。

应用案例 3-6

已知矩形梁的截面尺寸 $b \times h = 300\text{mm} \times 600\text{mm}$，承受弯矩设计值 $M = 150\text{kN} \cdot \text{m}$，混凝土强度等级为 C30，钢筋采用 HRB335 级，在受压区已配置 2Φ14 的钢筋（$A_s' = 308\text{mm}^2$），环境类别为一类，结构的安全等级为二级，求受拉钢筋的面积 A_s。

【解】

1. 设计参数

C30 混凝土 $f_c = 14.3\text{N/mm}^2$、$\alpha_1 = 1.0$，HRB335 级钢筋 $f_y = f_y' = 300\text{N/mm}^2$，$\xi_b = 0.55$，假设受拉钢筋为一排配置，$c = 20\text{mm}$，$a_s = 35\text{mm}$，$h_0 = 600 - 35 = 565(\text{mm})$。

2. 计算受压区高度 x

由式(3.18)计算：

$$x = h_0\left[1 - \sqrt{1 - \frac{2\left[M - f_y'A_s'(h_0 - a_s')\right]}{\alpha_1 f_c b h_0^2}}\right] = 565\left[1 - \sqrt{1 - \frac{2\left[150 \times 10^6 - 300 \times 308(565 - 35)\right]}{1.0 \times 14.3 \times 300 \times 565^2}}\right]$$

$$= 43.34(\text{mm}) < \xi_b h_0 = 0.55 \times 565 = 310.75(\text{mm})$$
$$< 2a_s' = 2 \times 35 = 70(\text{mm})$$

3. 计算受拉钢筋的面积 A_s

由式(3.20)计算，取 $x = 2a_s' = 70(\text{mm})$

$$A_s = \frac{M}{f_y(h_0 - a_s')} = \frac{150 \times 10^6}{300(565 - 35)} = 943.4(\text{mm}^2)$$

受拉钢筋选用 4Φ18，$A_s = 1017\text{mm}^2$，其截面配筋如图 3.26 所示。

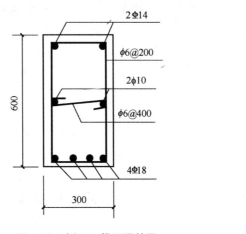

图 3.26 例 3-6 截面配筋图

 案例点评

本案例是截面设计中的受拉钢筋的配筋计算问题，对这种类型的构件要重点注意受拉钢筋高度的确定。

应用案例 3-7

已知矩形梁的截面尺寸 $b \times h = 200\text{mm} \times 400\text{mm}$，环境类别为二类 b，安全等级为二级。承受弯矩设计值 $M=120\text{kN} \cdot \text{m}$，混凝土强度等级为 C30，钢筋采 HRB335 级。受拉钢筋为 4Φ25（$A_s=1473\text{ mm}^2$），受压钢筋为 2Φ16（$A_s'=402\text{mm}^2$），截面配筋如图 3.27 所示，试验算此截面是否安全。

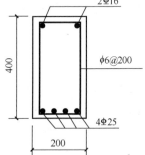

图 3.27 例 3-7 截面配筋图

【解】

1. 设计参数

C30 混凝土 $f_c=14.3\text{N/mm}^2$、$f_t=1.43\text{N/mm}^2$、$\alpha_1=1.0$，环境类别为二类 b，$c=35\text{mm}$，$a_s=35+25/2+6=53.5\text{mm}$，$a_s'=35+16/2+6=49(\text{mm})$，$h_0=400-53.5=346.5(\text{mm})$，HRB335 级钢筋 $f_y=f_y'=300\text{N/mm}^2$，$\xi_b=0.55$。

2. 计算受压区高度 x

由式(3.15a)得：

$$x = \frac{f_y A_s - f_y' A_s'}{\alpha_1 f_c b} = \frac{300 \times 1473 - 300 \times 402}{1.0 \times 14.3 \times 200} = 112.3(\text{mm})$$

$$< \xi_b h_0 = 0.55 \times 346.5 = 190.6(\text{mm})$$

$$> 2a_s' = 2 \times 49 = 98(\text{mm})$$

3. 计算受弯承载力 M_u

由式(3.15b)计算：

$$M_u = \alpha_1 f_c bx(h_0 - \frac{x}{2}) + f_y' A_s'(h_0 - a_s')$$

$$= \left[1.0 \times 14.3 \times 200 \times 112.3(346.5 - \frac{112.3}{2}) + 300 \times 402(346.5 - 49)\right] \times 10^{-6}$$

$$= 129.1(\text{kN} \cdot \text{m}) > 120\text{kN} \cdot \text{m}$$

所以截面安全。

案例点评

本案例是截面复核的问题，对这种类型的构件要重点注意题干中的弯矩设计值 M 用来比较的，计算时不要采用。

课题 3.5 T 形截面梁正截面承载力设计与复核

3.5.1 概述

1. T 形截面

受弯构件在破坏时，大部分受拉区混凝土早已退出工作，故可挖去部分受拉区混凝土，并将钢筋集中放置，如图 3.28 (a)所示，形成 T 形截面，对受弯承载力没有影响。这样既可节省混凝土,也可减轻结构自重。若受拉钢筋较多,为便于布置钢筋,可将截面底部适当增大,形成工形截面,如图 3.28(b)所示。

T 形截面伸出部分称为翼缘,中间部分称为肋或梁腹。肋的宽度为 b,位于截面受压区的翼缘宽度为 b_f',厚度为 h_f',截面总高为 h。工形截面位于受拉区的翼缘不参与受力,因此也按 T 形截面计算。

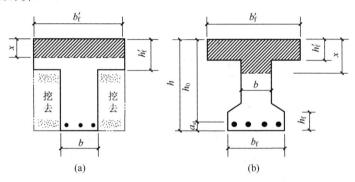

图 3.28　T 形截面图

(a) T 形截面;(b) 工形截面

工程结构中,T 形截面和工形截面受弯构件的应用很多,如现浇肋形楼盖中的主、次梁,T 形吊车梁、薄腹梁、槽形板等均为 T 形截面;箱形截面、空心楼板、桥梁中的梁为工形截面。

但是,若翼缘在梁的受拉区,如图 3.29(a)所示的倒 T 形截面梁,当受拉区的混凝土开裂以后,翼缘对承载力就不再起作用了。对于这种梁应按肋宽为 b 的矩形截面计算承载力。又如整体式肋梁楼盖连续梁中的支座附近的 2—2 截面,如图 3.29 (b)所示,由于承受负弯矩,翼缘(板)受拉,故仍应按肋宽为 b 的矩形截面计算。

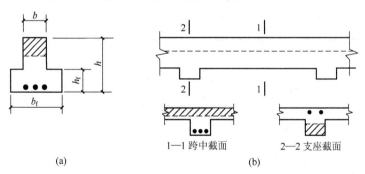

图 3.29　倒 T 形截面及连续梁截面

(a) 倒 T 形截面;(b) 连续梁跨中与支座截面

2. 翼缘的计算宽度 b_f'

由实验和理论分析可知,T 形截面梁受力后,翼缘上的纵向压应力是不均匀分布的,离梁肋越远压应力越小,实际压应力分布如图 3.30(a)、(c)所示。故在设计中把翼缘限制在一定范围内,称为翼缘的计算宽度 b_f',并假定在 b_f' 范围内压应力是均匀分布的,如图 3.30(b)、(d)所示。

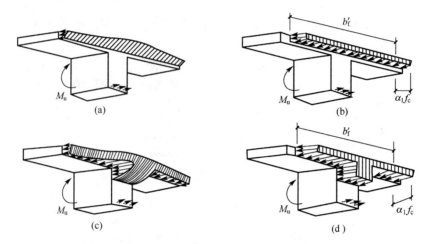

图 3.30 T形截面受弯构件受压翼缘的应力分布和计算图形
(a) 第一类 T 形梁实际应力分布图；(b) 第一类 T 形梁应力计算图；
(c) 第二类 T 形梁实际应力分布图；(d) 第二类 T 形梁应力计算图

《混凝土结构设计规范》(GB 50010—2010)对受弯构件位于受压区的翼缘计算宽度的规定见表 3-16，计算时应取三项中的较小值。

表 3-16 T形、I形及倒 L 形截面受弯构件翼缘计算宽度

项次	考虑情况	T形截面		倒 L 形截面
		肋形梁(板)	独立梁	肋形梁(板)
1	按计算跨度 l_0 考虑	$l_0/3$	$l_0/3$	$l_0/6$
2	按梁(肋)净跨 s_n 考虑	$b+s_n$	—	$b+\dfrac{s_n}{2}$
3	按翼缘高度 h'_f 考虑	$b+12h'_f$	b	$b+5h'_f$

注：1. 表中 b 为梁的腹板宽度。
2. 如肋形梁在梁跨度内设有间距小于纵肋间距的横肋时，则可不遵守表列第三种情况的规定。
3. 对有加腋的 T 形和倒 L 形截面，当受压加腋的高度 $h_h \geq h'_f$ 且加腋的宽度 $b_h \leq 3h_h$ 时，则其翼缘计算宽度可按表列第三种情况规定分别增加 $2b_h$(T 形截面)和 b_h(倒 L 形截面)。
4. 独立梁受压区的翼缘板在荷载作用下经验算沿纵肋方向可能产生裂缝时，其计算宽度应取腹板宽度 b。

3.5.2 计算公式与适用条件

1. T 形截面的两种类型

采用翼缘计算宽度 b'_f，T 形截面受压区混凝土仍可按等效矩形应力图考虑。按照构件破坏时，中和轴位置的不同，T 形截面可分为两种类型。

第一类 T 形截面：中和轴在翼缘内，即 $x \leq h'_f$。

第二类 T 形截面：中和轴在梁肋内，即 $x > h'_f$。

为了判别 T 形截面属于哪一种类型，首先分析 $x = h'_f$ 的特殊情况，图 3.31 所示为两类 T 形截面的界限情况。

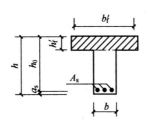
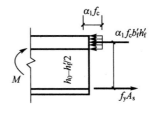

图 3.31 $x = h'_f$ 时的 T 形截面梁

$$\sum X = 0 \qquad f_y A_s = \alpha_1 f_c b'_f h'_f \qquad (3.21)$$

$$\sum M = 0 \qquad M = \alpha_1 f_c b'_f h'_f (h_0 - \frac{h'_f}{2}) \qquad (3.22)$$

当 $f_y A_s \leq \alpha_1 f_c b'_f h'_f$ 或 $M \leq \alpha_1 f_c b'_f h'_f (h_0 - \frac{h'_f}{2})$ 时，则 $x \leq h'_f$，即属于第一类 T 形截面；反之，当 $f_y A_s > \alpha_1 f_c b'_f h'_f$ 或 $M > \alpha_1 f_c b'_f h'_f (h_0 - \frac{h'_f}{2})$ 时，则 $x > h'_f$，即属于第二类 T 形截面。

2. 第一类 T 形截面的计算公式与适用条件

1) 计算公式

第一类 T 形截面受弯构件正截面承载力计算简图如图 3.32 所示，这种类型与梁宽为 b'_f 的矩形梁完全相同，可用 b'_f 代替 b 按矩形截面的公式计算。

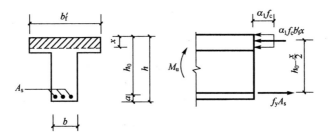

图 3.32 第一类 T 形截面梁正截面承载力计算简图

$$\sum X = 0 \qquad f_y A_s = \alpha_1 f_c b'_f x \qquad (3.23a)$$

$$\sum M = 0 \qquad M \leq M_u = \alpha_1 f_c b'_f x (h_0 - \frac{x}{2}) \qquad (3.23b)$$

2) 适用条件

(1) $\xi \leq \xi_b$——防止发生超筋脆性破坏，此项条件通常均可满足，不必验算。

(2) $\rho = \dfrac{A_s}{bh} \geq \rho_{min}$——防止发生少筋脆性破坏。

必须注意，这里受弯承载力虽然按 $b'_f \times h$ 的矩形截面计算，但最小配筋面积 $A_{s,\,min}$ 按 $\rho_{min} bh$ 计算，而不是 $\rho_{min} b'_f h$。这是因为最小配筋率是按 $M_u = M_{cr}$ 的条件确定的，而开裂弯矩 M_{cr} 主要取决于受拉区混凝土的面积，T 形截面的开裂弯矩与具有同样腹板宽度 b 的矩形截面基本相同。对工形和倒 T 形截面，则计算最小配筋率 ρ 的表达式为：

$$\rho = \frac{A_s}{bh + (b_f - b) h_f}$$

3. 第二类T形截面的计算公式与适用条件

1) 计算公式

第二类T形截面受弯构件正截面承载力计算简图,如图3.33(a)所示。

$$f_y A_s = \alpha_1 f_c bx + \alpha_1 f_c (b'_f - b) h'_f \tag{3.24a}$$

$$M \leqslant M_u = \alpha_1 f_c bx(h_0 - \frac{x}{2}) + \alpha_1 f_c (b'_f - b) h'_f (h_0 - \frac{h'_f}{2}) \tag{3.24b}$$

与双筋矩形截面类似,T形截面受弯承载力设计值 M_u 也可分为两部分。第一部分是由肋部受压区混凝土和相应的一部分受拉钢筋 A_{s1} 所形成的承载力设计值 M_{u1},如图3.33(b)所示,相当于单筋矩形截面的受弯承载力;第二部分是由翼缘挑出部分的受压混凝土和相应的另一部分受拉钢筋 A_{s2} 所形成的承载力设计值 M_{u2},如图3.33(c)所示,即:

$$M_u = M_{u1} + M_{u2} \tag{3.24c}$$

$$A_s = A_{s1} + A_{s2} \tag{3.24d}$$

对第一部分,如图3.33(b)所示,由平衡条件可得:

$$f_y A_{s1} = \alpha_1 f_c bx \tag{3.24e}$$

$$M_{u1} = \alpha_1 f_c bx(h_0 - \frac{x}{2}) \tag{3.24f}$$

对第二部分,如图3.33(c)所示,由平衡条件可得:

$$f_y A_{s2} = \alpha_1 f_c (b'_f - b) h'_f \tag{3.24g}$$

$$M_{u2} = \alpha_1 f_c (b'_f - b) h'_f (h_0 - \frac{h_f}{2}) \tag{3.24h}$$

2) 适用条件

(1) $\xi \leqslant \xi_b$ ——防止发生超筋脆性破坏。

(2) $\rho_1 = \dfrac{A_{s1}}{bh} \geqslant \rho_{min}$ ——防止发生少筋脆性破坏,此项条件通常均可满足,不必验算。

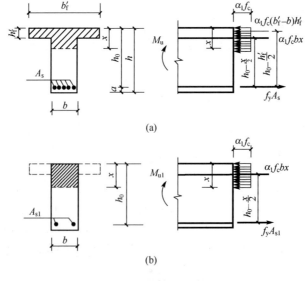

图 3.33 第二类T形截面梁正截面承载力计算简图

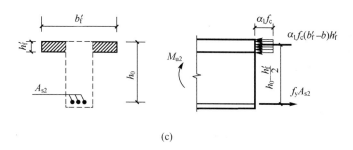

(c)

图 3.33　第二类 T 形截面梁正截面承载力计算简图(续)
(a) M_u 计算简图；(b) M_{u1} 计算简图；(c) M_{u2} 计算简图

3.5.3　设计计算方法

1. 截面设计

已知：弯矩设计值 M、截面尺寸、混凝土和钢筋的强度等级，求受拉钢筋面积 A_s。

1) 第一类 T 形截面：$M \leqslant \alpha_1 f_c b'_f h'_f (h_0 - \dfrac{h'_f}{2})$

其计算方法与 $b'_f \times h$ 的单筋矩形截面梁完全相同。

2) 第二类 T 形截面：$M > \alpha_1 f_c b'_f h'_f (h_0 - \dfrac{h'_f}{2})$

在计算公式中，有 A_s 及 x 两个未知数，该问题可用计算公式求解，也可用公式分解求解，公式分解求解计算的一般步骤如下：

(1) 由式(3.24h)计算 $M_{u2} = \alpha_1 f_c (b'_f - b) h'_f (h_0 - \dfrac{h'_f}{2})$。

(2) 由式(3.24c)得 $M_{u1} = M_u - M_{u2}$。

(3) $\alpha_s = \dfrac{M_{u1}}{\alpha_1 f_c b h_0^2}$，$\xi = 1 - \sqrt{1 - 2\alpha_s}$，$x = \xi h_0$。

(4) 当 $x \leqslant \xi_b h_0$ 时，由式(3.24a)得 $A_s = \dfrac{\alpha_1 f_c b x + \alpha_1 f_c (b'_f - b) h'_f}{f_y}$。

(5) 当 $x > \xi_b h_0$ 时，说明截面过小，会形成超筋梁，应加大截面尺寸或提高混凝土强度等级，或改用双筋截面。

2. 截面复核

已知：弯矩设计值 M、截面尺寸、混凝土和钢筋的强度等级、受拉钢筋面积 A_s，求受弯承载力 M_u。

1) 第一类 T 形截面：$f_y A_s \leqslant \alpha_1 f_c b'_f h'_f$

可按 $b'_f \times h$ 的单筋矩形截面梁的计算方法求 M_u。

2) 第二类 T 形截面：$f_y A_s \geqslant \alpha_1 f_c b'_f h'_f$

计算的一般步骤如下。

(1) 由式(3.24a)得 $x = \dfrac{f_y A_s - \alpha_1 f_c (b'_f - b) h'_f}{\alpha_1 f_c b}$。

(2) 当 $x \leqslant \xi_b h_0$ 时，由式(3.24b)计算：

$$M_u = \alpha_1 f_c bx(h_0 - \frac{x}{2}) + \alpha_1 f_c (b'_f - b) h'_f (h_0 - \frac{h'_f}{2});$$

(3) 当 $M \leqslant M_u$ 时，构件截面安全，否则为不安全。

应用案例 3-8

已知一肋梁楼盖的次梁，跨度为 6m，间距为 2.4m，截面尺寸如图 3.34(a)所示。环境类别为一类，结构的安全等级为二级。跨中最大弯矩设计值 $M=95\text{kN}\cdot\text{m}$，混凝土强度等级为 C20，钢筋采用 HRB335 级，求次梁纵向受拉钢筋面积 A_s。

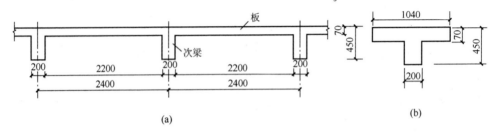

图 3.34 例 3-8 主次梁的截面尺寸图

【解】

1. 设计参数

C20 混凝土 $f_c=9.6\text{N/mm}^2$、$f_t=1.1\text{N/mm}^2$、$\alpha_1=1.0$，环境类别为一类，$c=25\text{mm}$，$a_s=40\text{mm}$，假设受拉钢筋为单排配置，$h_0=450-40=410(\text{mm})$，HRB335 级钢筋 $f_y=300\text{N/mm}^2$，$\xi_b=0.55$。

2. 确定翼缘计算宽度 b'_f

按梁跨度 l_0 考虑　　$b'_f = \dfrac{l_0}{3} = \dfrac{6000}{3} = 2000(\text{mm})$；

按梁净距 s_n 考虑　　$b'_f = b + s_n = 200 + 2200 = 2400$；

按翼缘高度 h'_f 考虑　$b'_f = b + 12h'_f = 200 + 12\times70 = 1040(\text{mm})$；

翼缘计算宽度 b'_f 取三者中的较小值，所以 $b'_f = 1040(\text{mm})$，次梁截面如图 3.34(b)所示。

3. 判别 T 形截面类型

$$\alpha_1 f_c b'_f h'_f (h_0 - \frac{h'_f}{2}) = 1.0 \times 9.6 \times 1040 \times 70 (410 - \frac{70}{2}) \times 10^{-6}$$
$$= 262(\text{kN}\cdot\text{m}) > M = 95\text{kN}\cdot\text{m}$$

属于第一类 T 形截面。

4. 计算系数 α_s、ξ

$$\alpha_s = \frac{M_u}{\alpha_1 f_c b'_f h_0^2} = \frac{95\times10^{+6}}{1.0\times9.6\times1040\times410^2} = 0.057$$

$$\xi = 1 - \sqrt{1-2\alpha_s} = 1 - \sqrt{1-2\times0.057} = 0.058 < \xi_b = 0.55$$

5. 计算受拉钢筋面积 A_s

由式(3.23a)得:

$$A_s = \frac{\alpha_1 f_c b_f' x}{f_y} = \frac{\alpha_1 f_c b_f' h_0 \xi}{f_y} = \frac{1.0 \times 9.6 \times 1040 \times 410 \times 0.058}{300} = 791(\text{mm}^2)$$

选用 3Φ20，$A_s = 941\text{mm}^2$。

6. 验算最小配筋率 ρ_1

$$\rho_1 = \frac{A_s}{bh} = \frac{941}{200 \times 450} = 1.04\% > 0.45 \frac{1.1}{300} = 0.165\%$$

同时 $\rho_1 > 0.2\%$ 满足要求，其截面配筋如图 3.35 所示。

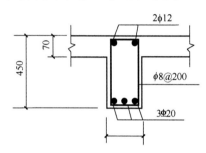

图 3.35　例 3-8 截面配筋图

案例点评

本案例为截面设计中的配筋设计类的问题，对这种类型的构件要注意验算配筋率。

应用案例 3-9

已知 T 形梁截面尺寸 b=250 mm，h=800mm，b_f'=600mm，h_f'=100mm，弯矩设计值 M=440 kN·m，混凝土强度等级为 C20，钢筋采用 HRB335 级，环境类别为一类，结构的安全等级为二级。求受拉钢筋截面面积 A_s，并绘制截面配筋图。

【解】

1. 设计参数

C20 混凝土 f_c=9.6N/mm^2，f_t=1.1N/mm^2、α_1=1.0、c=25mm，假设受拉钢筋为双排配置，h_0=800-65=735mm，HRB335 级钢筋 f_y=300N/mm^2，ξ_b=0.55。

2. 判别 T 形截面类型

$$\alpha_1 f_c b_f' h_f' (h_0 - \frac{h_f'}{2}) = 1.0 \times 9.6 \times 600 \times 100 (735 - \frac{100}{2}) \times 10^{-6}$$
$$= 394.56\ (\text{kN·m}) < M = 440\text{kN·m}$$

属于第二类 T 形截面。

3. 计算受压区高度 x

由式(3.24b)得:

$$x = h_0 \left[1 - \sqrt{1 - \frac{2\left[M - \alpha_1 f_c (b_f' - b) h_f' (h_0 - \frac{h_f'}{2}) \right]}{\alpha_1 f_c b h_0^2}} \right]$$

$$= 740 \left[1 - \sqrt{1 - \frac{2\left[440 \times 10^6 - 1.0 \times 9.6(600 - 250)100(735 - \frac{100}{2}) \right]}{1.0 \times 9.6 \times 250 \times 735^2}} \right]$$

$$= 128.3 (\text{mm}) < \xi_b h_0 = 0.55 \times 735 = 404 (\text{mm})$$

4. 计算受拉钢筋面积 A_s

由式(3.24a)得：

$$A_s = \frac{\alpha_1 f_c b x + \alpha_1 f_c (b_f' - b) h_f'}{f_y} = \frac{1.0 \times 9.6(600 - 250) \times 100 + 1.0 \times 9.6 \times 250 \times 128.3}{300}$$

$$= 2146 (\text{mm}^2)$$

选用 7Φ20，$A_s = 2200 \text{mm}^2$。

5. 验算最小配筋率 ρ_1

$$\rho_1 = \frac{A_s}{bh} = \frac{2200}{250 \times 800} = 1.1\% > 0.45 \frac{1.1}{300} = 0.165\%$$

同时 $\rho_1 > 0.2\%$ 满足要求，截面配筋如图 3.36 所示。

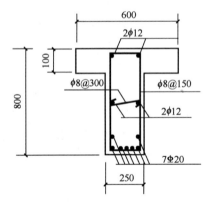

图 3.36 例 3-9 截面配筋图

案例点评

本案例为截面梁设计中的配双筋中的配双排筋设计类的问题，对这种类型的构件要注意配筋的布置。

应用案例 3-10

已知 T 形梁截面尺寸 $b=250 \text{ mm}$，$h=750 \text{mm}$，$b_f'=1200 \text{mm}$，$h_f'=80 \text{mm}$，截面尺寸及配筋如图 3-37 所示。承受弯矩设计值 $M=290 \text{ kN·m}$，混凝土强度等级为 C20，钢筋采

HRB335 级，受拉钢筋为 6⊥18(A_s=1527mm²，两排配置)，环境类别为一类，结构的安全等级为二级。试复核该截面是否安全？

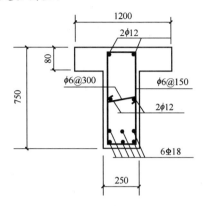

图 3.37 例 3-10 截面配筋图

【解】
1. 设计参数

C20 混凝土 f_c=9.6N/mm²、f_t=1.1N/mm²、α_1=1.0、c=25mm，HRB335 级钢筋 f_y=300 N/mm²，ξ_b=0.55，h_0=750−60=690(mm)。

2. 判别 T 形截面类型

$\alpha_1 f_c b'_f h'_f$=1.0×9.6×1200×80×10⁻³=921.6(KN·m)>$f_y A_s$=300×1527×10⁻³=458.1(kN·m)

属于第一类 T 形截面。

3. 计算相对受压区高度 ξ

由式(3.23a)得：

$$\xi = \frac{f_y A_s}{\alpha_1 f_c b'_f h_0} = \frac{300 \times 1527}{1.0 \times 9.6 \times 1200 \times 690} = 0.058 < \xi_b = 0.55$$

4. 计算受弯承载力 M_u

由式(3.23b)得：

$$M_u = \alpha_1 f_c b'_f h_0^2 \xi(1-0.5\xi) = 1.0 \times 9.6 \times 1200 \times 690^2 \times 0.058(1-0.058) \times 10^{-6}$$
$$= 309(kN \cdot m) > M=209 kN \cdot m$$

所以截面安全。

案例点评

本案例是截面承载力校核的问题，通过计算截面的最大承载力来校核在给定的承载力下构件是否安全。

课题 3.6 受弯构件斜截面配筋计算

3.6.1 概述

受弯构件在荷载作用下，截面除产生弯矩 M 外，常常还产生剪力 V，在剪力和弯矩共同作用的剪弯区段，产生斜裂缝，如果斜截面承载力不足，可能沿斜裂缝发生斜截面受剪破坏或斜截面受弯破坏。因此，还要保证受弯构件斜截面承载力，即斜截面受剪承载力和斜截面受弯承载力。

工程设计中，斜截面受剪承载力是由抗剪计算来满足的，斜截面受弯承载力则是通过构造要求来满足的。

由于混凝土抗拉强度很低，随着荷载的增加，当主拉应力超过混凝土复合受力下的抗拉强度时，就会出现与主拉应力轨迹线大致垂直的裂缝。除纯弯段的裂缝与梁纵轴垂直以外，M、V 共同作用下的截面主应力轨迹线都与梁纵轴有一倾角，其裂缝与梁的纵轴是倾斜的，故称为斜裂缝，如图 3.38 所示。

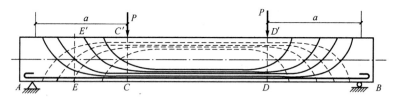

图 3.38 无腹筋梁在开裂前裂缝

当荷载继续增加时，斜裂缝不断延伸和加宽，当截面的抗弯强度得到保证时，梁最后可能由于斜截面的抗剪强度不足而破坏。

3.6.2 受弯构件斜截面承载力试验研究

1. 剪跨比 λ 的定义

如图 3.39 所示，集中力 F 作用点到支座的距离，称为"剪跨"，剪跨 a 与梁的有效高度 h_0 之比称为剪跨比，即：

$$\lambda = \frac{a}{h_0} \tag{3.25}$$

2. 无腹筋梁斜截面破坏的主要形态

影响无腹筋梁斜截面受剪破坏形态的主要因素为：剪跨比 a/h_0（集中荷载）或跨高比 l_0/h_0（均布荷载），主要破坏形态有斜拉、剪压和斜压 3 种，如图 3.39 所示。

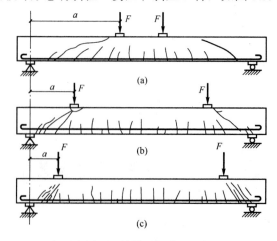

图 3.39 斜截面的破坏形态

1) 斜拉破坏

一般发生在剪跨比较大的情况(集中荷载时 $\lambda = \dfrac{a}{h_0}$ >3)(均布荷载为 l_0/h_0>8 时)如图 3.39(a)所示。在荷载作用下,首先在梁的底部出现垂直的弯曲裂缝;随即,其中一条弯曲裂缝很快地斜向(垂直主拉应力)伸展到梁顶的集中荷载作用点处,形成所谓的临界斜裂缝,将梁劈裂为两部分而破坏,同时,沿纵筋往往伴随产生水平撕裂裂缝,即斜拉破坏。

斜拉破坏荷载与开裂时荷载接近,这种破坏使拱体混凝土被拉坏,这种梁的抗剪强度取决于混凝土抗拉强度,承载力较低。

2) 剪压破坏

一般发生在剪跨比适中的情况(集中荷载时 $1 \leqslant \lambda = \dfrac{a}{h_0} \leqslant 3$(均布荷载时为 $3 \leqslant l_0/h_0 \leqslant 8$))如图 3.39(b)所示。在荷载的作用下,首先在剪跨区出现数条短的弯剪斜裂缝;随着荷载的增加,其中一条延伸最长、开展较宽称为主要斜裂缝,即临界斜裂缝;随着荷载继续增大,临界斜裂缝将不断向荷载作用点延伸,使混凝土受压区高度不断减小,导致剪压区混凝土在正应力 σ 和剪应力 τ 和荷载引起的局部竖向压应力的共同作用下达到复合应力状态下的极限强度而破坏,这种破坏称为剪压破坏。

破坏时荷载一般明显地大于斜裂缝出现时的荷载,这是斜截面破坏最典型的一种。

3) 斜压破坏

这种破坏一般发生在剪力较大而弯矩较小时,即剪跨比很小(集中荷载时 $\lambda = \dfrac{a}{h_0}$<1,均布荷载时为 l_0/h_0<3)所示,如图 3.39(c)所示。加载后,在梁腹中垂直于主拉应力方向,先后出现若干条大致相互平行的腹剪斜裂缝,梁的腹部被分割成若干斜向的受压短柱。随着荷载的增大,混凝土短柱沿斜向最终被压酥破坏,即斜压破坏。这种破坏使拱体混凝土被压坏。

不同剪跨比梁的破坏形态和承载力不同,斜压破坏最大,剪压次之,斜拉最小。而在荷载达到峰值时的跨中挠度均不大,且破坏后荷载均迅速下降,这与弯曲破坏的延性性质不同,均属于脆性破坏,其中斜拉破坏最明显,斜压破坏次之,剪压破坏稍好。

除上述 3 种破坏外,在不同的条件下,还可能出现其他的破坏形态,如:荷载离支座很近时的纯剪切破坏以及局部受压破坏和纵筋的锚固破坏,这些都不属于正常的弯剪破坏形态,在工程中应采取构造措施加以避免。

3. 有腹筋梁斜截面破坏的主要形态

有腹筋梁的破坏类型与无腹筋梁相类似,也有 3 种情况:剪压破坏、斜压破坏和斜拉破坏。试验表明,其破坏的类型和承载能力是受众多因素影响的,主要有如下几种。

1) 剪跨比(集中荷载)或跨高比(均布荷载)

$$\lambda = \dfrac{a}{h_0} = \dfrac{M}{Vh_0}$$

试验结果表明当 $\lambda \leqslant 3$ 时,斜截面受剪承载力随 λ 增大而减小。当 λ>3 以后,承载力趋于稳定,影响不显著。

均布荷载作用下跨高比 l_0/h_0 对梁的受剪承载力影响较大,随着跨高比的增大,受剪承载力下降;但当跨高比 $l_0/h_0>10$ 以后,跨高比对受剪承载力的影响不显著。

2) 混凝土强度

混凝土强度对斜截面受剪承载力有着重要影响。试验表明,混凝土强度越高,受剪承载力越大,大致成直线变化。

3) 纵筋配筋率

纵向钢筋能抑制斜裂缝的开展,使斜裂缝顶部混凝土压区高度(面积)增大,间接地提高梁的受剪承载力,同时纵筋本身也通过销栓作用承受一定的剪力,因而纵向钢筋的配筋量增大,梁的受剪承载力也有一定的提高。根据试验分析,纵向受拉钢筋的配筋率 ρ 大于 1.5%时,纵筋对梁受剪承载力的影响才明显,因此《混凝土结构设计规范》(GB 50010—2010)在受剪计算公式中也未考虑这一影响。

4) 配箍率 ρ_{sv}

$$\rho_{sv} = \frac{A_{sv}}{bs} = \frac{nA_{sv1}}{bs} \tag{3.26}$$

式中　A_{sv}——配置在同一截面内箍筋各肢的全部截面面积($A_{sv}=nA_{sv1}$,其中 n 为箍筋肢数,A_{sv1} 为单肢箍筋的截面面积);

　　　b——矩形截面的宽度,T 形、I 形截面的腹板宽度;

　　　S——箍筋间距。

梁的斜截面受剪承载力与 ρ_{sv} 呈线性关系,受剪承载力随 ρ_{sv} 增大而增大。

5) 截面形式

T 形、I 形截面有受压翼缘,增加了剪压区的面积,对斜拉破坏和剪压破坏的受剪承载力可提高(20%),但对斜压破坏的受剪承载力并没有提高。一般情况下,忽略翼缘的作用,只取腹板的宽度当做矩形截面梁计算构件的受剪承载力,其结果偏于安全。

除上述因素外,截面的尺寸、荷载种类和作用方式以及梁的连续性等对斜截面受剪承载力都有影响。

3.6.3　斜截面的承载力计算公式及使用条件

1. 计算公式

影响斜截面受剪承载力的因素很多,精确计算比较困难,现行计算公式带有经验性质。

钢筋混凝土受弯构件斜截面受剪承载力计算以剪压破坏形态为依据。为便于理解,现将受弯构件斜截面受剪承载力表示为 3 项相加的形式,如图 3.40 所示。

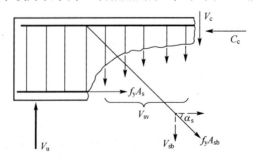

图 3.40　有腹筋梁斜截面破坏时的受力状态

其表达式为

$$V_u = V_c + V_{sv} + V_{sb} \tag{3.27}$$

式中　V_u——受弯构件斜截面受剪承载力；

　　　V_c——剪压区混凝土受剪承载力设计值，即无腹筋梁的受剪承载力；

　　　V_{sv}——与斜裂缝相交的箍筋受剪承载力设计值；

　　　V_{sb}——与斜裂缝相交的弯起钢筋受剪承载力设计值。

需要说明的是，式(3.27)中 V_c 和 V_{sv} 密切相关，无法分开表达，故以 $V_{cs}=V_c+V_{sv}$ 来表达混凝土和箍筋总的受剪承载力，于是有：

$$V_u = V_{cs} + V_{sb} \tag{3.28}$$

《混凝土结构设计规范》(GB 50010—2010)在理论研究和试验结果的基础上，结合工程实践经验给出了以下斜截面受剪承载力计算公式。

1) 仅配箍筋的受弯构件

对矩形、T 形及 I 形截面一般受弯构件，其受剪承载力计算基本公式为：

$$V \leqslant V_{cs} = 0.7 f_t b h_0 + f_{yv} \frac{A_{sv}}{s} h_0 \tag{3.29}$$

对集中荷载作用下(包括作用多种荷载，其中集中荷载对支座截面或节点边缘所产生的剪力占该截面总剪力值的 75% 以上的情况)的独立梁，其受剪承载力计算基本公式为：

$$V \leqslant V_{cs} = \frac{1.75}{\lambda+1.0} f_t b h_0 + f_{yv} \frac{A_{sv}}{s} h_0 \tag{3.30}$$

式中　f_t——混凝土轴心抗拉强度设计值；

　　　A_{sv}——配置在同一截面内箍筋各肢的全部截面面积：$A_{sv}=nA_{sv1}$，其中 n 为箍筋肢数，A_{sv1} 为单肢箍筋的截面面积；

　　　s——箍筋间距；

　　　f_{yv}——箍筋抗拉强度设计值，$f_{yv} \leqslant 360\text{N/mm}^2$；

　　　λ——计算截面的剪跨比。当 $\lambda<1.5$ 时，取 $\lambda=1.5$；当 $\lambda>3$ 时，取 $\lambda=3$。

2) 同时配置箍筋和弯起钢筋的受弯构件

同时配置箍筋和弯起钢筋的受弯构件，其受剪承载力计算基本公式为：

$$V \leqslant V_u = V_{cs} + 0.8 f_y A_{sb} \sin\alpha_s \tag{3.31}$$

式中　f_y——弯起钢筋的抗拉强度设计值；

　　　A_{sb}——同一弯起平面内的弯起钢筋的截面面积。

其余符号意义同前。

式(3.31)中的系数 0.8，是考虑弯起钢筋与临界斜裂缝的交点有可能过分靠近混凝土剪压区时，弯起钢筋达不到屈服强度而采用的强度降低系数。

2. 计算公式的适用范围

为了防止发生斜压及斜拉这两种严重脆性的破坏形态，必须控制构件的截面尺寸不能过小及箍筋用量不能过少，为此《混凝土结构设计规范》(GB 50010—2010)给出了相应的控制条件。

1) 截面的限制条件

当梁的截面尺寸较小而剪力过大时，可能在梁的腹部产生过大的主压应力，使梁腹产生斜压破坏。这种梁的承载力取决于混凝土的抗压强度和截面尺寸，不能靠增加腹筋来提高承载力，多配置的腹筋不能充分发挥作用。为了避免斜压破坏，同时也为了防止梁在使用阶段斜裂缝过宽(主要指薄腹梁)。对矩形、T形和I形截面的一般受弯构件，应满足下列条件：

当 $\dfrac{h_w}{b} \leqslant 4$ 时　　　　$V \leqslant 0.25\beta_c f_c b h_0$ 　　　　　　(3.32a)

当 $\dfrac{h_w}{b} \geqslant 6$ 时　　　　$V \leqslant 0.2\beta_c f_c b h_0$ 　　　　　　(3.32b)

当 $4 < \dfrac{h_w}{b} < 6$ 时，按直线内插法取用。

式中　V——构件斜截面上的最大剪力设计值；
　　　β_c——为高强混凝土的强度折减系数，当混凝土强度等级不大于C50级时，取 $\beta_c = 1$；当混凝土强度等级为C80时，$\beta_c = 0.8$，其间按线性内插法取值；
　　　h_w——截面腹板高度：矩形截面，取有效高度；T形截面，取有效高度减去翼缘高度；I形截面，取腹板净高。
　　　b——矩形截面的宽度或T形截面和工形截面的腹板宽度。

对于薄腹梁，由于其肋部宽度较薄，所以在梁腹中部剪应力很大，与一般梁相比容易出现腹剪斜裂缝，裂缝宽度较宽，因此对其截面限值条件取值有所降低。

截面限制条件的意义：首先是为了防止梁的截面尺寸过小、箍筋配置过多而发生的斜压破坏，其次是限制使用阶段的斜裂缝宽度，同时也是受弯构件箍筋的最大配筋率条件。工程设计中，如不满足条件时，应加大截面尺寸或提高混凝土强度等级，直到满足。

2) 抗剪箍筋的最小配箍率

当配箍率小于一定值时，斜裂缝出现后，箍筋不能承担斜裂缝截面混凝土退出工作释放出来的拉应力，而很快达到屈服，其受剪承载力与无腹筋梁基本相同，当剪跨比较大时，可能产生斜拉破坏。为了防止斜拉破坏，《混凝土结构设计规范》(GB 50010—2010)规定：

$$\rho_{sv,min} = 0.24\dfrac{f_t}{f_{yv}} \tag{3.33}$$

工程设计中，如不能满足上述条件，则应按照 $\rho_{sv,min}$ 配箍筋，并满足构造要求。

3. 斜截面受剪承载力计算截面位置的确定

在计算斜截面受剪承载力时，剪力设计值 V 应按下列计算截面采用。

1) 支座边缘截面

通常支座边缘截面的剪力最大，对于图3.41中1—1斜裂缝截面的受剪承载力计算，应取支座截面处的剪力，如图3.41中 V_1 所示。

2) 腹板宽度改变处截面

当腹板宽度减小时，受剪承载力降低，有可能产生沿图3.41中2—2斜截面的受剪破坏。对此斜裂缝截面，应取腹板宽度改变处截面的剪力，如图3.41中 V_2 所示。

3) 箍筋直径或间距改变处截面

箍筋直径减小或间距增大，受剪承载力降低，可能产生沿图3.41中3—3斜截面的受剪破坏。对此斜裂缝截面，应取箍筋直径或间距改变处截面的剪力，如图3.41中 V_3 所示。

4) 弯起钢筋起弯起点处的截面

未设弯起钢筋的受剪承载力低于弯起钢筋的区段，可能在弯起钢筋弯起点处产生沿

图 3.41 中的 4—4 斜截面破坏。对此斜裂缝截面，应取弯起钢筋弯起点处截面的剪力，如图 3.41 中 V_4。

总之，斜截面受剪承载力的计算是按需要进行分段计算的，计算时应取区段内的最大剪力为该区段的剪力设计值。

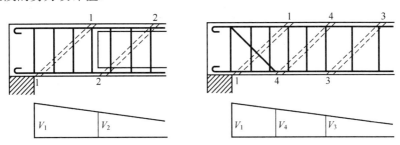

图 3.41 斜截面受剪承载力的计算截面

3.6.4 斜截面配筋计算

受弯构件斜截面承载力的计算有两类问题：截面设计和截面复核。

1. 截面设计

已知：剪力设计值 V，截面尺寸 b、h，材料强度等级 f_c、f_t、f_{yv}、β_c，纵向受力钢筋。

求：梁中腹筋数量。

当按公式进行截面设计时，其计算方法和步骤如下。

(1) 确定计算截面位置，计算其剪力设计值 V。

(2) 校核截面尺寸。根据公式(3.32)验算是否满足截面限制条件，如不满足应加大截面尺寸或提高混凝土强度等级。

(3) 验算是否配置箍筋。

$V \leqslant 0.7 f_t b h_0$ 或 $\dfrac{1.75}{\lambda+1} f_t b h_0$ 时，按构造配箍筋；

$V > 0.7 f_t b h_0$ 或 $\dfrac{1.75}{\lambda+1} f_t b h_0$ 时，计算确定腹筋数量。

(4) 确定腹筋用量

① 只配置箍筋。根据 $V \leqslant V_{cs} = 0.7 f_t b h_0 + f_{yv} \dfrac{A_{sv}}{s} h_0$ 或者 $V \leqslant V_{cs} = \dfrac{1.75}{\lambda+1.0} f_t b h_0 + f_{yv} \dfrac{A_{sv}}{s} h_0$ 求出 $\dfrac{A_{sv}}{s}$。

一般情况受弯构件：

$$\frac{A_{sv}}{s} = \frac{nA_{sv1}}{s} \geqslant \frac{V - 0.7 f_t b h_0}{f_{yv} h_0}$$

集中荷载作用下的独立梁：

$$\frac{A_{sv}}{s} = \frac{nA_{sv1}}{s} \geqslant \frac{V - \dfrac{1.75}{\lambda+1.0} f_t b h_0}{f_{yv} h_0}$$

根据 $\dfrac{A_{sv}}{s}$ 值确定箍筋直径和间距,并满足最小配箍率、钢筋最大间距和箍筋直径最小的要求。

② 配置箍筋和弯起钢筋。一般先根据经验和构造要求配置箍筋,确定 V_{cs},对 $V>V_{cs}$,区段,按式(3.34)计算确定弯起钢筋的截面:

$$A_{sb} = \frac{V - V_{cs}}{0.8 f_y \sin\alpha_s} \tag{3.34}$$

式中,剪力设计值 V 应根据弯起钢筋计算斜截面的位置确定,如图 3.42 所示的配置多排弯起钢筋的情况,第一排弯起钢筋的截面面积 $A_{sb1} = \dfrac{V_1 - V_{cs}}{0.8 f_y \sin\alpha_s}$; 第二排 $A_{sb2} = \dfrac{V_2 - V_{cs}}{0.8 f_y \sin\alpha_s}$ 。

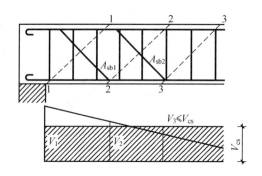

图 3.42 配置多排弯起钢筋

2. 截面复核

已知:截面尺寸 b、h,材料强度等级 f_c,f_t,f_{yv},β_c,配筋量 n、A_{sv}、s,弯起钢筋的截面积 A_{sb}。

求:校核斜截面所能承受的剪力 V_u(或已知剪力设计值 V,复核梁的斜截面承载力是否安全)。

 应用案例 3-11

如图 3.43 所示,一个钢筋混凝土简支梁,承受永久荷载标准值 g_k=25kN/m,可变荷载标准值 q_k=40kN/m,环境类别一类,安全等级为二级。采用混凝土 C25,箍筋 HPB300 级,纵筋 HRB335 级,按正截面受弯承载力计算得,选配 3Φ25 纵筋,试根据斜截面受剪承载力要求确定腹筋。

【解】

配置腹筋的方法有两种:一种是只配置箍筋;另一种是同时配置箍筋和弯起钢筋,下面分别介绍。

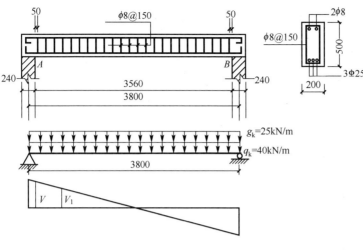

图 3.43 例 3-11 图(a)

1. 方法一：只配置箍筋不配置弯起钢筋

1) 已知条件

L_n=3.56m，混凝土 C25，c=25mm，h_0=500−35=465mm，f_c=11.9N/mm^2，f_t=1.27N/mm^2，箍筋 HPB300 级 f_{yv}=270N/mm^2，纵筋 HRB335 级 f_y=300N/mm^2。

2) 计算剪力设计值

最危险的截面在支座边缘处，剪力设计值如下。

以永久荷载效应组合为主：

$$V = \frac{1}{2}(\gamma_G g_k + \psi_c \gamma_Q q_k) \times l_n = \frac{1}{2}(1.35 \times 25 + 1.4 \times 0.7 \times 40) \times 3.56 = 130.12(\text{kN})$$

以可变荷载效应组合为主：

$$V = \frac{1}{2}(\gamma_G g_k + \gamma_Q q_k) \times l_n = \frac{1}{2}(1.2 \times 25 + 1.4 \times 40) \times 3.56 = 153.08(\text{kN})$$

两者取大值 V=153.08kN。

3) 验算截面尺寸

$$h_w = h_0 = 465 \qquad \frac{h_w}{b} = \frac{465}{200} = 2.325 < 4$$

$0.25\beta_c f_c bh_0 = 0.25 \times 1.0 \times 11.9 \times 200 \times 465 = 276.675\text{kN} > V = 153.08\text{kN}$，截面尺寸满足要求。

4) 判断是否需要按计算配置腹筋

$0.7 f_t bh_0 = 0.7 \times 1.27 \times 200 \times 465 = 82\,677 = 82.677(\text{kN}) < V = 153.08\text{kN}$

所以需要按计算配置腹筋。

5) 计算腹筋用量

$$V \leqslant V_{cs} = 0.7 f_t bh_0 + f_{yv}\frac{A_{sv}}{s}h_0$$

$$\frac{A_{sv}}{s} = \frac{nA_{sv1}}{s} \geqslant \frac{V - 0.7 f_t bh_0}{f_{yv} h_0} = \frac{153.08 \times 10^3 - 82677}{270 \times 465} = 0.561(\text{mm}^2/\text{mm})$$

选 $\phi 8$ 双肢箍，$A_{sv1}=50.3\text{mm}^2$，$n=2$，代入上式得 $s \leqslant \dfrac{nA_{sv1}}{0.561}=179\text{mm}$，取 $s=150\text{mm}$ $<s_{max}=200$。

6) 验算配箍率

$$\rho_{sv}=\dfrac{A_{sv}}{bs}=\dfrac{nA_{sv1}}{bs}=\dfrac{2\times 50.3}{200\times 150}=0.335\% > \rho_{sv,min}=0.24\dfrac{f_t}{f_{yv}}=0.163\%$$

配箍率满足要求，且所选箍筋直径和间距均符合构造要求，配筋图如图3.43所示。

2. 方法二：既配置箍筋又配置弯起钢筋(图3.44)

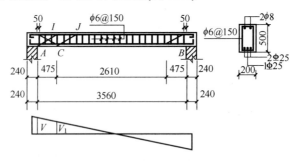

图 3.44 例 3-11 图(b)

1) 截面尺寸验算与方法一相同
2) 确定箍筋和弯起钢筋

一般可先确定箍筋，箍筋的数量可参考设计经验和构造要求，本题选 $\phi 6@150$，弯起钢筋利用梁底纵筋 HRB335，$f_y=300\text{ N/mm}^2$，弯起角 $\alpha_s=45°$。

$$\rho_{sv}=\dfrac{nA_{sv1}}{bs}=\dfrac{2\times 28.3}{200\times 150}=0.1887\% > \rho_{sv,min}=0.24\dfrac{f_t}{f_{yv}}=0.163\%$$

$$V\leqslant V_u=V_{cs}+0.8f_y A_{sb}\sin\alpha_s$$

$$V_{cs}=0.7f_t bh_0+f_{yv}\dfrac{A_{sv}}{s}h_0=0.7\times 1.27\times 200\times 465+270\times \dfrac{2\times 28.3}{150}\times 465$$

$$=130051(\text{N})=130.051\text{kN}$$

$$A_{sb}=\dfrac{V-V_{cs}}{0.8f_y\sin\alpha_s}=\dfrac{153.08\times 10^3-130.051\times 10^3}{0.8\times 300\times 0.707}=136(\text{mm}^2)$$

实际从梁底弯起 $1\Phi 25$，$A_{sb}=491\text{mm}^2$，满足要求，若不满足，应修改箍筋直径和间距。

上面的计算考虑的是从支座边 A 处向上发展的斜截面 AI(如图3.44所示)，为了保证沿梁各斜截面的安全，对纵筋弯起点 C 处的斜截面 CJ 也应该验算。根据弯起钢筋的弯终点到支座边缘的距离应符合 $s_1 \leqslant s_{max}$，本例取 $s_1=50\text{mm}$，根据 $\alpha_s=45°$ 可求出弯起钢筋的弯起点到支座边缘的距离为 $50+500-26-26-25=473(\text{mm})$，因此 C 处的剪力设计值为：

$$V_1=\dfrac{0.5\times 3.56-0.473}{0.5\times 3.56}\times 153.08=112.23$$

$$V_{cs}=0.7f_t bh_0+f_{yv}\dfrac{A_{sv}}{s}h_0=130.051(\text{kN})>V=112.23\text{kN}$$

CJ 斜截面受剪承载力满足要求，若不满足，应修改箍筋直径和间距或再弯起一排钢筋，直到满足。既配箍筋又配弯起钢筋的情况见图3.44所示。

案例点评

本案例讲述了配置腹筋的两种方法的设计计算问题：①只配置箍筋；②同时配置箍筋和弯起钢筋。

应用案例3-12

如图3.45所示，一个T形截面简支梁，承受一集中荷载，其设计值为 $P=400\text{kN}$(忽略梁自重)，环境类别一类，安全等级为二级，采用混凝土C30，箍筋HRB335级，试确定箍筋数量。

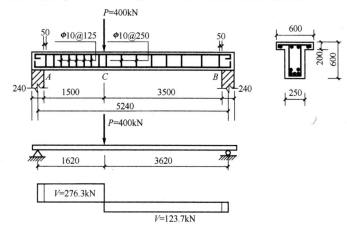

图3.45 例3-12配筋图

【解】
1. 已知条件

假定钢筋排成两排，$h_0=600-60=540\text{mm}$，混凝土C30，$f_c=14.3\text{N/mm}^2$，$f_t=1.43\text{N/mm}^2$，箍筋HRB335级，$f_{yv}=300\text{ N/mm}^2$。

2. 计算剪力设计值

如图3.44所示，根据剪力的变化情况，将梁分AC和BC两段计算。

3. 验算梁截面尺寸

$$h_w = h_0 - h'_f = 540 - 200 = 340(\text{mm})$$

$$\frac{h_w}{b} = \frac{340}{250} = 1.36 < 4$$

$$0.25\beta_c f_c b h_0 = 0.25 \times 1.0 \times 14.3 \times 250 \times 540 = 482.625(\text{kN}) > V_{\max} = 276.3\text{kN}$$

截面尺寸满足要求。

4. 箍筋的直径和间距的计算

1) AC段：

(1) 剪跨比：$\lambda = \dfrac{a}{h_0} = \dfrac{1620}{540} = 3$。

(2) 判断是否需要按计算配置腹筋：

$$\frac{1.75}{\lambda+1.0}f_t b h_0 = \frac{1.75}{1+3} \times 1.43 \times 250 \times 540 = 84\ 459(\text{N}) = 84.459(\text{kN}) < V = 276.3\text{kN}$$

所以需要按计算配置腹筋。

(3) 计算配置腹筋：

$$\frac{nA_{sv1}}{s} \geq \frac{V - \frac{1.75}{\lambda+1}f_t bh_0}{f_{yv}h_0} = \frac{276.3\times 10^3 - 84\,459}{300\times 540} = 1.18(\text{mm}^2/\text{mm})$$

选 $\phi 10$ 双肢箍，$A_{sv1}=78.5\text{mm}^2$，$n=2$，代入上式得 $s\leq 132\text{mm}$，取 $s=125\text{mm}$。

(4) 配箍率验算：

配箍率 $\rho_{sv}=\dfrac{A_{sv}}{bs}=\dfrac{nA_{sv1}}{bs}=\dfrac{2\times 78.5}{250\times 125}=0.502\%>\rho_{sv,\min}=0.24\dfrac{f_t}{f_{yv}}=0.114\%$

配筋图如图 3.45 所示：

2) BC 段：

(1) 剪跨比：$\lambda=\dfrac{a}{h_0}=\dfrac{3620}{540}=6.7>3$，取 $\lambda=3$。

(2) 判断是否需要按计算配置腹筋：

$$\frac{1.75}{\lambda+1}f_t bh_0 = \frac{1.75}{1+3}\times 1.43\times 250\times 540 = 84\,459(\text{N}) < V = 123.7\text{kN}$$

所以需要按计算配置腹筋。

(3) 计算配置腹筋：

$$\frac{nA_{sv1}}{s} \geq \frac{V - \frac{1.75}{\lambda+1}f_t bh_0}{f_{yv}h_0} = \frac{123.7\times 10^3 - 84\,459}{300\times 540} = 0.2442(\text{mm}^2/\text{mm})$$

选 $\phi 10$ 双肢箍，$A_{sv1}=78.5\text{mm}^2$，$n=2$，代入上式得 $s\leq 648\text{mm}$ 根据构造 $s\leq s_{\max}$，取 $s=250\text{mm}$。

(4) 配箍率验算：

$$\rho_{sv}=\frac{nA_{sv1}}{bs}=\frac{2\times 78.5}{250\times 250}=0.25\%>\rho_{sv,\min}=0.24\frac{f_t}{f_y}=0.114\%$$

所选箍筋直径和间距均符合构造要求，配筋如图 3.45 所示。

案例点评

本案例是集中荷载作用下的 T 型梁斜截面的箍筋配置问题的计算，对这种类型的构件配筋计算时，要注意分段计算。《混凝土结构设计规范》(GB 50010—2010)对 T 形、工字形截面梁不考虑翼缘对受剪的影响，仍按矩形梁计算。

课题 3.7　抵抗弯矩图的绘制

3.7.1　抵抗弯矩图的概念

抵抗弯矩图又称为材料抵抗弯矩图，它是按梁实际配置的纵向受力钢筋所确定的各正截面所能抵抗的弯矩图形。它反映了沿梁长正截面上材料的抗力。在该图上竖向坐标表示的是正截面受弯承载力设计值 M_u，也称为抵抗弯矩。

以一个单筋矩形截面构件为例来说明抵抗弯矩图的形成。若已知单筋矩形截面构件的纵向受力钢筋面积为 A_s，每根钢筋截面积为 A_{si}，则有如下信息。

总抵抗弯矩为： $M_u = f_y A_s (h_0 - \dfrac{x}{2}) = f_y A_s (h_0 - \dfrac{f_y A_s}{2\alpha_1 b f_c})$ (3.35)

每根钢筋承担的弯矩为： $M_{ui} = M_u \dfrac{A_{si}}{A_S}$ (3.36)

然后把构件的截面位置作为横坐标，而将其相应的抵抗弯矩 M_u 值连接起来，就形成了抵抗弯矩图。

设计弯矩图又称荷载弯矩图，它是由荷载产生的荷载效应(弯矩)所绘制的弯矩图。设计中材料抵抗弯矩图要包住设计弯矩图。

3.7.2 抵抗弯矩图的绘制方法

根据纵向受弯钢筋的形式，可以把抵抗弯矩图绘制分成 3 类，下面就分别来看看它们各自的绘制。

1. 纵向受力钢筋沿梁长不变化时抵抗弯矩图的作法

图 3.46 所表示的是一根均布荷载作用下的钢筋混凝土简支梁，它已按跨中最大弯矩计算所需纵筋为 2Φ25+1Φ22。由于 3 根纵筋全部锚入支座，所以该梁任一截面的 M_u 值是相等的。图 3.46 所示的 $abba$ 就是抵抗弯矩图，它所包围的曲线就是梁所受荷载引起的弯矩图，这也直观地告诉我们，该梁的任一正截面都是安全的。但是，对如图 3.46 所示的简支梁来说，越靠近支座荷载弯矩越小，而支座附近的正截面和跨中的正截面配置同样的纵向钢筋，显然是不经济的，为了节约钢材，可以根据荷载弯矩图的变化而将一部分纵向受拉钢筋在正截面受弯不需要的地方截断或弯起作为受剪钢筋。

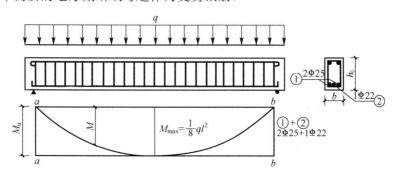

图 3.46 纵筋沿梁长不变化时的抵抗弯矩图

2. 纵筋弯起时的抵抗弯矩图的作法

在简支梁设计中，一般不宜在跨中截面将纵筋截断，而是在支座附近将纵筋弯起抵抗剪力。如图 3.47 中所示，如果将④号钢筋在 CE 截面处弯起，由于在弯起过程中，弯起钢筋对受压区合力点的力臂是逐渐减小的，因而其抗弯承载力并不立即消失，而是逐渐减小，一直到截面 DF 处弯起钢筋穿过梁的中性轴基本上进入受压区后，才认为它的正截面抗弯作用完全消失。作图时应从 C、E 两点作垂直投影线与 M_u 图的轮廓线相交于 c、e，再从 D、F 点作垂直投影线与 M_u 图的基线 ab 相交于 d、f，则连线 $adcefb$ 就为 4 号钢筋弯起后的抵抗弯矩图。

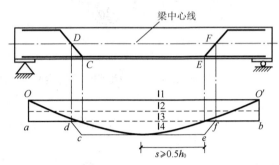

图 3.47　纵筋弯起时的抵抗弯矩图

3. 纵筋被截断时的抵抗弯矩图的作法

如图 3.48 所示为一个钢筋混凝土连续梁中间支座的抵抗弯矩图。从图中可知，①号纵筋在 $A—A$ 截面(4 号点)被充分利用，称为"充分利用点"，而到了 $B—B$，$C—C$ 截面，按正截面受弯承载力已不需要①号钢筋了。也就是说在理论上①号纵筋可以在 b、c 点截断，称为"理论截断点"，当①号纵筋截断时，则在抵抗弯矩图上形成矩形台阶 ab 和 cd。同样，③号可从其理论截断点截断。

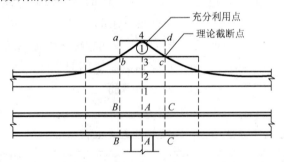

图 3.48　纵筋截断时的抵抗弯矩图

3.7.3　抵抗弯矩图的作用

1. 反映材料利用的程度

很明显，材料抵抗弯矩图越接近荷载弯矩图，表示材料利用程度越高。

2. 确定纵向钢筋的弯起数量和位置

纵向钢筋弯起的目的，一是用于斜截面抗剪，二是抵抗支座负弯矩。只有当材料抵抗弯矩图包住荷载弯矩图，才能确定弯起钢筋的数量和位置。

3. 确定纵向钢筋的截断位置

根据抵抗弯矩图上的理论断点，再保证锚固长度，就可以知道纵筋的截断位置，如图 3.49 所示。

模块 3　钢筋混凝土受弯构件计算能力训练

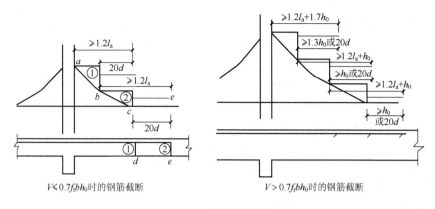

图 3.49　钢筋截断位置

3.7.4　满足斜截面受弯承载力的纵筋弯起位置

为了保证构件的正截面受弯承载力，弯起钢筋与梁轴线的交点必须位于该钢筋的理论截断点之外。同时，弯起钢筋的实际起弯点必须伸过其充分利用点一段距离 s，以保证纵向受力钢筋弯起后斜截面的受弯承载力。《混凝土结构设计规范》(GB 50010—2010)规定在梁的受拉区，弯起点至充分利用点的距离 s 不应小于 $0.5h_0$，弯起筋与梁中心线的交点，应在不需该钢筋的截面(理论截断点)以外。

课题 3.8　梁的挠度计算

钢筋混凝土结构构件受到荷载作用后，首先要产生变形，当由荷载产生的主拉应力超过混凝土的抗拉强度后继而产生裂缝，为此本课题首先介绍钢筋混凝土构件的变形验算，然后叙述裂缝计算。

在一般建筑中，对混凝土构件的变形有一定的要求，主要是从 4 个方面的考虑。

1. 保证建筑的使用功能要求

结构构件产生过大的变形将损害甚至丧失其使用功能。例如，放置精密仪器设备的楼盖梁、板的挠度过大，将使仪器设备难以保持水平。

2. 防止对结构构件产生不良影响

主要是指防止结构性能与设计中的假定不符。例如，梁端的旋转将使支撑面积减小，支撑反力偏心距增大，当梁支撑在砖墙(或柱)上时，可能使墙体沿梁顶、底出现内外水平裂缝，严重时将产生局部承压或墙体失稳破坏等。

3. 防止对非结构构件产生不良影响

这包括防止结构构件变形过大会使门窗等活动部件不能正常开关；防止非结构构件如隔墙及天花板的开裂、压碎或其他形式的破坏等。

4. 保证人们的感觉在可接受程度之内

例如，防止厚度较小板站上人后产生过大的颤动或明显下垂引起的不安全感；防止可变荷载(活荷载、风荷载等)引起的振动及噪声对人感觉的不良影响等。

因此《混凝土结构设计规范》(GB 50010—2010)在考虑上述因素的基础上,根据工程经验,对钢筋混凝土受弯构件和预应力混凝土构件的挠度均作出了明确要求和计算办法,本课题针对钢筋混凝土受弯构件的挠度进行讲解。

《混凝土结构设计规范》(GB 50010—2010)对钢筋混凝土受弯构件的挠度限值$[f]$作了规定:钢筋混凝土受弯构件的挠度可按结构力学方法计算,应按荷载的准永久组合并考虑长期作用影响计算,最大挠度不应超过模块 1 表 1-8 规定的挠度限值,即:

$$f \leqslant f_{\text{lim}} \tag{3.37}$$

3.8.1 钢筋混凝土构件抗弯刚度的计算

1. 弹性单一材料梁的变形计算(图 3.50)

在力学中给出了弹性单一材料纯弯曲梁中性层的曲率表达式:

$$\frac{1}{\rho} = \frac{M}{EI}$$

式中 EI——梁的截面抗弯刚度。当梁的截面和材料确定后,EI 值为常数。

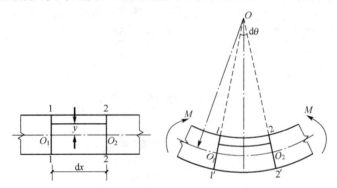

图 3.50 弹性梁的纯弯变形

并由此得出,承受均布荷载标准值 q_k 的简支梁,其跨中挠度为:

$$f = \frac{5q_k l_0^4}{384EI} \tag{3.38}$$

跨中承受集中荷载标准值 p_k 的简支梁,其跨中挠度为:

$$f = \frac{p_k l_0^3}{48EI} \tag{3.39}$$

式中 l_0——简支梁的计算跨度。

由力学可知,上述变形计算公式应满足以下两个条件。

(1) 梁变形后要满足平截面假定。
(2) 梁的截面抗弯刚度 EI 为常数。

● 特 别 提 示 ━━━━━━━━━━━━━━━━━━━━━━━━━━

钢筋混凝土梁主要由混凝土和钢筋两种材料组成,为非纯弹性构件,在理论上不满足以上两个条件,为此要通过试验来分析是否可采用以上公式。

2. 钢筋混凝土梁受弯变形试验分析

在梁的正截面受弯试验中,测得的平均应变沿截面高度就呈直线分布,即符合平截面假定;而由试验得到的 $M\sim 1/\rho$(ρ 为曲率半径;$1/\rho$ 为曲率)弯矩与曲率关系曲线,如图 3.51 所示,当弯矩较小时,梁处于第Ⅰ阶段,$M\sim 1/\rho$ 呈直线变化,即抗弯刚度近似为一个常数;随着弯矩增加,梁的受拉区出现裂缝开始进入第Ⅱ阶段,$M\sim 1/\rho$ 关系由直线变成曲线,$1/\rho$ 增加变快,说明梁的抗弯刚度开始降低;随着弯矩继续增加,到达第Ⅲ阶段后,$1/\rho$ 增加较第Ⅱ阶段更快,梁的抗弯刚度降低更多。由此试验说明,钢筋混凝土构件在受力过程中其抗弯刚度不是一个定值,而是随着荷载的增加而降低的。此外,试验还表明,钢筋混凝土梁在长期荷载作用下,由于混凝土徐变的影响,梁的变形增加,即梁截面抗弯刚度随着时间的增长而降低。

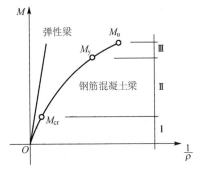

图 3.51　$M\sim 1/\rho$ 曲线

因此,钢筋混凝土构件的变形计算不能直接套用力学的变形计算公式。由于在钢筋混凝土受弯构件中可采取平截面假定,故在变形计算中可引用力学的变形计算公式,但由于其抗弯刚度不是一个定值,故在计算公式中引入一个变刚度 B 来代替 EI。这样,钢筋混凝土构件的变形计算就变成其变刚度 B 的计算问题。钢筋混凝土构件的变形随着时间的增长而加大,变形计算要考虑荷载的短期作用和长期作用的影响,相应的刚度也分为短期刚度 B_s 和长期刚度 B,长期刚度即称为受弯构件的刚度。

3. 短期刚度 B_s 的计算

受弯构件的抗弯刚度反映其抵抗变形的能力。试验表明,钢筋混凝土适筋梁 $M\sim 1/\rho$ 曲线的斜率随弯矩增大而减小。如果把实测的抗弯刚度(即曲线斜率)与换算截面惯性矩 I_0 和混凝土弹性模量 E_c 求得的抗弯刚度 $E_c I_0$ 相比较,则可知即使在未开裂之前的第Ⅰ阶段,由于混凝土在受拉区已经表现出一定的塑性,实测的抗弯刚度已经较 $E_c I_0$ 低。故在混凝土未开裂之前,通常可偏安全地取钢筋混凝土构件的短期刚度为:

$$B_s = 0.85 E_c I_0$$

构件受拉区混凝土开裂后,由于裂缝截面受拉区混凝土逐步退出工作,截面抗弯刚度比第Ⅰ阶段明显下降。钢筋混凝土受弯构件一般允许带裂缝工作,因此其变形(刚度)计算就以第Ⅱ阶段的应力应变状态作为计算依据。由试验研究可知,裂缝稳定以后,受弯构件的应变具有以下特点。

(1) 沿构件长度方向受拉区钢筋的应变分布不均匀,裂缝截面处较大,裂缝之间较小,其不均匀程度可以用受拉钢筋应变不均匀系数 $\psi=\varepsilon_{sm}/\varepsilon_s$ 来反映。ε_{sm} 为裂缝间钢筋的平均应变，ε_s 为裂缝截面处钢筋的应变。

(2) 沿构件长度方向受压区混凝土的应变分布也不均匀，裂缝截面处较大，裂缝之间较小，但应变值的波动幅度比钢筋应变的波动幅度小得多，其最大值与平均应变值 ε_{cm} 相差不大。

(3) 沿构件的长度方向，截面中和轴高度 x_n 呈波浪形，即 x_n 值也是变化的，裂缝截面处较小，裂缝之间较大，其平均值 x_{nm} 称为平均中和轴高度，相应的中和轴称为"平均中和轴"，截面称为"平均截面"，曲率称为"平均曲率"，平均曲率半径记为 r_{cm}，如图 3.52 所示。

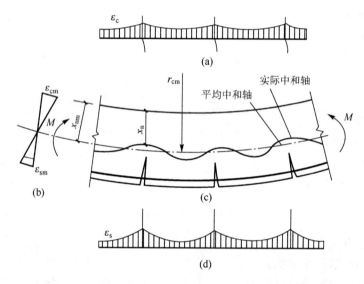

图 3.52 使用阶段梁纯弯段的应变分布和中和轴位置

(a) 受压混凝土的应变分布；(b) 平均截面的应变分布；(c) 中和轴位置；(d) 钢筋的应变分布

根据矩形、T 形、倒 T 形、工形截面的钢筋混凝土受弯构件的实验结果分析，《混凝土结构设计规范》(GB 50010—2010) 给出了钢筋混凝土受弯构件短期刚度 B_s 的计算公式：

$$B_s = \frac{E_s A_s h_0^2}{1.15\psi + 0.2 + \dfrac{6a_E\rho}{1+3.5\gamma_f'}} \tag{3.40}$$

式中　E_s——纵向受拉钢筋的弹性模量；

ρ_{te}——按有效受拉混凝土面积 A_{te}（图 3.53）计算的配筋率，对受弯构件，

$\rho_{te} = \dfrac{A_s}{A_{te}} = \dfrac{A_s}{0.5bh+(b_f-b)h_f}$；在计算中，当 $\rho_{te}<0.01$ 时，取 $\rho_{te}=0.01$；

a_E——钢筋弹性模量与混凝土弹性模量的比值，$a_E=\dfrac{E_s}{E_c}$；

ρ——纵向受拉钢筋配筋率，$\rho=\dfrac{A_s}{bh_0}$；

γ'_f ——受压翼缘截面面积与腹板有效截面面积的比值,$\gamma'_\mathrm{f} = \dfrac{(b'_\mathrm{f}-b) \cdot h'_\mathrm{f}}{bh_0}$;当 $h'_\mathrm{f} > 0.2h_0$ 时,取 $h'_\mathrm{f} = 0.2h_0$。

ψ ——钢筋应变不均匀系数,$\psi = 1.1 - \dfrac{0.65 f_\mathrm{tk}}{\rho_\mathrm{te} \sigma_\mathrm{s}}$,当 $\psi < 0.2$ 时,取 $\psi = 0.2$;当 $\psi > 1.0$ 时,取 $\psi = 1.0$;对直接承受重复荷载的构件,取 $\psi = 1.0$;

σ_s ——按荷载准永久组合计算的钢筋混凝土构件纵向受拉普通钢筋应力;对受弯构件:$\sigma_\mathrm{s} = \sigma_\mathrm{sq} = \dfrac{M_\mathrm{q}}{0.87 h_0 A_\mathrm{s}}$,对轴拉构件:$\sigma_\mathrm{s} = \sigma_\mathrm{sq} = \dfrac{N_\mathrm{q}}{A_\mathrm{s}}$;

M_q、N_q ——按荷载的准永久组合计算的弯矩、轴向力值;

f_tk ——混凝土轴心抗拉强度标准值。

受弯构件不同形状截面的有效受拉混凝土面积如图 3.53 所示。

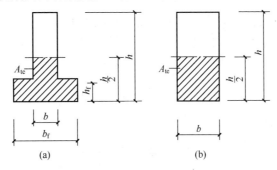

图 3.53 有效受拉混凝土面积
(a) 倒 T;(b) 矩形

4. 受弯构件的刚度 B 的计算

当构件在荷载长期作用下,其挠度将随着时间增长而不断缓慢增加,这也可理解为构件的抗弯刚度将随着时间增长而不断缓慢降低。这一过程往往持续数年之久,主要原因是截面受压区混凝土的徐变。此外,还因为裂缝之间受拉混凝土的应力松弛,以及受拉钢筋和混凝土之间的滑移徐变,使裂缝之间的受拉混凝土不断退出工作,从而引起受拉钢筋在裂缝之间的应变不断增长。

《混凝土结构设计规范》(GB 50010—2010)规定,矩形、T 形、倒 T 形和工字形受弯构件考虑荷载长期影响的刚度 B 可按下列规定计算:

$$B = \dfrac{B_\mathrm{s}}{\theta} \tag{3.41}$$

式中 θ ——考虑荷载长期作用对挠度增大的影响系数。

对钢筋混凝土受弯构件,按下列规定取用:当 $\rho' = 0$ 时,$\theta = 2.0$;当 $\rho' = \rho$ 时,$\theta = 1.6$;当 ρ' 为中间数值时,θ 按直线内插法取用,即 $\theta = 2.0 - 0.4 \dfrac{\rho'}{\rho} \geqslant 1.6$。此处 ρ'、ρ 分别为纵向受压钢筋、受拉钢筋的配筋率,$\rho' = A'_\mathrm{s}/bh_0$,$\rho = A_\mathrm{s}/bh_0$。对翼缘在受拉区的倒 T 形截面,取 $\theta \times 1.2$。

3.8.2 受弯构件的挠度计算

1. 最小刚度原则

由以上分析不难看出，钢筋混凝土梁某一截面处的抗弯刚度不仅随着荷载的增长而变化，而且在某一荷载作用下，由于梁内各截面中的弯矩不同，故截面的抗弯刚度沿梁长也是变化的。弯矩大的截面抗弯刚度小；反之，弯矩小的截面抗弯刚度大。为了简化计算，《混凝土结构设计规范》(GB 50010—2010)规定："在等截面构件中，可假定各同号弯矩区段内的刚度相等，并取用该区段内最大弯矩处的刚度。当计算跨度内的支座截面刚度不大于跨中截面刚度的2倍或不小于跨中截面刚度的1/2时，该跨也可按等刚度构件进行计算，其构件刚度可取跨中最大弯矩截面的刚度"。

显然，按这样处理方法所算出的抗弯刚度值最小，故通常称这种原则为"最小刚度原则"。

受弯构件的抗弯刚度计算出后，就可以按力学的变形计算公式计算钢筋混凝土受弯构件的挠度 f，并验算其是否符合规范要求。

2. 挠度计算

钢筋混凝土受弯构件的挠度计算一般可用力学的公式进行计算，但抗弯刚度采用 B，则：

承受均布荷载准永久组合值 q_q 的简支梁，其跨中挠度为：$f = \dfrac{5q_q l_0^4}{384B} = \dfrac{5M_q l_0^2}{48B}$。

跨中承受集中荷载准永久组合值 P_q 的简支梁，其跨中挠度为：$f = \dfrac{P_q l_0^3}{48B} = \dfrac{M_q l_0^2}{12B}$。

因此对于简支梁挠度计算的一般公式可表达为：

$$f = \alpha \frac{M_q l_0^2}{B} \leqslant f_{\lim}$$

式中　f ——梁中最大挠度；

　　　M_q ——荷载效应的准永久组合计算的弯矩，取计算区段内的最大弯矩值；

　　　B ——截面的抗弯刚度；

　　　α ——与荷载形式有关的系数；

　　　l_0 ——梁的计算跨度。

3. 减小构件挠度的措施

若求出的构件挠度大于《混凝土结构设计规范》(GB 50010—2010)规定的挠度限值，则应采取措施减小挠度。减小挠度的实质就是提高构件的抗弯刚度，最有效的措施就是增大构件截面高度，其次是增加钢筋的截面面积，其他措施如提高混凝土强度等级、选用合理的截面形状等效果都不显著。此外，采用预应力混凝土构件也是提高受弯构件刚度的有效措施。

4. 计算挠度的步骤

(1) 按受弯构件荷载效应的准永久组合计算弯矩值 M_q。

(2) 计算纵向受拉普通钢筋应力 σ_{sq}。

(3) 计算受拉钢筋应变不均匀系数：

$$\psi = 1.1 - \frac{0.65 f_{tk}}{\rho_{te}\sigma_s}$$

(4) 计算构件的短期刚度 B_s。

① 计算钢筋与混凝土弹性模量比值 $a_E = \frac{E_s}{E_c}$。

② 计算纵向受拉钢筋配筋率 $\rho = \frac{A_s}{bh_0}$。

③ 计算受压翼缘面积与腹板有效面积的比值 γ'_f。

$$\gamma'_f = \frac{(b'_f - b)h'_f}{bh_0}$$

对矩形截面 $\gamma'_f = 0$。

④ 计算短期刚度 B_s：

$$B_s = \frac{E_s A_s h_0^2}{1.15\psi + 0.2 + \frac{6a_E \rho}{1+3.5\gamma'_f}}$$

(5) 计算构件刚度 B：

$$B = \frac{B_s}{\theta}$$

(6) 计算构件挠度，并验算：

$$f = \alpha \frac{M_q l_0^2}{B} \leqslant f_{lim}$$

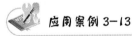

应用案例 3-13

某办公楼钢筋混凝土简支梁，计算跨度 $l_0 = 7m$，截面尺寸 $b \times h = 250mm \times 700mm$，混凝土强度等级为 C25（$f_{tk} = 1.78 N/mm^2$，$E_c = 2.8 \times 10^4 N/mm^2$），钢筋 HRB335 级（$E_s = 2.0 \times 10^5 N/mm^2$），梁承受均布恒荷载标准值(含自重) $g_k = 20kN/m$，承受均布活荷载标准值 $q_k = 11kN/m$，由正截面抗弯强度计算配有受拉纵筋 4Φ22（$A_s = 1520mm^2$），梁的允许挠度 $[f] = \frac{l_0}{250}$，环境类别为一类，安全等级为二级，试验算该梁的挠度是否满足要求。

【解】

1. 按受弯构件荷载效应的准永久组合计算弯矩值 M_q

(1) 恒荷载标准值产生的跨中最大弯矩值为：

$$M_{gk} = \frac{1}{8} g_k l_0^2 = \frac{1}{8} \times 20 \times 7^2 = 122.5(kN \cdot m)$$

(2) 活荷载标准值产生的跨中最大弯矩值为：
$$M_{qk} = \frac{1}{8}q_k l_0^2 = \frac{1}{8} \times 11 \times 7^2 = 67.38(\text{kN} \cdot \text{m})$$

(3) 办公楼准永久值系数 $\psi_q = 0.4$，所以 $0.4 M_{qk} = 0.4 \times 67.38 = 26.95(\text{kN} \cdot \text{m})$

(4) 跨中按荷载效应准永久组合下的弯矩：
$$M_q = M_{gk} + 0.4 M_{qk} = 122.5 + 26.95 = 149.45(\text{kN} \cdot \text{m})$$

2. 计算系数 ψ

C_{25} 混凝土，环境类别为一类，$c = 25\text{mm}$，箍筋直径暂按 6mm 考虑，受拉纵筋直径 22mm，则 $a_s = 25 + 6 + 22/2 = 42(\text{mm})$，$h_0 = h - 42 = 700 - 42 = 658(\text{mm})$。

$$\sigma_{sq} = \frac{M_q}{0.87 h_0 A_s} = \frac{149.45 \times 10^6}{0.87 \times 658 \times 1520} = 171.75(\text{N}/\text{mm}^2)$$

$$\rho_{te} = \frac{A_s}{A_{te}} = \frac{1520}{0.5 \times 250 \times 700} = 0.0174 > 0.01$$

$$\psi = 1.1 - \frac{0.65 f_{tk}}{\rho_{te} \sigma_{sq}} = 1.1 - \frac{0.65 \times 1.78}{0.0174 \times 171.75} = 0.713$$

3. 计算短期刚度 B_s

$$a_E = \frac{E_s}{E_c} = \frac{2.0 \times 10^5}{2.8 \times 10^4} = 7.14$$

$$\rho = \frac{1520}{250 \times 658} = 0.00924$$

$$\gamma_f' = 0$$

$$B_s = \frac{2.0 \times 10^5 \times 1520 \times 658^2}{1.15 \times 0.713 + 0.2 + 6 \times 7.14 \times 0.00924} = 9.2966 \times 10^{13}(\text{N} \cdot \text{mm}^2)$$

4. 计算刚度 B

$$\rho' = 0, \theta = 2.0$$

$$B = \frac{9.2966 \times 10^{13}}{2} = 4.6483 \times 10^{13}(\text{N} \cdot \text{mm}^2)$$

5. 计算梁的跨中挠度并验算

$$f = \frac{5 M_q l_0^2}{48 B} = \frac{5 \times 149.45 \times 10^6 \times 7000^2}{48 \times 4.6483 \times 10^{13}}$$

$$= 16.41(\text{mm}) < [f] = \frac{l_0}{250} = \frac{7000}{250} = 28(\text{mm})$$

满足要求。

案例点评

该案例采用的是矩形截面钢筋混凝土简支梁，增大构件截面高度是控制变形的最有效的措施之一。验算变形时，应按荷载效应的准永久组合并考虑荷载长期作用的影响。

应用案例 3-14

T 形楼盖梁，计算简图如图 3.54 所示，计算跨度 l_0 =6m，承受恒荷载标准值(含自重) $g_k = 8\text{kN/m}$，均布活荷载标准值 $q_k = 10\text{kN/m}$，集中活荷载标准值 $Q_k = 15\text{kN}$，活载的准永久值系数 $\psi_q = 0.5$；混凝土为 C25（$f_{tk} = 1.78\text{N/mm}^2$，$E_c = 2.8 \times 10^4 \text{N/mm}^2$），钢筋为 HRB335 级；受拉钢筋 $A_s = 941\text{mm}^2$（3Φ20），梁的允许挠度 $[f] = l_0/200$，环境类别为一类，安全等级为二级，试验算该梁的挠度是否满足要求。

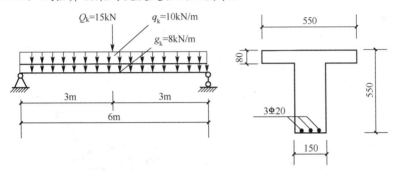

图 3.54　例 3-14 图

【解】
1. 荷载效应计算

恒载为　　　　$M_{gk} = \dfrac{1}{8} g l_0^2 = \dfrac{1}{8} \times 8 \times 6^2 = 36(\text{kN}\cdot\text{m})$

均布活载为　　$M_{qk} = \dfrac{1}{8} q_k l_0^2 = \dfrac{1}{8} \times 10 \times 6^2 = 45(\text{kN}\cdot\text{m})$

集中活载为　　$M_{Qk} = \dfrac{1}{4} Q_k l_0 = \dfrac{1}{4} \times 15 \times 6 = 22.5(\text{kN}\cdot\text{m})$

荷载效应准永久组合下的弯矩为

$$M_q = M_{gk} + \psi_q (M_{qk} + M_{Qk}) = 36 + 0.5 \times (45 + 22.5) = 69.75(\text{kN}\cdot\text{m})$$

2. 计算短期刚度 B_s

C_{25} 混凝土，环境类别为一类，$c = 25\text{mm}$，箍筋直径暂按 6mm 考虑，受拉纵筋直径 20mm，则 $a_s = 25 + 6 + 20/2 = 41(\text{mm})$，$h_0 = h - 41 = 550 - 41 = 508(\text{mm})$

$$\sigma_{sk} = \dfrac{M_q}{0.87 h_0 A_s} = \dfrac{69.75 \times 10^6}{0.87 \times 508 \times 941} = 168(\text{N/mm}^2)$$

$$\rho_{te} = \dfrac{A_s}{A_{te}} = \dfrac{A_s}{0.5bh} = \dfrac{941}{0.5 \times 150 \times 550} = 0.0228$$

$$\psi = 1.1 - 0.65 \dfrac{f_{tk}}{\rho_{te} \sigma_{sq}} = 1.1 - 0.65 \times \dfrac{1.78}{0.0228 \times 168} = 0.70$$

$$a_E = \dfrac{E_s}{E_c} = \dfrac{2.0 \times 10^5}{2.8 \times 10^4} = 7.14$$

$$\gamma'_f = \frac{(b'_f - b)h'_f}{bh_0} = \frac{(550-150)\times 80}{150\times 508} = 0.42$$

$$\rho = \frac{A_s}{bh_0} = \frac{941}{150\times 508} = 0.0123$$

$$B_s = \frac{E_s A_s h_0^2}{1.15\psi + 0.2 + \frac{6a_E \rho}{1+3.5\gamma'_f}} = \frac{2\times 10^5 \times 941 \times 508^2}{1.15\times 0.70 + 0.2 + \frac{6\times 7.14\times 0.0123}{1+3.5\times 0.42}}$$

$$= 39.9\times 10^{12}(\text{N}\cdot\text{mm}^2)$$

3. 计算刚度 B

因 $\rho'=0$，取 $\theta=2$，代入公式

$$B = \frac{B_s}{\theta} = \frac{39.9\times 10^{12}}{2} = 19.95\times 10^{12}(\text{N}\cdot\text{mm}^2)$$

4. 挠度验算

$$f = \frac{5}{384}\frac{(g_k + 0.5q_k)l_0^4}{B} + \frac{0.5Q_k l_0^3}{48B}$$

$$= \frac{5}{384}\frac{(8+0.5\times 10)\times 6^4 \times 10^{12}}{19.95\times 10^{12}} + \frac{0.5\times 15\times 10^3 \times 6^3 \times 10^9}{48\times 19.95\times 10^{12}} = 11.0 + 1.7$$

$$= 12.7(\text{mm}) < [f] = \frac{l_0}{200} = \frac{6000}{200} = 30(\text{mm})$$

满足要求。

案例点评

该案例采用的是 T 形截面钢筋混凝土简支梁，在计算中要注意 γ'_f 的计算。验算变形时，应按荷载效应的准永久组合并考虑荷载长期作用的影响。

课题 3.9 裂缝宽度验算

裂缝按其形成的原因可分成两大类：一类是由荷载引起的裂缝；另一类是由非荷载因素引起的裂缝，如材料收缩、温度变化、地基不均匀沉降等原因引起的裂缝。荷载裂缝是由荷载产生的主拉应力超过混凝土的抗拉强度引起的，裂缝的控制主要通过计算来进行。非荷载裂缝主要从构造、施工、材料等方面采取措施来控制。

结构构件正截面的受力裂缝控制等级分为三级，其中三级是指允许出现裂缝的构件：对钢筋混凝土构件，按荷载准永久组合并考虑长期作用影响计算时，构件的最大裂缝宽度不应超过表 1-9 规定的最大裂缝宽度限值，即：

$$w_{\max} \leqslant w_{\lim} \tag{3.42}$$

本课题仅讨论荷载作用下钢筋混凝土结构构件的裂缝宽度验算。需要进行裂缝宽度验算的构件包括：受弯构件、轴心受拉构件、偏心受拉构件、大偏心受拉构件。

确定最大裂缝宽度限值，主要考虑两个方面的原因：一是外观要求；二是耐久性要求，并以后者为主。

从外观要求考虑，裂缝过宽将给人以不安全感，同时也影响对结构质量的评价。直接受雨淋的构件，无围护结构的房屋中经常受雨淋的构件，经常受蒸汽或凝结水作用的室内构件(如浴室等)，以及与土直接接触的构件，都具备钢筋锈蚀的必要和充分条件，因而都应严格限制裂缝宽度。处于室内正常环境，即无水源或很少水源的环境下，裂缝宽度限值可放宽些。不过，这时还应按构件的工作条件加以区分。例如，屋架、托梁等主要屋面承重结构构件，以及重级工作制吊车架等构件，均应从严控制裂缝宽度。

在钢筋混凝土受弯构件中，荷载较小时，构件产生挠度，当截面的受拉边缘混凝土的拉应变达到其抗拉极限应变时，在构件抗弯最薄弱的截面上将产生第一批裂缝，裂缝处钢筋承担全部拉应力，其应力随着荷载增加而迅速增加。由于混凝土抗拉强度的离散性等原因，裂缝发生的部位是随机的。

3.9.1 裂缝宽度的计算公式

1. 裂缝宽度的计算理论

关于裂缝宽度的计算理论，主要分为黏结滑移理论和无滑移理论。我国规范基本上采用黏结滑移理论，即认为裂缝宽度等于裂缝之间钢筋的伸长量与混凝土的伸长量之差，由于裂缝深度不同位置和裂缝宽度不相等，要验算的裂缝宽度则是指受拉钢筋中心水平处构件侧表面上的混凝土的裂缝宽度，如图3.55所示。

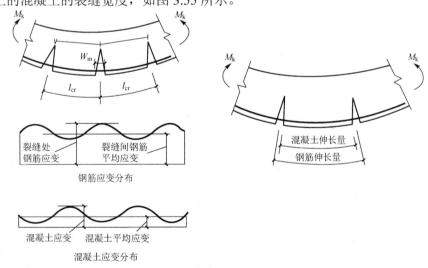

图3.55 纯弯段在裂缝出现后的变形情况

$$\omega_m = (\varepsilon_{sm} - \varepsilon_{cm})l_{cr} \tag{3.43}$$

式中 ω_m——裂缝平均宽度；

l_{cr}——裂缝平均间距；

ε_{sm}——钢筋平均应变；

ε_{cm}——混凝土平均应变。

2. 裂缝的平均间距 l_{cr}

由试验可知，第一批裂缝出现后，随着荷载的不断增加，第一批裂缝宽度将不断加大。同时在第一批裂缝之间有可能出现第二批新的裂缝。试验表明，当荷载增加到一定程度后，裂缝间距才基本稳定。用l_{cr}表示裂缝的平均间距，l_{cr}的计算是十分复杂的，很难用理论计算，必须通过试验分析来确定。

试验分析表明，裂缝的平均间距l_{cr}的数值主要与下面3个因素有关。

(1) 与由有效受拉混凝土面积A_{te}计算的纵向钢筋配筋率(有效配筋率)有关。如果混凝土受拉区面积相对大，则混凝土收缩力就大，于是就需要一个较长的距离以积累更多粘结力来阻止混凝土的回缩，因此，裂缝间距就比较大。

(2) 与混凝土保护层厚度的大小有关。当混凝土保护层厚度较大时，裂缝间距较大。

(3) 与钢筋和混凝土之间的黏结性有关。钢筋与混凝土之间的黏结性好，裂缝间距小，同样条件下变形钢筋的裂缝间距要比光面钢筋的小。

《混凝土结构设计规范》(GB 50010—2010)考虑上述3个因素并参照其他试验资料，给出了受弯构件裂缝平均间距的计算公式：

$$l_{cr} = 1.9c_s + 0.08\frac{d_{eq}}{\rho_{te}} \tag{3.44}$$

式中 C_s——最外层纵向受拉钢筋外边缘至受拉区底边的距离(当C_s<20mm 时取C_s=20mm，当C_s>65mm 时取C_s=65mm)，mm；

d_{eq}——受拉区纵向钢筋的等效直径，其计算公式 $d_{eq}=\dfrac{\sum n_i d_i^2}{\sum n_i v_i d_i}$，mm；

n_i——受拉区第i种纵向钢筋的根数；

d_i——受拉区第i种纵向钢筋的直径，mm；

v_i——受拉区第i种纵向钢筋的相对黏结特性系数，取值见表3-17；

ρ_{te}——按有效受拉混凝土截面面积计算的纵向受拉钢筋配筋率(对非预应力构件，计算公式为$\rho_{te}=\dfrac{A_s}{A_{te}}$，在最大裂缝宽度计算中，当计算的$\rho_{te}$<0.01 时，取$\rho_{te}$=0.01)；

A_{te}——有效受拉混凝土截面面积(对受弯、偏心受压、偏心受拉构件，取$A_{te}=0.5bh+(b_f-b)h_f$，对轴心受拉构件$A_{te}=bh$)。

表3-17 钢筋的相对黏结特性系数

钢筋类别	钢筋		先张法预应力钢筋			后张法预应力钢筋		
	光圆钢筋	带肋钢筋	带肋钢筋	螺旋肋钢丝	钢绞线	带肋钢筋	钢绞线	光面钢丝
v_i	0.7	1.0	1.0	0.8	0.6	0.8	0.5	0.4

3. 裂缝的平均宽度

裂缝的平均宽度公式为

$$\omega_m = (\varepsilon_{sm} - \varepsilon_{cm})l_{cr} = l_{cr}\varepsilon_{sm}\left(1 - \frac{\varepsilon_{cm}}{\varepsilon_{sm}}\right)$$

式中 ε_{sm}——裂缝处纵向受拉钢筋平均应变，$\varepsilon_{sm} = \psi\dfrac{\sigma_{sq}}{E_s}$；

M_q、N_q——按荷载效应的准永久组合计算的弯矩、轴向力值；

E_s——纵向受拉钢筋的弹性模量；

f_{tk}——混凝土轴心抗拉强度标准值；

ψ——裂缝间纵向受拉钢筋应变不均匀系数，公式为 $\psi = 1.1 - \dfrac{0.65 f_{tk}}{\rho_{te} \cdot \sigma_s}$ 当 $\psi<0.2$ 时取 $\psi=0.2$；当 $\psi>1.0$ 时，取 $\psi=1.0$。对直接承受重复荷载的构件，取 $\psi=1.0$。

σ_{sq} 按荷载效应的准永久组合计算的纵向受拉钢筋的应力，按下式计算：

对受弯构件为
$$\sigma_{sq} = \frac{M_q}{0.87 h_0 A_s}$$

对轴拉构件为
$$\sigma_{sq} = \frac{N_q}{A_s}$$

根据试验结果取 $\dfrac{\varepsilon_{cm}}{\varepsilon_{sm}}=0.15$，则：

$$\omega_m = (\varepsilon_{sm} - \varepsilon_{cm})l_{cr} = l_{cr}\varepsilon_{sm}\left(1 - \frac{\varepsilon_{cm}}{\varepsilon_{sm}}\right) = 0.85\psi \frac{\sigma_{sq}}{E_s} l_{cr}$$

4. 最大裂缝宽度

由于混凝土的非均质性，裂缝并非均匀分布，具有较大的离散性。因此，《混凝土结构设计规范》(GB 50010—2010)对允许出现裂缝的构件，在荷载效应的准永久组合下，并考虑长期作用影响的最大裂缝宽度按下式计算：

$$\omega_{max} = \alpha_{cr}\psi \frac{\sigma_{sq}}{E_s} l_{cr} = \alpha_{cr}\psi \frac{\sigma_{sq}}{E_s}\left(1.9 c_s + 0.08\frac{d_{eq}}{\rho_{te}}\right)$$

式中 α_{cr}——构件受力特征系数，对钢筋混凝土构件取值如下。

对受弯和偏心受压构件，$\alpha_{cr}=2.1$；对轴心受拉构件，$\alpha_{cr}=2.7$；对偏心受拉构件，$\alpha_{cr}=2.4$。公式中其他符号同前。

5. 减小构件裂缝的措施

当计算出的 $\omega_{max} \geq \omega_{lim}$ 时，宜选择较细直径的变形钢筋，以提高钢筋与混凝土的黏结强度，但钢筋直径的选择也要考虑施工方便。

如采取上述措施不能满足要求时，也可增加钢筋截面面积，加大有效配筋率，从而减小钢筋应力和裂缝间距。

3.9.2 非荷载效应引起裂缝的原因及相应的措施

在非荷载裂缝中，最常见的是温度裂缝，它是混凝土收缩与冷缩共同作用的结果。由于内部或外部约束，当混凝土不能自由收缩与冷缩时，会在混凝土内引起约束拉力而产生裂缝。这种非荷载裂缝的出现与开展有一个时间过程，试验资料表面，混凝土在一年内可完成总收缩值的 60%~85%。因此，在实际工程中许多温度收缩裂缝在一年左右出现，控制这种温度收缩裂缝的措施是规定钢筋混凝土结构伸缩缝最大间距。

在非荷载裂缝中值得注意的另一种裂缝是当钢筋混凝土保护层较薄时，混凝土的碳化过程在较短时期就达到钢筋表面，混凝土失去对钢筋的保护作用，钢筋因锈蚀而体积增大，将混凝土胀裂，形成沿钢筋长度方向的纵向锈蚀膨胀裂缝。这种裂缝的特点是先锈后裂，一旦出现后果十分严重。控制这种裂缝的措施是，规定受力钢筋的混凝土保护层最小厚度。

在实际工程中,应从计算、构造、施工、材料等方面采取措施,避免出现影响适用性、耐久性的各种裂缝。对于已出现的裂缝,则应善于根据裂缝的形状、部位、所处环境、配筋及结构形式以及对结构构件承载力危害程度等进行具体分析,做出安全、适用、经济的处理方案。

3.9.3 验算最大裂缝宽度的步骤

验算最大裂缝宽度的步骤如下。

(1) 按荷载效应的准永久组合计算弯矩 M_q、N_q。

(2) 计算纵向受拉钢筋应力 σ_{sq}。

(3) 计算有效配筋率 ρ_{te}。

(4) 计算受拉钢筋的应力不均匀系数 ψ。

(5) 计算最大裂缝宽度 ω_{max}。

(6) 验算 $\omega_{max} \leq \omega_{lim}$。

应用案例 3-15

某简支梁计算跨度 $l_0 = 7m$,截面尺寸 $b \times h = 250mm \times 700mm$,混凝土强度等级为 C20($f_{tk} = 1.54 N/mm^2$),钢筋用 HRB335 级钢($E_s = 2 \times 10^5 N/mm^2$),承担均布恒荷载标准值(含自重)$g_k = 22kN/m$,均布活荷载标准值 $q_k = 15kN/m$,准永久值系数 $\psi_q = 0.5$。通过正截面强度计算,已配有纵向钢筋 3Φ20+3Φ18($A_s = 1705mm^2$)。最大允许裂缝宽度 $\omega_{lim} = 0.3mm$,环境类别为二 a 类环境,安全等级为二级,混凝土保护层厚度 $C = 30mm$。试验算裂缝宽度是否满足要求。

【解】

1. 按荷载效应的准永久组合计算弯矩 M_q

荷载标准值引起的跨中最大弯矩为:

$$M_{gk} = \frac{1}{8} \times 22 \times 7^2 = 134.75 (kN \cdot m)$$

活荷载标准值引起的跨中最大弯矩为:

$$M_{qk} = \frac{1}{8} \times 15 \times 7^2 = 91.88 (kN \cdot m)$$

荷载准永久组合计算的跨中弯矩为:

$$M_q = M_{gk} + \psi_q M_{qk} = 134.75 kN \cdot m + 0.5 \times 91.88 kN \cdot m = 180.69 kN \cdot m$$

2. 计算裂缝处钢筋的应力

混凝土保护层厚度 $C = 30mm$,假定箍筋取 8mm,

$$a_s \approx 30 + 8 + 20/2 = 48(mm),\ h_0 = 700 - 48 = 652(mm)$$

$$\sigma_{sq} = \frac{M_q}{0.87 h_0 A_s} = \frac{180.69 \times 10^6}{0.87 \times 652 \times 1705} = 186.83 (N/mm^2)$$

3. 计算有效配筋率

$$\rho_{te} = \frac{A_s}{A_{te}} = \frac{1705}{0.5 \times 250 \times 700} = 0.0195 > 0.01$$

4. 计算钢筋应变不均匀系数

$$\psi = 1.1 - \frac{0.65 f_{tk}}{\rho_{te} \cdot \sigma_{sq}} = 1.1 - \frac{0.65 \times 1.54}{0.0195 \times 186.83} = 0.825$$

5. 计算钢筋的等效直径

$$d_{eq} = \frac{\sum n_i d_i^2}{\sum n_i v_i d_i} = \frac{3 \times 20^2 + 3 \times 18^2}{1.0 \times 3 \times (20+18)} = 19.05(\text{mm})$$

6. 计算最大裂缝宽度 ω_{max}

混凝土保护层厚度 $C=30\text{mm}$，假定箍筋取 8mm，$c_s = 30 + 8 = 38(\text{mm})$。

$$\begin{aligned}\omega_{max} &= a_{cr}\psi \frac{\sigma_{sq}}{E_s}(1.9c_s + 0.08\frac{d_{eq}}{\rho_{te}}) \\ &= 2.1 \times 0.825 \times \frac{186.83}{200\,000} \times (1.9 \times 38 + 0.08 \times \frac{19.05}{0.0195}) \\ &= 0.238(\text{mm})\end{aligned}$$

7. 验算 $\omega_{max} \leqslant \omega_{lim}$

$\omega_{max} = 0.238\text{mm} < \omega_{lim} = 0.3\text{mm}$，满足要求。

案例点评

该案例采用的是矩形截面钢筋混凝土简支梁，验算裂缝时，应按荷载效应的准永久组合并考虑荷载长期作用的影响。

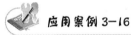

某钢筋混凝土轴心受拉构件，承担的荷载效应的准永久组合值 $N_q = 200\text{kN}$，截面尺寸 $b \times h = 200\text{mm} \times 140\text{mm}$，混凝土强度等级为 C25 ($f_{tk} = 1.78\text{N}/\text{mm}^2$)，纵向钢筋为 HRB335 ($E_s = 2 \times 10^5 \text{N}/\text{mm}^2$)，已配有 4Φ16 ($A_s = 804\text{mm}^2$)，最大允许裂缝宽度 $\omega_{lim} = 0.2\text{mm}$（二类环境）。混凝土保护层厚度 $C=30\text{mm}$。试验算裂缝宽度是否满足要求。

【解】

$$\sigma_{sq} = \frac{N_q}{A_s} = \frac{200\,000}{804} = 248.8(\text{N}/\text{mm}^2)$$

$$A_{te} = 200\text{mm} \times 140\text{mm} = 28\,000\text{mm}^2$$

$$\rho_{te} = \frac{A_s}{A_{te}} = \frac{804}{28\,000} = 0.0287 > 0.01$$

$$\psi = 1.1 - \frac{0.65 f_{tk}}{\rho_{te} \sigma_{sq}} = 1.1 - \frac{0.65 \times 1.78}{0.0287 \times 248.8} = 0.938$$

混凝土保护层厚度 $C=30\text{mm}$，假定箍筋取 8mm，$c_s = 30 + 8 = 38(\text{mm})$。

$$\begin{aligned}\omega_{max} &= 2.7\psi \frac{\sigma_{sq}}{E_s}(1.9c_s + 0.08\frac{d_{eq}}{\rho_{te}}) \\ &= 2.7 \times 0.938 \times \frac{248.8}{200\,000} \times (1.9 \times 38 + 0.08 \times \frac{16}{0.0287}) \\ &= 0.32(\text{mm}) > \omega_{lim} = 0.2\text{mm}\end{aligned}$$

不满足要求。

若钢筋改为 4Φ18($A_s = 1017\text{mm}^2$)，则：

$$\sigma_{sq} = \frac{N_q}{A_s} = \frac{200\,000}{1017} = 196.7(\text{N}/\text{mm}^2)$$

$$A_{te} = 200\text{mm} \times 140\text{mm} = 28\,000\text{mm}^2$$

$$\rho_{te} = \frac{A_s}{A_{te}} = \frac{1017}{28\,000} = 0.0363 > 0.01$$

$$\psi = 1.1 - \frac{0.65 f_{tk}}{\rho_{te}\sigma_{sq}} = 1.1 - \frac{0.65 \times 1.78}{0.0363 \times 196.7} = 0.938$$

$$\omega_{max} = 2.7\psi \frac{\sigma_{sq}}{E_s}(1.9c_s + 0.08\frac{d_{eq}}{\rho_{te}})$$

$$= 2.7 \times 0.938 \times \frac{196.7}{200\,000} \times (1.9 \times 38 + 0.08 \times \frac{18}{0.0363})$$

$$= 0.24(\text{mm}) > \omega_{lim} = 0.2(\text{mm})$$

不满足要求。

若钢筋再改为 HPB300，$8\phi14$($A_s = 1230\text{mm}^2$)($E_s = 2.1 \times 10^5 \text{N}/\text{mm}^2$)，则：

$$\sigma_{sq} = \frac{N_q}{A_s} = \frac{200\,000}{1231} = 162.5(\text{N}/\text{mm}^2)$$

$$A_{te} = 200\text{mm} \times 140\text{mm} = 28\,000\text{mm}^2$$

$$\rho_{te} = \frac{A_s}{A_{te}} = \frac{1231}{28\,000} = 0.044 > 0.01$$

$$\psi = 1.1 - \frac{0.65 f_{tk}}{\rho_{te}\sigma_{sq}} = 1.1 - \frac{0.65 \times 1.78}{0.044 \times 162.5} = 0.938$$

$$\omega_{max} = 2.7\psi \frac{\sigma_{sq}}{E_s}(1.9c_s + 0.08\frac{d_{eq}}{\rho_{tc}})$$

$$= 2.7 \times 0.938 \times \frac{162.5}{210\,000} \times (1.9 \times 38 + 0.08 \times \frac{14}{0.7 \times 0.044})(\text{mm})$$

$$= 0.183(\text{mm}) < \omega_{lim} = 0.2(\text{mm})$$

满足要求。

案例点评

该案例采用的是钢筋混凝土轴心受拉构件，从本例可知，减小钢筋直径和增大有效配筋率可减小裂缝宽度。

本模块小结

1. 钢筋混凝土受弯构件由于配筋率的不同，可分为少筋构件、适筋构件、超筋构件 3 类。少筋构件和超筋构件在破坏前没有明显的预兆，有可能造成巨大的生命和财产损失，因此在设计时应避免将构件设计成少筋构件和超筋构件。

2．适筋构件从开始加载到构件破坏，正截面经历了 3 个受力阶段。第Ⅰ阶段为受弯构件抗裂计算的依据；第Ⅱ阶段是裂缝宽度和变形验算的依据；第Ⅲ阶段为受弯构件正截面承载力计算的依据。

3．在实际工程中，受弯构件应设计成适筋截面。单筋矩形截面梁的计算公式，适用条件为 $\xi \leqslant \xi_b$ 和 $\rho \geqslant \rho_{min}$，双筋截面梁为 $\xi \leqslant \xi_b$ 和 $x \geqslant 2a'_s$。

4．正截面承载力计算为截面设计和截面复核两类问题。对单筋矩形截面梁，设计时有 x 和 A_s 两个未知数，可以通过联立方程或利用表格求解。对双筋矩形截面梁，截面设计时有 A'_s 已知和未知两种情况，可以通过联立方程或利用表格求解。

5．影响斜截面受剪承载力的主要因素有剪跨比、高跨比等主要因素。

6．材料的抵抗弯矩图是按照梁实配的纵筋的数量计算并画出的各截面所抵抗的弯矩图。利用材料抵抗弯矩图并根据正截面和斜截面的受弯承载力来确定纵筋的弯起点和截断的位置。同时注意保证受力钢筋在支座处的有效锚固的构造措施。

7．钢筋混凝土受弯构件的抗弯刚度是一个变量，随荷载的增大而降低，随时间的增长而降低。

8．钢筋混凝土受弯构件的挠度计算可以采用力学的方法进行，但计算时，必须用构件考虑荷载长期作用的刚度 B 代替 E_I。

9．在等截面直杆中，B 取同号弯矩区段内最大弯矩处的值，即最小刚度原则。

10．计算构件的挠度与裂缝宽度时，应按荷载效应标准组合，并考虑荷载长期作用的影响进行计算。

11．构件的挠度计算值和裂缝宽度的计算值不应超过《混凝土结构设计规范》(GB 50010—2010)规定的限值。

习 题

一、简答题

1．简述少筋梁、适筋梁和超筋梁的破坏特征，在设计中如何防止少筋梁和超筋梁破坏？

2．受弯构件正截面承载力计算的基本假定是什么？为什么要作出这些假定？

3．什么是界限相对受压区高度 ξ_b？它有什么意义？

4．钢筋混凝土的最小配筋率 ρ_{min} 是如何确定的？

5．在适筋梁的正截面设计中，如何将混凝土受压区的实际曲线应力分布图形化为等效矩形应力分布图形？

6．在什么情况下采用双筋梁？双筋梁的纵向受压钢筋与单筋梁中的架立筋有何区别？

7．为什么要求双筋矩形截面的受压区高度 $x \geqslant 2a_s$（a_s 为受压区钢筋合力至受压区外边缘的距离)？若不满足这一条件应如何处理？

8．A'_s 和 A_s 均未知时，为什么令 $x = \xi_b h_0$ 使双筋梁的总用钢量最少？

9．受弯构件中，斜截面有哪几种破坏形态？它们的特点是什么？

10．什么是剪跨比？它对梁的斜截面破坏有何影响？在计算中为什么 $\lambda > 3$，取 $\lambda = 3$？

11. 斜截面受剪承载力为什么要规定上、下限？为什么要限制梁的截面尺寸？

12. 钢筋混凝土受弯构件的挠度计算，为什么不能直接简单地用 EI 代入力学公式进行计算？

13. 在受弯构件挠度计算中，什么叫"最小刚度原则"？

14. 引起钢筋混凝土构件开裂的主要原因有哪些？

15. 构件裂缝平均间距 l_{cr} 主要与哪些因素有关？

16. 简述钢筋混凝土受弯构件的挠度和裂缝宽度的计算步骤。

17. 减小钢筋混凝土受弯构件的挠度和裂缝宽度的主要措施有哪些？

二、计算题

1. 已知梁的截面尺寸为 $b \times h$=200mm×500mm，混凝土强度等级为C25，$f_c = 11.9 \text{N/mm}^2$，$f_t = 1.27 \text{N/mm}^2$，钢筋采用 HRB335，$f_y = 300 \text{N/mm}^2$ 截面弯矩设计值 M=165kN·m。环境类别为一类，安全等级为二级。求：受拉钢筋截面面积。

2. 已知一个单跨简支板，计算跨度 l=2.34m，承受均布荷载 q_k = 3kN/m^2(不包括板的自重)，如图 3.56 所示；混凝土等级 C30，$f_c = 14.3 \text{N/mm}^2$；钢筋等级采用 HPB300 钢筋，即Ⅰ级钢筋，$f_y = 270 \text{N/mm}^2$。可变荷载分项系数 γ_Q=1.4，永久荷载分项系数 γ_G=1.2，环境类别为一类，安全等级为二级，钢筋混凝土重度为 25kN/m^3。求：板厚及受拉钢筋截面面积 A_s。

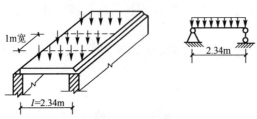

图 3.56 习题 2 图

3. 已知梁的截面尺寸为 $b \times h$=250mm×450mm；受拉钢筋为 4 根直径为 16mm 的 HRB335 钢筋，即Ⅱ级钢筋，$f_y = 300 \text{N/mm}^2$，A_s=804mm^2；混凝土强度等级为 C40，$f_t = 1.71 \text{N/mm}^2$，$f_c = 19.1 \text{N/mm}^2$；承受的弯矩 M = 89kN·m。环境类别为一类，安全等级为二级。验算此梁截面是否安全。

4. 已知梁的截面尺寸为 $b \times h$=200mm×500mm，混凝土强度等级为 C40，$f_t = 1.71 \text{N/mm}^2$，$f_c = 19.1 \text{N/mm}^2$，钢筋采用 HRB335，即Ⅱ级钢筋，$f_y = 300 \text{N/mm}^2$，截面弯矩设计值 M = 330kN·m。环境类别为一类，安全等级为二级。求：所需受压和受拉钢筋截面面积。

5. 已知 T 形截面梁，截面尺寸如图 3.57 所示，混凝土采用 C30，$f_c = 14.3 \text{N/mm}^2$，纵向钢筋采用 HRB400 级钢筋，$f_y = 360 \text{N/mm}^2$，环境类别为一类，安全等级为二级。若承受的弯矩设计值为 M = 700kN·m，计算所需的受拉钢筋截面面积 A_s(预计两排钢筋，a_s=60mm)。

6. 某钢筋混凝土 T 形截面梁，截面尺寸和配筋情况(架立筋和箍筋的配置情况略)如

图 3.58 所示。混凝土强度等级为 C30，$f_c = 14.3\text{N}/\text{mm}^2$，纵向钢筋为 HRB400 级钢筋，$f_y = 360\text{N}/\text{mm}^2$，$a_s = 70\text{mm}$。若截面承受的弯矩设计值为 $M = 550\text{kN}\cdot\text{m}$，试问此截面承载力是否足够？

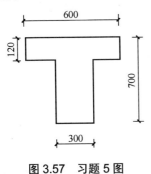

图 3.57 习题 5 图

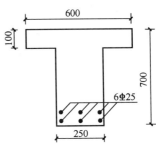

图 3.58 习题 6 图

7．一钢筋混凝土矩形截面简支梁，截面尺寸 250mm×500mm，混凝土强度等级为 C20（$f_t=1.1\text{N}/\text{mm}^2$、$f_c=9.6 \text{N}/\text{mm}^2$），箍筋为热轧 HPB300 级钢筋（$f_{yv}=270\text{N}/\text{mm}^2$），纵筋为 3Φ25 的 HRB335 级钢筋（$f_y =300 \text{N}/\text{mm}^2$），支座处截面的剪力最大值为 180kN。环境类别为一类，安全等级为二级。求：箍筋的数量。

8．钢筋混凝土矩形截面简支梁，如图 3.59 所示，截面尺寸为 250mm×500mm，混凝土强度等级为 C20（$f_t=1.1\text{N}/\text{mm}^2$、$f_c=9.6 \text{N}/\text{mm}^2$），箍筋为热轧 HPB300 级钢筋（$f_{yv}=270 \text{N}/\text{mm}^2$），纵筋为 2Φ25 和 2Φ22 的 HRB400 级钢筋（$f_y =360 \text{N}/\text{mm}^2$）。环境类别为一类，安全等级为二级。求只配箍筋的数量。

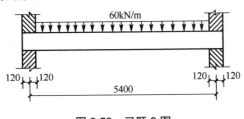

图 3.59 习题 8 图

9．8 题中，既配弯起钢筋又配箍筋，若箍筋为热轧 HRB335 级钢筋（$f_{yv}=300 \text{N}/\text{mm}^2$），荷载改为 100kN/m，其他条件不变，求：箍筋和弯起钢筋的数量。

10．已知矩形截面简支梁 $b\times h=250\text{mm}\times 500\text{mm}$，计算跨度 $l_0 =6\text{m}$，混凝土强度等级为 C20，钢筋为 HRB335，梁承受均布恒荷载标准值（含自重）$g_k =14.7\text{kN/m}$，承受均布活荷载标准值 $q_k =5.2\text{kN/m}$，准永久值系数 $\psi_q = 0.5$，由正截面抗弯强度计算配有 3Φ18 钢筋（$A_s=763\text{mm}^2$），梁的容许挠度 $[f]=\dfrac{l_0}{200}$。环境类别为一类，安全等级为二级。试验算该梁挠度是否满足要求？

11．一承受均布荷载的 T 形截面简支梁如图 3.60 所示，计算跨度 $l_0=6\text{m}$，混凝土强度等级为 C30，配置带肋钢筋，受拉区 6Φ25（$A_s=2945\text{mm}^2$），承受按荷载效应标准组合计算的弯矩值 $M_k=301.5 \text{ kN}\cdot\text{m}$，按荷载效应准永久组合计算的弯矩值 $M_q=270 \text{ kN}\cdot\text{m}$，环境类别为一类，安全等级为二级，$\omega_{\lim}=0.4\text{mm}$，$f_{\lim}=l_0/200$。试验算该梁的最大挠度是否满足挠度限值的要求？试验算梁的裂缝宽度是否满足要求？

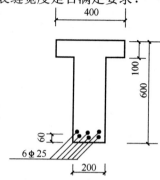

图 3.60 习题 11 图

12. 某屋架下弦杆截面 $b \times h$=180mm×180mm，配有 4⌀16 钢筋(A_s=804mm)，混凝土强度等级为 C30(f_{tk}=2.01N/mm^2)，钢筋为 HRB335(E_s=2.0×10^{5}N/mm^2)，混凝土保护层厚度 C=25mm，承受轴向拉力准永久组合值 N=132kN，最大裂缝限值为 0.3mm(一类环境)。验算该构件的裂缝是否满足要求。

模块 4

钢筋混凝土受扭构件计算能力训练

教学目标

能力目标：能进行纯扭构件设计计算；能进行弯扭组合构件设计计算；能进行弯剪扭组合构件设计计算。

知识目标：通过本模块的学习，能理解纯扭构件计算理论；学习受扭构件承载力计算方法和受扭钢筋的构造要求。

态度养成目标：通过本模块的学习，将理论知识与实际构件受力进行结合，进行设计计算。

教学要求

知识要点	能力要求	相关知识	所占分值（100 分）
纯扭构件计算理论	能理解纯扭构件计算理论	素混凝土纯扭构件的开裂弯矩、钢筋混凝土纯扭构件的承载力计算	15
弯扭组合构件设计计算	能进行弯扭组合构件设计计算	弯扭构件的"叠加法"	30
弯剪扭组合构件设计计算	能进行弯剪扭组合构件设计计算	矩形截面剪扭构件承载力计算、弯剪扭构件承载力计算	50
受扭构件的构造要求	能按构造配筋	箍筋、纵筋配筋要求	5

引 例

凡是在构件截面中有扭矩作用的构件,统称为受扭构件。图 4.1(a)所示的悬臂梁,仅在梁端 A 处承受一扭矩,这种构件称为纯扭构件。在实际的钢筋混凝土结构中,纯扭构件是很少见的,一般都是扭转、剪切和弯曲同时发生。例如单层工业厂房中的吊车梁以及平面曲梁或折梁、钢筋混凝土雨篷梁、钢筋混凝土现浇框架的边梁(图 4.1(b)、(c)、(d)、(e))等均属既受剪扭又受弯曲的构件。

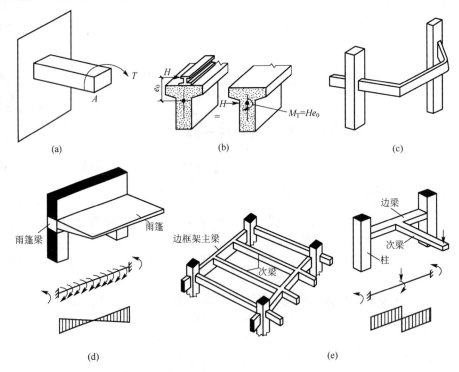

图 4.1 受扭构件的工程实例
(a) 悬臂梁; (b) 吊车梁; (C) 平面折梁;
(d) 雨篷梁; (e) 框架边梁

《混凝土结构设计规范》(GB 50010—2010)中关于弯扭、剪扭及弯剪扭构件的承载力计算方法是以构件受弯、受剪承载力计算理论和纯扭构件计算理论为基础建立起来的,因此本模块首先介绍纯扭构件的计算理论,然后再叙述弯扭、剪扭和弯剪扭构件承载力的计算方法。

课题 4.1 纯扭构件计算理论

4.1.1 素混凝土纯扭构件的开裂弯矩

在扭矩作用下,纯扭构件截面中将产生剪应力 τ,由于 τ 的作用将产生主拉应力 σ_{tp} 和主压应力 σ_{cp},它们的绝对值都等于 τ,即 $|\sigma_{tp}|=|\sigma_{cp}|=\tau$,并且作用在与构件轴线成 45°的方向上(图 4.2(a))。

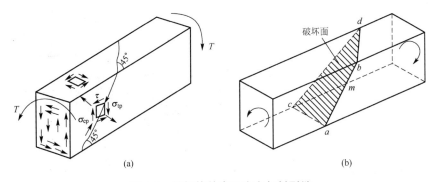

图 4.2 纯扭构件表面应力与斜裂缝
(a) 剪应力、主应力；(b) 斜裂缝方向

当由主拉应力产生的拉应变超过混凝土的极限拉应变值时，构件将开裂。对于矩形截面构件，往往在长边中点附近首先出现一条与构件纵轴线成约 45°的斜裂缝。这条裂缝出现后迅速地以螺旋形向上、向下及向内延伸，最后形成三面开裂、一面受压的空间斜曲面(图 4.2(b))。构件随即破坏，破坏具有突然性，属于脆性破坏。

理论计算中，为了估计素混凝土纯扭构件的抗扭承载力，通常借助于弹性分析方法和塑性分析方法。

1. 弹性分析方法

当把素混凝土矩形截面纯扭构件看作匀质弹性材料构件时，在扭矩作用下，最大剪应力 τ_{max} 发生在截面长边的中点，当该处主拉应力 σ_{tp} 达到混凝土抗拉极限时，构件将沿与主拉应力 σ_{tp} 垂直方向开裂，其开裂扭矩就是当 $|\sigma_{tp}|=|\sigma_{cp}|=\tau_{max}=f_t$ 时作用在构件上的扭矩，如图 4.3 所示。

试验表明，按弹性分析方法来确定混凝土构件的开裂扭矩，比实测值偏小较多。这说明按弹性分析方法低估了混凝土构件的实际受扭能力。

2. 塑性分析方法

当把素混凝土矩形截面纯扭构件看作理想塑性材料的构件时，只有当截面上各点的剪应力都达到材料的强度极限时，构件才丧失承载力而破坏。这时截面上剪应力分布如图 4.4(a)所示。将截面按图 4.4(b)所示分块计算各部分剪应力的合力和相应力偶，可求出截面的塑性受扭承载力为：

$$T = F_1(h-\frac{b}{3}) + 2F_2(\frac{2}{3}b) + F_3 \cdot (\frac{b}{2})$$
$$= \tau_{max}[\frac{1}{2} \cdot b \cdot \frac{b}{2}(h-\frac{b}{3}) + 2 \cdot \frac{1}{2} \cdot \frac{b}{2} \cdot \frac{b}{2} \cdot (\frac{2}{3}b) + \frac{b}{2}(h-b)(\frac{b}{2})]$$
$$= \tau_{max}[\frac{b^2}{6}(3h-b)] = \tau_{max}W_t$$

式中　T——构件的开裂扭矩；
　　　b——矩形截面的短边；
　　　h——矩形截面的长边；
　　　τ_{max}——截面上的最大剪应力；
　　　W_t——截面受扭塑性抵抗矩。对矩形截面则有 $W_t = \frac{b^2}{6}(3h-b)$。

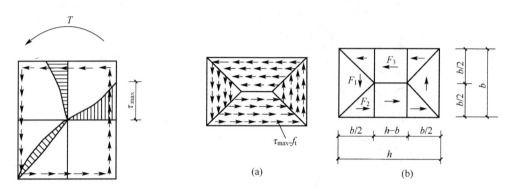

图 4.3 矩形截面纯扭构件在弹性阶段的剪应力图　　图 4.4 矩形截面纯扭构件在塑性阶段的剪应力
(a) 应力方向分区；(b) 计算剪应力的分块

在纯扭构件中，当 $\sigma_{tp} = \tau_{max} = f_t$ 时，混凝土达到抗拉强度，则受扭承载力公式可表示为：

$$T = f_t \cdot W_t \tag{4.1}$$

按照塑性分析计算的抗扭承载力与试验实测结果相比略偏大。其原因主要是混凝土并非理想的塑性材料，不可能在整个截面上实现理想的塑性应力分布；另一方面，在纯扭构件中除了主拉应力作用外，与主拉应力正交的方向还有主压应力作用，在这种拉压复合应力状态下，混凝土的抗拉强度要低于单向受拉时的抗拉强度。

由上述分析可知，素混凝土构件的实际抗扭承载力介于弹性分析和塑性分析结果之间。比较接近实际的办法是对塑性分析的结果乘以一个小于 1 的系数，根据试验结果，可偏安全地取该系数为 0.7，则素混凝土纯扭构件的抗扭承载力可表达为

$$T = 0.7 f_t \cdot W_t \tag{4.2}$$

由于素混凝土纯扭构件的开裂扭矩近似等于其破坏扭矩，所以式(4.2)也可近似地用来表示素混凝土构件的开裂扭矩。

4.1.2 钢筋混凝土纯扭构件的承载力计算

1. 受扭钢筋的形式

在混凝土构件中配置适当的受扭钢筋，当混凝土开裂后，可由钢筋继续承担拉力，这对提高构件的受扭承载力有很大的帮助。由于扭矩在构件中产生的主拉应力与构件轴线成 45°角，因此从受力合理的观点考虑，受扭钢筋应采用与纵轴线成 45°角的螺旋钢筋。但是，这样会给施工带来很多不便，而且当扭矩改变方向后则将失去作用。在实际工程中，一般都采用由靠近构件表面设置的横向箍筋和沿构件周边均匀对称布置的纵向钢筋共同组成的受扭钢筋骨架。这恰好与构件中受弯钢筋和受剪钢筋的配置方式相协调。

2. 钢筋混凝土纯扭构件的破坏特征

试验表明，按照受扭钢筋配筋率的不同，钢筋混凝土纯扭构件的破坏形态可分为以下 4 种类型。

(1) 少筋破坏。当构件受扭箍筋和纵向钢筋的配置数量均过少时，构件在扭矩作用下，首先在剪应力最大的长边中点处形成 45°的斜裂缝，裂缝迅速发展贯通，构件随即破坏，这种破坏属于脆性破坏。

(2) 适筋破坏。随着扭矩的增加，与主裂缝相交的受扭箍筋和纵向钢筋均达到屈服强度，这条斜裂缝不断开展，并向相邻的两个面延伸，直至在第四个面上受压的混凝土被压碎而破坏。这种破坏形态与受弯构件的适筋梁相似，属于塑性破坏。钢筋混凝土受扭构件的承载力即以这种破坏形态为计算依据。

(3) 部分超筋破坏。当构件中的受扭箍筋和受扭纵筋有一种配置过多时，破坏时配置适量的钢筋首先达到屈服强度，然后受压区混凝土被压碎，此时配置过多的钢筋未达到屈服强度，破坏时也具有一定塑性性能。

(4) 完全超筋破坏。当构件的受扭箍筋和受扭纵筋配置均过多时，构件破坏时受扭箍筋和受扭纵筋均未达到屈服强度，而受压区混凝土被压碎，构件突然破坏，属脆性破坏，设计中必须避免。

为了防止发生少筋破坏，《混凝土结构设计规范》(GB 50010—2010)规定，受扭箍筋和纵向钢筋的配筋率不得小于各自的最小配筋率，并应符合受扭钢筋的构造要求。为了防止发生超筋破坏，《混凝土结构设计规范》(GB 50010—2010)采取限制构件截面尺寸和混凝土强度等级，也即相当于限制受扭钢筋的最大配筋率来防止超筋破坏。为了防止发生部分超筋破坏，采用控制受扭纵向钢筋与受扭箍筋的配筋强度比ξ来达到目的，如图4.5所示。

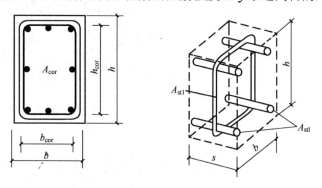

图4.5 矩形截面构件受扭截面核心尺寸及纵筋与箍筋体积比尺寸示意图

3. 纯扭构件的承载力计算

如前所述，钢筋混凝土受扭构件的承载力计算是以适筋破坏为依据的。受纯扭的钢筋混凝土构件试验表明，构件的受扭承载力是由混凝土和受扭钢筋两部分构成，即：

$$T_u = T_c + T_s$$

式中 T_u——钢筋混凝土纯扭构件的受扭承载力；

T_c——钢筋混凝土纯扭构件混凝土所承受的扭矩，可表示为$T_c = a_1 f_t W_t$；

a_1——系数；

T_s——受扭箍筋和受扭纵筋所承受的扭矩。

通过试验分析，受扭钢筋所承受的扭矩T_s的数值与下述因素有关。

(1) 受扭构件纵向钢筋与箍筋的配筋强度比值ξ。

(2) 截面核心面积A_{cor}。

同时，T_s可表示为：

$$T_s = a_2 \sqrt{\xi} f_{yv} \frac{A_{st1}}{s} A_{cor} \tag{4.3}$$

式中　a_2——系数；
　　　f_{yv}——受扭箍筋的抗拉强度设计值；
　　　A_{st1}——受扭计算中沿周边所配置箍筋的单肢截面面积；
　　　s——受扭箍筋的间距；
　　　ξ——受扭纵筋与受扭箍筋的配筋强度比值。其计算公式为：

$$\xi = \frac{f_y A_{stl} S}{f_{yv} A_{st1} U_{cor}} \tag{4.4}$$

式中　A_{stl}——抗扭纵筋的截面面积；
　　　A_{cor}——截面核心部分面积，$A_{cor}=b_{cor}h_{cor}$（b_{cor}、h_{cor} 别为从箍筋内表面计算的截面核心的短边和长边）；
　　　U_{cor}——截面核心的周长，其计算公式为 $U_{cor}=2(b_{cor}+h_{cor})$。

于是

$$T_u = a_1 f_t W_t + a_2 \sqrt{\xi} f_{yv} \frac{A_{st1}}{s} A_{cor} \tag{4.5}$$

为了确定式(4.5)中的系数 a_1、a_2 的数值，将公式两边同除以 $f_t W_t$，于是可得到：

$$\frac{T_u}{f_t W_t} = a_1 + a_2 \sqrt{\xi} f_{yv} \frac{A_{st1}}{s f_t W_t} A_{cor} \tag{4.6}$$

以 $\sqrt{\xi} f_{yv} \frac{A_{st1}}{s f_t W_t} A_{cor}$ 为横坐标，以 $\frac{T_u}{f_t W_t}$ 为纵坐标，绘制直角坐标系，并将已做过的钢筋混凝土纯扭构件试验中所得到数据绘在该坐标系中，如图 4.6 所示。

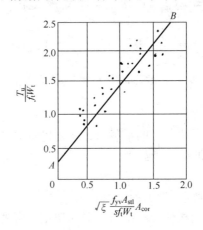

图 4.6　钢筋混凝土纯扭构件试验计算曲线

《混凝土结构设计规范》(GB 50010—2010)取用试验点的偏下线 AB 作为钢筋混凝土纯扭构件抗扭承载力。直线 AB 与纵坐标的截距 $a_1=0.35$，直线 AB 的斜率 $a_2=1.2$，于是，便得到矩形截面钢筋混凝土纯扭构件受扭承载力计算公式为：

$$T \leqslant 0.35 f_t W_t + 1.2 \sqrt{\xi} f_{yv} \frac{A_{st1}}{s} A_{cor} \tag{4.7}$$

式中　T——扭矩设计值；
　　　f_t——混凝土的抗拉强度设计值；
　　　W_t——截面的受扭塑性抵抗矩；
　　　f_{yv}——箍筋的抗拉强度设计值；
　　　A_{st1}——受扭计算中沿周边所配置箍筋的单肢截面面积；
　　　s——受扭箍筋的间距；
　　　A_{cor}——截面核心部分面积；
　　　ζ——受扭纵筋与受扭箍筋的配筋强度比值。

试验表明，当 $\zeta = 0.5 \sim 2.0$ 时，构件在破坏前，受扭纵筋与受扭箍筋都能够达到屈服强度。偏于安全，《混凝土结构设计规范》规定：$0.6 \leqslant \zeta \leqslant 1.7$；当 $\zeta > 1.7$ 时，取 $\zeta = 1.7$。在设计时最佳的 ζ 取值为 1.2。

课题 4.2　弯扭组合构件设计计算

在受弯同时受扭的构件中，纵向钢筋既要承受弯矩的作用，又要承受扭矩的作用，构件的受弯能力与受扭能力之间必定具有相关性，影响这种相关性的因素很多，随着构件截面上部和下部纵筋数量的比值、截面高宽比、纵筋和箍筋的配筋强度比以及沿截面侧边配筋数量的不同，这种弯扭相关性的具体变化规律都有所不同。要得到其较准确的计算公式目前还很困难。现行《混凝土结构设计规范》(GB 50010—2010)不考虑其相关性，对弯扭构件采用简便实用的"叠加法"进行计算，即对构件截面先分别按受弯和受扭进行计算，然后将所需的纵向钢筋按如图 4.7 所示方式叠加。

如图 4.7(a)所示，将抵抗弯矩所需的纵筋布置在截面的受拉区。对抗扭所需的纵筋一般应均匀对称地分布在截面周边上。图 4.7(b)所示为选用 6 根直径相同的钢筋，截面受拉边最后应配置的纵筋总截面面积为：

$$A = A_s + \frac{1}{3} A_{stl}$$

式中　A_s——抗弯计算得出的纵筋截面面积；
　　　A_{stl}——抗扭计算得出的纵筋总截面面积。

经叠加后截面所需配置的纵筋总量及其布置如图 4.7(c)所示。

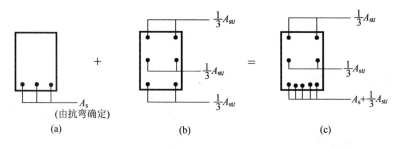

图 4.7　矩形截面弯扭构件纵向钢筋叠加图
(a) 受弯纵筋；(b) 受扭纵筋；(c) 受弯扭纵筋

课题 4.3 弯剪扭组合构件设计计算

4.3.1 矩形截面剪扭构件承载力计算

同时受到剪力和扭矩作用的构件,其承载力也是低于剪力和扭矩单独作用时的承载力,这是因为两者的剪应力在构件一个侧面上是叠加的,剪扭具有相关性。其受力性能也是非常复杂的,完全按照其相关关系对承载力进行计算是很困难的。受剪和受扭承载力中均包含钢筋和混凝土两部分,其箍筋不考虑其相关性,按叠加法进行计算,即按受扭承载力和受剪承载力分别计算其用量,然后进行叠加。混凝土部分在剪扭承载力计算中,有一部分重复利用,过高地估计了其抗力作用,其抗扭和抗剪能力应予降低,因此要考虑其相关性。我国《混凝土结构设计规范》采用剪扭构件混凝土受扭承载力降低系数 β_t 来考虑剪扭共同作用的影响。

其中一般剪扭构件,β_t 的计算公式为:

$$\beta_t = \frac{1.5}{1+0.5\dfrac{VW_t}{Tbh_0}} \tag{4.8}$$

对集中荷载作用下的矩形截面混凝土剪扭构件(包括作用有多种荷载,且其中集中荷载对支座截面或节点边缘产生的剪力值占总剪力值的75%以上的情况),β_t 的计算公式为:

$$\beta_t = \frac{1.5}{1+0.2(\lambda+1)\dfrac{VW_t}{Tbh_0}} \tag{4.9}$$

式(4.9)中,当 β_t<0.5 时,取 $\beta_t=0.5$;当 β_t>1.0 时,取 $\beta_t=1.0$;当 λ<1.5 时,取 $\lambda=1.5$;当 λ>3 时,取 $\lambda=3$。

《混凝土结构设计规范》(GB 50010—2010)规定,在剪力和扭矩共同作用下的矩形截面剪扭构件,其承载力计算公式如下。

1. 剪扭构件受剪承载力计算公式

1) 一般剪扭构件

$$V \leq (1.5-\beta_t)0.7f_tbh_0 + f_{yv}\frac{A_{sv}}{s}h_0$$

2) 集中荷载作用下的独立剪扭构件

$$V \leq (1.5-\beta_t)\frac{1.75}{\lambda+1}f_tbh_0 + f_{yv}\frac{A_{sv}}{s}h_0$$

2. 剪扭构件的受扭承载力

$$T \leq 0.35\beta_t f_t w_t + 1.2\sqrt{\xi}f_{yv}\frac{A_{st1}A_{cor}}{s}$$

这样,矩形截面剪扭构件的承载力计算可按以下步骤进行。

(1) 按受剪承载力计算需要的受剪箍筋 $\dfrac{A_{sv}}{s}$。

(2) 按受扭承载力计算需要的受扭箍筋 $\dfrac{A_{st1}}{s}$。

(3) 按照叠加原则计算受剪扭总的箍筋用量 $\dfrac{A_{st1}^*}{s}$。

$$\dfrac{A_{st1}^*}{s} = \dfrac{A_{sv1}}{s} + \dfrac{A_{st1}}{s}$$

式中　A_{sv1}——受剪箍筋单肢截面面积；

　　　A_{sv}——受剪箍筋截面面积。

(4) 配筋并绘配筋图。

4.3.2　钢筋混凝土弯剪扭构件承载力计算

当构件截面上同时有弯矩、剪力和扭矩共同作用时，不难想象，三者之间存在相关性，情况更为复杂。为了简化计算，只考虑剪力和扭矩之间的相关性，不考虑弯矩与剪力、扭矩之间的相关性，《混凝土结构设计规范》采用下述方法进行计算。

(1) 按受弯构件单独计算在弯矩作用下所需的受弯纵向钢筋截面面积 A_s 和 A_s'。

(2) 按剪扭构件计算受剪所需的箍筋截面面积 $\dfrac{A_{sv1}}{s}$ 和受扭所需的箍筋截面面积 $\dfrac{A_{st1}}{s}$ 及受扭纵向钢筋总面积 A_{stl}。

(3) 按相应位置叠加上述所需的纵向钢筋和箍筋截面面积，即得弯剪扭构件的配筋面积。

1. 计算公式

在弯矩、剪力和扭矩共同作用下的矩形截面的弯剪扭构件，可按下列规定进行简化承载力计算。

(1) 当 $V \leqslant 0.35 f_t b h_0$ 或 $V \leqslant \dfrac{0.875 f_t b h_0}{\lambda + 1}$ 时，不考虑剪力作用，可仅按受弯构件的正截面受弯承载力和纯扭构件的受扭承载力分别进行计算。

(2) 当 $T \leqslant 0.175 f_t W_t$ 时，不考虑扭矩作用，可仅按受弯构件的正截面受弯承载力和斜截面受剪承载力分别进行计算。

(3) 在弯矩、剪力和扭矩共同作用下的矩形截面的弯剪扭构件，当符合下列公式的要求时：

$$\dfrac{V}{bh_0} + \dfrac{T}{W_t} \leqslant 0.7 f_t \tag{4.10}$$

则不需对构件进行剪扭承载力计算，只需按构造配置剪扭钢筋和按抗弯计算纵筋。

2. 适用范围

1) 受扭配筋的上限——截面尺寸控制条件

为防止构件受扭时发生混凝土首先被压坏的超筋破坏，必须控制受扭钢筋的数量不超过其上限，也就是必须控制截面尺寸不能过小。因此规范规定，在弯、剪、扭共同作用下，对 $h_w/b \leqslant 6$ 的矩形、T 形和箱形截面构件，其截面尺寸应符合下列公式的要求：

(1) 当 $h_w/b(h_w/t_w) \leqslant 4$ 时：

$$\frac{V}{bh_0} + \frac{T}{0.8W_t} \leqslant 0.25\beta_c f_c \qquad (4.11)$$

(2) 当 $h_w/b(h_w/t_w) = 6$ 时：

$$\frac{V}{bh_0} + \frac{T}{0.8W_t} \leqslant 0.2\beta_c f_c \qquad (4.12)$$

(3) 当 $4 < h_w/b(h_w/t_w) < 6$ 时，按线性内插法确定。

式中 β_c——混凝土强度影响系数。

当混凝土强度等级不超过 C50，取 $\beta_c = 1.0$；当混凝土强度等级为 C80 时，取 $\beta_c = 0.8$；其间按直线内插法取得。b 为矩形截面的宽度、T 形或工字形截面的腹板宽度、箱形截面的侧壁总厚度 $2t_w$。h_w 为矩形截面有效高度 h_0，T 形截面取有效高度减去翼缘高度，工字形和箱形截面取腹板净高。

2) 受扭配筋的下限——受扭钢筋的最小配筋率

为防止受扭构件发生少筋破坏，受扭钢筋的配置必须大于其最小配筋率。

弯剪扭构件受扭纵向受力钢筋的最小配筋率应取为：

$$\rho_{tl} = \frac{A_{stl}}{bh} \geqslant \rho_{tl,\min} = \frac{A_{stl,\min}}{bh} = 0.6\sqrt{\frac{T}{Vb}}\frac{f_t}{f_y} \qquad (4.13)$$

式(4.13)中，当 $T/Vb > 2$ 时，取 $T/Vb = 2$。

在弯剪扭构件中，配置在弯曲受拉边的纵向受力钢筋，其截面面积不应小于按受弯构件受拉钢筋最小配筋率计算出的钢筋截面面积和按受扭纵向钢筋最小配筋率计算并分配到弯曲受拉边钢筋截面面积之和。

在弯剪扭构件中，受剪扭的箍筋配筋率不应小于 $0.28f_t/f_{yv}$，即：

$$\rho_{sv} = \frac{nA_{stl}^*}{bs} \geqslant 0.28f_t/f_{yv} \qquad (4.14)$$

当采用复合箍筋时，位于截面内部的箍筋不应计入受扭所需的箍筋面积。

3. 弯剪扭构件配筋计算具体步骤

(1) 根据经验或参考已有设计，初步确定截面尺寸和材料强度等级。
(2) 验算构件截面尺寸。构件截面尺寸应满足下列条件：

当 $h_w/b(h_w/t_w) \leqslant 4$ 时：

$$\frac{V}{bh_0} + \frac{T}{0.8W_t} \leqslant 0.25\beta_c f_c$$

当 $h_w/b(h_w/t_w) = 6$ 时：

$$\frac{V}{bh_0} + \frac{T}{0.8W_t} \leqslant 0.2\beta_c f_c$$

当 $4 < h_w/b(h_w/t_w) < 6$ 时，按线性内插法确定。

如不满足上式条件时，则应加大截面尺寸或提高混凝土等级。

(3) 确定计算方法。当构件内某种内力较小，而截面尺寸相对较大时，该内力作用下的截面强度认为已经满足，在进行截面强度计算时，即可不再考虑该项内力。

① 当符合条件：
$$V \leqslant 0.35 f_t b h_0$$
或以集中荷载为主的构件，当符合条件：
$$V \leqslant \frac{0.875}{\lambda+1} f_t b h_0$$
可仅按受弯构件的正截面受弯承载力和纯扭构件的受扭承载力分别进行计算。
② 当符合条件：
$$T \leqslant 0.175 f_t w_t$$
可仅按受弯构件的正截面受弯承载力和斜截面受剪承载力分别进行计算。
③ 当符合条件：
$$\frac{V}{bh_0} + \frac{T}{W_t} \leqslant 0.7 f_t$$
则不需对构件进行剪扭承载力计算，而只需按构造配置剪扭钢筋和按抗弯计算纵筋。

(4) 确定箍筋数量。按式(4.8)或式(4.9)计算 β_t。
按公式计算出抗剪箍筋数量 A_{sv1}/s。
按公式计算出抗扭箍筋数量 A_{st1}/s。
按下式计算出箍筋总数量：
$$\frac{A_{st1}^*}{s} = \frac{A_{sv1}}{s} + \frac{A_{st1}}{s}$$

(5) 按下式验算配箍率：
$$\rho_{sv} = \frac{nA_{st1}^*}{bs} \geqslant 0.28 \frac{f_t}{f_{yv}}$$

(6) 计算受扭纵筋数量。将计算求出的单肢箍筋数量 A_{st1}/s 代入式(4.4)，取 $\xi=1.2$，即可求出受扭纵筋的截面面积：
$$A_{stl} = \frac{\xi f_{yv} A_{st1} U_{cor}}{f_y s}$$

(7) 验算纵筋配筋率。受弯构件纵向受力钢筋的最小配筋率取 0.2%和 $45f_t/f_y$%中较大值。受扭构件纵向受力钢筋的最小配筋率按下式计算：
$$\rho_{tl,min} = \frac{A_{stl,min}}{bh} = 0.6 \sqrt{\frac{T}{Vb}} \frac{f_t}{f_y}$$

上式中，当 $T/Vb>2$ 时，取 $T/Vb=2$。
(8) 按正截面强度计算受弯纵筋的数量。
(9) 将抗扭纵筋截面面积 A_{stl} 与受弯纵筋 A_s 按图 4.7 方式进行叠加。
(10) 配筋并绘配筋图。

课题 4.4 受扭构件的构造要求

为了保证箍筋在整个周长上都能发挥抗拉作用，受扭构件中的箍筋必须做成封闭式的，且应沿截面周边布置；受扭箍筋的末端应做成 135° 的弯钩，弯钩端头平直段长度不应小于

$10d$(d 为箍筋直径)(图 4.8)。此外,箍筋的直径和间距还应符合受弯构件对箍筋的有关规定。在超静定结构中,箍筋间距不宜大于 $0.75b$(b 为矩形截面宽度或 T、工字形截面的腹板宽度)。

受扭构件中的受扭纵筋应均匀地沿截面周边对称布置,间距应不大于 200mm 和梁截面短边长度;除应在梁截面四角设置受扭纵筋外,其余受扭纵筋宜沿截面周边均匀对称布置。受扭纵向钢筋应按受拉钢筋锚固在支座内。

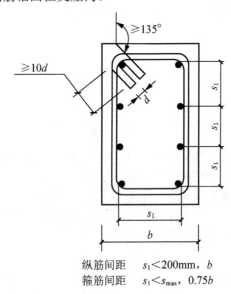

纵筋间距　$s_1 < 200\text{mm}$, b
箍筋间距　$s_1 \leqslant s_{max}$, $0.75b$

图 4.8　受扭构件的配筋构造

钢筋混凝土矩形截面构件,截面尺寸为 $b \times h = 250\text{mm} \times 550\text{mm}$,承受扭矩设计值 $T = 20\text{kN} \cdot \text{m}$,混凝土强度等级为 C20,箍筋用 HPB300 级钢筋,纵筋用 HRB400 级钢筋,安全等级为二级,环境类别为一类。试计算抗扭纵筋和箍筋。

【解】

1. 查表求各项基础数据

混凝土强度等级为 C20,安全等级为二级,环境类别为一类。该构件的纵筋保护层厚度 $C = 25\text{mm}$,设纵向钢筋的合力中心到近边的距离 $a_s = 40\text{mm}$,$h_0 = h - a_s = 550 - 40 = 510\text{mm}$,$f_t = 1.1\text{N/mm}^2$,$f_c = 9.6\text{N/mm}^2$。箍筋用 HPB300 级钢筋,$f_{yv} = 270\text{N/mm}^2$,纵筋用 HRB400 级钢筋,$f_y = 360\text{N/mm}^2$。

2. 求 W_t

$$W_t = b^2(3h-b)/6 = 250^2 \times (3 \times 550 - 250)/6 = 1.46 \times 10^7 \text{ (mm}^3\text{)}$$

3. 检查截面尺寸

$h_w = h_0 = 510\text{mm}$,$h_w/b = 2.04 < 4$。因混凝土强度等级不超过 C50,取 $\beta_c = 1.0$。

$$0.25\beta_c f_c \times (0.8W_t) = 0.25 \times 1.0 \times 9.6 \times 0.8 \times 1.46 \times 10^7$$
$$= 28.0 \times 10^6 \text{(N} \cdot \text{mm)} = 28\text{(kN} \cdot \text{m)} > T = 20\text{kN} \cdot \text{m}$$

满足要求。

4. 验算是否需按计算配置抗扭钢筋

$0.7f_t W_t = 0.7 \times 1.1 \times 1.46 \times 10^7 = 11.2 \times 10^6 (\text{N·mm}) = 11.2(\text{kN·m}) < T = 20\text{kN·m}$

要按计算配置抗扭钢筋。

5. 求 U_{cor}，A_{cor}

$b_{cor} = b - 2c = 250 - 2 \times 30 = 190(\text{mm})$，$h_{cor} = h - 2c = 550 - 2 \times 30 = 490(\text{mm})$

$A_{cor} = b_{cor} \times h_{cor} = 190 \times 490 = 93\,100(\text{mm}^2)$

$U_{cor} = 2 \times (b_{cor} + h_{cor}) = 2 \times (190 + 490) = 1360(\text{mm})$

6. 计算受扭箍筋用量

取配筋强度比 $\xi = 1.2$。

由式 $T \leq 0.35 f_t w_t + 1.2\sqrt{\xi} \cdot f_{yv} \dfrac{A_{st1} A_{cor}}{s}$，得

$$\dfrac{A_{st1}}{s} = \dfrac{T - 0.35 f_t w_t}{1.2\sqrt{\xi} f_{yv} \cdot A_{cor}} = \dfrac{20 \times 10^6 - 0.35 \times 1.1 \times 1.46 \times 10^7}{1.2 \times \sqrt{1.2} \times 270 \times 93\,100} = 0.433(\text{mm}^2/\text{mm})$$

选用 $\phi 10$ 的双肢箍筋，$A_{st1} = 78.5\text{mm}^2$，箍筋间距 $s = \dfrac{78.5}{0.433} = 181.3(\text{mm})$，实配取 $s = 120\text{mm}$。$\phi 10@120$ 的箍筋配置满足构造规定。

7. 校核配箍率

受扭箍筋的配筋率 $\rho_{sv} = \dfrac{nA_{st1}}{bs} = \dfrac{2 \times 78.5}{250 \times 120} = 0.523\%$

$$\rho_{sv,\min} = 0.28\dfrac{f_t}{f_{yv}} = 0.28 \times \dfrac{1.10}{270} = 0.114\%$$

$\rho_{sv} = 0.523\% > p_{sv,\min} = 0.114\%$，满足要求。

8. 计算受扭纵筋用量

$$A_{stl} = \xi \cdot \dfrac{f_{yv} \cdot A_{st1} \cdot U_{cor}}{f_y \cdot s} = 1.2 \times \dfrac{270 \times 78.5 \times 1360}{360 \times 120} = 800.7(\text{mm}^2)$$

选用 6Φ14（$A_{stl} = 923\text{mm}^2$）

9. 校核配筋率

受扭纵向钢筋的配筋率 $\rho_{tl} = \dfrac{A_{stl}}{bh} = \dfrac{923}{250 \times 550} = 0.671\%$

根据规定：$\rho_{tl,\min} = 0.6\sqrt{\dfrac{T}{Vb}} \cdot \dfrac{f_t}{f_y}$，当 $\dfrac{T}{Vb} > 2.0$ 时，取 $\dfrac{T}{Vb} = 2.0$。

本题 $V=0$，故

$$\rho_{tl,\min} = 0.6 \times \sqrt{2.0} \cdot \dfrac{1.1}{360} = 0.259\%$$

$\rho_{tl} = 0.671\% > \rho_{tl,\min} = 0.259\%$，可以。

10. 绘配筋图

根据规定，纵向抗扭钢筋分成 3 排，沿截面周边对称布置，如图 4.9 所示。

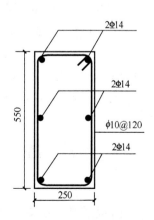

图 4.9 配筋图

案例点评

本案例为纯扭钢筋混凝土构件，在实际结构中一般不存在这种纯扭构件，实际构件中总是存在弯矩、剪力和扭矩的。

应用案例 4-2

弯、剪、扭共同作用下矩形截面构件的配筋计算。某雨篷如图 4.10 所示。雨篷板上承受均布恒荷载(含板自重)设计值 $q=2.8kN/m^2$，在雨篷自由端沿板宽方向每米承受活荷载 $P=1kN/m$(设计值)。雨篷梁截面尺寸 240mm×300mm，其计算跨度为 2.80m，采用混凝土强度等级为 C20，纵筋采用 HRB400 级钢，箍筋采用 HPB300 级钢，经计算可知：雨篷梁承受的最大弯矩设计值 $M=15.4kN \cdot m$，最大剪力设计值 $V=26kN$，安全等级为二级，环境类别为一类。试设计该雨篷梁。

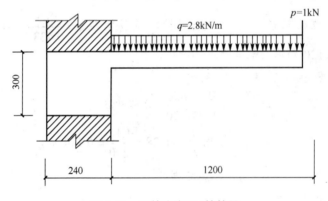

图 4.10 雨篷(板梁)计算简图

【解】

1. 设计参数

C20，$c=25mm$，取 $a_s=35mm$，$h_0=h-a_s=300-35=265(mm)$；$f_c=9.6N/mm^2$，$f_t=1.1N/mm^2$；HPB300 级钢 $f_y=270N/mm^2$；HRB400 级钢 $f_y=360N/mm^2$。

2. 计算雨篷梁的最大扭矩设计值

取 1m 宽板为计算单元，则雨篷板上均布线荷载为 $2.8kN/m^2 \times 1m=2.8kN/m$。板端集中力为 $1kN/m \times 1m=1kN$，如图 4.10 所示。

荷载 q 产生的扭矩为：

$$m_q = 2.8 \times 1.2 \times \frac{1}{2}(1.20+0.24) = 2.419(kN \cdot m)$$

荷载 P 产生的扭矩为：

$$m_p = 1 \times (1.20+\frac{1}{2} \times 0.24) = 1.32(kN \cdot m)$$

于是，作用在梁上的总力偶为：

$$m = m_q + m_p = 2.419 + 1.32 = 3.739(kN \cdot m)$$

在雨篷梁支座截面处扭矩最大，其值为：
$$T = \frac{1}{2} \times 3.739 \times 2.8 = 5.23(\text{kN} \cdot \text{m})$$

3. 验算雨篷截面尺寸

$$W_t = \frac{240^2}{6} \times (3 \times 300 - 240) = 6.363 \times 10^6 (\text{mm}^3)$$

$$\frac{V}{bh_0} + \frac{T}{0.8W_t} = \frac{26\,000}{240 \times 265} + \frac{5.235 \times 10^6}{0.8 \times 6.363 \times 10^6} (\text{N}/\text{mm}^2)$$

$$= 1.437(\text{N}/\text{mm}^2) < 0.25\beta_c f_c = 0.25 \times 1.0 \times 9.6 = 2.4(\text{N}/\text{mm}^2)$$

所以，截面尺寸满足要求。

4. 验算是否需要考虑剪力

$$V = 26\,000\text{N} > 0.35 f_t b h_0 = 0.35 \times 1.1 \times 240 \times 265\text{N} = 24\,486(\text{N})$$

需考虑剪力的影响。

5. 是否需要考虑扭矩

$$T = 5.235 \times 10^6 \text{N} \cdot \text{mm} > 0.175 f_t w_t = 0.175 \times 1.1 \times 6.363 \times 10^6$$

$$= 1.225 \times 10^6 (\text{N} \cdot \text{mm})$$

需考虑扭矩的影响。

6. 验算是否需要进行抗剪和抗扭验算

$$\frac{V}{bh_0} + \frac{T}{W_t} = \frac{26\,000}{240 \times 265} + \frac{5.235 \times 10^6}{6.363 \times 10^6} = 1.232(\text{N}/\text{mm}^2)$$

$$> 0.7 f_t = 0.7 \times 1.1 = 0.77(\text{N}/\text{mm}^2)$$

故需要进行抗剪和抗扭验算。

7. 计算箍筋数量

$$\beta_t = \frac{1.5}{1 + 0.5 \frac{vw_t}{Tbh_0}} = \frac{1.5}{1 + 0.5 \frac{26\,000 \times 6\,363\,000}{5\,235\,000 \times 240 \times 265}} = 1.20 > 1$$

取 $\beta_t = 1.0$，计算抗剪箍筋数量：

$$V = 0.7 f_t b h_0 (1.5 - \beta_t) + f_{yv} \frac{n A_{sv1}}{s} h_0$$

$$26\,000 = 0.7 \times 1.1 \times 240 \times 265(1.5 - 1) + 270 \times 265 \times 2 \times \frac{A_{sv1}}{s}$$

$$\frac{A_{sv1}}{s} = 0.01058(\text{mm}^2/\text{mm})$$

计算抗扭箍筋数量。

取 $\xi = 1.2$，则

$$A_{cor} = (240 - 2 \times 25) \times (300 - 2 \times 25) = 47\,500(\text{mm}^2)$$

由 $T \leq 0.35\beta_t f_t w_t + 1.2\sqrt{\xi} f_{yv} \frac{A_{st1}}{s} A_{cor}$ 得

$$5\,235\,000 = 0.35 \times 1.0 \times 1.1 \times 6\,363\,000 + 1.2\sqrt{1.2} \times 270 \times 47\,500 \times \frac{A_{st1}}{s}$$

$$\frac{A_{st1}}{s} = 0.1652(\text{mm}^2/\text{mm})$$

计算出箍筋总数量。

$$\frac{A_{st1}^*}{s} = \frac{A_{sv1}}{s} + \frac{A_{st1}}{s} = 0.01058\text{mm}^2/\text{mm} + 0.1652\text{mm}^2/\text{mm} = 0.1758\text{mm}^2/\text{mm}$$

选用 $\phi 6$mm，$A_{st1}^* = 28.3$mm^2，则

$$s = \frac{28.3}{0.1758}\text{mm} = 161\text{mm}，取 s = 100\text{mm}。$$

8. 验算配箍率

$$\rho_{sv} = \frac{nA_{st1}^*}{bs} = \frac{2 \times 28.3}{240 \times 100} = 0.0024$$

$$\rho_{sv,\min} = 0.28\frac{f_t}{f_{yv}} = 0.28 \times \frac{1.1}{270} = 0.00114，\rho_{sv} > \rho_{sv,\min}，所以满足要求。$$

9. 计算抗扭纵筋数量(纵筋采用Ⅱ级钢)

$$U_{cor} = 2(190 + 250) = 880(\text{mm})$$

$$A_{stl} = \frac{\xi f_{yv} A_{st1} U_{cor}}{f_y s} = \frac{1.2 \times 270 \times 0.1758 \times 880}{360} = 139.2(\text{mm}^2)$$

选用 4Φ12，$A_{stl} = 452$mm^2

$$\rho_{tl} = \frac{452}{240 \times 300} = 0.0063$$

10. 验算抗扭纵筋配筋率

$$\frac{T}{Vb} = \frac{5235000}{26000 \times 240} = 0.84，\rho_{tl,\min} = 0.06\sqrt{\frac{T}{Vb}}\frac{f_t}{f_y} = 0.6 \times \sqrt{0.84}\frac{1.1}{360} = 0.00168$$

$\rho_{tl} > \rho_{tl,\min}$，所以满足要求。

11. 按正截面强度计算受弯纵筋的数量

$$a_s = \frac{15.4 \times 10^6}{1.0 \times 240 \times 265^2} = 0.0952$$

$$\gamma_s = 0.950$$

$$A_s = \frac{15.4 \times 10^6}{360 \times 0.950 \times 265} = 170(\text{mm}^2)$$

梁截面接近方形，梁腰不配抗扭纵筋，梁下部受扭纵筋截面 $\frac{1}{2}A_{stl} = \frac{452}{2}$mm $= 226$mm。所以梁下部钢筋面积为：226mm^2 + 170mm^2，选用 4Φ12，$A_s = 452$mm^2。雨篷梁配筋图如图 4.11 所示。

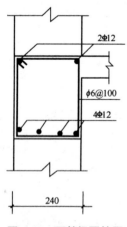

图 4.11 雨篷梁配筋图

本模块小结

(1) 常见的受扭构件是弯矩、剪力和扭矩同时存在的构件。钢筋混凝土受扭构件，由混凝土、抗扭箍筋和抗扭纵筋共同来抵抗由外荷载在构件截面中产生的扭矩。

(2) 钢筋混凝土矩形截面纯扭构件的破坏形态分为少筋破坏、适筋破坏、部分超筋破坏和完全超筋破坏。其中适筋破坏是计算构件承载力的依据，少筋破坏和超筋破坏在工程

中禁止出现。通过最小箍筋配筋率和最小纵筋配筋率防止少筋破坏；通过限制截面尺寸防止完全超筋破坏；通过控制受扭纵向钢筋与箍筋的配筋强度比来防止部分超筋破坏。

(3) 构件抵抗某种内力的能力受其他同时作用内力影响的性质，称为构件承受各种内力能力之间的相关性，混凝土的抗剪能力随扭矩的增大而降低，而混凝土的抗扭能力随剪力的增大而降低，《混凝土结构设计规范》(GB 50010—2010)是通过强度降低系数来考虑剪扭构件混凝土抵抗剪力和扭矩之间的相关性的。

(4) 《混凝土结构设计规范》(GB 50010—2010)对钢筋混凝土弯扭构件采用简便实用的"叠加法"(指钢筋)来建立计算公式。对钢筋混凝土剪扭构件中的承载力计算采用"部分相关"(指混凝土抗剪)，"部分叠加"(指钢筋)来建立计算公式。弯剪扭构件的配筋可按"叠加法"进行计算，即纵向钢筋截面面积由受弯承载力和受扭承载力所需钢筋相叠加，其箍筋截面面积由受剪承载力和受扭载力所需箍筋相叠加。

一、简答题

1. 钢筋混凝土纯扭构件中有哪几种破坏形式？各有何特点？
2. 在抗扭计算中如何避免少筋破坏和超筋破坏？
3. 什么是配筋强度比？配筋强度比的范围为什么要加以限制？
4. 《混凝土结构设计规范》(GB 50010—2010)抗扭承载力计算公式中的 β_t 的物理意义是什么？
5. 受扭构件设计时，什么情况下可忽略扭矩或剪力的作用？什么情况下可不进行剪扭承载力计算而仅按构件配置抗扭钢筋？

二、计算题

1. 已知一全钢筋混凝土矩形截面纯扭构件，截面尺寸 $b \times h = 150\text{mm} \times 300\text{mm}$，作用其上的扭矩设计值 $T = 4\text{kN} \cdot \text{m}$，混凝土强度等级为 C30，钢筋用 HPB300，安全等级为二级，环境类别为一类。试计算其配筋。

2. 雨篷剖面如图 4.12 所示。雨篷板上承受均布荷载(含板自重)设计值 $q = 3.8\text{kN/m}^2$，在雨篷自由端沿板宽方向每米承受活荷载 $p = 1.4\text{kN/m}$(设计值)。雨篷梁截面尺寸为 240mm×240mm，其计算跨度为 2.5m，采用混凝土强度等级为 C20，纵筋采用 HRB335 级钢，箍筋采用 HPB300 级钢，经计算可知：雨篷梁承受的最大弯矩设计值 $M = 14\text{kN} \cdot \text{m}$，最大剪力设计值 $V = 16\text{kN}$。安全等级为二级，环境类别为一类，试设计该雨篷梁。

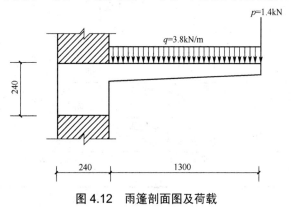

图 4.12 雨篷剖面图及荷载

模块 5

钢筋混凝土纵向受力构件计算能力训练

🎓 教学目标

能力目标： 通过本模块的学习，能进行轴心受压柱、偏心受压柱、受拉构件的截面设计与承载力复核；能独立处理施工中关于受压、受拉构件构造钢筋的配置问题。

知识目标： 通过本模块的学习，掌握轴心受压构件设计计算理论，大小偏心受压构件设计计算理论，受拉构件设计计算理论和相关配筋构造要求。

态度养成目标： 培养严密的逻辑思维能力、计算分析能力和严谨的工作作风，为以后的工作奠定良好的基础。

🎓 教学要求

知识要点	能力要求	相关知识	所占分值 (100 分)
受压构件的构造要求	掌握受压构件的构造要求要点	材料强度、截面形式及尺寸、配筋构造等	15
轴心受压构件设计计算	掌握轴心受压构件设计计算要点	承载力计算公式和稳定系数等	15
偏心受压构件设计理论	掌握偏心受压构件设计计算要点	正截面破坏特征，受压界限附加偏心距、初始偏心距，偏心距调节系数、弯矩增大系数等	15
大偏心受压构件设计	掌握大偏心受压构件设计计算要点	大偏心受压矩形截面构件正截面承载力计算方法	25
小偏心受压构件设计	掌握小偏心受压构件设计计算要点	小偏心受压矩形截面构件正截面承载力计算方法	15
受拉构件设计	掌握受拉构件设计计算要点	轴心受拉构件和偏心受拉构件承载力计算方法	15

引 例

约束混凝土的研究已有较悠久的历史。采用约束材料对混凝土进行约束可以有效地提高混凝土强度和变形能力,提高构件的延性,并改善其抗震性能。常见的约束混凝土形式有箍筋约束、纤维约束和钢管约束,箍筋约束混凝土是最常见的形式。在建筑物和构筑物等工程结构中,经常使用的受压或受拉的钢筋混凝土纵向受力构件是箍筋约束混凝土的典型实例。图 5.1 所示为某厂房的排架柱,是典型的受压钢筋混凝土纵向受力构件。图 5.2 所示为某住宅楼钢筋混凝土柱,由于受压计算错误而失稳。图 5.3 所示为某小区水池,其钢筋混凝土构件是典型的受拉钢筋混凝土纵向受力构件。

图 5.1　某厂房的排架柱　　图 5.2　某住宅楼钢筋混凝土柱　　图 5.3　某小区水池

课题 5.1　纵向受力构件的构造要求

房屋建筑结构中的受压构件以承受竖向荷载为主,并同时承受风力或地震作用产生的剪力、弯矩。图 5.4 所示为框架结构房屋的柱、单层厂房柱及屋架的受压腹杆等均为受压构件。

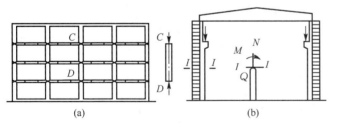 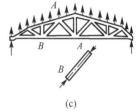

图 5.4　常见的受压构件

(a) 框架结构房屋柱;(b) 单层厂房柱;(c) 屋架的受压腹杆

钢筋混凝土受压构件按纵向压力作用线是否作用于截面形心,分为轴心受压构件和偏心受压构件。当纵向压力作用线与构件形心轴线不重合或在构件截面上既有轴心压力,又有弯矩、剪力作用时,这类构件称为偏心受压构件。在构件截面上,当弯矩 M 和轴力 N 共同作用时,可以看成具有偏心距为 $e_0(e_0 = M/N)$ 的纵向轴力 N 的作用。偏心受压构件又可分为单向偏心受压构件和双向偏心受压构件,如图 5.5 所示。

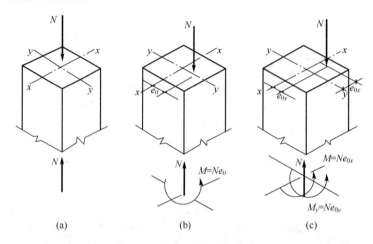

图 5.5 轴心受压与偏心受压构件
(a) 轴心受压；(b) 单向偏心受压；(c) 双向偏心受压

> **知识链接**
>
> 在实际结构中，理想的轴心受压构件是几乎不存在的，由于材料本身的不均匀性、施工的尺寸误差以及荷载作用位置的偏差等原因，很难使轴向压力精确地作用在截面形心上。但是，由于轴心受压构件计算简单，有时可把初始偏心距较小的构件(如以承受恒载为主的等跨多层房屋的内柱、屋架中的受压腹杆等)近似按轴心受压构件计算；此外，单向偏心受压构件垂直弯矩平面的承载力按轴心受压验算。

5.1.1 混凝土强度等级、计算长度、截面形式和尺寸

1. 混凝土强度等级

受压构件的承载力主要取决于混凝土，因此采用较高强度等级的混凝土是经济合理的。一般柱的混凝土强度等级采用 C25、C30、C35、C40 等，对多层及高层建筑结构的下层柱必要时可采用更高的强度等级。

2. 柱的计算长度

一般多层房屋中梁柱为刚接的框架结构，各层柱的计算长度 l_0 可按表 5-1 中的规定取用。

表 5-1 框架结构各层柱的计算长度 l_0

楼盖类型	柱的类别	l_0
现浇楼盖	底层柱	$1.0H$
	其余各层柱	$1.25H$
装配式楼盖	底层柱	$1.25H$
	其余各层柱	$1.5H$

注：表中 H 对底层柱为从基础顶面到一层楼盖顶面的高度；对其余各层柱为上、下两层楼盖顶面之间的高度。

刚性屋盖单层房屋排架柱、露天吊车柱和栈桥柱的计算长度可按表 5-2 取用。

表 5-2　刚性屋盖单层房屋排架柱、露天吊车柱和栈桥柱的计算长度

柱的类别		l_0		
		排架方向	垂直排架方向	
			有柱间支撑	无柱间支撑
无吊车房屋柱	单跨	1.5H	1.0H	1.2H
	两跨及多跨	1.25H	1.0H	1.2H
有吊车房屋柱	上柱	$2.0H_u$	$1.25H_u$	$1.5H_u$
	下柱	$1.0H_l$	$0.8H_l$	$1.0H_l$
露天吊车柱和栈桥柱		$2.0H_l$	$1.0H_l$	—

注：1. 表中 H 为从基础顶面算起的柱子全高；H_l 为从基础顶面至装配式吊车梁底面或现浇式吊车梁顶面的柱子下部高度；H_u 为从装配式吊车梁底面或从现浇式吊车梁顶面算起的柱子上部高度；
2. 表中有吊车房屋排架柱的计算长度，当计算中不考虑吊车荷载时，可按无吊车房屋柱的计算长度采用，但上柱的计算长度仍可按有吊车房屋采用；
3. 表中有吊车房屋排架柱的上柱在排架方向的计算长度，仅适用于 H_u/H_l 不小于 0.3 的情况；当 H_u/H_l 小于 0.3 时，计算长度宜采用 $2.5H_u$。

3. 截面形式和尺寸

轴心受压构件的截面多采用方形或矩形，有时也采用圆形或多边形。偏心受压构件一般为矩形截面，矩形截面长边与弯矩作用方向平行。为了节约混凝土和减轻柱的自重，特别是在装配式柱中，较大尺寸的柱常常采用 I 形截面。采用离心法制造的柱、桩、电杆以及烟囱、水塔支筒等常用环形截面。

为了充分利用材料强度，使构件的承载力不致因长细比过大而降低过多，柱截面尺寸不宜过小，方形柱的截面尺寸不宜小于 250mm×250mm；矩形截面的最小尺寸不宜小于 300mm，同时截面的长边 h 与短边 b 的比值常选用为 $h/b=1.5\sim3.0$。一般截面应控制在 $l_0/b\leqslant30$ 及 $l_0/h\leqslant25$（b 为矩形截面的短边，h 为长边）。当柱截面的边长在 800mm 以下时，截面尺寸以 50mm 为模数，边长在 800mm 以上时，以 100mm 为模数。

5.1.2　纵向钢筋及箍筋

1. 纵向钢筋

纵向钢筋配筋率过小时，纵筋对柱的承载力影响很小，接近于素混凝土柱，纵筋将起不到防止脆性破坏的缓冲作用。同时为了承受由于偶然附加偏心距(垂直于弯矩作用平面)、收缩以及温度变化引起的拉应力，对受压构件的最小配筋率应有所限制。具体规定见模块 3 表 3-13。从经济和施工方面考虑，为了不使截面配筋过于拥挤，全部纵向钢筋配筋率不宜大于 5%。纵向受力普通钢筋宜采用 HRB400、HRB500、HRBF400、HRBF500，也可采用 HPB300、HRB335、HRBF335、RRB400 钢筋。

纵向受力钢筋直径不宜小于 12mm，一般直径为 12～40mm。柱中宜选用根数较少、直径较粗的钢筋，但根数不得少于 4 根。圆柱中纵向钢筋应沿周边均匀布置，根数不宜少于

8根,且不应少于6根。柱中纵向受力筋的净距不应小于50mm,且不宜大于300mm。在偏心受压柱中,垂直于弯矩作用平面的侧面上的纵向受力钢筋以及轴心受压柱中各边的纵向受力钢筋,其中距不宜应大于300mm。对水平浇筑的预制柱,其纵筋距的要求与梁相同。

2. 箍筋

受压构造中的箍筋应为封闭式的。箍筋宜采用 HRB400、HRBF400、HPB300、HRB500、HRBF500 钢筋,也可采用 HRB335、HRBF335 级钢筋,其直径不应小于 $d/4$,且不应小于 6mm(d 为纵向钢筋的最大直径)。箍筋间距不应大于 400mm,且不应大于构件截面的短边尺寸;同时,在绑扎骨架中,不应大于 $15d$;在焊接骨架中,不应大于 $20d$(d 为纵向钢筋的最小直径)。当柱中全部纵向钢筋的配筋率超过 3%时,箍筋直径不宜小于 8mm,其间距不应大于 $10d$(d 为纵向钢筋的最小直径),且不应大于 200mm。在箍筋末端应做成 135° 的弯钩,且弯钩末端平直段的长度不应小于 10 倍箍筋直径。当柱截面短边尺寸大于 400mm 且每边纵筋根数超过 3 根时,应设置复合箍筋;当柱的短边不大于 400mm,但纵向钢筋多于 4 根时,应设置复合箍筋(图 5.6),箍筋不允许出现内折角。柱内纵向钢筋搭接长度范围内的箍筋间距应符合梁中搭接长度范围内的相应规定。

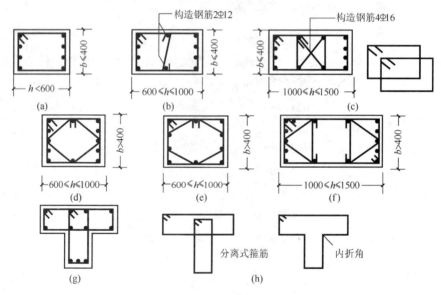

图 5.6 偏心受压构件的构造要求

5.1.3 上、下层柱的接头

在多层现浇钢筋混凝土结构中,一般在楼盖顶面处设置施工缝,上下柱须做成接头。通常是将下层柱的纵筋伸出楼面一段距离,其长度为纵筋的搭接长度,与上层柱纵筋相搭接。

纵向受拉钢筋绑扎搭接接头的搭接长度,应根据位于同一连接区段的钢筋搭接接头的面积百分率,由 $l_l = \zeta_1 l_a$ 计算,且不应小于 300mm;受压钢筋的搭接长度不应小于受拉钢筋搭接长度的 0.7 倍,且不应小于 200mm。在搭接长度范围内箍筋应加密,当搭接钢筋为受拉时,其箍筋间距不应大于 $5d$,且不应大于 100mm;当搭接钢筋为受压时,其箍筋间距不应大于 10d，且不应大于 200mm。d 为受力钢筋中的最小直径。当上、下层柱截面尺寸不同时，可在梁高范围内将下层柱的纵筋弯折一倾斜角，然后伸入上层柱，也可采用附加短筋与上层柱纵筋搭接。

纵向受力钢筋的机械连接接头宜相互错开。钢筋机械连接区段的长度为 35d(d 为连接钢筋的较小直径)。凡接头中点位于该连接区段长度内的机械连接接头均属于同一连接区段。

位于同一连接区段内的纵向受拉钢筋接头面积百分率不宜大于 50%；但对板、墙、柱及预制构件的拼接处，可根据实际情况放宽。纵向受压钢筋的接头百分率可不受限制。

纵向受力钢筋的焊接接头应相互错开。钢筋焊接接头连接区段的长度为 35d 且不小于 500mm(d 为连接钢筋的较小直径)凡接头中点位于该连接区段长度内的焊接接头均属于同一连接区段。

纵向受拉钢筋的接头面积百分率不宜大于 50%，但对预制构件的拼接处，可根据实际情况放宽。纵向受压钢筋的接头百分率可不受限制。

> **特别提示**
>
> 当偏心受压柱的截面高度 $h \geq 600$mm 时，在柱的侧面上应设置直径不小于 10mm 的纵向构造钢筋，并相应地设置复合箍筋或拉筋。

课题 5.2 轴心受压构件设计计算

轴心受压构件按箍筋的形式不同有两种类型：配有纵筋和普通箍筋的柱、配有螺旋式(或焊接环式)间接箍筋的柱。

5.2.1 普通箍筋柱

按照长细比 l_0/b 的大小，轴心受压柱可分为短柱和长柱两类。对方形和矩形柱，当 $l_0/b \leq 8$ 时属于短柱；对圆形柱 $l_0/d \leq 7$ 为短柱，否则为长柱。其中 l_0 为柱的计算长度，b 为矩形截面的短边尺寸，d 为圆截面直径。

1. 短柱的受力分析及破坏形态

钢筋混凝土轴心受压短柱，当荷载较小时，混凝土处于弹性工作阶段，随着荷载的增大，混凝土塑性变形发展，钢筋压应力 σ'_s 和混凝土压应力 σ_c 之比值将发生变化。σ'_s 增加较快而 σ_c 增长缓慢。当荷载持续一段时间后，由于收缩和徐变的影响，随时间的增长，σ'_s 减小，σ_c 增大。σ'_s 及 σ_c 的变化率与配筋率 $\rho' = A'_s / A_c$ 有关，此处为受压钢筋的截面面积，A_c 为构件混凝土的截面面积。配筋率 ρ' 越大，受压筋 σ'_s 增长就越缓慢，而混凝土的压应力 σ_c 减小得就越快。

试验表明，按如图 5.7 所示的配纵筋和箍筋的短柱，在荷载作用下整个截面的应变分布是均匀的，随着荷载的增加，应变也迅速增加。最后构件的混凝土达到极限应变，柱子出现纵向裂缝,保护层剥落。接着箍筋间的纵向钢筋向外凸出,构件因混凝土被压碎而破坏,如图 5.8 所示。

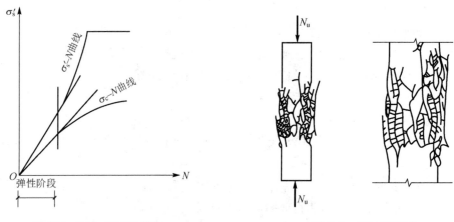

图 5.7 应力-荷载曲线图　　　　图 5.8 短柱的破坏

在长期荷载试验中,由于混凝土的徐变,钢筋混凝土构件的内力产生重分布现象。随混凝土徐变变形的发展,混凝土应力有所降低,而钢筋的应力有所增加。短柱破坏时,一般是纵筋先达到屈服强度,此时荷载仍可继续增加,最后混凝土达到极限压应变,构件破坏。当采用高强钢筋时,也可能在混凝土达到极限应力值时,钢筋没有达到屈服强度,在继续变形一段后,构件破坏。但是,混凝土的极限压应变应控制在 0.002 以内,柱破坏时钢筋的最大压应力 $\sigma'_s = E_s \varepsilon_{c,max} = 2 \times 10^5 \times 0.002 = 400 \text{N/mm}^2$,此时钢筋已达到抗压屈服强度,但对于屈服强度高于 400N/mm² 的钢筋,其受压强度设计值只能采用 f'_y =400N/mm²。因此,在柱内采用高强钢筋作受压筋,不能充分发挥其强度,这是不经济的。

根据力的平衡,轴心受压短柱的承载力为:

$$N = 0.9(f_c A_c + f'_y A'_s) \tag{5.1}$$

式中　A_c——构件截面混凝土受压面积;

　　　A'_s——全部纵向受压钢筋的截面面积;

　　　f_c——混凝土轴心抗压强度设计值;

　　　f'_y——纵向抗压钢筋强度设计值;

　　　N——短柱的承载力设计值。

2. 长细比对细长轴心受压构件的影响

钢筋混凝土轴心受压柱,当长细比较大时($l_0/b > 8$),在未达到式(5.1)所确定的极限荷载以前,经常由于侧挠度的增大,发生纵向弯曲而破坏、钢筋混凝土柱由于各种原因可能存在初始偏心距,受荷以后将引起附加弯矩和弯曲变形。当柱的长度较短时,附加弯矩和变形对柱的承载能力影响不大。而对长柱则不同,试验证明:长柱在不大的荷载作用下即产生侧向弯曲,最初挠度与荷载正比增长。

长柱在附加弯矩下产生侧向挠度又加大了初始偏心距,随着荷载的增加,侧向挠度和附加弯矩相互影响,不断增大,结果使长柱在轴力和弯矩的共同作用下而破坏,破坏时首先凹边出现纵向裂缝,接着混凝土被压碎,纵向钢筋被压而向外鼓出,挠度急速发展,柱失去平衡状态,凸边混凝土开裂,柱到达破坏(图 5.9)。试验表明,柱的长细比愈大,其承载力愈低,对于长细比很大的长柱,还有可能发生"失稳破坏"的现象。

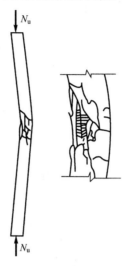

图 5.9 长柱的破坏

φ 称为钢筋混凝土轴心受压构件的稳定系数。长柱承载力与短柱承载力的比值为 φ,即 $\varphi=N_长/N_短$。φ 主要与柱的长细比 l_0/b 有关。当 $\dfrac{l_0}{b} \leqslant 8$ 时,$\varphi=1.0$,可视为短柱;随着 $\dfrac{l_0}{b}$ 的增大,φ 值线性减小,表 5-3 给出了稳定系数 φ 的取值。

表 5-3 轴心受压构件的稳定系数 φ

l_0/b	≤8	10	12	14	16	18	20	22	24	26	28
l_0/d	≤7	8.5	10.5	12	14	15.5	16	19	21	22.5	24
l_0/i	≤28	35	42	48	55	62	69	66	83	90	96
φ	1.0	0.98	0.95	0.92	0.86	0.81	0.65	0.60	0.65	0.60	0.56
l_0/b	30	32	34	36	38	40	42	44	46	48	50
l_0/d	26	28	29.5	31	33	34.5	36.5	38	40	41.5	43
l_0/i	104	111	118	126	132	139	146	153	160	166	164
φ	0.52	0.48	0.44	0.40	0.36	0.32	0.29	0.26	0.23	0.21	0.19

注:表中 l_0 为构件计算长度;b 为矩形截面短边尺寸;d 为圆形截面直径;i 为截面最小回转半径。

3. 轴心受压构件正截面承载力计算

轴心受压构件的正截面承载力按下式计算:

$$N = 0.9\varphi(f_c A + f_y' A_s') \tag{5.2}$$

或

$$N = 0.9\varphi A(f_c + f_y'\rho')$$

式中　　N——设计轴向力；

φ——钢筋混凝土轴心受压构件的稳定系数；

f_c——混凝土轴心抗压设计强度；

A——构件截面面积；

f'_y——纵向钢筋的抗压设计强度；

A'_s——全部纵向钢筋的截面面积；

ρ'——纵向受压钢筋配筋率，$\rho' = A'_s / A$。

当纵向钢筋配筋率大于 0.03 时，式中 A 用 A_c 代替，$A_c = A - A'_s$。钢筋混凝土柱计算长度 l_0 的计算按表 5-1 和 5-2 采用。

4. 设计方法

轴心受压构件的设计问题可分为截面设计和截面复核两类。

1) 截面设计

一般已知轴心压力设计值(N)，材料强度设计值(f_c，f'_y)，构件的计算长度 l_0，求构件截面面积(A 或 $b \times h$)及纵向受压钢筋面积(A'_s)。

由式(5.1)知，仅有一个公式需求解 3 个未知量(φ、A、A_s)，无确定解，故必须增加或假设一些已知条件。一般可以先选定一个合适的配筋率 ρ'(即 A'_s / A_s)，通常可取 ρ' 为 0.6%~2%，再假定 $\varphi = 1.0$，然后代入公式(5.2)求解 A。根据 A 来选定实际的构件截面尺寸($b \times h$)。由长细比 l_0/b 查表 5-3 确定 φ，再代入公式(5.2)求实际的 A'_s。当然，最后还应检查是否满足最小配筋率要求。

2) 截面复核

截面复核只需将有关数据代入公式(5.2)，如果公式(5.2)成立，则满足承载力要求。

 应用案例 5-1

某多层现浇框架结构的第二层中柱，承受轴心压力 $N=1840$kN，楼层高 $H=5.4$m，混凝土等级为 C30($f_c=14.3$N/mm^2)，用 HRB400 级钢筋配筋($f'_y=360$N/mm^2)，试设计该截面。

【解】

1. 初步确定截面尺寸

按工程经验假定受压钢筋配筋率 ρ' 为 0.8%，暂取 $\varphi=1.0$，按普通箍筋柱正截面承载能力计算公式确定截面尺寸。

$$N = 0.9\varphi(f'_y A'_s + f_c A) = 0.9\varphi A(f'_y \rho' + f_c)$$

$$\Rightarrow A = \frac{N}{0.9\varphi(f'_y \rho' + f_c)} = \frac{1\,840\,000}{0.9 \times 1.0 \times (360 \times 0.008 \times 14.3)}$$

$$= 119 \times 10^3 \text{(mm}^2\text{)}$$

将截面设计成正方形，则有：$b = h = \sqrt{119\,000} = 345$(mm)。

取：$b = h = 350$mm

2. 计算

$$l_0=1.25H=1.25\times 5.4=6.75(\text{m})$$
$$l_0/b=6.75/0.35=19.3,\text{查表得：}\varphi=0.706$$

3. 计算 A_s'

$$A_s'=\frac{N-0.9\varphi f_c A}{0.9\varphi f_y}=\frac{1\,840\,000-0.9\times 0.706\times 14.3\times 350\times 350}{0.9\times 0.706\times 360}=3178(\text{mm}^2)$$

选配 8Φ25 钢筋（A_s=3927mm²）。

4. 验算最小配筋率

$$\rho'=\frac{A_s'}{A}=\frac{3927}{350\times 350}=3.2\% > P_{\min}=0.55\%(\text{HRB400})$$

配筋符合要求(图 5.10)。

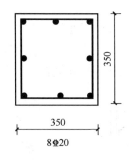

图 5.10　例 5-1 图

本案例为截面设计题。对于轴心受压柱，柱中全部纵向钢筋的配筋率不超过 5%，对于 HRB400 级钢筋，最小配筋率为 0.55%，本例为 3.2%，合适。

 应用案例 5-2

某现浇多层钢筋混凝土框架结构，底层中柱按轴心受压构件计算，柱高 H=6.4m，承受轴向压力设计值 N=2450kN，采用 C30 混凝土，HRB400 级钢筋，截面尺寸为 400mm×400mm。请配置纵筋及箍筋。

【解】

1. 基本设计参数

$$f_c=14.3\text{N}/\text{mm}^2,\quad f_y'=360\text{N}/\text{mm}^2$$

2. 计算柱的计算长度

现浇楼盖底层框架柱：
$$l_0=1.0H=1.0\times 6400=6400(\text{mm})$$

3. 计算稳定系数

$$l_0/b=6400/400=16,\text{查表 5-3 得}\varphi=0.87$$

4. 计算配筋

$$A_s' = \frac{N/0.9\varphi - f_c A}{f_y'} = \frac{2450 \times 10^3 / 0.9 \times 0.87 - 14.3 \times 400^2}{360} = 2336.1(\text{mm}^2)$$

选配 8Φ20($A_s' = 2513\text{mm}^2$)。

$\rho' = A'/A = 2513/400^2 = 1.57\% < \rho_{max} = 5\% > \rho_{min} = 0.55\%$,满足要求。

截面每侧有 3 根钢筋,每侧配筋率 $\rho' = 3 \times 314.2/400^2 = 0.59\% > \rho_{min}' = 0.2\%$,满足要求。

5. 配置箍筋

选用 $\phi6@300$,直径 6mm 满足直径不小于 $d/4$ 和 6mm 的要求,间距 300 满足 $s \not> b/s \not> 400/s \not> 15d$ 的构造要求。

5.2.2 螺旋箍筋柱

当柱承受很大轴向受压荷载,并且柱截面尺寸由于建筑上及使用上的要求受到限制,若按配有纵筋和箍筋的柱来计算,即使提高了混凝土强度等级和增加了纵筋配筋量也不足以承受该荷载时,可考虑采用螺旋箍筋柱或焊接环筋柱以提高构件的承载力,如图 5.11 所示。

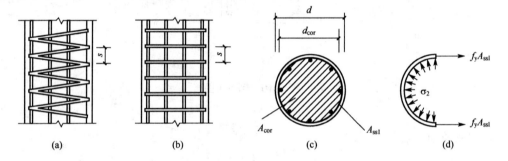

图 5.11 配置螺旋式或焊接环式间接钢筋柱
(a) 螺旋式钢筋柱;(b) 焊接环式钢筋柱;(c) 柱截面;(d) 螺旋式配筋环向应力

混凝土纵向受压时,横向膨胀,如能约束其横向膨胀就能间接提高其纵向抗压强度。配置螺旋筋或焊接环筋的柱能起到这种作用。

根据圆柱体三向受压试验的结果,约束混凝土的轴心抗压强度,可按下式计算:

$$\sigma_1 = f_c + 4\sigma_2$$

其中 σ_2 为单位面积上的侧压力;设螺旋筋达到屈服时,对核心部分混凝土的约束压应力(径向压应力)为 σ_1。

由沿直径截出的间隔离体平衡可得:

$$\sigma_2 s d_{cor} = 2f_y A_{ss1}$$

即

$$\sigma_2 = 2f_y A_{ss1} / s d_{cor}$$

式中 A_{ss1}——单根螺旋筋的截面面积;

d_{cor}——核心直径;

s——箍筋间距;

f_y——箍筋的抗拉设计强度。

将上式代入 σ_1 的表达式中:

$$\sigma_1 = f_c + 8f_y A_{ss1}/sd_{cor}$$

根据轴向力的平衡，螺旋箍筋柱的正截面受压承载力可按下列计算公式：

$$N \leqslant \sigma_1 A_{cor} + f'_y A'_s = f_c A_{cor} + 8f_y A_{ss1} A_{cor}/sd_{cor} + f'_y A'_s \tag{5.3}$$

式中　A_{cor}——核心混凝土面积，$A_{cor} = \dfrac{\pi d_{cor}^2}{4}$。

式(5.3)右边第一项为核心混凝土无约束时所承担的轴向力，第二项为受到螺旋箍约束后核心混凝土提高的轴向力。把间距为 S 的箍筋，按体积相等的条件，换算成纵向钢筋面积，即：

$$A_{ss0} = \pi d_{cor} A_{ss1}/s$$

则式(5.3)可改写成：　$N \leqslant f_c A_{cor} + 2f_y A_{ss0} + f'_y A'_s$ 　(5.4)

《混凝土结构设计规范》(GB 50010—2010)对间接钢筋对混凝土的约束作用进行折减，对整体考虑 0.9 的折减系数，给出如下计算公式：

$$N \leqslant 0.9(f_c A_{cor} + 2\alpha f_y A_{ss0} + f'_y A'_s) \tag{5.5}$$

式中　α——间接钢筋对混凝土约束的折减系数；当混凝土强度等级不超过 C50 时，取 1.0；当混凝土强度等级为 C80 时，取 0.85；其间按线性内插法取用。

为了保证在使用荷载下不发生保护层混凝土剥落，(GB 50010—2010)要求螺旋钢箍柱的强度不应比式(5.2)算得的普通钢箍柱的强度大 50%。对于长细比 $l_0/b > 12$ 的柱不宜采用螺旋钢箍，因为在这种情况下，柱的强度将由于纵向弯曲而降低，螺旋筋的作用不能发挥。当间接钢筋的换算面积 A_{ss0} 小于纵向钢筋的全部截面面积的 25%时，也不宜采用螺旋箍筋柱。螺旋箍筋间距不应大于 80mm 及 $d_{cor}/5$ 且不应小于 40mm。

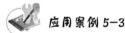
应用案例 5-3

已知：轴心压力设计值 N；柱的高度为 H；混凝土强度等级 f_c；柱截面直径为 d；柱中纵筋等级(f_y, f'_y)；箍筋强度等级(f_y)。求：柱中配筋。

【解】

先按配有普通纵筋和箍筋柱计算。

1. 求计算长度 l_0

2. 计算稳定系数 φ

计算 l_0/b，查表(5-3)得 φ。

3. 求纵筋 A'_s

圆形截面面积为：$A = \pi d^2/4$，$A'_s = \dfrac{1}{f'_y}\left(\dfrac{N}{0.9\varphi} - f_c A\right)$

4. 求配筋率

$$\rho' = A'_s/A > 5\%$$

配筋率太高，若混凝土强度等级不再提高，并因 $l_0/d < 12$，可采用螺旋箍筋柱。下面再按螺旋箍筋柱来计算。

5. 确定纵筋

假定纵筋配筋率 ρ'，则得 $A'_s = \rho' A$，选择纵筋等级、根数、直径。

6. 计算混凝土截面核心直径与核心截面

确定混凝土保护层厚度，一般取用 35mm，可得：

$$d_{cor} = d - 2 \times 35$$
$$A_{cor} = \pi \times d_{cr}^2 / 4$$

7. 计算螺旋筋的换算截面面积 A_{ss0}:

$$A_{ss0} = \frac{N/0.9 - (f_c A_{cor} + f'_y A'_s)}{2 f_y}$$

$A_{ss0} > 0.25 A'_s$，满足构造要求。

8. 计算螺旋筋的间距 S

假定螺旋筋直径 d，则单肢螺旋筋面积 $A_{ss1} = \pi d^2/4$，螺旋筋的间距 S：

$$S = d_{cor} A_{ss1} / A_{ss0}$$

间接钢筋间距不应大于 80mm 及 $d_{cor}/5$，也不应小于 40mm。间接钢筋的直径按箍筋有关规定采用。

9. 求轴向力设计值 N

根据所配置的螺旋筋 d，s 值求得间接配筋柱的轴向力设计值 N：

$$A_{ss0} = \frac{\pi d_{cor} A_{ss1}}{s}$$

$$N_{普} = 0.9\varphi(f_c \cdot A t f'_y A'_s) < N = 0.9(f_c A_{cor} + 2 f_y A_{ss0} + f'_y A'_s)$$
$$\leqslant 1.5 N_{普} = 1.5 \times 0.9 \varphi (f_c A + f'_y A'_s)$$

案例点评

本案例对螺旋箍筋柱的设计进行了通用解题步骤的介绍。以下 3 种情况下，可不考虑间接钢筋的影响，按普通箍筋进行计算：①当 $l_0/d > 12$ 时，此时因长细比较大，有可能因纵向弯曲引起螺旋筋不起作用；②当间接钢筋换算截面面积 A_{ss0} 小于纵筋全部截面面积的 25%时，可以认为间接钢筋配置得太少，套箍作用的效果不明显；③当按螺旋箍筋柱计算结果小于普通箍筋柱计算时。

课题 5.3　偏心受压构件设计理论

钢筋混凝土偏心受压构件多采用矩形截面，截面尺寸较大的预制柱可采用工字形截面和箱形截面，公共建筑中的柱多采用圆形截面，偏心受拉构件多采用矩形截面，如图 5.12 所示。

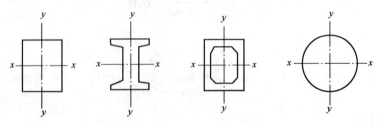

图 5.12　偏心受力构件的截面形式

构件同时受到轴向压力 N 及弯矩 M 的作用，等效于对截面形心的偏心距为 $e_0=M/N$ 的偏心压力的作用(图 5.13)。钢筋混凝土偏心受压构件的受力性能、破坏形态介于受弯构件与轴心受压构件之间。当 $N=0$，$Ne_0=M$ 时为受弯构件；当 $M=0$，$e_0=0$ 时为轴心受压构件。故受弯构件和轴心受压构件相当于偏心受压构件的特殊情况。

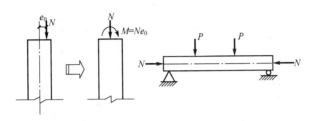

图 5.13　偏心受压构件与压弯构件

5.3.1　破坏类型

偏心受压构件在轴向力 N 和弯矩 M 的共同作用下，等效于承受一个偏心距为 $e_0=M/N$ 的偏心力 N 的作用，当弯矩 M 相对较小时，M 和 N 的比值 e_0 就很小，构件接近于轴心受压，相反当 N 相对较小时，M 和 N 的比值 e_0 就很大，构件接近于受弯，因此，随着 e_0 的改变，偏心受压构件的受力性能和破坏形态介于轴心受压和受弯之间。按照轴向力的偏心距和配筋情况的不同，偏心受压构件的破坏可分为受拉破坏和受压破坏两种情况。

1. 受拉破坏：大偏心受压情况

轴向力 N 的偏心距较大，且纵筋的配筋率不高时，受荷后部分截面受压，部分受拉。拉区混凝土较早地出现横向裂缝，由于配筋率不高，受拉钢筋(A_s)应力增长较快，首先到达屈服。随着裂缝的开展，受压区高度减小，最后受压钢筋(A_s')屈服，受压区混凝土压碎。其破坏形态与配有受压钢筋的适筋梁相似，如图5.14(a)所示。

因为这种偏心受压构件的破坏是由于受拉钢筋首先达到屈服，而导致的压区混凝土压坏，其承载力主要取决于受拉钢筋，故称为受拉破坏。这种破坏有明显的预兆，横向裂缝显著开展，变形急剧增大，具有塑性破坏的性质。形成这种破坏的条件是：偏心距 e_0 较大，且纵筋配筋率不高，因此，称为大偏心受压情况。

2. 受压破坏：小偏心受压情况

(1) 当偏心距 e_0 较大，纵筋的配筋率很高时，虽然同样是部分截面受拉，但拉区裂缝出现后，受拉钢筋应力增长缓慢(因为 ρ 很高)。破坏是由于受压区混凝土到达其抗压强度被压碎，破坏时受压钢筋(A_s')达到屈服，而受拉一侧钢筋应力未达到其屈服强度，破坏形态与超筋梁相似(图5.14(b))。

(2) 偏心距 e_0 较小，受荷后截面大部分受压，中和轴靠近受拉钢筋(A_s)。因此，受拉钢筋应力很小，无论配筋率的大小，破坏总是由于受压钢筋(A_s')屈服，压区混凝土到达抗压强度被压碎。临近破坏时，受拉区混凝土可能出现细微的横向裂缝(图 5.14(c))。

(3) 偏心距很小($e_0<0.15h_0$)，受荷后全截面受压。破坏时由于近轴力一侧的受压钢筋 A_s' 屈服，混凝土被压碎。距轴力较远一侧的受压钢筋 A_s 未达到屈服。当 e_0 趋近于零时，可能 A_s' 及 A_s 均达到屈服，整个截面混凝土受压破坏，其破坏形态相当于轴心受压构件(图 5.14(d))。

上述 3 种情形的共同特点是，构件的破坏是由于受压区混凝土达到其抗压强度，距轴力较远一侧的钢筋,无论受拉或受压,一般均未到达屈服,其承载力主要取于压区混凝土及受压钢筋,故称为受压破坏。这种破坏缺乏明显的预兆,具有脆性破坏的性质。形成这种破坏的条件是:偏心距小,或偏心距较大但配筋率过高。在截面配筋计算时,一般应避免出现偏心距大而配筋率高的情况。上述情况通称为小偏心受压情况。

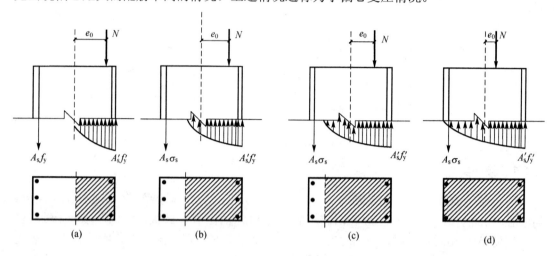

图 5.14 偏心受压构件的破坏形态
(a) 受拉破坏;(b)、(c)、(d) 受压破坏

5.3.2 两类偏心受压破坏的界限

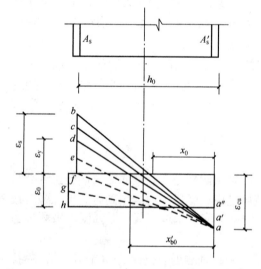

图 5.15 偏心受压构件的截面应变分布

从以上两类偏心受压破坏的特征可以看出,两类破坏的本质区别就在于破坏时受拉钢筋能否达到屈服。若受拉钢筋先屈服,然后是受压区混凝土压碎即为受拉破坏;若受拉钢筋或远离力一侧钢筋无论受拉还是受压均未屈服,则为受压破坏。那么两类破坏的界限应该是当受拉钢筋初始屈服的同时,受压区混凝土达到极限压应变。用截面应变表示(图 5.15)这种特性,可以看出其界限与受弯构件中的适筋破坏与超筋破坏的界限完全相同。

因此其判别方法应该是完全一样的,故用相对受压区高度和界线相对受压区高度比较来进行判别:

大偏心受压: $\xi \leqslant \xi_b$ 或 $x \leqslant x_b$

小偏心受压: $\xi > \xi_b$ 或 $x > x_b$

5.3.3 偏心受压构件的 M-N 相关曲线

对于给定截面、配筋及材料强度的偏心受压构件,到达承载能力极限状态时,截面承受的内力设计值 N、M 并不是独立的,而是相关的。轴力与弯矩对于构件的作用效应存在着叠加和制约的关系,也就是说,当给定轴力 N 时,有其唯一对应的弯矩 M,或者说构件可以在不同的 N 和 M 的组合下达到其极限承载力。下面以对称配筋截面($A'_s = A_s$,$f'_y = f_y$,$a'_s = a_s$)为例说明轴向力 N 与弯矩 M 的对应关系。如图 5.16 所示。

ab 段表示大偏心受压时的 M-N 相关曲线,为二次抛物线。随着轴向压力 N 的增大,截面能承担的弯矩也相应提高。b 点为受拉钢筋与受压混凝土同时达到其强度值的界限状态。此时偏心受压构件承受的弯矩 M 最大。cb 段表示小偏心受压时的 M-N 曲线,是一条接近于直线的二次函数曲线。由曲线趋向可以看出,在小偏心受压情况下,随着轴向压力的增大,截面所能承担的弯矩反而降低。图 5.16 中 a 点表示受弯构件的情况,c 点代表轴心受压构件的情况。曲线上任一点 d 的坐标代表截面承载力的一种 M 和 N 的组合。如任意点 e 位于图中曲线的内侧,说明截面在该点坐标给出的内力组合下未达到承载能力极限状态,是安全的;若 e 点位于图中曲线的外侧,则表明截面的承载能力不足。

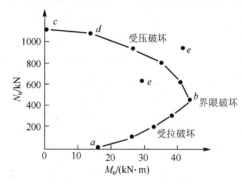

图 5.16　偏心受压构件的 M-N 相关曲线图

5.3.4　附加偏心距和初始偏心距

由于荷载的不准确性、混凝土的非均匀性及施工偏差等原因,都可能产生附加偏心距。按 $e_0 = M/N$ 计算的偏心距,实际上有可能增大或减小。在偏心受压构件的正截面承载力计算中,应考虑轴向压力在偏心方向存在的附加偏心距,其值取 20mm 和偏心方向截面尺寸的 1/30 两者中的较大值。截面的初始偏心距 $e_i = e_0 + e_a$ 等于 e_0 加上附加偏心距 e_a,即:初始偏心距 e_i 按式(5.6)计算:

$$e_i = e_0 + e_a \tag{5.6}$$

5.3.5　结构侧移和构件挠曲引起的附加内力

钢筋混凝土偏心受压构件中的轴向力在结构发生层间位移和挠曲变形时会引起附加内力,即二阶效应。在有侧移框架中,二阶效应主要是指竖向荷载在产生了侧移的框架中引起的附加内力,即通常所说的 P-△效应;在无侧移框架中,二阶效应是指轴向力在产生了挠曲变形的柱段中引起的附加内力,通常称为 P-δ效应。

《规范》对重力二阶效应计算提出了有限元法和增大系数两种方法,混凝土结构中由竖向荷载在产生的 P-△效应可采用有限元分析方法计算,也可用《规范》附录 B 的简化方法。当采用有限元方法时,宜考虑混凝土构件开裂对构件刚度降低的影响,目前这种分析方法尚存在困难,因此一般采用简化分析方法。

本模块针对 P-δ效应进行分析与讲解。

1. 偏心受压长柱的附加弯矩或二阶弯矩

钢筋混凝土柱在偏心压力作用下将产生挠曲变形,即侧向挠度 f(图 5.17)。当柱的长细比较小时,侧向挠度 f 与初始偏心距 e_i 相比很小,可略去不计,这种柱称为短柱。当柱的长细比较大时,由于侧向挠度的影响,各个截面所受的弯矩不再是 Ne_i,而变为 $N(e_i+y)$,其中 y 为构件任意点的水平侧向挠度,在柱高中点处,侧向挠度最大的截面中的弯矩为 $N(e_i+f)$。f 随荷载的增大而不断加大,因此弯矩的影响越来越明显。偏心受压构件计算中把截面弯矩中的 Ne_i 称为一阶弯矩或初始弯矩(不考虑纵向弯曲效应构件截面中的弯矩),将 Nf 称为附加弯矩或二阶弯矩。

当长细比较小时,偏心受压构件的纵向弯曲变形很小,附加弯矩的影响可忽略,因此《规范》规定:弯矩作用平面内截面对称的偏心受压构件,当同一主轴方向的杆端弯矩比 $\dfrac{M_1}{M_2}$ 不大于 0.9 且设计轴压比不大于 0.9 时,若构件的长细比满足式(5.7)的要求,可不考虑轴向压力在该方向挠曲杆件中产生的附加弯矩影响;否则应根据《规范》的规定,按截面的两个主轴方向分别考虑轴向压力在挠曲杆件中产生的附加弯矩影响。

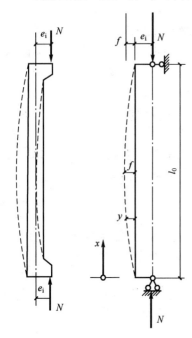

图 5.17 偏心受压构件的受力图式

$$l_c/i \leqslant 34-12(M_1/M_2) \tag{5.7}$$

式中 M_1、M_2——分别为已考虑侧翼影响的偏心受压构件两端截面按结构弹性分析确定的对同一主轴的组合弯矩设计值,绝对值较大端为 M_2,绝对值较小端为 M_1,当构件按单曲率弯曲时,M_1/M_2 取正值,否则取负值;

l_c——构件的计算长度,可近似取偏心受压构件相应主轴方向上下支撑点之间的距离;

i——偏心方向的截面回转半径。

2. 考虑二阶弯矩影响的控制截面弯矩设计值

实际工程中最常遇到的是长柱,在确定偏心受压构件的内力设计值时,需考虑构件的侧向挠度(二阶弯矩)的影响,工程设计中,通常采用增大系数法。

(1) 除排架结构柱以外的偏心受压构件,《规范》中将柱端的附加弯矩计算用偏心距调节系数 C_m 和弯矩增大系数 η_{ns} 来表示,即偏心受压柱的设计弯矩值为原柱端最大弯矩 M_2 乘以偏心距调节系数 C_m 和弯矩增大系数 η_{ns} 而得。

考虑轴向压力在挠曲杆件中产生的二阶效应后控制截面弯矩设计值应按下列公式计算:

$$M = C_m \eta_{ns} M_2 \tag{5.8}$$

$$C_m = 0.7 + 0.3 \frac{M_1}{M_2} \tag{5.9}$$

$$\eta_{ns} = 1 + \frac{1}{1300(M_2/N+e_a)/h_0}\left(\frac{l_c}{h}\right)^2 \zeta_c \tag{5.10}$$

$$\zeta_c = \frac{0.5 f_c A}{N} \tag{5.11}$$

当 $C_m\eta_{ns}$ 小于 1.0 时取 1.0；对剪力墙肢类及核心筒墙肢类构件，可取 $C_m\eta_{ns}$ 等于 1.0。

式中 C_m——构件端截面偏心距调节系数，当小于 0.7 时取 0.7；

η_{ns}——弯矩增大系数；

N——与弯矩设计值 M_2 相应的轴向压力设计值；

e_a——附加偏心距；

ζ_c——截面曲率修正系数，当计算值大于 1.0 时取 1.0；

h——截面高度；对环形截面，取外直径；对圆形截面，取直径；

h_0——截面有效高度；对环形截面，取 $h_0 = r_2 + r_s$；对圆形截面，取 $h_0 = r + r_s$；此处，r、r_2 和 r_s 按《规范》附录 E 第 E.0.3 条和第 E.0.4 条计算；

A——构件截面面积。

(2) 排架结构柱考虑二阶效应的弯矩设计值可按下列公式计算：

$$M = \eta_s M_0 \tag{5.12}$$

$$\eta_s = 1 + \frac{1}{1500 e_i / h_0}\left(\frac{l_0}{h}\right)^2 \zeta_c \tag{5.13}$$

$$\zeta_c = \frac{0.5 f_c A}{N}$$

$$e_i = e_0 + e_a$$

式中 ζ_c——截面曲率修正系数，当计算值大于 1.0 时取 1.0；

e_i——初始偏心距；

e_0——轴向压力对截面重心的偏心距，$e_0 = M_0/N$；

M_0——一阶弹性分析柱端弯矩设计值；

e_a——附加偏心距；

l_0——排架柱的计算长度；

h、h_0——分别为考虑弯曲方向柱的截面高度和截面有效高度；

A——柱的截面面积。

课题 5.4 偏心受压构件设计计算

偏心受压构件常用的截面形式有矩形截面和工形截面两种，其截面的配筋方式有非对称配筋和对称配筋两种，截面受力的破坏形式有受拉破坏和受压破坏两种类型。从承载力的计算又可分为截面设计和截面复核两种情况。

5.4.1 矩形截面偏心受压构件计算公式

1. 基本假定

截面应变分布符合平截面假定；不考虑混凝土的抗拉强度；受压区混凝土的极限压应变为 $\varepsilon_{cu} = 0.0033 - (f_{cu,k} - 50) \times 10^{-5}$。受压区混凝土应力图可简化为等效矩形应力图，其受

压区高度 x 可取等于按截面应变保持平面的假定所确定的中和轴高度乘以系数 β_1，当混凝土强度等级为 C50 时，取为 0.8，当混凝土强度等级为 C80 时，取为 0.74，其间按线性内插法取用。矩形应力图的应力应取为混凝土轴心抗压强度设计值乘以 α_1，当混凝土强度等级 C50 时，取为 1.0，当混凝土强度等级为 C80 时，取为 0.94，其间按线性内插法取用。

2. 基本计算公式

根据偏心受压构件破坏时的极限状态，以及上述基本假定，可绘出矩形截面偏心受压构件正截面承载力计算图式，如图 5.18 所示。

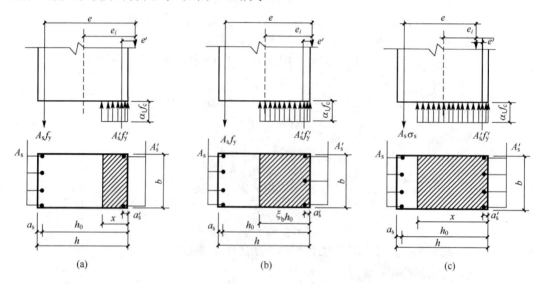

图 5.18 矩形截面偏心受压构件正截面承载力计算图式
(a) 大偏心受压；(b) 界限偏心受压；(c) 小偏心受压

1) 大偏心受压 ($\xi \leqslant \xi_b$)

大偏心受压时受拉钢筋应力 $\sigma_s = f_y$，根据轴力和对受拉钢筋合力中心取矩的平衡(图 5.18(a))条件有：

$$N = \alpha_1 f_c bx + f'_y A'_s - f_y A_s \tag{5.14}$$

$$Ne = \alpha_1 f_c bx(h_0 - \frac{x}{2}) + f'_y A'_s (h_0 - a'_s) \tag{5.15}$$

式中 e 为轴向力 N 至钢筋 A_s 合力中心的距离：

$$e = e_i + \frac{h}{2} - a_s \tag{5.16}$$

a_s、a'_s 分别为受拉、受压钢筋合力作用点至构件近外边缘的距离。

为了保证受压钢筋(A'_s)应力到达 f_y 及受拉钢筋应力到达 f_y，式(5.16)需符合下列条件：

$$x \geqslant 2a'_s \tag{5.17}$$

$$x \leqslant \xi_b h_0 \tag{5.18}$$

当取 $N=0$；$Ne=M$ 时，式(5.14)及式(5.15)即转化为双筋矩形截面受弯构件的基本公式。

当 $x = \xi_b h_0$ 时，为大小偏心受压的界限情况，在式 5.14 中取 $x = \xi_b h_0$ 可写出界限情况下的轴向力 N_b 的表达式：

$$N_b = a_1 f_c \xi_b b h_0 + f_y' A_s' - f_y A_s \tag{5.19}$$

当截面尺寸、配筋面积及材料强度为已知时，N_b 为定值，可按式(5.19)确定。如作用在该截面上的轴向力设计值 $N \leq N_b$，则为大偏心受压情况；若 $N > N_b$，则为小偏心受压情况。

2) 小偏心受压($\xi > \xi_b$)

距轴力较远一侧纵筋(A_s)中应力 $\sigma_s < f_y$ (图 5.18(c))，这时截面上力的平衡条件为：

$$N = a_1 f_c b x + f_y' A_s' - \sigma_s A_s \tag{5.20}$$

$$Ne = a_1 f_c b x (h_0 - \frac{x}{2}) + f_y' A_s' (h_0 - a_s') \tag{5.21}$$

式中 σ_s 在理论上可按应变的平截面假定确定 ε_s，再由 $\sigma_s = \varepsilon_s E_s$ 确定，但计算过于复杂。由于 σ_s 与 ξ 有关，根据实测结果可近似按下式计算，即

$$\sigma_s = f_y \frac{\xi - \beta_1}{\xi_b - \beta_1} \tag{5.22}$$

式(5.22)算得的钢筋应力符合下列条件：

$$-f_y' \leq \sigma_s \leq f_y \tag{5.23}$$

当 $\xi \geq 2\beta_1 - \xi_b$ 时，取 $\sigma_s = f_y$。

3) 截面配筋计算

当截面尺寸、材料强度及荷载产生的内力设计值 N 和 M 均为已知，要求计算需配置的纵向钢筋 A_s' 及 A_s 时，需首先判断是哪一类偏心受压情况，才能采用相应的公式进行计算。

3. 两种偏心受压情况的判别

判别两种偏心受压情况的基本条件是：$\xi \leq \xi_b$ 为大偏心受压；$\xi > \xi_b$ 为小偏心受压。但在开始截面配筋计算时，A_s' 及 A_s 为未知，将无从计算相对受压区高度，因此也就不能利用 ξ 来判别。此时可近似按下面方法进行判别。

当 $e_i \leq 0.3 h_0$ 时，为小偏心受压情况。

当 $e_i > 0.3 h_0$ 时，可按大偏心受压计算。

特 别 提 示

这种方法只用于快速判别，并不绝对准确。

5.4.2 偏心受压构件的配筋计算

1. 大偏心受压构件的配筋计算

1) 受压钢筋 A_s' 及受拉钢筋 A_s 均未知

基本公式(5.14)及(5.15)中有 3 个未知数：A_s'、A_s 及 x，故不能得出唯一的解。为了使总的配筋面积 $A_s' + A_s$ 为最小，和双筋受弯构件一样，可取 $x = \xi_b h_0$，则由式(5.15)可得：

$$A_s' = \frac{Ne - a_1 f_c b h_0^2 \xi_b (1 - 0.5 \xi_b)}{f_y'(h_0 - a_s')} = \frac{Ne - a_{s\max} a_1 f_c b h_0^2}{f_y'(h_0 - a_s')} \tag{5.24}$$

式中，$e = e_i + h/2 - a_s$。

按式(5.24)求得的 A_s' 应不小于 $0.002bh$，如小于则取 $A_s' = 0.002bh$，按 A_s' 为已知的情况计算。

将式(5.24)算得的 A_s' 代入式(5.14)，有：

$$A_s = \frac{a_1 f_c \xi b h_0 + f_y' A_s' - N}{f_y} \tag{5.25}$$

按式(5.25)算得的 A_s 应不小于 $\rho_{min} bh$，否则应取 $A_s = \rho_{min} bh$。

2) 受压钢筋 A_s' 为已知，求 A_s

当 A_s' 为已知时，式(5.14)及式(5.15)中有 2 个未知数 A_s 及 x，可求得唯一的解。由式(5.15)可知 Ne 由两部分组成：$M' = f_y' A_s'(h_0 - a_s')$ 及 $M_1 = Ne - M' = \alpha_1 f_c bx(h_0 - x/2)$。$M_1$ 为压区混凝土与对应的一部分受拉钢筋 A_{s1} 所组成的力矩，与单筋矩形截面受弯构件相似：

$$\alpha_s = \frac{M_1}{a_1 f_c b h_0^2} \tag{5.26}$$

由 α_s 按 $\gamma_s = [1 + (1 - 2\alpha_s)^{1/2}]/2$ 可求得 A_{s1}，则

$$A_{s1} = \frac{M_1}{f_y \gamma_s h_0} \tag{5.27}$$

将 A_s' 及 A_{s1} 代入式(5.14)可写出总的受拉钢筋面积 A_s 的计算公式：

$$A_s = \frac{a_1 f_c bx + f_y' A_s' - N}{f_y} = A_{s1} + \frac{f_y' A_s' - N}{f_y} \tag{5.28}$$

应该指出的是，如果 $\alpha_s = M_1/(\alpha_1 f_c b h_0^2) > \alpha_{s,max}$，则说明已知的 A_s' 尚不足，需按 A_s' 为未知的情况重新计算。如果 $\gamma_s h_0 > h_0 - a_s'$，即 $x < 2a_s'$，与双筋受弯构件相似，可近似取 $x = 2a_s'$，对 A_s' 合力中心取矩得出 A_s：

$$A_s = \frac{Ne'}{f_y(h_0 - a_s')} = \frac{N(e_i - \frac{h}{2} + a_s')}{f_y(h_0 - a_s')} \tag{5.29}$$

2. 小偏心受压构件的配筋计算

将 σ_s 的公式(5.22)代入式(5.20)及式(5.21)，并将 x 代换为 ξh_0，则小偏心受压的基本公式为：

$$N = a_1 f_c \xi b h_0 + f_y' A_s' - f_y \frac{\xi - \beta_1}{\xi_b - \beta_1} A_s \tag{5.30}$$

$$Ne = a_1 f_c b h_0^2 (1 - 0.5\xi) + f_y' A_s'(h_0 - a_s') \tag{5.31}$$

$$e = (e_0 + e_a) + \frac{h}{2} - a_s \tag{5.32}$$

式(5.30)及式(5.31)中有 3 个未知数 ξ、A_s' 及 A_s，故不能得出唯一的解。由于在小偏心受压时，远离轴向力一侧的钢筋 A_s 无论拉压其应力都达不到强度设计值，故配置数量很多的钢筋是无意义的。故可取构造要求的最小用量，但考虑到在 N 较大，而 e_0 较小的全截面受压情况下，如附加偏心距 e_a 与荷载偏心距 e_0 方向相反，即 e_a 使 e_0 减小，对距轴力较远一侧受压钢筋 A_s 将更不利(图 5.19)，对 A_s' 合力中心取矩：

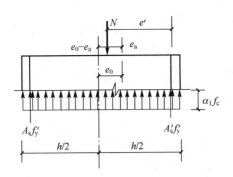

图 5.19 e_a 与 e_0 反向全截面受压

$$A_s = \frac{Ne' - a_1 f_c bh(h_0' - \frac{h}{2})}{f_y'(h_0' - a_s)} \quad (5.33)$$

式中，e' 为轴向力 N 至 A_s' 合力中心的距离：

$$e' = \frac{h}{2} - a_s' - (e_0 - e_s) \quad (5.34)$$

按式(5.31)求得的 A_s 应不小于 $0.002bh$，否则应取 $A_s = 0.002bh$。

为了说明式(5.33)的控制范围，令式(5.33)等于 $0.002bh$，对常用的材料强度及 a_s'/h_0 比值进行数值分析的结果表明：当 $N > a_1 f_c bh$ 时，按式(5.33)求得的 A_s，才有可能大于 $0.002bh$；当 $N \leq a_1 f_c bh$ 时，按式(5.33)求得 A_s 将小于 $0.002bh$，应取 $A_s = 0.002bh$。

如上所述，在小偏心受压情况下，A_s 可直接由式(5.33)或 $0.002bh$ 中的较大值确定，与 ξ 及 A_s' 的大小无关，是独立的条件，因此，当 A_s 确定后，小偏心受压的基本公式(5.30)及式(5.31)中只有二个未知数 ξ 及 A_s'，故可求得唯一的解。将式(5.33)或 $0.002bh$ 中的 A_s 较大值代入基本公式消去 A_s' 求解 ξ。

$$\xi = \left[\frac{a_s'}{h_0} + \frac{A_s f_y[1 - a_s'/h_0]}{(\xi_b - \beta_1)a_1 f_c bh_0}\right] + \sqrt{\left[\frac{a_s'}{h_0} + \frac{A_s f_y[1 - a'/h_0]}{(\xi_b - \beta_1)a_1 f_c bh_0}\right]^2 + 2\left[\frac{Ne'}{a_1 f_c bh_0^2} - \frac{\beta_1 A_s f_y[1 - a_s'/h_0]}{(\xi_b - \beta_1)a_1 f_c bh_0}\right]} \quad (5.35)$$

可能出现如下两种情形。

(1) 如 $\xi < 2\beta_1 - \xi_b$，将 ξ 代入式(5.31)可求得 A_s'，显然 A_s' 应不小于 $0.002bh$，否则取 $A_s' = 0.002bh$；

(2) 如 $\xi \geq 2\beta_1 - \xi_b$，这时，基本公式转化为：

$$N = a_1 f_c \xi bh_0 + f_y' A_s' + f_y A_s \quad (5.36)$$

$$Ne = a_1 f_c bh_0^2 \xi(1 - 0.5\xi) + f_y' A_s'(h_0 - a_s') \quad (5.37)$$

将 A_s 代入式(5.37)，需按式(5.38)重新求解 ξ 及 A_s'：

$$\xi = \frac{a_s'}{h_0} + \sqrt{\left(\frac{a_s'}{h_0}\right)^2 + 2\left[\frac{Ne'}{a_1 f_c bh_0^2} - \frac{A_s}{bh_0}\frac{f_y'}{a_1 f_c}\left(1 - \frac{a_s'}{h_0}\right)\right]} \quad (5.38)$$

同样，A_s' 应不小于 $0.002bh$，否则取 $0.002bh$。

对矩形截面小偏心受压构件，除进行弯矩作用平面内的偏心受力计算外，还应对垂直于弯矩作用平面按轴心受压构件进行验算。

3. 非对称配筋偏心受压构件截面设计计算步骤

(1) 根据构件工作条件及使用环境确定混凝土强度等级及钢筋强度级别，并确定材料力学性能。

(2) 由结构功能要求及刚度条件初步确定截面尺寸 b、h；由混凝土保护层厚度及预估钢筋的直径，确定 a_s、a'_s，计算 h_0 及 $0.3h_0$。

(3) 判断是否考虑二阶效应的影响，求控制截面弯矩设计值。

(4) 计算偏心距 $e_0 = M/N$，确定附加偏心距 e_a（20mm 或 $h/30$ 的较大值），进而计算初始偏心距 $e_i = e_0 + e_a$。

(5) 将 e_i（或 $M/N+e_a$）与 $0.3h_0$ 比较来初步判别大小偏心。

(6) 当 e_i（或 $M/N+e_a$）$> 0.3h_0$ 时，按大偏心受压考虑。根据 A_s 和 A'_s 的状况可分为：

A_s 和 A'_s 均为未知，引入 $x = \xi_b h_0$，由式(5.242)和式(5.25)确定 A'_s 及 A_s；

A'_s 已知求 A_s，由式(5.14)和式(5.15)两方程可直接求及 A_s；

A'_s 已知求 A_s，但 $x < 2a'_s$，按式(5.29)求 A_s。

(7) 当 e_i（或 $M/N+e_a$）$\leq 0.3h_0$ 时，按小偏心受压考虑。由式(5.33)或 0.002bh 中取较大值确定，由基本公式(5.30)与式(5.31)求 ξ 及 A'_s。求 ξ 时，采用式(5.35)或式(5.36)，A_s 由式(5.33)确定。此外，还应对垂直于弯矩作用平面按轴心受压构件进行验算。

(8) 将计算所得的 A_s 及 A'_s，根据截面构造要求确定钢筋的直径和根数，并绘出截面配筋图。

应用案例 5-4

某钢筋混凝土柱，截面尺寸 $b \times h = 300 \times 500$mm，柱计算长度 $l_0 = 6$m，轴向力设计值 $N = 1300$kN，柱端弯矩设计值 $M_1 = M_2 = 253$kN·m。采用混凝土强度等级为 C30，纵向受力钢筋采用 HRB400 级，求所需配置的 A'_s 及 A_s（按两端弯矩相等的框架柱考虑）。

【解】

1. 确定设计参数

设 $a_s = a'_s = 40$mm，$h_0 = h - a_s = 500 - 40 = 460$(mm)。由所选材料查表查得：C30 混凝土，$f_c = 14.3$N/mm², $\alpha_1 = 1.0$，纵筋为 HRB400 级，$f_y = f'_y = 360$N/mm²，$\xi_b = 0.518$。$l_c = l_0 = 6000$(mm)

$e_a = h/30 = 500/30 = 16.7$mm < 20mm，取 $e_a = 20$mm。

2. 判断是否考虑二阶效应的影响

由于 $M_1 = M_2$，故 $\dfrac{M_1}{M_2} = 1.0 > 0.9$，需考虑二阶效应的影响。

3. 求控制截面弯矩设计值

$$\zeta_c = \frac{0.5 f_c A}{N} = \frac{0.5 \times 14.3 \times 300 \times 500}{1\,300\,000} = 0.825 < 1.0$$

$$\eta_{ns} = 1 + \frac{1}{1300(M_2/N + e_a)/h_0}\left(\frac{l_c}{h}\right)^2 \zeta_c$$

$$= 1 + \frac{1}{1300 \times \dfrac{(253 \times 10^6 / 1\,300\,000 + 20)}{460}}\left(\frac{6\,000}{500}\right)^2 \times 0.825 = 1.196$$

$$C_m = 0.7 + 0.3\frac{M_1}{M_2} = 1$$

得弯矩设计值 $M = C_m \eta_{ns} M_2 = 1 \times 1.196 \times 253 = 302.56(\mathrm{kN \cdot m})$。

4. 判断大小偏心受压

$$e_0 = \frac{M}{N} = \frac{302.6 \times 10^6}{1\,300\,000} = 232.8(\mathrm{mm})$$

$$e_i = e_0 + e_a = 232.8 + 20 = 252.8(\mathrm{mm}) > 0.3 h_0 = 0.3 \times 460 = 138(\mathrm{mm})$$

属大偏心受压情况。

5. 求 A_s' 及 A_s

A_s' 及 A_s 均未知，代入基本计算公式求解。引入条件 $x = x_b = \xi_b h_0$

$$e = e_i + \frac{h}{2} - a_s = 252.8 + \frac{500}{2} - 40 = 462.8(\mathrm{mm})$$

$$A_s' = \frac{Ne - a_1 f_c b h_0^2 \xi_b (1 - 0.5\xi_b)}{f_y'(h_0 - a_s')}$$

$$= \frac{1\,300\,000 \times 462.8 - 1.0 \times 14.3 \times 300 \times 460^2 \times 0.518(1 - 0.5 \times 0.518)}{360(460 - 40)}$$

$$= 1700.5(\mathrm{mm}^2) > \rho_{min}' bh = 0.002bh = 0.002 \times 300 \times 500 = 300(\mathrm{mm}^2)$$

再求 A_s

$$A_s = \frac{a_1 f_c b h_0 \xi_b + f_y' A_s' - N}{f_y}$$

$$= \frac{1.0 \times 14.3 \times 300 \times 460 \times 0.518 + 360 \times 1700.5 - 1\,300\,000}{360}$$

$$= 928.9(\mathrm{mm}^2) > \rho_{min} bh = 0.002bh = 0.002 \times 300 \times 500 = 300(\mathrm{mm}^2)$$

6. 选配钢筋并验算配筋率，绘截面配筋图

最后 A_s' 选用 3⊕28 ($A_s'=1847\mathrm{mm}^2$)，A_s 选用 2⊕25 ($A_s=982\mathrm{mm}^2$)，箍筋选用 ϕ8@300（图5.20）。

全部纵筋配筋率为：

$$\rho = \frac{A_s + A_s'}{bh} = \frac{1847 + 982}{300 \times 500} = 1.89\% > \rho_{min} = 0.55\%$$

且 $\rho < \rho_{max} = 5\%$，满足要求。

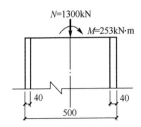 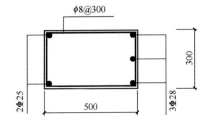

图 5.20　例 5-4 图

案例点评

此例为大偏心受压的典型题目，A_s 和 A_s' 均未知，混凝土充分利用，引入条件 $x = \xi_b h_0$，A_s' 大于 $0.002bh$，应用公式(5.14)、(5.15)求解。

应用案例 5-5

一个钢筋混凝土柱，截面尺寸 $b \times h = 300 \times 600$ mm，在荷载作用下产生的轴向力设计值 $N=1200$ kN，柱端弯矩设计值为 $M_1 = M_2 = 362$ kN·m，柱的计算长度 $l_0=4.5$ m，混凝土用 C30（$\alpha_1 = 1.0$，$f_c = 14.3$ N/mm²），纵筋为 HRB335 级（$f_y = f_y' = 300$ N/mm²），$\xi_b = 0.55$，设已知受压钢筋为 4Φ20，$A_s' = 1256$ mm²，求所需配置的受拉钢筋 A_s（按两端弯矩相等的框架柱考虑）。

【解】

1. 判断是否考虑二阶效应的影响

由于 $M_1 = M_2$，故 $\dfrac{M_2}{M_1} = 1.0 > 0.9$，需考虑二阶效应的影响。

2. 求控制截面弯矩设计值

$$\zeta_c = \frac{0.5 f_c A}{N} = \frac{0.5 \times 14.3 \times 300 \times 600}{1\,200\,000} = 1.07 > 1.0$$

取 $\zeta_c = 1.0$。

设 $a_s = a_s' = 40$ mm，$h_0 = h - a_s = 600 - 40 = 560$ (mm)。

$$e_a = h/30 = 600/30 = 20 \text{(mm)}$$

取 $e_a = 20$ mm。

$$\eta_{ns} = 1 + \frac{1}{1300(M_2/N + e_a)/h_0}\left(\frac{l_c}{h}\right)^2 \zeta_c$$

$$= 1 + \frac{1}{1300 \times \left(\dfrac{362 \times 10^6 / 1\,200\,000 + 20}{560}\right)}\left(\frac{4500}{600}\right)^2 \times 1.0 = 1.075$$

$$C_m = 0.7 + 0.3\frac{M_1}{M_2} = 1$$

得弯矩设计值 $M = C_m \eta_{ns} M_2 = 1 \times 1.075 \times 362 = 389.3$ (kN·m)。

3. 判断大小偏心受压

$$e_0 = M/N = 389\,300/1200 = 324.4 \text{(mm)}$$

$$e_i = e_0 + e_a = 324.4 + 20 = 344.4 \text{(mm)} > 0.3 h_0 = 0.3 \times 560 = 168 \text{(mm)}$$

$$e = e_i + \frac{h}{2} - a_s = 344.4 + 300 - 40 = 604.4 \text{(mm)}$$

故属于大偏心受压。

4. 求 A_s

因为 A_s' 为已知，有 $M' = A_s' f_y' (h_0 - a_s') = 1256 \times 300 (560 - 40) = 195.9 \times 10^6 \text{(kN·m)}$。

求 M_1

$$M_1 = Ne - M' = 1200 \times 10^3 \times 604.4 - 195.9 \times 10^6 = 529.38 \times 10^6 \text{(kN·m)}$$

求 A_{s1}

$$a_s = \frac{M_1}{a_1 f_c b h_0^2} = \frac{529.38 \times 10^6}{1.0 \times 14.3 \times 300 \times 560^2} = 0.393$$

$$\xi = 1 - \sqrt{1 - 2a_s} = 0.527 < \xi_b = 0.55$$

$$\xi h_0 = 0.527 \times 560 = 295.12 \text{(mm)} > 2a_s' = 80 \text{mm}$$

受压区高度满足公式的适用条件。

$$A_{s1} = \frac{a_1 f_c b \xi h_0}{f_y} = \frac{1.0 \times 14.3 \times 300 \times 0.527 \times 560}{300} = 4220.2 \text{(mm}^2)$$

符合公式的适用条件，故可求 A_s：

$$A_s = A_{s1} + A_s' - \frac{N}{f_y}$$

$$= 4220.2 + 1256 - \frac{1\,200\,000}{300}$$

$$= 1476.2 \text{(mm}^2) > \rho_{\min} bh = 0.002 \times 300 \times 600 = 360 \text{(mm}^2)$$

5. 选配钢筋，验算配筋率，并绘配筋图

最后 A_s 选用 4Φ22（$A_s = 1520 \text{mm}^2$），箍筋选用 $\phi 8@300$（图 5.21）。

全部纵筋配筋率为：

$$\rho = \frac{A_s + A_s'}{bh} = \frac{1520 + 1256}{300 \times 600} = 1.54\% > \rho_{\min} = 0.6\%$$

且 $\rho < \rho_{\max} = 5\%$，满足要求。

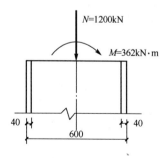
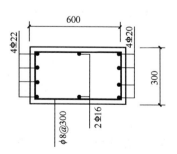

图 5.21 例 5-5 图

案例点评

此例为大偏心受压的典型题目，已知 A_s'，且求得 $A_s > 0.002bh$，使用了公式 (5.14) 的变形。

应用案例 5-6

已知矩形截面柱：$b \times h = 300\text{mm} \times 600\text{mm}$，荷载产生的轴向力设计值 $N=500\text{kN}$，$M=190\text{kN} \cdot \text{m}$，混凝土强度等级为 C20（$f_c=9.6\text{N/mm}^2$，$\alpha_1=1.0$），纵向受力钢筋用 HRB335 级（$f_y=f_y'$），构件的计算长度 $l_0=3.0\text{m}$。求纵向受力钢筋的数量（本题不考虑二阶效应的影响）。

【解】

1. 判断大小偏心受压

设 $a_s=a_s'=40\text{mm}$，$h_0=h-a_s=600-40=560(\text{mm})$，$e_0=M/N=190\times10^6/500\times10^3=380(\text{mm})$，$e_a=20\text{mm}$ 或 $h/30=600/30=20(\text{mm})$，取 $e_a=20\text{mm}$。$e_i=e_0+e_a=380+20=400(\text{mm})$，$e_i=400\text{mm} > 0.3h_0=0.3\times560=168(\text{mm})$，属于大偏心受压。

$$e=e_i+h/2-a_s=400+600/2-40=660(\text{mm})$$

2. 求 A_s' 及 A_s

因为 A_s'，A_s 均未知，引入条件 $\xi=\xi_b$，由公式得：

$$A_s'=\frac{Ne-\alpha_1 f_c bh_0^2 \xi_b(1-0.5\xi_b)}{f_y'(h_0-a_s')}$$

$$=\frac{500\times10^3\times660-9.6\times300\times560^2\times0.55\times(1-0.5\times0.55)}{300\times(560-40)}<0$$

取 $A_s'=A_{s,\min}'=0.002bh=0.002\times300\times600=360(\text{mm}^2)$ 选用 2Φ16，（$A_s'=402\text{mm}^2$），此时该题就变为了已知 A_s' 求 A_s 的问题，得：

$$\alpha_s=\frac{Ne-A_s'f_y'(h_0-a_s')}{\alpha_1 f_c bh_0^2}$$

$$=\frac{500\times10^3\times660-402\times300\times(560-40)}{9.6\times300\times560^2}$$

$$=0.296$$

$$\xi=1-\sqrt{1-2\alpha_s}=1-\sqrt{1-2\times0.296}=0.361$$

$$\xi h_0=0.361\times560=202.25(\text{mm}) > 2a_s'=80\text{mm}$$

符合公式的适用条件，将 ξ 及 A_s' 代入求 A_s，得：

$$A_s=\frac{\alpha_1 f_c bh_0\xi+A_s'f_y'-N}{f_y}$$

$$=\frac{1.0\times9.6\times300\times0.361\times560+402\times300-500\,000}{300}$$

$$=676.1(\text{mm}^2)$$

3. 选配钢筋，验算配筋率，并会配筋图

最后选用 A_s 为 2Φ22（$A_s=760\text{mm}^2$），截面配筋图如图 5.22 所示。

全部纵筋配筋率为：

$$\rho=\frac{A_s+A_s'}{bh}=\frac{760+760}{300\times600}=0.84\% > \rho_{\min}=0.6\%$$

且 $\rho<\rho_{\max}=5\%$，满足要求。

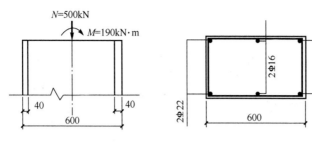

图 5.22 例 5-6 图

此例为大偏心受压的典型题目，A_s 和 A_s' 均未知，混凝土充分利用，引入条件 $x=\xi_b h_0$，A_s' 小于 $0.002bh$，取 A_s' 等于 $0.002bh$，变为已知 A_s' 求 A_s 的问题。

4. 截面承载力复核

当构件的截面尺寸、配筋面积 A_s 及 A_s'、材料强度及计算长度均为已知，要求根据给定的轴力设计值 N(或偏心距 e_0)确定构件所能承受的弯矩设计值 M(或轴向力 N)时，属于截面承载力复核问题。一般情况下，单向偏心受压构件应进行两个平面内的承载力计算：弯矩作用平面内承载力计算及垂直于弯矩作用平面的承载力计算。

1) 弯矩作用平面内的承载力计算

(1) 给定轴向力设计值 N，求弯矩设计值 M。截面尺寸、配筋及材料强度均为已知，未知数只有 x 和 M 两个。先将 $x=\xi_b h_0$、A_s、A_s' 代入公式(5.14)算得界限轴向力 N_b。如给的设计轴向力 $N \leq N_b$，则为大偏心受压的情况，可重新用公式(5.14)求 x，如果 $x \geq 2a_s'$，用公式(5.15)求 e，再由 $e=e_i+\dfrac{h}{2}-a_s$ 求 e_i；如果 $x<2a_s'$，取 $x=2a_s'$，利用公式(5.29)求 e'，再由 $e'=e_i-\dfrac{h}{2}+a_s'$ 求 e_i。取 $e_a=20\text{mm}$ 或 $(1/30)h$，$e_i=e_0+e_a$，弯矩设计值 $M=Ne_0$。

如果给定的轴力设计值 $N \geq N_b$，则为小偏心受压。

(2) 给定荷载的偏心距 e_0，求轴向力设计值 N。由于截面尺寸、配筋及 e_0 为已知，未知数只有 x 和 N 两个。$e_a=20\text{mm}$ 或 $(1/30)h$，$e_i=e_0+e_a$，当 $e_i \leq 0.3h_0$ 时，为小偏心受压情况；当 $e_i > 0.3h_0$ 时，可按大偏心受压计算。

2) 垂直于弯矩作用平面的承载力计算

当构件在垂直于弯矩作用平面内的长细比较大时，应按轴心受压构件验算垂直于弯矩作用平面的受压承载力。这时应考虑稳定系数 φ 的影响，计算承载力 N。

 应用案例 5-7

一矩形截面柱，截面尺寸 $b \times h = 400\text{mm} \times 600\text{mm}$，已知轴向力设计值 $N=1000\text{kN}$，混凝土强度等级为 C20($\alpha_1=1.0$，$f_c=9.6\text{N/mm}^2$)，采用 HRB335 级钢筋($\xi_b=0.55$，$f_y=f_y'=300\text{N/mm}^2$)，$A_s=1256\text{mm}^2$(4Φ20)，$A_s'=1964\text{mm}^2$(4Φ25)。构件计算长度 $l_0=6.0\text{m}$。柱两端弯矩相等。求该截面在 h 方向能承受的弯矩设计值。

【解】

1. 确定 N_b，判断大小偏心

设 $a_s = a'_s = 40\text{mm}$，$h_0 = h - a_s = 600 - 40 = 560(\text{mm})$。将 $x = \xi_b h_0$、A_s、A'_s 代入公式(5.14)求界限轴向力 N_b。

$$N_b = a_1 f_c \xi_b b h_0 + f'_y A'_s - f_y A_s$$
$$= 1.0 \times 9.6 \times 0.55 \times 400 \times 560 + 300(1964 - 1256)$$
$$= 1395.1(\text{kN}) > N = 1000\text{kN}$$

故属于大偏心，重新求 x。

2. 求 x

$$x = \frac{N - A'_s f'_y + A_s f_y}{a_1 f_c b} = \frac{1\,000\,000 - 1964 \times 300 + 1256 \times 300}{1.0 \times 9.6 \times 400}$$
$$= 205.1(\text{mm})$$

$2a'_s = 80\text{mm} < x = 205.1\text{mm} < \xi_b h_0 = 0.55 \times 560 = 308\text{mm}$，$x$ 符合公式的适用条件。

3. 求 e_0

$$e = \frac{a_1 f_c b x \left(h_0 - \dfrac{x}{2}\right) + A'_s f'_y (h_0 - a'_s)}{N}$$

$$= \frac{1.0 \times 9.6 \times 400 \times 205.1 \left(560 - \dfrac{205.1}{2}\right) + 1964 \times 300(560 - 40)}{1\,000\,000}$$

$$= 666.6(\text{mm})$$

又因为 $e = e_i + h/2 - a_s$，$e_i = e - h/2 + a_s = 666.6 - 600/2 + 40 = 406.6(\text{mm})$。

$e_a = 20\text{mm}$ 或 $h/30 = 600/30 = 20\text{mm}$，取 $e_a = 20\text{mm}$；$e_i = e_a + e_0$，$e_0 = e_i - e_a = 406.6 - 20 = 386.6(\text{mm})$。

4. 求 M

截面弯矩设计值：$M = Ne_0 = 1000 \times 386.6 \times 10^3 = 386.6(\text{kN}\cdot\text{m})$

柱两端弯矩相等：

$$C_m = 0.7 + 0.3 \frac{M_1}{M_2} = 1$$

$$\zeta_c = \frac{0.5 f_c A}{N} = \frac{0.5 \times 9.6 \times 400 \times 600}{1\,000\,000} = 1.152 > 1.0$$

取 $\zeta_c = 1.0$。

$$\frac{M}{M_2} = C_m \eta_{ns} = 1 + \frac{1}{1300(M_2/N + e_a)/h_0}\left(\frac{l_c}{h}\right)^2 \zeta_c$$

$$= 1 + \frac{1}{1300 \times \left(\dfrac{M_2/1\,000\,000 + 20}{560}\right)}\left(\frac{6000}{600}\right)^2 \times 1.0 = \frac{386.6 \times 10^6}{M_2}$$

解得 $M_2 = 175.1\text{kN}\cdot\text{m}$，该截面在 h 方向能承受弯矩设计值 M 为 $175.1\text{kN}\cdot\text{m}$。

案例点评

该案例为给定轴向力设计值 N，求弯矩设计值 M。

5. 对称配筋矩形截面

在工程设计中，当构件承受变号弯矩作用，或为了构造简单、便于施工时，常采用对称配筋截面，即 $A_s = A_s'$ 且 $f_y = f_y'$。对称配筋情况下，当 $e_i > 0.3h_0$ 时，不能仅根据这个条件就按大偏心受压构件计算，还需要根据 ξ 与 ξ_b（或 N 与 N_b）比较来判断属于哪一种偏心受压情况。对称配筋时 $f_y' A_s' = f_y A_s$，故 $N_b = \alpha_1 f_c \xi_b b h_0$。

(1) 当 $e_i > 0.3h_0$，且 $N \leq N_b$ 时，为大偏心受压。这时 $x = N/\alpha_1 f_c b$，代入公式，可有：

$$A_s' = A_s = \frac{Ne - \alpha_1 f_c b x(h_0 - x/2)}{f_y'(h_0 - a_s')} \tag{5.39}$$

如 $x < 2a_s'$，近似取 $x = 2a_s'$，则式(5.39)转化为：

$$A_s = A_s' = \frac{Ne'}{f_y(h_0 - a_s')} = \frac{N(e_i - \dfrac{h}{2} + a_s')}{f_y(h_0 - a_s')} \tag{5.40}$$

(2) 当 $e_i \leq 0.3h_0$，或 $e_i > 0.3h_0$ 且 $N > N_b$ 时，为小偏心受压。将 $f_y' A_s' = f_y A_s$ 代入：

$$N = \alpha_1 f_c \xi b h_0 + f_y' A_s' \frac{\xi_b - \xi}{\xi_b - \beta_1}$$

$$f_y' A_s' = (N - \alpha_1 f_c \xi b h_0) \frac{\xi_b - \beta_1}{\xi_b - \xi}$$

可得

$$Ne\frac{\xi_b - \xi}{\xi_b - \beta_1} = \alpha_1 f_c b h_0^2 \xi(1 - 0.5\xi)\frac{\xi_b - \xi}{\xi_b - \beta_1} + (N - \alpha_1 f_c \xi b h_0)(h_0 - a_s') \tag{5.41}$$

这是一个 ξ 的三次方程，用于设计是非常不便的。为了简化计算：

$$Y = \xi(1 - 0.5\xi)(\xi_b - \xi)/(\xi_b - \beta_1) \tag{5.42}$$

当钢材强度给定时，ξ_b 为已知的定值。由上式可画出 Y 与 ξ 的关系曲线，如图 5.23 所示。由图可见，当 $\xi > \xi_b$ 时，Y 与 ξ 的关系逼近于直线。对常用的钢材等级，可近似取：

$$Y = 0.43 \frac{\xi_b - \xi}{\xi_b - \beta_1} \tag{5.43}$$

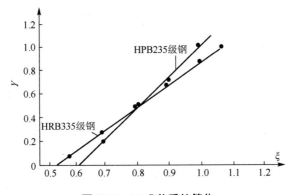

图 5.23 Y-ξ 关系的简化

经整理后可得 ξ 的计算公式为：

$$\xi = \frac{N - \xi_b a_1 f_c b h_0}{\frac{Ne - 0.43 a_1 f_c b h_0^2}{(\beta_1 - \xi_b)(h_0 - a_s')} + a_1 f_c b h_0} + \xi_b \quad (5.44)$$

矩形截面对称配筋小偏心受压构件的钢筋截面面积，可按式(5.45)计算：

$$A_s' = A_s = \frac{Ne - \xi(1 - 0.5\xi) a_1 f_c b h_0^2}{f_y'(h_0 - a_s')} \quad (5.45)$$

(3) 对称配筋矩形截面承载力的复核与非对称矩形截面相同，只是引入对称配筋的条件 $A_s' = A_s$，$f_y' = f_y$。同样应同时考虑弯矩作用平面的承载力及垂直于弯矩作用平面的承载力。

(4) 现将对称配筋偏心受压构件截面设计计算步骤归结如下。

① 根据构件工作条件及使用环境确定混凝土强度等级及钢筋强度级别，并确定材料力学指标。

② 由结构功能要求及刚度条件初步确定截面尺寸 b、h；由混凝土保护层厚度及预估钢筋的直径确定 a_s、a_s'。计算 h_0 及 $0.3h_0$。

③ 判断是否考虑二阶效应的影响，求控制截面弯矩设计值。

④ 由截面上的设计内力，计算偏心距 $e_0 = M/N$，确定附加偏心距 e_a(20mm 或 $h/30$ 的较大值)，进而计算初始偏心距 $e_i = e_0 + e_a$。

⑤ 计算对称配筋条件下的 $N_b = \alpha_1 f_c b \xi_b h_0$，将 e_i 与 $0.3h_0$、N_b 与 N 比较来判别大小偏心。

⑥ 当 $e_i > 0.3h_0$，且 $N \leq N_b$ 时，为大偏心受压。用 $x = N/(\alpha_1 f_c b)$，用式(5.39)或式(5.40)求出 $A_s = A_s'$。

⑦ 当 $e_i \leq 0.3h_0$ 时，或 $e_i > 0.3h_0$，且 $N > N_b$，为小偏心受压。由式(5.44)求 ξ，再代入式(5.45)确定出 $A_s = A_s'$。

⑧ 将计算所得的 A_s 及 A_s'，根据截面构造要求确定钢筋的直径和根数，并绘出截面配筋图。

应用案例 5-8

已知条件同【应用案例 5-6】，设计成对称配筋，求钢筋截面面积 A_s、A_s'。

【解】

1. 判断大小偏心受压

设 $a_s = a_s' = 40$mm，$h_0 = h - a_s = 600 - 40 = 560$(mm)。$e_0 = M/N = 190 \times 10^6 / 500 \times 10^3 = 380$(mm)，$e_a = 20$mm 或 $h/30 = 600/30 = 20$(mm)，取 $e_a = 20$mm。$e_i = e_0 + e_a = 380 + 20 = 400$(mm)，$e_i = 400$mm $> 0.3h_0 = 0.3 \times 560 = 168$(mm)。

$$N = 500(\text{kN} \cdot \text{m}) < N_b = \alpha_1 f_c \xi_b b h_0 = 1.0 \times 9.6 \times 0.55 \times 300 \times 560 = 887.04(\text{kN} \cdot \text{m})$$

属于大偏心受压。

$$e = e_i + h/2 - a_s = 400 + 600/2 - 40 = 660(\text{mm})$$

2. 求 x

引入对称配筋的条件 $f_y' A_s' = f_y A_s$，求 x：

$$x = \frac{N}{a_1 f_c b} = \frac{500 \times 10^3}{1.0 \times 9.6 \times 300} = 173.6 \text{(mm)}$$

$$< \xi_b h_0 = 0.55 \times 560 = 308 \text{(mm)}$$

$$x > 2a'_s = 80 \text{mm}$$

求 A_s 及 A'_s

$$A'_s = A_s = \frac{Ne - a_1 f_c bx(h_0 - x/2)}{f'_y(h_0 - a'_s)}$$

$$= \frac{500\,000 \times 660 - 1.0 \times 9.6 \times 300 \times 173.6(560 - 0.5 \times 173.6)}{300(560 - 40)}$$

$$= 598.9 \text{(mm}^2) > \rho_{\min} bh = 0.002 \times 300 \times 600 = 360 \text{(mm}^2)$$

3. 选配钢筋，验算配筋率，并绘配筋图

最后选用 A_s 为 2Φ22 ($A_s = 760 \text{mm}^2$)，截面配筋图如图 5.24 所示。

全部纵筋配筋率为：

$$\rho = \frac{A_s + A'_s}{bh} = \frac{760 + 760}{300 \times 600} = 0.84\% > \rho_{\min} = 0.6\%$$

且 $\rho < \rho_{\max} = 5\%$，满足要求。

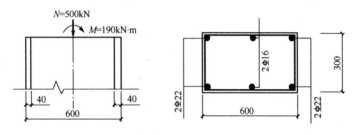

图 5.24　例 5-8 图

案例点评

本案例为对称配筋计算问题，要注意对称配筋与非对称配筋公式的区别。

应用案例 5-9

一矩形截面受压构件 $b \times h = 300 \times 500 \text{mm}$，荷载作用下产生的截面轴向力设计值 $N=130\text{kN}$，柱端较大弯矩设计值 $M_2 = 210$，混凝土强度等级为 C30（$f_c = 14.3\text{N/mm}^2$，$\alpha_1 = 1.0$），纵向受力钢筋为 HRB400 级（$f_y = f'_y = 360\text{N/mm}^2$，$\xi_b = 0.518$）。构件的计算长度 $l_0 = 6\text{m}$，采用对称配筋求受拉钢筋 A'_s 和 A_s 截面面积（按两端弯矩相等 $M_1/M_2 = 1$ 的框架柱考虑）。

【解】

1. 确定设计参数

设 $a_s = a'_s = 40\text{mm}$，$h_0 = h - a_s = 500 - 40 = 460\text{mm}$。C30 混凝土，$f_c = 14.3\text{N/mm}^2$，$\alpha_1 = 1.0$，纵筋为 HRB400 级，$f_y = f'_y = 360\text{N/mm}^2$，$\xi_b = 0.518$。$l_c = l_0 = 6000\text{mm}$。

$$A = bh = 300 \times 500 = 150\,000(\text{mm}^2)$$

$$i = \sqrt{\frac{I}{A}} = \sqrt{\frac{3\,125\,000\,000}{150\,000}} = 144.3(\text{mm})$$

$$e_a = h/30 = 500/30 = 16.7\text{mm} < 20\text{mm}$$

取 $e_a = 20\text{mm}$ 。

2. 判断是否考虑二阶效应的影响

由于 $M_1 = M_2$ ，故 $\dfrac{M_1}{M_2} = 1.0 > 0.9$ ，需考虑二阶效应的影响。

3. 求控制截面弯矩设计值

$$\zeta_c = \frac{0.5 f_c A}{N} = \frac{0.5 \times 14.3 \times 300 \times 500}{130\,000} = 8.25 < 1.0$$

取 $\zeta_c = 1.0$ 。

$$\eta_{ns} = 1 + \frac{1}{1300(M_2/N + e_a)/h_0} \left(\frac{l_c}{h}\right)^2 \zeta_c$$

$$= 1 + \frac{1}{1300 \times \left(\dfrac{210 \times 10^6/1\,300\,000 + 20}{460}\right)} \left(\frac{6000}{500}\right)^2 \times 0.825 = 1.473$$

$$C_m = 0.7 + 0.3 \frac{M_1}{M_2} = 1$$

得弯矩设计值

$$M = C_m \eta_{ns} M_2 = 1 \times 1.473 \times 210 = 309.33(\text{kN} \cdot \text{m})$$

4. 判断大小偏心受压

$$e_0 = \frac{M}{N} = \frac{309.33 \times 10^6}{130\,000} = 2379.5(\text{mm})$$

$$e_i = e_0 + e_a = 2379.5 + 20 = 2399.5(\text{mm}) > 0.3 h_0 = 0.3 \times 460 = 138(\text{mm})$$

$$N = 130(\text{kN}) < N_b = \alpha_1 f_c \xi_b b h_0 = 1.0 \times 14.3 \times 0.518 \times 300 \times 460 = 1022.22(\text{kN})$$

属大偏心受压情况。

5. 求 A'_s 及 A_s

$$x = \frac{N}{\alpha_1 f_c b} = \frac{130\,000}{1.0 \times 14.3 \times 300} = 30.3(\text{mm})$$

$x < 2 a'_s = 2 \times 40 = 80\text{mm}$ ，近似取 $x = 2 a'_s$ ，则

$$A_s = A'_s = \frac{Ne'}{f_y(h_0 - a'_s)} = \frac{N(e_i - \dfrac{h}{2} + a'_s)}{f_y(h_0 - a'_s)} = \frac{130\,000(2399.5 - 250 + 40)}{360(460 - 40)} = 1882.5(\text{mm}^2)$$

6. 选配钢筋并验算配筋率，绘截面配筋图

最后选用 4Φ25（ $A_s = 1964\text{mm}^2$ ）（图 5.25）。

全部纵筋配筋率为:
$$\rho = \frac{A_s + A'_s}{bh} = \frac{1964 + 1964}{300 \times 500} = 2.6\% > \rho_{min} = 0.55\%$$

且 $\rho < \rho_{max} = 5\%$,满足要求。

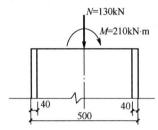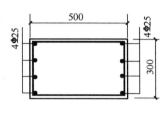

图 5.25 例 5-9 图

 案例点评

$e_i > 0.3h_0$,$N \leq N_b$,满足对称配筋大偏心受压的条件。$x < 2a'_s$,近似取 $x = 2a'_s$。

 应用案例 5-10

钢筋混凝土框架柱,截面尺寸 $b \times h = 400\text{mm} \times 450\text{mm}$。柱的计算长度 $l_0 = 4000\text{mm}$,$a_s = a'_s = 40\text{mm}$。承受轴向压力设计值 $N = 320\text{kN}$,柱端弯矩设计值 $M_1 = -100\text{kN}$,$M = 300\text{kN} \cdot \text{m}$。混凝土强度等级为 $C30(f_c = 14.3\text{N/mm}^2)$,$h_0 = h - a_s = 450 - 40 = 410\text{mm}$,采用 HRB400 级钢筋($f_y = 360\text{N/mm}^2$)。要求:采用对称配筋,试确定纵向钢筋截面面积 A_s、A'_s。

【解】

1. 判断是否需考虑二阶效应

$$A = b \times h = 400 \times 450 = 180\,000(\text{mm}^2)$$

$$\frac{M_1}{M_2} = \frac{100}{300} < 0.9$$

$$\frac{N}{f_c bh} = \frac{320 \times 10^3}{14.3 \times 400 \times 450} = 0.124 < 0.9$$

$$I = \frac{1}{12} b \times h^3 = \frac{1}{12} \times 400 \times 450^3 = 3037.5 \times 10^6 (\text{mm}^4)$$

$$i = \sqrt{\frac{I}{A}} = \sqrt{\frac{3037.5 \times 10^6}{180\,000}} = 129.90(\text{mm})$$

因为 $\dfrac{l_0}{i} = \dfrac{4000}{129.90} = 30.79 < 34 - 12\left(\dfrac{M_1}{M_2}\right) = 34 - 12\left(\dfrac{-100}{300}\right) = 38$,故可不考虑二阶效应的影响。

2. 判别大小偏心

$$\xi = \frac{N}{\alpha_1 f_c b h_0} = \frac{320 \times 10^3}{1 \times 14.3 \times 400 \times 410} = 0.136 < \xi_b = 0.518$$

属于大偏心受压,且:

$$x = \xi h_0 = 0.136 \times 410 = 55.76\text{mm} < 2a'_s = 2 \times 40 = 80(\text{mm})$$

$$e_0 = \frac{M_2}{N} = \frac{300 \times 10^6}{320 \times 10^3} = 937.5(\text{mm})$$

$$\frac{h}{30} = \frac{450}{30} = 15(\text{mm}) < 20\text{mm}$$

取 $e_a = 20\text{mm}$。

$$e_i = e_0 + e_a = 937.5 + 20 = 957.5(\text{mm})$$

$$e' = e_i - \frac{h}{2} + a'_s = 957.5 - \frac{450}{2} + 40 = 772.5(\text{mm})$$

3. 计算配筋,验算配筋率,并绘配筋图

$$A_s = A'_s = \frac{Ne'}{f_y(h_0 - a'_s)} = \frac{320 \times 10^3 \times 772.5}{360 \times (410 - 40)} = 1856(\text{mm}^2)$$

截面每侧各配置 4Φ25($A_s = 1964\text{mm}^2$),配筋如图 5.26 所示。

$$6\% > \rho = \frac{A_s + A'_s}{bh} = \frac{2 \times 1964}{400 \times 450} = 2.18\% > \rho_{\min} = 0.55\%$$

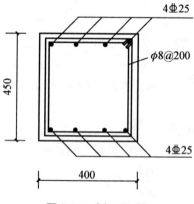

图 5.26 例 5-10 图

  应用案例 5-11

已知条件同【应用案例 5-4】,纵向受力筋采用 HRB335 级,设计成对称配筋,求钢筋截面面积 A_s、A'_s。

【解】

1. 确定设计参数

设 $a_s = a'_s = 40\text{mm}$,$h_0 = h - a_s = 500 - 40 = 460\text{mm}$。由所选材料查表查得:C30 混凝土,$f_c = 14.3\text{N/mm}^2$,$\alpha_1 = 1.0$,纵筋为 HRB335 级,$f_y = f'_y = 300\text{N/mm}^2$,$\xi_b = 0.550$。$l_c = l_0 = 6\,000\text{mm}$。

$$e_a = h/30 = 500/30 = 16.7(\text{mm}) < 20\text{mm}$$

取 $e_a = 20\text{mm}$。

2. 判断是否考虑二阶效应的影响

由于 $M_1 = M_2$，故 $\dfrac{M_1}{M_2} = 1.0 > 0.9$，需考虑二阶效应的影响。

3. 求控制截面弯矩设计值

$$\zeta_c = \dfrac{0.5 f_c A}{N} = \dfrac{0.5 \times 14.3 \times 300 \times 500}{1\,300\,000} = 0.825 < 1.0$$

$$\eta_{ns} = 1 + \dfrac{1}{1300(M_2/N + e_a)/h_0}\left(\dfrac{l_c}{h}\right)^2 \zeta_c$$

$$= 1 + \dfrac{1}{1300 \times \left(\dfrac{253 \times 10^6 / 1\,300\,000 + 20}{460}\right)}\left(\dfrac{6000}{500}\right)^2 \times 0.825 = 1.196$$

$$C_m = 0.7 + 0.3\dfrac{M_1}{M_2} = 1$$

得弯矩设计值 $M = C_m \eta_{ns} M_2 = 1 \times 1.196 \times 253 = 302.56(\text{kN} \cdot \text{m})$。

4. 判断大小偏心受压

$$e_0 = \dfrac{M}{N} = \dfrac{302.6 \times 10^6}{1\,300\,000} = 232.8(\text{mm})$$

$$e_i = e_0 + e_a = 232.8 + 20 = 252.8(\text{mm}) > 0.3 h_0 = 0.3 \times 460 = 138(\text{mm})$$

$$N = 1300(\text{kN}) > N_b = \alpha_1 f_c \xi_b b h_0 = 1.0 \times 14.3 \times 0.518 \times 300 \times 460 = 1022.22(\text{kN})$$

属小偏心受压情况。

5. 计算 ξ（简化计算法）

$$\xi = \dfrac{N - \xi_b \alpha_1 f_c b h_0}{\dfrac{Ne - 0.43 \alpha_1 f_c b h_0^2}{(\beta_1 - \xi_b)(h_0 - a_s')} + \alpha_1 f_c b h_0} + \xi_b$$

$$= \dfrac{1300 \times 10^3 - 0.55 \times 1.0 \times 9.6 \times 300 \times 460}{\dfrac{1300 \times 10^3 \times 451 - 0.43 \times 1.0 \times 9.6 \times 300 \times 460^2}{(0.8 - 0.55)(460 - 40)} + 1.0 \times 9.6 \times 300 \times 460} + 0.55$$

$$= 0.679$$

6. 求 A_s' 及 A_s

$$e = e_i + \dfrac{h}{2} - a_s = 255.8 + \dfrac{500}{2} - 40 = 465.8(\text{mm})$$

$$A_s' = A_s = \dfrac{Ne - \xi(1 - 0.5\xi)\alpha_1 f_c b h_0^2}{f_y'(h_0 - a_s')}$$

$$= \dfrac{1300 \times 10^3 \times 451 - 0.679(1 - 0.5 \times 0.679) \times 1.0 \times 9.6 \times 300 \times 460^2}{300 \times (460 - 40)}$$

$$= 2484(\text{mm}^2)$$

7. 选配钢筋并验算配筋率，绘截面配筋图

选用 5Φ25(A_s =2454mm²)，如 5.27 所示。

全部纵筋配筋率为：

$$\rho = \frac{A_s + A_s'}{bh} = \frac{1847 + 982}{300 \times 500} = 1.89\% > \rho_{min} = 0.6\%$$

且 $\rho < \rho_{max} = 5\%$，满足要求。

对小偏心受压构件，还需验算垂直于弯矩平面的承载力：

$$l_0/b = 6\,000/300 = 20, \varphi = 0.75$$

$$N_u = 0.9\varphi(f_c A + A_s' f_y')$$
$$= 0.9 \times 0.75(9.6 \times 300 \times 500 + 2 \times 2\,454 \times 300) = 1\,965.8(kN) > N = 1\,300kN$$

因此垂直弯矩平面的承载力可靠。

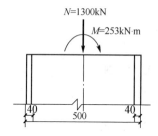
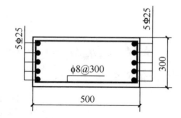

图 5.27　例 5-11 图

案例点评

此案例为小偏心受压构件，还需验算垂直于弯矩平面的承载力。

特别提示

对称配筋矩形截面承载力的复核与非对称矩形截面相同，只是引入对称配筋的条件 $A_s' = A_s$，$f_y' = f_y$。同样应同时考虑弯矩作用平面的承载力及垂直于弯矩作用平面的承载力。

课题 5.5　受拉构件设计计算

5.5.1　轴心受拉构件设计

1. 轴心受拉构件的受力特点

轴心受拉构件裂缝的出现和开展过程类似于受弯构件。轴心拉力 N 与构件伸长变形ΔL 之间的关系如图 5.28 所示。由图可知：当拉力较小，构件截面未出现裂缝时，N-ΔL 曲线的 oa 段接近于直线。随着拉力的增大，构件截面裂缝的出现和开展，混凝土承受拉力的作用逐渐减弱，N-ΔL 曲线的 ab 段逐渐向纯钢筋的 ob 段靠近。试验表明，轴心受拉构件的裂缝间距和宽度也是不均匀的，它们与配筋率的大小和受拉钢筋的直径等因素密切相关。在配筋率

高的构件中,其裂缝"密而细",反之则"稀而宽"。当配筋率相同时,粗钢筋配筋的构件裂缝"稀而宽",反之则"密而细"。这些特点与受弯构件类似。不同的是轴心受拉构件全截面受拉,一般裂缝贯穿整个截面。在轴心受拉构件中当拉力使裂缝截面的钢筋应力达到屈服强度时,构件便进入破坏阶段。

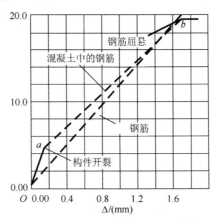

图 5.28 轴心受拉构件受力和变形特点

2. 轴心受拉构件承载力计算

当轴心受拉构件达到承载力极限状态时,此时裂缝截面的混凝土已完全退出工作,只有钢筋受力且达到屈服。由截面平衡条件(图 5.29)可以得到轴心受拉构件的正截面受拉承载力的公式:

$$N \leqslant f_y A_s \tag{5.46}$$

式中 N——轴心拉力设计值;
A_s——纵向受拉钢筋的截面面积;
f_y——纵向受拉钢筋的抗拉强度设计值。

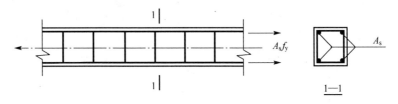

图 5.29 轴心受拉构件计算图式

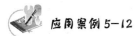 应用案例 5-12

某钢筋混凝土屋架下弦,其节间最大轴心拉力设计值 $N=200\text{kN}$,截面尺寸 $b \times h=150\text{mm} \times 150\text{mm}$,混凝土强度等级 C30,钢筋用 HRB335 级钢筋,试求由正截面抗拉承载力确定的纵筋数量 A_s。

【解】
HRB335 级钢筋,$f_y = 300\text{N/mm}^2$,C30 混凝土,$f_t = 1.43\text{N/mm}^2$。

由 $N \leqslant f_y A_s$，得

$$A_s = \frac{N}{f_y} = \frac{200\,000}{300} = 666.7(\text{mm}^2)$$

选用 4Φ16(A_s =804mm²)，轴心受拉构件一侧受拉钢筋的最小配筋百分率 $45 f_t/f_y = 45 \times 1.43/360 = 0.18 < 0.2$，取 $\rho_{\min} = 0.2\%$，每侧钢筋的配筋率 $\rho = \frac{402}{150 \times 150} = 1.78\% > 0.2\%$，满足要求。

案例点评

本案例中轴心受拉构件不考虑混凝土受力，直接应用公式即可。

5.5.2 偏心受拉构件设计

1. 偏心受拉构件的受力特点

偏心受拉构件同时承受轴心拉力 N 和弯矩 M，其偏心距 $e_0 = M/N$。它是介于轴心受拉($e_0 = 0$)和受弯($N = 0$，相当于 $e_0 = \infty$)之间的一种受力构件。因此，其受力和破坏特点与 e_0 的大小有关。当偏心距很小时($e_0 < h/6$)，构件处于全截面受拉的状态，开裂前的应力分布如图 5.30(a)所示，随着偏心拉力的增大，截面受拉较大一侧的混凝土将先开裂，并迅速向对边贯通。此时，裂缝截面混凝土退出工作，偏心拉力由两侧的钢筋(A_s 和 A_s')共同承受，只是 A_s 承受的拉力较为大。当偏心距稍大时($h/6 < e_0 \leqslant h/2 - a_s$)，起初，截面一侧受拉另一侧受压，其应力分布如图 5.30(b)所示。随着偏心拉力的增大，靠近偏心拉力一侧的混凝土先开裂。由于偏心拉力作用于 A_s 和 A_s' 之间，在 A_s 一侧的混凝土开裂后，为保持力的平衡，在 A_s' 一侧的混凝土将不可能再存在受压区，此时中和轴已经移至截面之外，而使这部分混凝土转化为受拉，并随偏心拉力的增大而开裂。由于截面应变的变化 A_s' 也转为受拉钢筋。因此，图 5.30(a)、(b)所示的两种受力情况，截面混凝土都将裂通，偏心拉力全由左、右两侧的纵向受拉钢筋承受。只要两侧钢筋均不超过正常需要量，则当截面达到承载力极限状态时，钢筋 A_s 和 A_s' 的拉应力均可能达到屈服强度。因此可以认为，对 $0 < e_0 \leqslant h/2 - a_s$ 的偏心受拉构件，当正常设计时，其破坏特征为混凝土完全不参加工作，而两侧钢筋 A_s 及 A_s' 均屈服。通常将这种破坏称为小偏心受拉破坏。

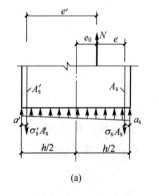
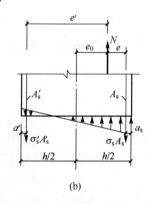
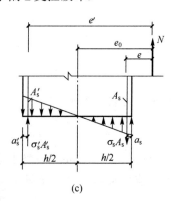

图 5.30 偏心受拉构件截面应力状态
(a) $e_0 < h/6$；(b) $h/6 < e_0 < h/2 - a_s$；(c) $e_0 > h/2 - a_s$

当偏心距 $e_0 > h/2 - a_s$ 时,开始截面应力分布如图 5.30(c)所示,混凝土受压区比图 5.29(b) 明显增大,随着偏心拉力的增加,靠近偏心拉力一侧的混凝土开裂,裂缝虽能开展,但不会贯通全截面,而始终保持一定的受压区。其破坏特点取决于靠近偏心拉力一侧的纵向受拉钢筋 A_s 的数量。当 A_s 适量时,它将先达到屈服强度,随着偏心拉力的继续增大,裂缝开展、混凝土受压区缩小。最后,因受压区混凝土达到极限压应变及纵向受压钢筋 A_s' 达到屈服,而使构件进入承载力极限状态,如图 5.31 所示。当 A_s 过量时,则受压区混凝土先被破坏,A_s' 达到屈服强度,而 A_s 则达不到屈服强度,类似于超筋受弯构件的破坏。这两种破坏都称为大偏心受拉破坏,但设计时是以正常用钢量为前提的。

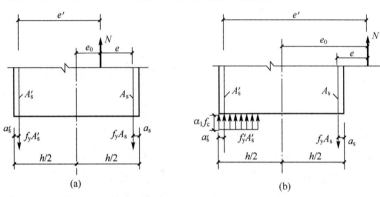

图 5.31 偏心受拉构件承载力计算图

2. 偏心受拉构件正截面承载力计算

偏心受拉构件的两类破坏形态可由偏心力的作用位置来区别。当 $0 < e_0 \leqslant h/2 - a_s$ 时,为小偏心受拉破坏,截面上只有受拉钢筋起作用,混凝土不参与工作。当 $h/2 - a_s < e_0$ 时,为大偏心受拉构件,截面上有混凝土受压区的存在。由如图 5.31 所示的偏心受拉构件承载力极限状态的计算图,可建立基本计算方程。

3. 基本计算公式

1) 小偏心受拉

由图 5.30(a)建立力和力矩的平衡方程:

$$N \leqslant A_s f_y + A_s' f_y \tag{5.47}$$

$$Ne' = A_s f_y (h_0 - a_s') \tag{5.48}$$

$$Ne \leqslant A_s' f_y (h_0 - a_s') \tag{5.49}$$

式中,$e' = h/2 - a_s' + e_0$,$e = h/2 - a_s - e_0$。

2) 大偏心受拉

建立力和力矩的平衡方程:

$$N \leqslant f_y A_s - f_y' A_s' - \alpha_1 f_c b x \tag{5.50}$$

$$Ne \leqslant \alpha_1 f_c b x \left(h_0 - \frac{x}{2} \right) + A_s' f_y' (h_0 - a_s') \tag{5.51}$$

式中,$e = e_0 - h/2 + a_s$。

为保证构件不发生超筋和少筋破坏,并在破坏时纵向受压钢筋 A'_s 达到屈服强度,上述公式的适用条件是:

$$x \leqslant \xi_b h_0$$
$$x \geqslant 2a'_s$$
$$A_s \geqslant \rho_{\min} bh$$

同时还应指出:偏心受拉构件在弯矩和轴心拉力的作用下,也发生纵向弯曲,但与偏心受压构件不同,这种纵向弯曲将减小轴向拉力的偏心距。为简化计算,在设计基本公式中一般不考虑这种有利的影响。

4. 截面配筋计算

1) 小偏心受拉

当截面尺寸、材料强度及截面的作用效应 M 及 N 为已知时,可直接求出两侧的受拉钢筋。

2) 大偏心受拉

大偏心受拉时,可能有下述几种情况发生。

(1) A_s 及 A'_s 均为未知。此时有 3 个未知数 A_s、A'_s 及 x,需要补充一个方程才能求解。为节约钢筋、充分发挥受压混凝土的作用,令 $x = \xi_b h_0$,将 x 代入即可求得受压钢筋 A'_s。如果 $A'_s \geqslant \rho_{\min} bh$,说明取 $x = \xi_b h_0$ 成立。即进一步将 $x = \xi_b h_0$ 及 A'_s 代入公式求得 A_s。如果 $A'_s < \rho_{\min} bh$ 或为负值,则说明取 $x = \xi_b h_0$ 不能成立,此时应根据构造要求选用钢筋 A'_s 的直径及根数。然后按 A'_s 为已知的情况 2 考虑。

(2) 已知 A'_s,求 A_s。此时公式为两个方程解两个未知数。故可联立求解。首先求得混凝土相对受压区高度 ξ。

$$\xi = 1 - \sqrt{1 - 2\frac{Ne - A'_s f'_y (h_0 - a'_s)}{a_1 f_c bh_0^2}} \tag{5.52}$$

若 $2a'_s \leqslant x \leqslant \xi_b h_0$,则可将 x 代入公式(5.50)求得靠近偏心拉力一侧的受拉钢筋截面面积:

$$A_s = \left(N + a_1 f_c bx + A'_s f'_y\right) / f_y \tag{5.53}$$

若 $x < 2a'_s$ 或为负值,则表明受压钢筋位于混凝土受压区合力作用点的内侧,破坏时将达不到其屈服强度,即 A'_s 的应力为一个未知量,此时,应按情况 3 处理。

(3) A'_s 为已知,但 $x < 2a'_s$ 或为负值。此时可取 $x = 2a'_s$ 或 $A'_s = 0$ 分别计算 A_s 值,然后取两者中的较小值作为截面配筋的依据。

5. 截面承载力复核

当截面复核时,截面尺寸、配筋、材料强度以及截面的作用效应(M 和 N)均为已知。大偏心受拉时,仅 x 和截面偏心受拉承载力 N_u 为未知,故可联立求解。

若联立求得的 x 满足公式的适用条件,则将 x 代入,即可得截面偏心受拉承载力:

$$N_u = f_y A_s - f'_y A'_s - a_1 f_c bx \tag{5.54}$$

若 $x > \xi_b h_0$,说明 A_s 过量,截面破坏时,A_s 达不到屈服强度,需计算纵筋 A_s 的应力 σ_s,

并对偏心拉力作用点取矩，重新求 x，然后按下式计算截面偏心受拉承载力：

$$N_u = \sigma_s A_s - f'_y A'_s - a_1 f_c bx \tag{5.55}$$

应用案例 5-13

某偏心受拉构件，截面尺寸 $b \times h = 400\text{mm} \times 600\text{mm}$。截面上作用的弯矩设计值为 $M=75$，轴向拉力设计值为 $N=600\text{kN}$，混凝土采用 C30（$f_t =1.43\text{N/mm}^2$），纵筋为 HRB400 级（$f_y = f'_y = 360\text{N/mm}^2$），试确定 A_s 及 A'_s。

【解】

设 $a_s = a'_s = 40\text{mm}$，$h_0 = 600-40 = 560(\text{mm})$。

$$e_0 = \frac{M}{N} = \frac{75\,000}{600} = 125(\text{mm}) < \frac{h}{2} - a_s = \frac{600}{2} - 40 = 260(\text{mm})$$

属于小偏心受拉构件。

$$e = \frac{h}{2} - e_0 - a_s = \frac{600}{2} - 125 - 40 = 135(\text{mm})$$

$$e' = \frac{h}{2} + e_0 - a'_s = \frac{600}{2} + 125 - 40 = 385(\text{mm})$$

求 A'_s：

$$A'_s = \frac{Ne}{f_y(h_0 - a'_s)} = \frac{600\,000 \times 135}{360(560-40)} = 432.7(\text{mm}^2)$$

$$\rho' = \frac{A'_s}{bh_0} = \frac{432.7}{400 \times 560} = 0.193\% < 0.2\% = \rho'_{\min}$$

取 $A'_s = \rho'_{\min} bh = 0.002 \times 400 \times 600 = 480(\text{mm}^2)$。

求 A_s：

$$A_s = \frac{N'e}{f_y(h'_0 - a_s)} = \frac{600\,000 \times 385}{360 \times (560-40)} = 1\,233.97(\text{mm}^2)$$

$$\rho = \frac{A_s}{bh_0} = \frac{1\,233.97}{400 \times 560} = 0.551\% > \rho_{\min} = 0.2\%$$

最后受拉较小侧选用 2Φ18，$A_s = 509\text{mm}^2$，受拉较大侧选用 4Φ20，$A_s = 1256\text{mm}^2$ 截面配筋如图 5.32 所示。

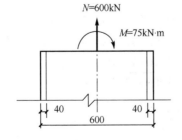
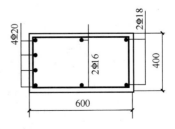

图 5.32 例 5-13 图

案例点评

此例为小偏心受拉的典型计算。

应用案例 5-14

某矩形水池，池壁厚为 250mm，混凝土强度等级为 C30（$\alpha_1=1.0$，$f_c=14.3\text{N/mm}^2$），纵筋为 HRB335 级（$f_y=f_y'=300\text{N/mm}^2$，$\xi_b=0.55$），由内力计算池壁某垂直截面中的弯矩设计值为 $M=25\text{kN}\cdot\text{m}$（使池壁内侧受拉），轴向拉力设计值 N=22.4kN，试确定垂直截面中沿池壁内侧和外侧所需钢筋 A_s 及 A_s' 的数量。

【解】

设 $a_s=a_s'=35\text{mm}$，$h_0=250-35=215(\text{mm})$。

$$e_0=\frac{M}{N}=\frac{2500}{22.4}=1116(\text{mm})>\frac{h}{2}-a_s=\frac{250}{2}-35=90(\text{mm})$$

属于大偏心受拉构件。

$$e=e_0-\frac{h}{2}+a_s=1116-\frac{250}{2}+35=1026(\text{mm})$$

A_s，A_s' 均为未知，为充分发挥混凝土的作用，令 $x=\xi_b=0.55\times215=118.25(\text{mm})$，求受压钢筋：

$$A_s'=\frac{Ne-\alpha_1 f_c bh_0^2\xi_b(1-0.5\xi_b)}{f_y'(h_0-a_s')}$$

$$=\frac{22.4\times10^3\times1026-14.3\times1000\times215^2\times0.55(1-0.5\times0.55)}{300(215-35)}<0$$

说明计算不需要配置受压钢筋，故按最小配筋率确定 A_s'。由表查得：

$$\rho_{\min}'=0.2\%$$

取 $A_s'=A_{s\min}'=0.002bh=0.002\times1000\times250=500(\text{mm}^2)$。

选用 $\Phi8@100$。

（$A_s'=503\text{mm}^2/\text{m}$），此时该题就变为了已知 A_s' 求 A_s 的问题，取 $x=2a_s'$，$A_s'=0$，则

$$Ne=22400\times1026=22.98(\text{kN}\cdot\text{m})$$

$$<2a_s'(h_0-a_s')\alpha_1 f_c b=2\times35\times(215-35)\times1.0\times14.3\times1000=180.2(\text{kN}\cdot\text{m})$$

应按单筋截面确定受拉钢筋，$A_s'=0$，以受压区混凝土合力作用点为转轴，

$$\alpha_s=\frac{Ne}{\alpha_1 f_c bh_0^2}=\frac{22400\times1026}{1.0\times14.3\times1000\times215^2}=0.035$$

$$\gamma_s=\frac{1+\sqrt{1-2\alpha_s}}{2}=\frac{1+\sqrt{1=2\times0.035}}{2}=0.982$$

$$A_s=\frac{N(e+\gamma_s h_0)}{f_y\gamma_s h_0}=\frac{22400(1026+0.982\times215)}{300\times0.982\times215}=437.5(\text{mm}^2)$$

受拉钢筋同样选择Φ8@100($A_s' =503$mm²/m),截面配筋如图5.33所示。

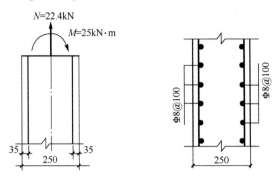

图5.33 例5-14图

该例属于大偏心受拉构件,A_s,A_s'均为未知的类型题目。

课题5.6 偏心受力构件斜截面受剪承载力计算

1. 偏心受力构件斜截面受剪性能

对于偏心受力构件,往往在截面受到弯矩M及轴力N(无论拉力或压力)的共同作用的同时,还受到较大的剪力V作用。因此,对偏心受力构件,除进行正截面受压承载力计算外,还要验算其斜截面的受剪承载力。由于轴力的存在,对斜截面的受剪承载力会产生一定的影响。例如在偏心受压构件中,由于轴向压应力的存在,延缓了斜裂缝的出现和开展,使混凝土的剪压区高度增大,构件的受剪承载力得到提高。但在偏心受拉构件中,由于轴拉力的存在,使混凝土的剪压区的高度比受弯构件的小,轴心拉力使构件的抗剪能力明显降低。

2. 偏心受力构件斜截面受剪承载力计算公式

1) 偏心受压构件

试验表明,当$N<0.3f_cbh$时,轴力引起的受剪承载力的增量ΔV_N与轴力N近乎成比例增长;当$N>0.3f_cbh$时,ΔV_N将不再随N的增大而提高。如$N>0.7f_cbh$将发生偏心受压破坏。《规范》对矩形截面偏心受压构件的斜截面受剪承载力采用下列公式(5.56)计算:

$$V = \frac{1.75}{\lambda + 1.0} f_t b h_0 + f_{yv} \frac{A_{sv}}{s} h_0 + 0.07N \tag{5.56}$$

式中 λ——偏心受压构件的计算剪跨比。

对框架柱,假定反弯点在柱高中点取$\lambda = H_n/2h_0$;对框架-剪力墙结构的柱,可取$\lambda=M/vh_0$;当$\lambda<1$时,取$\lambda=1$,当$\lambda>3$时,取$\lambda=3$。此处,H_n为柱的净高,M为计算截面上与剪力设计值V相应的弯矩设计值M。对其他偏心受压构件,当承受均布荷载时,取$\lambda=1.5$;当承受集中荷载时(包括作用有多种荷载且集中荷载对支座截面或节点边缘所产生的剪力值占总剪力值 75% 以上的情况），取 $\lambda=a/h_0$；当 $\lambda<1.5$ 时，取 $\lambda=1.5$；当 $\lambda>3$ 时，取 $\lambda=3$。此处 a 为集中荷载至支座或切点边缘的距离。

N——与剪力设计值 V 相应的轴向压力设计值；当 $N>0.3f_cA$ 时，取 $N=0.3f_cA$；

A——为构件的截面面积。

与受弯构件相似，当含箍特征过大时，箍筋强度不能充分利用。

为了防止斜压破坏，截面尺寸应符合下列条件：

$$V \leqslant 0.25\beta_c f_c bh_0 \tag{5.57}$$

当符合下列条件时：

$$V \leqslant \frac{1.75}{\lambda+1.0} f_t bh_0 + 0.07N \tag{5.58}$$

可不进行斜截面受剪承载力计算，仅需按构造配置箍筋。

应用案例 5-15

某钢筋混凝土矩形截面偏心受压框架柱，$b \times h=400\text{mm} \times 600\text{mm}$，$H_n=3.0\text{m}$，$a_s = a_s' = 35\text{mm}$。混凝土强度等级为 C30（$f_t=1.43\text{N/mm}^2$，$\beta_c=1.0$），箍筋用 HPB235 级（$f_{yv}=210\text{N/mm}^2$），纵向钢筋用 HRB400 级。在柱端作用轴向压力设计值 $N=1500\text{kN}$，剪力设计值 $V=282\text{kN}$，试求所需箍筋数量。

【解】

$$h_0 = h - a_s = 600 - 35 = 565(\text{mm})$$

验算截面尺寸：

$$h_w = h_0 = 565\text{mm}, h_w/b = 565/400 = 1.41 < 4.0$$

$$V = 282(\text{kN}) \leqslant 0.25\beta_c f_c bh_0 = 0.25 \times 1.0 \times 14.3 \times 400 \times 565 = 807.9(\text{kN})$$

截面尺寸符合要求。

验算截面是否需按计算配置箍筋：

$$\lambda = \frac{H_n}{2h_0} = \frac{3000}{2 \times 565} = 2.65$$

$$1.0 < \lambda < 3.0$$

$$\frac{1.75}{\lambda+1} f_t bh_0 = \frac{1.75}{2.65+1} \times 1.43 \times 400 \times 565 = 154.9(\text{kN})$$

$$0.3f_cA = 0.3 \times 14.3 \times 400 \times 600 = 1029.6(\text{kN}) < N = 1500\text{kN}$$

故取 $N=1029.6\text{kN}$。

$$\frac{1.75}{\lambda+1} f_t bh_0 + 0.07N = \frac{1.75}{2.65+1} \times 1.43 \times 400 \times 565 + 0.07 \times 1029.6 \times 10^3$$

$$= 226.9(\text{kN}) < 282\text{kN}$$

截面尺寸满足要求，但应按计算配箍。

$$\frac{nA_{sv}1}{s} = \frac{V - \left(\frac{1.75}{\lambda+1}f_t bh_0 + 0.07N\right)}{f_{yv}h_0} = \frac{282\,000 - 226.9 \times 10^3}{210 \times 565} = 0.464$$

采用 $\phi 8@200$ 的双肢箍筋时：

$$\frac{nA_{sv}1}{s} = \frac{2 \times 50.3}{200} = 0.503 > 0.464 (可以)$$

案例点评

本案例截面尺寸满足要求，但应按计算配箍。

2) 偏心受拉构件

通过试验资料分析，偏心受拉构件的斜截面受剪承载力可按式(5.59)计算：

$$V = \frac{1.75}{\lambda + 1.0} f_t bh_0 + f_{yv}\frac{A_{sv}}{s}h_0 - 0.2N \tag{5.59}$$

式中 N——与剪力设计值 V 相应的轴向拉力设计值；

λ——计算截面的剪跨比，与偏心受压构件斜截面受剪承载力计算中的规定相同。

式(5.59)右侧的计算值小于 $f_{yv}\dfrac{A_{sv}}{s}h_0$ 时，应取等于 $f_{yv}\dfrac{A_{sv}}{s}h_0$，且 $f_{yv}\dfrac{A_{sv}}{s}h_0$ 值不得小于 $0.36f_t bh_0$。

应用案例 5-16

某钢筋混凝土偏心受拉构件，截面配筋如图 5.34 所示。构件上作用轴向拉力设计值 $N=65\text{kN}$，跨中承受集中荷载设计值为 120kN，混凝土强度等级为 C25($f_t=1.27\text{N/mm}^2$，$f_c=11.9\text{N/mm}^2$，$\beta_c=1.0$)，箍筋用 HPB235 级($f_{yv}=210\text{N/mm}^2$)，纵向钢筋用 HRB335 级，求箍筋的数量。

【解】

设 $a_s = a_s' = 35\text{mm}$，$h_0 = 250-35 = 215(\text{mm})$。

由题意：

$$N = 65\text{kN}, \quad V = \frac{120}{2} = 60(\text{kN})$$

$$M = 60 \times 1.5 = 90(\text{kN·m})$$

$$\lambda = \frac{a}{h_0} = \frac{1500}{215} = 6.98 > 3.0$$

取 $\lambda = 3.0$。

验算截面尺寸：

$$0.25\beta_c f_c bh_0 = 0.25 \times 1.0 \times 11.9 \times 200 \times 215 = 127.9(\text{kN}) > V = 60\text{kN}$$

截面尺寸符合要求。

求箍筋的数量：

$$V_c = \frac{1.75}{1+\lambda}f_t b h_0 = \frac{1.75}{1+3} \times 1.27 \times 200 \times 215 = 23\,891(\text{N})$$
$$> 0.2N = 0.2 \times 65\,000 = 13\,000(\text{N})$$
$$\frac{nA_{sv1}}{s} = \frac{V - V_c + 0.2N}{f_{yv}h_0} = \frac{60\,000 - 23\,891 + 13\,000}{210 \times 215} = 1.09$$

采用 $\phi 10@140$ 的双肢箍筋时：

$$\frac{nA_{sv1}}{s} = \frac{2 \times 78.5}{140} = 1.12 > 1.09 \text{ (可以)}$$

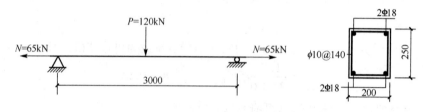

图 5.34　例 5-16 图

案例点评

此例为偏心受拉构件斜截面承载力的典型例题。

本模块小结

(1) 配有普通箍筋的轴心受压构件承载力由混凝土和纵向受力钢筋两部分抗压能力组成，同时，对长细比较大的柱子还要考虑纵向弯曲的影响，其计算公式为：$N = 0.9\varphi(f_c A + f_y' A_s')$。配有螺旋式和焊接环式间接钢筋的轴心受压构件承载力，除了应考虑混凝土和纵向钢筋影响外，还应考虑间接钢筋对承载力提高的影响。其计算公式为：$N \leq 0.9(f_c A_{cor} + 2\alpha f_y A_{ss0} + f_y' A_s')$。

(2) 单向偏心受压构件随配筋特征值(即相对受压区高度)ξ 的不同，有受拉破坏和受压破坏两种不同的破坏特征。这两种破坏特征与受弯构件的适筋破坏和超筋破坏基本相同。在正常设计条件下，偏心受压构件一般在偏心距较大时发生受拉破坏，故又称为大偏心受压破坏。而在偏心距较小的情况下发生受压破坏，故称为小偏心受压破坏。

(3) 两种偏心受压破坏的分界条件：$\xi \leq \xi_b$ 为大偏心受压破坏；$\xi > \xi_b$ 为小偏心受压破坏。两种偏心受压构件的正截面承载力计算方法不同，故在计算时首先必须进行判别。在截面设计时，由于往往无法首先确定 ξ 值，也就不可能直接利用上述分界条件进行判别。此时可用 e_i 进行判别，即 $e_i > 0.3 h_0$ 时为大偏心受压构件，否则为小偏心受压构件。由于 $0.3 h_0$ 为近似值，尚应在确定 ξ 后再用 ξ_b 作为分界值验算原判别结果是否正确。

(4) e_a 为附加偏心距，由于工程实际中存在着荷载作用位置的不定性、混凝土质量的不均匀性及施工的偏差等因素，考虑在偏心方向存在附加偏心距，其值应取 20mm 和偏心方向截面尺寸的 1/30 两者中的较大值。

(5) 在结构发生层间位移和挠曲变形时,对于长细柱的弯矩要考虑二阶效应的影响,求考虑弯矩二阶效应的设计内力值。

(6) 建立偏心受压构件正截面承载力计算公式的基本假定与受弯构件是完全一样的。大偏心受压构件的计算方法与受弯构件双筋截面的计算方法大同小异。小偏心受压构件由于受拉边或受压较小边钢筋 A_s 的应力 σ_s 为非确定值($-f_y' \leq \sigma_s \leq f_y$)($-f_{ed}' \leq \sigma_s \leq f_{ed}$),使计算较为复杂。

(7) 单向偏心受压构件有非对称配筋与对称配筋两种配筋形式,后者在工程中比较常用。

(8) 单向偏心受压构件常用的截面形式有矩形截面、工字形截面、T形截面、箱形截面和圆形截面,其正截面受力特征基本相同,只是由于截面尺寸的特点不同在计算公式的表达上及截面几何特征的计算上有所不同。

(9) 偏心受拉构件按偏心力的作用位置不同,分为大偏心受拉和小偏心受拉两种情况。小偏心受拉构件的受力特点类似于轴心受拉构件,破坏时拉力全部由钢筋承受,在满足构造要求的前提下,以采用较小的截面尺寸为宜;大偏心受拉构件的受力特点类似于受弯构件,随着受拉钢筋配筋率的变化,将出现少筋、适筋和超筋破坏。截面尺寸的加大有利于抗弯和抗剪。

(10) 偏心受力构件的斜截面抗剪承载力计算与受弯构件类似。可以说两者的基本理论是一致的,只是对偏心受压构件增加了压力的影响,压力的存在一般可使抗剪承载力有所提高。而对偏心受拉构件增加了拉力的影响,拉力的存在一般可使抗剪能力明显降低。

一、简答题

1. 轴心受压普通箍筋短柱与长柱的破坏形态有何不同?
2. 轴心受压长柱的稳定系数 φ 如何确定?
3. 为什么配置螺旋箍筋的钢筋混凝土轴心受压柱的轴压承载力高于同截面、同材料强度等级的普通箍筋柱?
4. 偏心受压构件有几种破坏形态?其特点分别是什么?
5. 偏心受压构件计算时为什么要考虑附加偏心距和偏心距增大系数?如何考虑?
6. 如何判别大、小偏心受压?
7. 试分别绘出大、小偏心受压构件截面的计算应力图形,并按应力图形写出基本公式及适用条件。
8. 偏心受压构件在何种情况下应考虑垂直于弯矩作用平面的受压承载力验算?如何验算?
9. 在实际工程中,哪些结构构件可按轴心受拉构件计算?哪些应按偏心受拉构件计算?
10. 怎样判别构件属于小偏心受拉还是大偏心受拉?它们的破坏特征有何不同?
11. 大偏心受拉构件正截面承载力计算公式的适用条件是什么?为什么计算中要满足这些适用条件?

二、计算题

1. 已知某多层多跨现浇钢筋混凝土框架结构,底层中柱近似按轴心受压构件计算。该柱安全等级为二级，轴向压力设计值 N=1400kN，计算长度 l_0=5m，纵向钢筋采用 HRB335 级，混凝土强度等级为 C30。求该柱截面尺寸及纵筋截面面积。

2．某无侧移多层现浇框架结构的第二层中柱，承受轴心压力 N=1840kN，楼层高 H=5.4m，混凝土等级为 C30(f_c=14.3N/mm²)，用 HRB400 级钢筋配筋(f_y'=360N/mm²)，试设计该截面。

3．某钢筋混凝土柱，截面为圆形，设计要求直径不大于 500mm。该柱承受的轴心压力设计值 N=4600kN，柱的计算长度 l_0=5.25m，混凝土强度等级为 C25，纵筋用 HRB335 级钢筋，箍筋用 HPB235 级钢筋。试进行该柱的设计。

4．某钢筋混凝土偏心受压柱，截面尺寸 b=350mm，h=500mm，计算长度 l_0=4.2m，内力设计值 N=1200KN，M=250 kN·m。混凝土采用 C30，纵筋采用 HRB400 级钢筋，求钢筋截面面积 A_s 和 A_s'(按两端弯矩相等 M_1/M_2=1 的框架柱考虑)。

5．某钢筋混凝土矩形截面偏心受压柱，截面尺寸 b=300mm，h=400mm，取 $a=a'$=40mm，柱的计算长度 l_0=3.2m，轴向力设计值 N=300kN。配有 2Φ18+2Φ22(A_s=1269mm²)的受拉钢筋及 3Φ20(A_s'=942mm²)的受压钢筋。混凝土采用 C20，求截面在 h 方向能承受的弯矩设计值 M(按两端弯矩相等 M_1/M_2=1 的框架柱考虑)。

6．矩形截面偏心受压柱的截面尺寸 b×h=300mm×400mm，柱的计算长度 l_0=2.8m，$a_s=a_s'$=40mm，混凝土强度等极为 C30(f_c=14.3N/mm²，α_1=1.0)，用 HRB400 钢筋($f_y=f_y'$=360N/mm²)，轴向压力 N=340kN，弯矩设计值 M=200kN·m，按对称配筋计算钢筋的面积(按两端弯矩相等 M_1/M_2=1 的框架柱考虑)。

7．某偏心受压柱，截面尺寸 b×h=300mm×400mm，采用 C20 混凝土，HRB335 级钢筋，柱子计算长度 l_0=3000 mm，承受弯矩设计值 M=150kN·m，轴向压力设计值 N=260kN，$a_s=a_s'$=40mm，采用对称配筋。求纵向受力钢筋的截面面积 $A_s=A_s'$(按两端弯矩相等 M_1/M_2=1 的框架柱考虑)。

8．某矩形截面钢筋混凝土柱，截面尺寸 b=400mm，h=600mm，柱的计算长度 l_0=3m，$a_s=a_s'$=40mm。控制截面上的轴向力设计值 N=1030kN，弯矩设计值 M=425kN·m。混凝土采用 C25，纵筋采用 HRB335 级钢筋。采用对称配筋，求钢筋截面面积 A_s 和 A_s'(按两端弯矩相等 M_1/M_2=1 的框架柱考虑)。

9．某钢筋混凝土屋架下弦，按轴心受拉构件设计，其截面尺寸取为 b×h=200mm×160mm，其端节间承受的恒荷载产生的轴向拉力标准值 N_{gk}=130kN，活荷载产生的轴向拉力标准值 N_{qk}=45kN，结构重要性系数 γ_0=1.1，混凝土的强度等级为 C25，纵向钢筋为 HRB335 级，试按正截面承载力要求计算其所需配置的纵向受拉钢筋截面面积，并为其选择钢筋。

10．钢筋混凝土轴心受拉构件，截面尺寸 b×h=200mm×200mm，混凝土等级为 C30，纵向受拉钢筋为 HRB335 级(f_y=300N/mm²)，承受轴向拉力设计值 N=270kN，试求纵向钢筋面积 A_s。

11．偏心受拉构件的截面尺寸为 b=300mm，h=450mm，$a_s=a_s'$=35mm；构件承受轴向拉力设计值 N=750kN，弯矩设计值 M=70kN·m，混凝土强度等级为 C20，钢筋为 HRB335，试计算钢筋截截面积 A_s 和 A_s'。

模块 6

预应力混凝土构件计算能力训练

教学目标

能力目标：掌握先张法预应力筋的控制应力、张拉程序和放张顺序的确定和注意事项；掌握后张法孔道留设、锚具选择、预应力筋的张拉顺序、孔道灌浆等施工方法及注意要点；了解电热张法、无黏结预应力混凝土作用原理及应用。

知识目标：了解预应力混凝土的概念及其在工程应用中的优点；熟悉预应力混凝土的材料品种、规格及要求；熟悉先张法、后张法的施工工艺。

态度养成目标：通过本模块的学习，形成对预应力混凝土的初步认识，培养工程素质。

教学要求

知识要点	能力要求	相关知识	所占分值（100 分）
预应力混凝土的概念	掌握预应力混凝土的概念和作用原理	预应力混凝土提高构件抗裂度及刚度的原因	15
预应力混凝土的材料要求	掌握预应力混凝土结构用钢筋的要求 掌握预应力混凝土对混凝土的要求	预应力钢筋的发展趋势为高强度、低松弛、粗直径、耐腐蚀 预应力混凝土的强度等级和种类	15
施加预应力的方法	掌握先张法 掌握后张法 了解无黏结施加预应力	3 种施加预应力方法的特点与联系	15
施加预应力的设备	了解施加预应力的设备	施加预应力设备的各自的使用特点	5
张拉控制应力	掌握张拉控制应力限值与取值方法	何种情况张拉控制应力限值可以提高	15

续表

知识要点	能力要求	相关知识	所占分值(100分)
预应力损失和预应力损失值的组合	掌握预应力损失的形式；了解预应力损失的计算；掌握预应力损失值的组合	六种预应力损失的名称和计算公式；预应力损失的组合形式	20
预应力混凝土构件的构造要求	掌握预应力混凝土构件的一般构造要求；掌握先张法构件的构造要求；掌握后张法构件的构造要求	截面形式和尺寸；预应力纵向钢筋布置；非预应力纵向钢筋的布置；构件端部的加强措施	15

引 例

预应力混凝土是针对普通钢筋混凝土容易开裂的缺陷而发展起来的新材料。西欧和北美的学者，几乎用了半个世纪的努力进行研究，但都由于采用了低强钢材，施加的预压应力太低、损失率太高而未获得成功。直到 1928 年才由法国著名工程师弗来西奈(Freyssinet)采用高强钢材和高强混凝土以提高张拉应力、减少损失率之后，方获成功，因此公认他为预应力混凝土的发明人。目前在建筑结构中，经常使用预应力混凝土构件。图 6.1 所示的大桥设计与施工中，主要使用了预应力混凝土圆孔板。

图 6.2 所示的建筑物设计与施工中，主要使用了预应力混凝土构件及钢网架。

图 6.1 预应力混凝土圆孔板大桥

图 6.2 预应力混凝土构件建筑物

课题 6.1 预应力混凝土基本知识

6.1.1 预应力混凝土的概念

普通钢筋混凝土构件的抗拉极限应变值为 0.0001～0.000 15，即相当于每米只允许拉长 0.1～0.15mm，超过此值，混凝土就会开裂。如果混凝土不开裂，构件内的受拉钢筋应力只能达到 20～30N/mm^2。如果允许构件开裂，裂缝宽度限制在 0.2～0.3mm 时，构件内的受拉钢筋应力也只能达到 150～250N/mm²。因此，在普通混凝土构件中采用高强钢材达到节约钢材的目的受到了限制。采用预应力混凝土是解决这一问题的有效办法，即在构件承受外荷载前，预先在构件的受拉区对混凝土施加预压应力。当构件在使用阶段的外荷载作用下产生拉应力时，首先要抵消预压应力，这就推迟了混凝土裂缝的出现并限制了裂缝的开展，从而提高了构件的抗裂度和刚度。

对混凝土构件受拉区施加预压应力的方法，是张拉受拉区中的预应力钢筋，通过预应力钢筋或锚具，将预应力钢筋的弹性收缩力传递到混凝土构件上，并产生预应力，如图 6.3 所示。

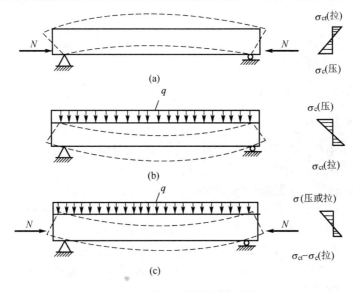

图 6.3 预应力混凝土简支梁
(a) 预压力作用下；(b) 外荷载作用下；(c) 预压力与外荷载共同作用下

预应力混凝土的基本原理是事先人为地在混凝土或钢筋混凝土中引入内部应力，且其值和分布，能将使用荷载产生的应力抵消到一个合适的程度。这就是说，它是预先对混凝土或钢构件施加压应力，使之建立一种人为的应力状态，这种应力的大小和分布规律，有利于抵消使用荷载作用下产生的拉应力。因而使构件在使用荷载作用下不致开裂，或推迟开裂，或者减小裂缝开展的宽度，以提高构件的抗裂度及刚度。

特别提示

预应力混凝土由于事先人为地施加了一个预加力，使其在受力方面有许多和普通混凝土结构不同的特点。在正常配筋范围内，预应力混凝土梁的破坏弯矩，主要与构件的组成材料的性能有关，其破坏弯矩值与同条件下的普通钢筋混凝土的破坏弯矩值几乎相同。因此，预应力的存在对构件的承载力并无明显的影响。

6.1.2 预应力混凝土的分类

根据制作、设计和施工的特点，预应力混凝土分为以下不同的类型。

1. 先张法预应力混凝土和后张法预应力混凝土

先张法是制作预应力混凝土构件时，先张拉预应力钢筋后浇灌混凝土的一种方法；后张法是先浇灌混凝土，待混凝土达到规定的强度后再张拉预应力钢筋的一种施加预应力方法。

2. 全预应力混凝土和部分预应力混凝土

全预应力是在使用荷载作用下，构件截面混凝土不出现拉应力，即为全截面受压；部分预应力是在使用荷载作用下，构件截面混凝土允许出现拉应力或开裂，即只有部分截面受压。

3. 有黏结预应力混凝土与无黏结预应力混凝土

有黏结预应力是指沿预应力筋全长其周围均与混凝土黏结、握裹在一起的预应力混凝土结构；无黏结预应力是指预应力筋伸缩、滑动自由，不与周围混凝土黏结的预应力混凝土结构。

6.1.3 预应力混凝土的材料要求

1. 预应力钢筋

预应力构件中用作建立预压应力的钢筋(钢丝)称为预应力筋。

1) 对预应力结构构件中预应力筋的要求

(1) 具有较高的强度。混凝土预应力的大小取决于预应力钢筋张拉应力的大小。考虑到混凝土构件在制作和使用过程中会产生各种预应力损失。为保证扣除应力损失后仍具有较高的有效张拉应力，这就要求预应力钢筋具有较高的抗拉强度。

(2) 具有一定的塑性。为了避免预应力混凝土构件发生脆性破坏，要求预应力钢筋在拉断时，具有一定的伸长率。当构件处于低温环境或受到冲击荷载作用时，更应注意其钢筋塑性和抗冲击韧性的要求。

(3) 具有良好的加工性能。要求钢筋有良好的可焊性，并且钢筋在镦粗后不影响原来的物理力学性能。

(4) 与混凝土之间有良好的黏结强度。先张法构件主要是通过预应力钢筋与混凝土之间的黏结力来传递预压应力的，为此要求其预应力钢筋应具有良好的外形。

2) 预应力筋的种类

用于预应力混凝土结构中的预应力筋宜采用钢丝、钢绞线和精轧螺纹钢筋三大类。

(1) 钢丝。钢丝是采用优质碳素钢盘条，经过几次冷拔后得到的。预应力混凝土所用钢丝可分为中强度预应力钢丝及消除应力钢丝两种；按外形可分为光圆钢丝、螺旋肋钢丝两类。

中强度预应力钢丝的抗拉强度为 $800\sim1270N/mm^2$，钢丝直径为 5、7、9mm 3 种。为增加与混凝土的黏结强度，钢丝表面可制成螺旋肋。

消除应力钢丝的抗拉强度为 $1470\sim1860 N/mm^2$，钢丝直径也为 5、7、9mm 3 种。钢丝经冷拔后，存在较大的内应力，一般都需要采用低温回火处理来消除内应力。经这样处理的钢丝称为消除应力钢丝，其比例极限、条件屈服强度和弹性模量均比消除应力前有所提高，塑性也有所改善。

(2) 钢绞线。将 3 股或 7 股平行的高强钢丝围绕中间的一根芯丝通过绞盘机以螺旋形式紧紧包住芯丝，使之拧成一股，即成为钢绞线。通常以 7 股钢绞线应用最多。7 股钢绞线的钢绞线公称直径有 9.5、12.7、15.2、17.8、21.6mm 5 种，通常用于无黏结预应力钢筋，抗拉强度高达 1960 N/mm^2。3 股钢绞线用途不广，仅用于某些先张法构件，以提高与混凝土的黏结力。

(3) 精轧螺纹钢筋。精轧螺纹钢筋是一种特殊形状、带有不连续外螺纹的直条钢筋，该钢筋在任意截面处，均可以用带有内螺纹的连接器或锚具进行连接或锚固。直径有18、25、32、40、50mm 5 种，抗拉强度为 980～1230 N/mm²。

2. 混凝土

1) 对预应力结构构件中混凝土的要求

预应力混凝土构件是通过张拉预应力钢筋来预压混凝土，以提高构件的抗裂能力，因此预应力混凝土结构构件所用的混凝土应满足下列要求。

(1) 具有较高的强度。预应力混凝土需要采用较高强度的混凝土，才能建立起较高的预压应力，并可减小构件的截面尺寸和减轻自重，以适应大跨度的要求。对于先张法构件，采用较高强度的混凝土，可提高黏结强度，减小预应力钢筋的应力传递长度。对于后张法构件，可增大端部混凝土的承压能力，便于锚具的布置和减小锚具垫板的尺寸。

(2) 收缩、徐变小。可减小因混凝土收缩、徐变引起的预应力损失。

(3) 快硬、早强。混凝土快硬、早强，可较早施加预应力，加快施工速度，提高台座、模板、夹具的周转率，降低间接费用。

(4) 弹性模量高。弹性模量高有利于提高截面的抗弯刚度，变形减小，并可减小预压时混凝土的弹性回缩。

2) 混凝土的选用

《规范》规定预应力混凝土结构的混凝土强度等级不宜低于 C40，且不应低于 C30。

● 特 别 提 示

下列结构物宜优先采用预应力混凝土：①要求裂缝控制等级较高的结构；②大跨度或受力很大的构件；③对构件的刚度和变形控制要求较高的构件。

6.1.4 施加预应力的方法与设备

预应力的施加方法，根据与构件制作相比较的先后顺序分为先张法、后张法两大类。后张法因施工工艺的不同，又可分为一般后张法、后张自锚法、无黏结后张法等。

1. 先张法

先张法是在浇筑混凝土之前，先张拉预应力钢筋，并将预应力筋临时固定在台座或钢模上，然后浇筑混凝土构件，待混凝土达到一定强度(施加预应力时，所需的混凝土立方体抗压强度应经计算确定，但不宜低于设计的混凝土强度等级值的 75%)，混凝土与预应力筋具有一定的黏结力时，放松预应力筋，使混凝土在预应力的反弹力作用下，使构件受拉区的混凝土承受预压应力。

先张法多用于预制构件厂生产定型的中小型构件，也常用于生产预应力桥跨结构等。先张法生产有台座法和台模法两种。用台座法生产时，预应力筋的张拉、锚固、构件浇筑、养护和预应力筋的放松等工序都在台座上进行，预应力筋的张拉力由台座承受。台模法为机组流水法、传送带生产法，此时预应力筋的张拉力由钢台模承受。

图 6.4 所示为先张法施工工艺生产预应力构件的示意图。

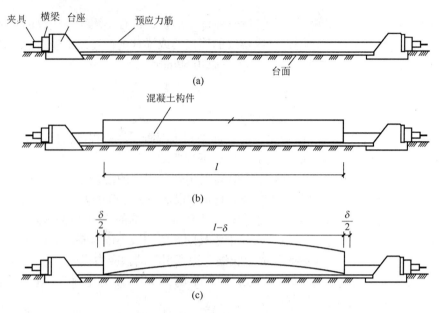

图6.4 先张法施工工艺

(a) 张拉预应力筋；(b) 浇筑混凝土构件；(c) 放张施加预应力

1) 台座

台座是先张法施工张拉和临时固定预应力筋的支撑结构，它承受预应力筋的全部张拉力，故要求有足够的强度、刚度和稳定性，并满足生产工艺的要求。台座按构造形式分为墩式台座和槽式台座，如图6.5、图6.6所示。

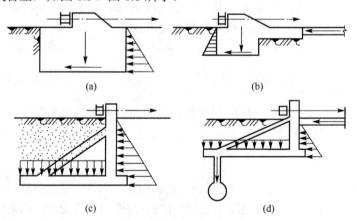

图6.5 墩式台座的几种形式

(a) 重力式；(b) 与台面共同作用式；(c) 构架式；(d) 桩基构架式

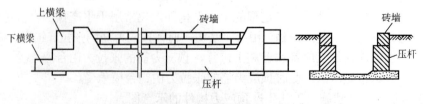

图6.6 槽式台座

2) 夹具

夹具是预应力筋张拉和临时固定的锚固装置,用在先张法施工中。可分为锚固夹具和张拉夹具,锚固夹具又可分为锥形夹具、镦头夹具、钢筋锚固夹具。

(1) 锥形夹具。钢质锥形夹具主要用来锚固直径为 3~5mm 的单根钢丝夹具,如图 6.7、图 6.8 所示。

图 6.7 钢质锥形夹具实物图

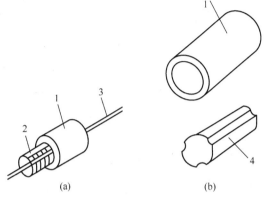

图 6.8 钢质锥形夹具
(a) 圆锥齿板式;(b) 圆锥式
1—套筒;2—齿板;3—钢丝;4—锥塞

(2) 镦头夹具。采用镦头夹具时,将预应力筋端部热镦或冷镦,通过承力分孔板锚固。镦头夹具适用于预应力钢丝固定端的锚固,如图 6.9、图 6.10 所示。

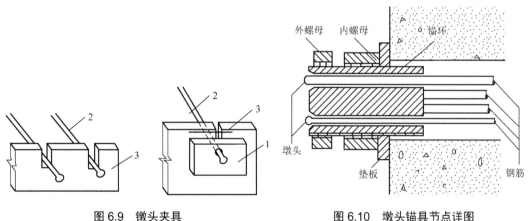

图 6.9 镦头夹具
1—垫片;2—镦头钢丝;3—承力板

图 6.10 墩头锚具节点详图

(3) 钢筋锚固夹具。钢筋锚固常用圆套筒三片式夹具,由套筒和夹片组成。其型号有 YJ12、YJ14,适用于先张法;用 YC-18 型千斤顶张拉时,适用于锚固直径为 12、14mm 的单根冷拉 HRB335、HRB400、RRB400 级钢筋。

(4) 张拉夹具。张拉夹具是夹持住预应力筋后,与张拉机械连接起来进行预应力筋张拉的机具。

3) 张拉设备

张拉设备要求工作可靠、控制应力准确,能以稳定的速率加大拉力。常用的张拉设备有油压千斤顶、卷扬机、电动螺杆张拉机等。张拉设备的张拉力应不小于预应力筋张拉力的1.5倍；张拉设备的张拉行程不小于预应力筋伸长值的1.1~1.3倍，如图6.11、图6.12所示。

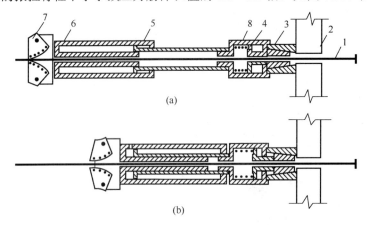

图6.11 YC-20穿心式千斤顶张拉过程示意图

(a) 张拉；(b) 暂时锚固，回油

1—钢筋；2—台座；3—穿心式夹具；4—弹性顶压头；

5、6—油嘴；7—偏心式夹具；8—弹簧

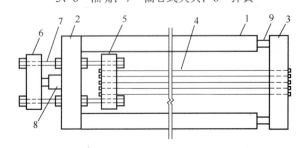

图6.12 四横梁式成组张拉装置

1—台座；2、3—前后横梁；4—钢筋；5、6—拉力架；7—螺丝杆；8—千斤顶；9—放张装置

4) 先张法施工工艺

(1) 先张法的工艺流程。先张法的工艺流程如图6.13所示，其中关键是预应力筋的张拉与固定、混凝土浇筑以及预应力筋的放张。

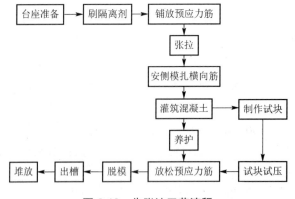

图6.13 先张法工艺流程

(2) 控制应力。张拉控制应力 σ_{con} 是指在张拉预应力筋时所达到的规定应力，应按设计规定采用。

预应力筋的张拉控制应力 σ_{con} 应符合下列规定：

① 消除应力钢丝、钢绞线，$\sigma_{con} \leqslant 0.75 f_{ptk}$；

② 中强度预应力钢丝，$\sigma_{con} \leqslant 0.70 f_{ptk}$；

③ 预应力螺纹钢筋，$\sigma_{con} \leqslant 0.85 f_{pyk}$。

f_{ptk} 指的是预应力筋极限强度标准值；f_{pyk} 指的是预应力螺纹钢筋屈服强度标准值。

消除应力钢丝、钢绞线、中强度预应力钢丝的张拉控制应力不应小于 $0.4 f_{ptk}$；预应力螺纹钢筋的张拉控制应力不宜小于 $0.5 f_{ptk}$。

当符合下列情况之一时，上述张拉控制应力限值可相应提高 $0.05 f_{ptk}$ 或 $0.05 f_{pyk}$。

① 要求提高构件在施工阶段的抗裂性能而在使用阶段受压区内设置的预应力筋。

② 要求部分抵消由于应力松弛、摩擦、钢筋分批张拉以及预应力筋与张拉台座之间的温差等因素产生的预应力损失。

2. 后张法

后张法是先制作混凝土构件，并在预应力筋的位置预留出相应孔道，待混凝土强度达到设计规定的数值后，穿入预应力筋进行张拉，并利用锚具把预应力筋锚固，最后进行孔道灌浆。预应力筋的张拉力主要是靠构件端部的锚具传递给混凝土，使混凝土产生预压应力。图 6.14 所示为预应力混凝土后张法生产示意图。

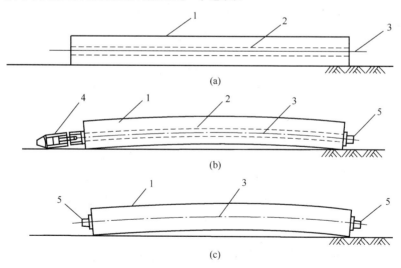

图 6.14　预应力混凝土后张法生产示意图
(a) 制作混凝土构件；(b) 拉钢筋；(c) 锚固和孔道灌浆
1—混凝土构件；2—预留孔道；3—预应力筋；4—千斤顶；5—锚具

后张法的特点是直接在构件上张拉预应力筋，构件在张拉过程中受到预压力而完成混凝土的弹性压缩，因此，混凝土的弹性压缩不直接影响预应力筋有效预应力值的建立。后张法适宜于在施工现场制作大型构件(如屋架等)，以避免大型构件长途运输的麻烦。后张法除作为一种预加应力的工艺方法外，还可以作为一种预制构件的拼装手段。大型构件(如拼装式大跨度屋架)可以预制成小型块体，运至施工现场后，通过预加应力的手段拼装成整体；或各种构件安装就位后，通过预加应力手段，拼装成整体预应力结构。但后张法预应力的传递主要依靠预应力筋两端的锚具，锚具作为预应力筋的组成部分，永远留置在构件上，不能重复使用，这样，不仅需要耗用钢材多，而且锚具加工要求高、费用昂贵，加上后法工艺本身要预留孔道、穿筋、张拉、灌浆等因素，故施工工艺比较复杂，成本也比较高。

1) 锚具和张拉机具

(1) 锚具的种类。在后张法构件生产中，锚具、预应力筋和张拉设备是配套使用的，目前我国在后张法构件生产中采用的预应力筋钢材主要有冷拉Ⅱ、Ⅲ、Ⅳ级钢筋、热处理钢筋、精轧螺纹钢筋、碳素钢丝和钢绞线等。归纳成3种类型的预应力筋，即单根粗钢筋(图6.15)、钢筋束(或钢绞线束)和钢丝束。

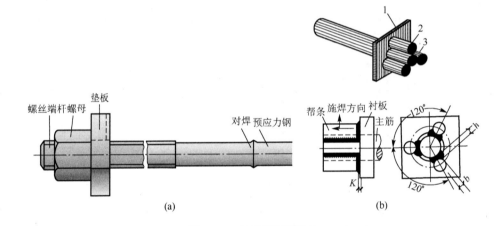

图 6.15　单根粗钢筋锚具

(a) 螺丝端杆锚具；(b) 帮条锚具

K、b、h——焊缝尺寸

(2) 张拉设备。拉杆式千斤顶(YL-60)，如图6.16所示；穿心式千斤顶(YC-60、YC-20、YC-18)，如图6.17所示，配置撑脚和拉杆等附件后，可作为拉杆式千斤顶使用。

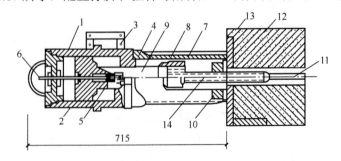

图 6.16　拉杆式千斤顶

1—主缸；2—主缸活塞；3—主缸油嘴；4—副缸；5—副缸活塞；6—副缸油嘴；
7—连接器；8—顶杆；9—拉杆；10—螺母；11—预应力筋；
12—混凝土构件；13—预埋钢板；14—螺丝端杆

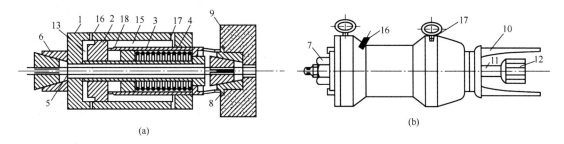

图 6.17 穿心式千斤顶

(a) 工作原理图；(b) 配装撑脚和拉杆后的外貌图

1—张拉油缸；2—顶压油缸(即张拉活塞)；3—顶压活塞；4—弹簧；5—预应力筋；6—工具锚；7—螺母；8—锚环；9—构件；10—撑脚；11—张拉杆；12—连接器；13—张拉工作油室；14—顶压工作油室；15—张拉回程油塞；16—张拉缸油嘴；17—顶压缸油嘴；18—油孔

2) 后张法施工工艺

后张法构件制作的工艺流程如图 6.18 所示。

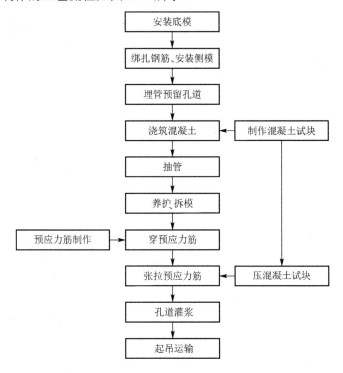

图 6.18 后张法构件制作的工艺流程

3) 后张法预应力筋张拉

后张法预应力筋张拉要做好各种准备工作。施加预应力时，所需的混凝土立方体抗压强度应经计算确定，但不宜低于设计的混凝土强度等级值的 75%，以确保在张拉过程中，混凝土不至于受压而破坏。

3. 无黏结预应力混凝土

后张施加预应力方法的缺点是工序多，需预留孔道、穿筋、压力灌浆，施工复杂、费时，造价高。目前预应力混凝土结构的施工工艺已有了很大改进，采用另一种后张法——后张无黏结预应力施工技术，可以克服这些缺点。其特点是不需要预留孔道，无黏结预应力钢筋可与非预应力钢筋同时铺设，并可采用曲线配筋，布置灵活。

后张无黏结预应力的施工工序如下。

(1) 制作无黏结预应力钢筋。在预应力钢筋表面涂抹防腐油脂层，用油纸包裹，再套以塑料套管。涂层的作用是保证预应力钢筋的自由拉伸，减少摩擦损失，并能防止预应力钢筋腐蚀。套管包裹层的作用是保护涂层与混凝土隔离，具有一定的强度，以防止施工中破损，一端安装固定端锚具，另一端为张拉端。

(2) 绑扎钢筋。无黏结预应力钢筋与非预应力钢筋一样预先铺设，可按设计要求绑扎成钢筋骨架，如图6.19(a)所示。

(3) 浇筑混凝土，待混凝土达到规定的强度后，在张拉端以结构为支座张拉预应力钢筋，如图6.19(b)所示；当预应力钢筋张拉到设计要求的拉力后，用锚具将预应力钢筋锚固在结构上，如图6.19(c)所示。

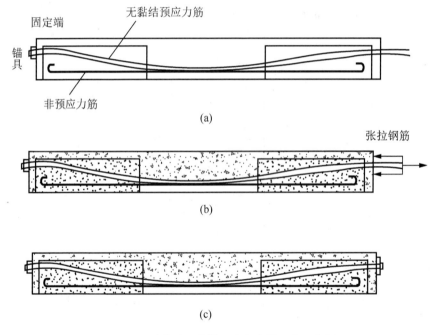

图6.19 后张法无黏结预应力主要工序示意图
(a) 绑扎钢筋；(b) 张拉预应力钢筋；(c) 锚固钢筋

这种工艺的优点是施工时不需要预留孔道、穿筋、灌浆等，施工简单，预应力钢筋易弯成多跨曲线形状等。但也存在一些缺点，由于预应力钢筋与混凝土无黏结作用，整根预应力钢筋的应力基本相同，弯矩破坏时预应力钢筋的强度不能充分发挥，且一旦锚具失效，整根预应力钢筋也将完全失去作用。因此，无黏结预应力通常用于楼板结构，这样即使个别锚具失效，也不会造成严重结构安全问题。此外，如仅配无黏结钢筋，构件中将产生应力集中且宽度较大的裂缝。因此在无黏结预应力混凝土构件中，要求锚具具有更高的可靠性，并一定要配置足够的非预应力钢筋以控制裂缝宽度和保证构件的延性。

无黏结预应力筋是由7根ϕ5mm高强钢丝组成的钢丝束或扭结成的钢绞线，通过专门设备涂包涂料层和包裹外包层构成的(图6.20、图6.21)。

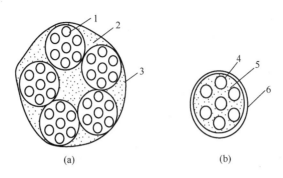

图 6.20 无黏结筋横截面示意图

(a) 无黏结钢绞线束；(b) 无黏结钢丝束或单根钢绞线

1—钢绞线；2—沥青涂料；3—塑料布外包层；4—钢丝；5—油脂涂料

图 6.21 无黏结预应力筋

课题 6.2 预应力混凝土计算与构造

6.2.1 预应力损失

按照某一控制应力值张拉的预应力钢筋，其初始张拉应力会因各种原因而降低，这种预应力降低的现象称为预应力损失，用 σ_l 表示。预应力的损失会降低预应力的效果，降低构件的抗裂度和刚度，故设计和施工中应设法降低预应力损失。预应力混凝土中的预应力损失值见表 6-1。

表 6-1 预应力损失值

N/mm²

引起损失的因素		符号	先张法构件	后张法构件
张拉端锚具变形和预应力筋内缩		σ_{l1}	按规范规定计算	按规范规定计算
预应力筋的摩擦	与孔道壁之间的摩擦	σ_{l2}	—	按规范规定计算
	张拉端锚口摩擦		按实测值或厂家提供的数据确定	
	在转向装置处的摩擦		按实际情况确定	
混凝土加热养护时，受张拉的钢筋与承受拉力的设备之间的温差		σ_{l3}	$2\Delta t$	—
预应力筋的应力松弛		σ_{l4}	按规范规定计算	
混凝土的收缩和徐变		σ_{l5}	按规范规定计算	

续表

引起损失的因素	符号	先张法构件	后张法构件
用螺旋式预应力筋作配筋的环形构件,当直径d不大于3m时,由于混凝土的局部挤压	σ_{l6}	—	30

注：1. 表中Δt为混凝土加热养护时,受张拉的预应力筋与承受拉力的设备之间的温差(℃)。
2. 当$\sigma_{con}/f_{ptk} \leqslant 0.5$时,预应力筋的应力松弛损失值可取为零。

1. 张拉端锚具变形和钢筋内缩引起的预应力损失σ_{l1}

直线预应力钢筋当张拉到σ_{con}后,锚固在台座或构件上时,由于锚具、垫板与构件之间的缝隙被挤紧,钢筋和楔块在锚具内滑移,使得被拉紧的钢筋内缩a所引起的预应力损失值σ_{l1}(N/mm²),按式(6.1)计算：

$$\sigma_{l1} = \frac{a}{l} E_s \tag{6.1}$$

式中 a——张拉端锚具变形和钢筋内缩值 mm,按表6-2取用；
l——张拉端至锚固端之间的距离 mm；
E_s——预应力钢筋的弹性模量 N/mm²。

表6-2 锚具变形和钢筋内缩值a

锚具类别		a
支承式锚具(钢丝束墩头锚具等)	螺帽缝隙	1
夹片锚具	有顶压时	5
	无顶压时	6~8

注：1. 表中的锚具变形和钢筋内缩值也可根据实测数值确定。
2. 其他类型的锚具变形和钢筋内缩值应根据实测数据确定。

块体拼成的结构,其预应力损失应计算块体间填缝的预压变形。当采用混凝土或砂浆为填缝材料时,每条填缝的预压变形值可取为1mm。

锚具损失只考虑张拉端,至于锚固端因在张拉过程中已被挤紧,故不考虑其所引起的应力损失。

减少σ_{l1}损失的措施有如下几种。

(1) 选择锚具变形小或使预应力钢筋内缩小的锚具、夹具,并尽量少用垫板,因每增加一块垫板,a值就增加1mm。

(2) 增加台座长度。因σ_{l1}值与台座长度成反比,采用先张法生产的构件,当台座长度在100m以上时,σ_{l1}可忽略不计。

特别提示

后张法构件曲线预应力筋或折线预应力筋由于锚具变形和预应力筋内缩引起的预应力损失值σ_{l1},应根据曲线预应力筋或折线预应力筋与孔道壁之间反向摩擦影响长度范围内的预应力筋变形值等于锚具变形和预应力筋内缩值的条件确定。

反向摩擦系数、反向摩擦影响长度及常用束形的后张预应力筋在反向摩擦影响长度范围内的预应力损失值σ_{l1}可按《规范》附录计算,这里不再详述。

2. 预应力钢筋和孔道壁之间的摩擦引起的预应力损失 σ_{l2}

采用后张法张拉直线预应力钢筋时,由于预应力钢筋的表面形状、孔道成型质量情况、预应力钢筋的焊接外形质量情况、预应力钢筋与孔道接触程度(孔道的尺寸、预应力钢筋与孔道壁之间的间隙大小、预应力钢筋在孔道中的偏心距数值)等原因,使钢筋在张拉过程中与孔壁接触而产生摩擦阻力。这种摩擦阻力距离预应力张拉端越远,影响越大,使构件各截面上的实际预应力有所减少,称为摩擦损失,以 σ_{l2} 表示,如图 6.22 所示。

σ_{l2} 可按下述方法计算:

$$\sigma_{l2} = \sigma_{con}(1 - \frac{1}{e^{kx+\mu\theta}}) \tag{6.2}$$

当 $kx + u\theta \leq 0.3$ 时,σ_{l2} 可按下列近似公式计算:

$$\sigma_{l2} = (kx + u\theta) \cdot \sigma_{con} \tag{6.3}$$

式中 x——从张拉端至计算截面的孔道长度,亦可近似取该段孔道从纵轴上的投影长度,m;

θ——从张拉端计算截面曲线孔道部分切线的夹角,rad;

K——考虑孔道每米长度局部偏差的摩擦系数,按表 6-3 采用;

μ——预应力钢筋与孔道道壁之间的摩擦系数,按表 6-3 采用。

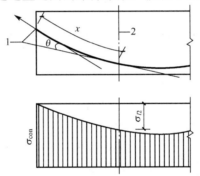

图 6.22 预应力摩擦损失计算

1—张拉端;2—计算截面

表 6-3 摩擦系数

孔道成型方式	κ	μ	
		钢绞线、钢丝束	预应力螺纹钢筋
预埋金属波纹管	0.0015	0.25	0.50
预埋塑料波纹管	0.0015	0.15	—
预埋钢管	0.0010	0.30	—
抽芯成型	0.0014	0.55	0.60
无黏结预应力筋	0.0040	0.09	—

摩擦阻力由下述两个原因引起,先分别计算,然后相加计算。

(1) 张拉曲线钢筋时,由预应力钢筋和孔道壁之间的法向正压力引起的摩擦阻力。

(2) 预留孔道因施工中某些原因发生凹凸,偏离设计位置,张拉钢筋时,预应力钢筋和孔道壁之间将产生法向正压力而引起的摩擦阻力。

减少 σ_{l2} 损失的措施有如下几种。

(1) 对于较长的构件可在两端进行张拉，则计算中孔道长度可按构件的一半长度计算，但这个措施将引起 σ_{l1} 的增加，应用时需加以注意。

(2) 采用超张拉，减少松弛损失与摩擦损失。

3. 混凝土加热养护时，受张拉的钢筋与受拉力的设备之间温差引起的预应力损失 σ_{l3}

为了缩短先张法构件的生产周期，浇灌混凝土后常采用蒸汽养护的办法加速混凝土的硬结。升温时，钢筋受热自由膨胀，产生了预应力损失。

设混凝土加热养护时，受张拉的预应力钢筋与承受拉力的设备(台座)之间的温差为 $\Delta t(℃)$，钢筋的线膨胀系数为 $\alpha=0.00001/℃$，则 σ_{l3} 可按下式计算：

$$\sigma_{l3} = \varepsilon_s E_s = \frac{\Delta l}{l} E_s = \frac{\alpha l \Delta t}{l} E_s = \alpha E_s \Delta t$$
$$= 0.00001 \times 2.0 \times 10^5 \times \Delta t = 2\Delta t (N/mm^2) \tag{6.4}$$

减少 σ_{l3} 损失的措施有如下两种。

(1) 用两次升温养护。先在常温下养护，待混凝土强度达到一定强度等级，例如 C7.5~C10 时，再逐渐升温到规定的养护温度，这时可认为钢筋与混凝土已结成整体，能够一起胀缩而不引起应力损失。

(2) 钢模上张预应力钢筋。由于预应力钢筋是锚固在钢模上的，升温时两者温度相同，可以不考虑此项损失。

4. 预应力钢筋应力松弛引起的预应力损失 σ_{l4}

钢筋在高应力作用下其塑性变形具有随时间而增长的性质，在钢筋长度保持不变的条件下，钢筋的应力会随时间的增长而逐渐降低，这种现象称为钢筋的应力松弛。另外，在钢筋应力保持不变的条件下，其应变会随时间的增长而逐渐增大，这种现象称为钢筋的徐变。钢筋的松弛和徐变均将引起预应力的钢筋中的应力损失，这种损失统称为钢筋应力松弛损失 σ_{l4}。

1)《规范》中的规定

《混凝土结构设计规范》(GB 50010—2010)根据试验结果作如下规定。

(1) 对预应力钢丝、钢绞线规定：

① 普通松弛：

$$\sigma_{l4} = 0.4\left(\frac{\sigma_{con}}{f_{ptk}} - 0.5\right)\sigma_{con} \tag{6.5}$$

② 低松弛：

当 $\sigma_{con} \leqslant 0.7 f_{ptk}$ 时

$$\sigma_{l4} = 0.125\left(\frac{\sigma_{con}}{f_{ptk}} - 0.5\right)\sigma_{con} \tag{6.6}$$

当 $0.7 f_{ptk} < \sigma_{con} \leqslant 0.8 f_{ptk}$ 时

$$\sigma_{l4} = 0.2\left(\frac{\sigma_{con}}{f_{ptk}} - 0.575\right)\sigma_{con} \tag{6.7}$$

(2) 对中强度预应力钢丝规定：$0.08\sigma_{con}$ \qquad (6.8)

(3) 对预应力螺纹钢筋规定：$0.03\sigma_{con}$ \qquad (6.9)

2) 钢筋应力松弛的因素

试验表明，钢筋应力松弛与下列因素有关。

(1) 应力松弛与时间有关，开始阶段发展较快，第一小时松弛损失可达全部松弛损失的 50%左右，24h 后达 80%左右，以后发展缓慢。

(2) 应力松弛损失与钢材品种有关。热处理钢筋的应力松弛值比钢丝、钢绞线的小。

(3) 张拉控制应力值高，应力松弛大，反之，则小。

减少 σ_{l4} 损失的措施是进行超张拉，这里所指的超张拉有两种形式：①从应力零开始直接张拉到 $1.03\sigma_{con}$；②从应力零开始直接张拉至 $1.05\sigma_{con}$，持荷两分钟之后，再卸载 σ_{con}。

5. 混凝土收缩、徐变的预应力损失 σ_{l5}

混凝土在一般温度条件下结硬时会发生体积收缩，而在预应力作用下，沿压力方向混凝土发生徐变。两者均使构件的长度缩短，预应力钢筋也随之内缩，造成预应力损失。收缩与徐变虽是两种性质完全不同的现象，但它们的影响因素、变化规律较为相似，故《混凝土结构设计规范》(GB 50010—2010)将这两项预应力损失合在一起考虑，此处不再详解。

减少 σ_{l5} 的措施有如下几种。

(1) 采用高标号水泥，减少水泥用量，降低水灰比，采用干硬性混凝土。

(2) 采用级配较好的骨料，加强振捣，提高混凝土的密实性。

(3) 加强养护，以减少混凝土的收缩。

6. 用螺旋式预应力钢筋作配筋的环形构件，由于混凝土的局部挤压引起的预应力损失 σ_{l6}

采用螺旋式预应力钢筋作配筋的环形构件(电杆、水池、油罐、压力管道等)，由于预应力钢筋对混凝土的挤压，使环形构件的直径有所减小，预应力钢筋中的拉应力就会降低，从而引起预应力钢筋的应力损失 σ_{l6}。

σ_{l6} 的大小与环形构件的直径 d 成反比。直径越小，损失越大，故《混凝土结构设计规范》规定：当 $d \leq 3m$ 时，$\sigma_{l6} = 30 N/mm^2$；$d > 3m$ 时，$\sigma_{l6} = 0$。

区分 6 种预应力损失，并注意各自减小损失的方法。

6.2.2 预应力损失值的组合

1. 预应力损失的特点

(1) 有的在先张法构件中产生，有的在后张法构件中产生，有的在先、后张法构件中均产生。

(2) 有的是单独产生，有的是和别的预应力损失同时产生。

(3) 前述各公式是分别计算，未考虑相互关系。

2. 预应力损失值的组合

为了便于分析和计算，设计时可将预应力损失分为两批：①混凝土预压完成前出现的损失，称第一批损失 σ_{lI}；②混凝土预压完成后出现的损失，称第二批损失 σ_{lII}，见表 6-4。

表 6-4　各阶段的预应力损失组合

预应力的损失组合	先张法构件	后张法构件
混凝土预压前(第一批)损失	$\sigma_{l1}+\sigma_{l2}+\sigma_{l3}+\sigma_{l4}$	$\sigma_{l1}+\sigma_{l2}$
混凝土预压后(第二批)损失	σ_{l5}	$\sigma_{l4}+\sigma_{l5}+\sigma_{l6}$

3. 预应力总损失的下限值

考虑到预应力损失的计算值与实际值可能存在一定差异，为确保预应力构件的抗裂性，GB 50010—2010 规定，当计算求得的预应力总损失 $\sigma_l=\sigma_{lI}+\sigma_{lII}$ 小于下列数值时，应按下列数据取用。

先张法构件：100N/mm^2；

后张法构件：80N/mm^2。

6.2.3　预应力混凝土构件的设计计算

预应力混凝土结构构件，除应根据设计状况进行承载力计算及正常使用极限状态验算外，还应对施工阶段进行验算。预应力混凝土结构设计应计入预应力作用效应；对超静定结构，相应的次弯矩、次剪力及次轴力应参与组合计算。对承载能力极限状态，当预应力作用效应对结构有利时，预应力作用分项系数应取 1.0，不利时应取 1.2；对正常使用极限状态，预应力作用分项系数应取 1.0。

预应力混凝土构件受力状况，包括若干个具有代表性的受力过程，它们与施加预应力是采用先张法还是采用后张法有着密切的关系，其计算较为烦琐，在此不一一论述。本部分以施工阶段和正常使用阶段的预应力混凝土轴心受拉构件为例进行简单分析。在后面的分析中，分别以 σ_{pe}、σ_s、σ_{pc} 表示各阶段预应力钢筋、非预应力钢筋及混凝土的应力。

1. 施工阶段受力分析

1) 先张法(图 6.23)

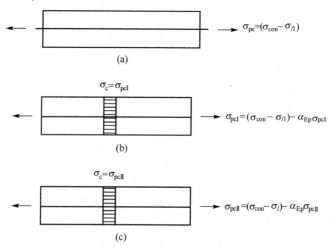

图 6.23　先张法施工阶段受力分析

(a) 放张前；(b) 放张后；(c) 完成第二批损失

(1) 张拉预应力钢筋阶段。在固定的台座上穿好预应力钢筋，其截面面积为 A_p，用张拉设备张拉预应力钢筋直至达到张拉控制应力 σ_{con}，预应力钢筋所受到的总拉力 $N_p = \sigma_{con} A_p$，此时该拉力由台座承担。

(2) 预应力钢筋锚固、混凝土浇筑完毕并进行养护阶段。由于锚具变形和预应力钢筋内缩、预应力钢筋的部分松弛和混凝土养护时引起的温差等原因，使得预应力钢筋产生了第一批预应力损失 σ_{lI}，此时预应力钢筋的有效拉应力为 $(\sigma_{con} - \sigma_{lI})$，预应力钢筋的合力为：

$$N_{pI} = (\sigma_{con} - \sigma_{lI})A_p \tag{6.10}$$

$$\sigma_{pc} = 0 \tag{6.11}$$

$$\sigma_s = 0$$

(3) 放张预压阶段。放松预应力钢筋后，预应力钢筋发生弹性回缩而缩短，由于预应力钢筋与混凝土之间存在黏结力，所以预应力钢筋的回缩量与混凝土受预压的弹性压缩量相等，由变形协调条件可得，混凝土受到的预压应力为 σ_{pcI}，非预应力钢筋受的预压应力为 $\alpha_{Es}\sigma_{pcI}$，预应力钢筋的应力减少了 $\alpha_{Ep}\sigma_{pcI}$，即：

$$\sigma_{peI} = \sigma_{con} - \sigma_{lI} - \alpha_{Ep}\sigma_{pcI} \tag{6.12}$$

此时，预应力构件处于自平衡状态，由内力平衡条件可知，预应力钢筋所受的拉力等于混凝土和非预应力钢筋所受的压力，即：

$\sigma_{peI} A_p = \sigma_{pcI} A_c + \alpha_{Es}\sigma_{pcI} A_s$，从而有：

$$\sigma_{pcI} = \frac{(\sigma_{con} - \sigma_{lI}) \cdot A_p}{(A_c + \alpha_{Es} A_s + \alpha_{Ep} A_p)} = \frac{N_{PI}}{A_0} \tag{6.13}$$

式中　N_{pI}——即预应力钢筋在完成第一批损失后的合力，$N_{pI} = (\sigma_{con} - \sigma_{lI})A_p$；

　　　A_0——换算截面面积，为混凝土截面面积与非预应力钢筋和预应力钢筋换算成混凝土的截面面积之和，$A_0 = A_c + \alpha_{Es} A_s + \alpha_{Ep} A_p$；

α_{Es}、α_{Ep}——非预应力钢筋、预应力钢筋的弹性模量与混凝土弹性模量的比值。

(4) 完成第二批应力损失阶段。

构件在预应力 σ_{pcI} 的作用下，混凝土发生收缩和徐变，预应力钢筋继续松弛，构件进一步缩短，完成第二批应力损失 σ_{lII}。此时混凝土的应力由 σ_{pcI} 减少为 σ_{pcII}，非预应力钢筋的预压应力由 $\alpha_{Es}\sigma_{pcI}$ 减少为 $\alpha_{Es}\sigma_{pcII} + \sigma_{l5}$，预应力钢筋中的应力由 σ_{peI} 减少了 $(\alpha_{Ep}\sigma_{pcII} - \alpha_{Ep}\sigma_{pcI}) + \sigma_{lII}$，$\sigma_{peII}$ 为：

$$\begin{aligned}\sigma_{peII} &= \sigma_{peI} - (\alpha_{Ep}\sigma_{pcII} - \alpha_{Ep}\sigma_{pcI}) - \sigma_{lII} \\ &= \sigma_{con} - \sigma_{lI} - \sigma_{lII} - \alpha_{Ep}\sigma_{pcII} \\ &= \sigma_{con} - \sigma_l - \alpha_{Ep}\sigma_{pcII}\end{aligned} \tag{6.14}$$

式中　$\sigma_l = \sigma_{lI} + \sigma_{lII}$——全部预应力损失。

根据构件截面的内力平衡条件 $\sigma_{peII} A_p = \sigma_{pcII} A_c + (\alpha_{Es}\sigma_{pcII} + \sigma_{l5}) A_s$，可得：

$$\sigma_{pcII} = \frac{(\sigma_{con} - \sigma_l)A_p - \sigma_{l5} A_s}{(A_c + \alpha_{Es} A_s + \alpha_{Ep} A_p)} = \frac{N_{pII}}{A_0} \tag{6.15}$$

式中　$N_{pII} = (\sigma_{con} - \sigma_l)A_p - \sigma_{l5}A_s$ ——预应力钢筋完成全部预应力损失后预应力钢筋和非预应力钢筋的合力。

应用案例 6-1

一先张法轴心受拉预应力构件，截面为 $b \times h = 120mm \times 200mm$，预应力钢筋截面面积 $A_p = 804mm^2$，强度设计值 $f_{py} = 580MPa$，弹性模量 $E_s = 1.8 \times 10^5 MPa$，无非预应力筋，混凝土为 C40 级（$f_{tk} = 2.40MPa$，$E_c = 3.25 \times 10^4 MPa$），完成第一批预应力损失并放松预应力钢筋后，预应力钢筋的应力为 $\sigma_{peI} = 510MPa$，然后又发生第二批预应力损失 $\sigma_{lII} = 130MPa$。试求完成第二批预应力损失后，预应力钢筋的应力和混凝土的应力。

【解】

(1) 截面几何特征：

$$\alpha_{Ep} = \frac{E_s}{E_c} = \frac{1.8 \times 10^5}{3.25 \times 10^4} = 5.54$$

$$A_c = 120 \times 200 - 804 = 23196(mm^2)$$

$$A_0 = A_c + \alpha_{Ep}A_p = 23196 + 5.54 \times 804 = 27650(mm^2)$$

(2) 完成第一批预应力损失后混凝土所受的预压应力。

根据截面平衡条件　$\sigma_{pcI}A_c = \sigma_{peI}A_p$

$$\sigma_{pcI} = \frac{\sigma_{peI}A_p}{A_c} = \frac{510 \times 804}{23196} = 17.68(MPa)$$

由 $\sigma_{peI} = \sigma_{con} - \sigma_{lI} - \alpha_{Ep}\sigma_{pcI}$ 得：

$$510 = \sigma_{con} - \sigma_{lI} - 5.54 \times 17.68$$

则

$$\sigma_{con} - \sigma_{lI} = 608(MPa)$$

混凝土的应力为：

$$\sigma_{pcII} = \frac{(\sigma_{con} - \sigma_l)A_p}{A_c + a_{EP} \cdot A_P}$$

$$= \frac{(\sigma_{con} - \sigma_{lI} - \sigma_{lII})A_p}{A_c + a_{EP} \cdot A_P}$$

$$= \frac{(608 - 130) \times 804}{27650} = 13.90(MPa)$$

(3) 完成第二批预应力损失后预应力钢筋的应力。

预应力钢筋的应力为：

$$\sigma_{peII} = \sigma_{con} - \sigma_{lI} - \sigma_{lII} - \alpha_{Ep}\sigma_{pcII}$$

$$= 608 - 130 - 5.54 \times 13.90 = 401(MPa)$$

案例点评

熟悉并掌握预应力构件各个阶段截面应力情况非常重要，对于不同阶段，要用相应的公式计算。

2) 后张法(图 6.24)

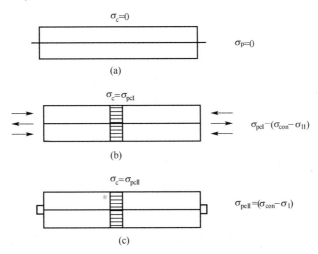

图 6.24 后张法施工阶段应力分析
(a) 张拉前；(b) 完成第一批损失；(c) 完成第二批损失

(1) 张拉预应力钢筋之前，即从浇筑混凝土开始至穿预应力钢筋后，构件不受任何外力作用，所以构件截面不存在任何应力。

(2) 张拉钢筋并锚固。张拉预应力钢筋，与此同时混凝土受到与张拉力反向的压力作用，并发生了弹性压缩变形。同时，在张拉过程中预应力钢筋与孔壁之间的摩擦引起预应力损失 σ_{l2}，锚固预应力钢筋后，锚具的变形和预应力钢筋的回缩引起预应力损失 σ_{l1}，从而完成了第一批损失 σ_{lI}。此时，混凝土受到的压应力为 σ_{pcI}，非预应力钢筋所受到的压应力为 $\alpha_{Es}\sigma_{pcI}$。预应力钢筋的有效拉应力 σ_{peI} 为：

$$\sigma_{peI} = \sigma_{con} - \sigma_{lI} \tag{6.16}$$

由构件截面的内力平衡条件 $\sigma_{peI} A_p = \sigma_{pcI} A_c + \alpha_{Es} \sigma_{pcI} A_s$，可得：

$$\sigma_{pcI} = \frac{(\sigma_{con} - \sigma_{lI}) A_p}{A_c + \alpha_{Es} A_s} = \frac{N_{pI}}{A_n} \tag{6.17}$$

式中 N_{pI}——完成第一批预应力损失后，预应力钢筋的合力；

A_n——构件的净截面面积，即扣除孔道后混凝土的截面面积与非预应力钢筋换算成混凝土的截面面积之和，$A_n = A_c + \alpha_{Es} A_s$。

(3) 二批预应力损失。在预应力张拉全部完成之后，构件中混凝土受到预压应力的作用而发生了收缩和徐变、预应力钢筋松弛以及预应力钢筋对孔壁混凝土的挤压，从而完成了第二批预应力损失 σ_{lII}，此时混凝土的应力由 σ_{pcI} 减少为 σ_{pcII}，非预应力钢筋的预压应力由 $\alpha_{Es}\sigma_{pcI}$ 减少为 $\alpha_{Es}\sigma_{pcII} + \sigma_{l5}$，预应力钢筋的有效应力 σ_{peII} 为：

$$\begin{aligned}\sigma_{peII} &= \sigma_{peI} - \sigma_{lII} \\ &= \sigma_{con} - \sigma_{lI} - \sigma_{lII} \\ &= \sigma_{con} - \sigma_{l}\end{aligned} \tag{6.18}$$

由力的平衡条件 $\sigma_{peII} A_p = \sigma_{pcII} A_c + (\alpha_{Es} \sigma_{pcII} + \sigma_{l5}) A_s$ 可得：

$$\sigma_{pcII} = \frac{(\sigma_{con} - \sigma_l)A_p - \sigma_{l5}A_s}{A_c + \alpha_{Es}A_s} = \frac{N_{pII}}{A_n} \tag{6.19}$$

式中 $N_{pII} = (\sigma_{con} - \sigma_l)A_p - \sigma_{l5}A_s$ ——预应力钢筋完成全部预应力损失后预应力钢筋和非预应力钢筋的合力。

3) 先张法与后张法的比较

(1) 计算预应力混凝土轴心受拉构件截面混凝土的有效预压应力 σ_{pcI}、σ_{pcII} 时,计算时所用构件截面面积为:先张法用换算截面面积 A_0,后张法用构件的净截面面积 A_n。

(2) 在先张法预应力混凝土轴心受拉构件中,存在着放松预应力钢筋后由混凝土弹性压缩变形而引起的预应力损失;在后张法预应力混凝土轴心受拉构件中,混凝土的弹性压缩变形是在预应力钢筋张拉过程中发生的,因此没有相应的预应力损失。所以,相同条件的预应力混凝土轴心受拉构件,当预应力钢筋的张拉控制应力相等时,先张法预应力钢筋中的有效预应力比后张法的小,相应建立的混凝土预压应力也就比后张法的小,具体的数量差别取决于混凝土弹性压缩变形的大小。

(3) 在施工阶段中,当考虑到所有的预应力损失后,计算混凝土的预压应力 σ_{pcII} 的公式,先张法与后张法从形式上来讲大致相同,主要区别在于公式中的分母分别为 A_0 和 A_n。由于 $A_0 > A_n$,因此先张法预应力混凝土轴心受拉构件的混凝土预压应力小于后张法预应力混凝土轴心受拉构件。

以上结论可推广应用于计算预应力混凝土受弯构件的混凝土预应力,只需将 N_{pI}、N_{pII} 改为偏心压力。

2. 正常使用阶段受力分析

预应力混凝土轴心受拉构件在正常使用荷载作用下,其整个受力特征点可划分为消压极限状态、抗裂极限状态和带裂缝工作状态。

1) 消压极限状态

对构件施加的轴心拉力 N_0 在该构件截面上产生的拉应力 $\sigma_{c0} = N_0/A_0$ 刚好与混凝土的预压应力 σ_{pcII} 相等,即 $|\sigma_{c0}| = |\sigma_{pcII}|$,称 N_0 为消压轴力。

对于先张法预应力混凝土轴心受拉构件,预应力钢筋的应力 σ_{p0} 为:

$$\sigma_{p0} = \sigma_{con} - \sigma_l \tag{6.20.1}$$

对于后张法预应力混凝土轴心受拉构件,预应力钢筋的应力 σ_{p0} 为:

$$\sigma_{p0} = \sigma_{con} - \sigma_l + \alpha_{Ep}A_p \tag{6.20.2}$$

预应力混凝土轴心受拉构件的消压状态,相当于普通混凝土轴心受拉构件承受荷载的初始状态,混凝土不参与受拉,轴心拉力 N_0 由预应力钢筋和非预应力钢筋承受,则:

$$N_0 = \sigma_{p0}A_p - \sigma_s A_s$$

先张法预应力混凝土轴心受拉构件的消压轴力 N_0 为:

$$N_0 = (\sigma_{con} - \sigma_l)A_p - \sigma_{l5}A_s \\ = \sigma_{pcII}A_0 \tag{6.21.1}$$

后张法预应力混凝土轴心受拉构件的消压轴力 N_0 为:

$$N_0 = (\sigma_{con} - \sigma_l + \alpha_{Ep}\sigma_{pcII})A_p - \sigma_{l5}A_s$$
$$= \sigma_{pcII}(A_n + \alpha_{Ep}A_p) \qquad (6.21.2)$$
$$= \sigma_{pcII}A_0$$

应用案例 6-2

已知条件同【应用案例 6-1】，试求加荷至混凝土应力为零时的轴力。

【解】

加荷至混凝土应力为零时的轴力即为消压轴力 N_0。由式(6.21.1)得

$$N_0 = \sigma_{con} \cdot A_0 = 13.9 \times 27\,650\text{N} = 384\,335\text{N} = 384.335\text{kN}$$

2) 开裂极限状态

在消压轴力 N_0 的基础上，继续施加足够的轴心拉力使得构件中混凝土的拉应力达到其抗拉强度 f_{tk}，混凝土处于受拉即将开裂但尚未开裂的极限状态，称该轴心拉力为开裂轴力 N_{cr}。

此时构件所承受的轴心拉力为：

$$N_{cr} = N_0 + f_{tk}A_c + \alpha_{Es}f_{tk}A_s + \alpha_{Ep}f_{tk}A_p$$
$$= N_0 + (A_c + \alpha_{Es}A_s + \alpha_{Ep}A_p)f_{tk} \qquad (6.22)$$
$$= (\sigma_{pcII} + f_{tk})A_0$$

3) 带缝工作阶段

当构件所承受的轴心拉力 N 大于开裂轴力 N_{cr} 后，构件受拉开裂，并出现多道大致垂直于构件轴线的裂缝，裂缝所在截面处的混凝土退出工作，不参与受拉。预应力钢筋的拉应力 σ_p 和非预应力钢筋的拉应力 σ_s 分别为：

$$\sigma_p = \sigma_{p0} + \frac{(N - N_0)}{A_p + A_s} \qquad (6.23)$$

$$\sigma_s = \sigma_{s0} + \frac{(N - N_0)}{A_p + A_s} \qquad (6.24)$$

特别提示

(1) 无论是先张法还是后张法，消压轴力 N_0、开裂轴力 N_{cr} 的计算公式具有对应相同的形式。

(2) 要使预应力混凝土轴拉构件开裂，需要施加比普通混凝土构件更大的轴心拉力，显然在同等荷载水平下，预应力构件具有较高的抗裂能力。

3. 预应力混凝土轴心受拉构件计算

根据以上各阶段的受力分析，为保证预应力混凝土轴心受拉构件各项使用性能，在使用阶段应进行承载力计算、抗裂度验算或裂缝宽度计算；在施工阶段应进行混凝土承载力计算(先张法构件放松预应力钢筋时或后张法构件张拉预应力钢筋时)，对于后张法构件端部锚固区应进行局部受压承载力验算。

6.2.4 预应力混凝土结构构件的构造要求

1. 截面形式和尺寸

预应力混凝土构件的截面形式应根据构件的受力特点进行合理选择，如图 6.25 所示。

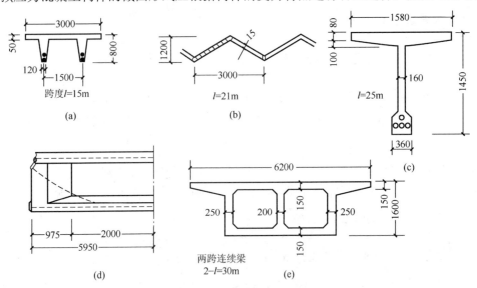

图 6.25 预应力混凝土构件的截面形式
(a) 双 T 形；(b) 折板式；(c) T 字形 3；(d) 工字形；(e) 箱形

矩形截面外形简单、模板最省。但核心区域小、自重大，受拉区混凝土对抗弯不起作用，截面有效性差。一般适用于实心板和一些短跨先张预应力混凝土梁。

工形截面核心区域大，预应力筋布置的有效范围大，截面材料利用较为有效，自重较小。但应注意腹板应保证一定的厚度，以使构件具有足够的受剪承载力，便于混凝土的浇筑。

箱形截面和工形截面具有同样的截面性质，并可抵抗较大的扭转作用，常用于跨度较大的公路桥梁。

预应力混凝土受弯构件的挠度变形控制容易满足，因此跨高比可取得较大。但跨高比过大，则反拱、挠度会对预加外力的作用位置以及温度波动比较敏感，对结构的振动影响也更为显著。一般预应力混凝土受弯构件的跨高比可比钢筋混凝土构件增大 30%。

2. 纵向非预应力钢筋

(1) 对部分预应力混凝土，当通过配置一定的预应力钢筋 A_p 已能使构件满足抗裂或裂缝控制要求时，根据承载力计算所需的其余受拉钢筋可以采用非预应力钢筋 A_s。

(2) 非预应力钢筋可保证构件具有一定延性。

(3) 在后张法构件未施加预应力前进行吊装时，非预应力钢筋的配置也很重要。

(4) 为对裂缝分布和开展宽度起到一定的控制作用，非预应力钢筋宜采用 HRB335 级和 HRB400 级钢筋。

(5) 对于施工阶段预拉区(施加预应力时形成的拉应力区)容许出现裂缝的构件，应在预拉区配置非预应力钢筋 A'_s，防止裂缝开展过大，但这种裂缝在使用阶段可闭合。

(6) 对施工阶段预拉区不允许出现裂缝的构件，预拉区纵向钢筋的配筋率$((A'_s + A'_p)/A)$

不应小于0.2%，但对后张法不应计入A_p'。

(7) 对施工阶段允许出现裂缝，而在预拉区不配置预应力钢筋的构件，当$\sigma_{ct}=2f_{tk}'$时，预拉区纵向钢筋的配筋率(A_s'/A)不应小于0.4%，当$f_{tk}'<\sigma_{ct}<2f_{tk}'$时，在0.2%和0.4%之间按直线内插取用。

(8) 预拉区的非预应力纵向钢筋宜配置带肋钢筋，其直径不宜大于14mm，并应沿构件预拉区的外边缘均匀配置，如图6.26所示。

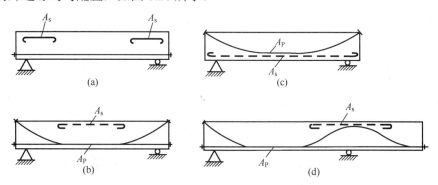

图 6.26　非预应力的布置
(a) 直线预应力筋；(b) 直、曲线预应力筋；(c) 曲线预应力筋；(d) 直、折线预应力筋

3. 先张法构件的要求

1) 预应力钢筋(丝)的净间距

预应力钢筋、钢丝的净间距应根据便于浇灌混凝土、保证钢筋(丝)与混凝土的黏结锚固以及施加预应力(夹具及张拉设备的尺寸)等要求来确定。当预应力钢筋为钢筋时，其净距不宜小于钢筋公称直径的2.5倍及混凝土粗骨料最大粒径的1.25倍；当预应力钢筋为钢丝时，其净距不宜小于15mm。

2) 混凝土保护层厚度

为保证钢筋与混凝土的黏结强度，防止放松预应力钢筋时出现纵向劈裂裂缝，必须有一定的混凝土保护层厚度。当采用钢筋作预应力筋时，其保护层厚度要求同钢筋混凝土构件；当预应力钢筋为光面钢丝时，其保护层厚度不应小于15mm。

3) 钢筋、钢丝的锚固

先张法预应力混凝土构件应保证钢筋(丝)与混凝土之间有可靠的黏结力，宜采用变形钢筋、刻痕钢丝、螺旋肋钢丝、钢绞线等。

4) 端部附加钢筋

为防止放松预应力钢筋时构件端部出现纵向裂缝，对预应力钢筋端部周围的混凝土应设置附加钢筋。

(1) 当采用单根预应力钢筋，其端部宜设置长度不小于150mm螺旋筋。当钢筋直径$d\leqslant 16$mm时，也可利用支座垫板上的插筋，但插筋根数不应少于4根，其长度不宜小于120mm。

(2) 当采用多根预应力钢筋时，在构件端部10倍且不小于100mm范围内，预应力钢筋直径范围内，应设置3~5片与预应力钢筋垂直的钢筋网。

(3) 采用钢丝配筋的预应力薄板，在端部100mm范围内，应适当加密横向钢筋。

4. 后张法构件的要求

1) 预留孔道的构造要求

预留孔道的布置应考虑到张拉设备的尺寸、锚具尺寸及构件端部混凝土局部受压承载力的要求等因素。

(1) 孔道直径应比预应力钢筋束外径、钢筋对焊接头处外径及锥形螺杆锚具的套筒等外径大 6～15mm，以便于穿入预应力钢筋，并保证孔道灌浆质量。

(2) 孔道间的净距不应小于 50mm；孔道至构件边缘的净距不应小于 30mm，且不宜小于孔道的半径。

(3) 构件两端及跨中应设置灌浆孔或排气孔，孔距不宜大于 12m。孔道灌浆所用的水泥砂浆强度等级不应低于 M20，水灰比宜为 0.4～0.45，为减少收缩，宜掺入 0.01%水泥用量的铝粉。

(4) 凡需要起拱的构件，预留孔道宜随构件同时起拱。

2) 曲线预应力钢筋的曲率半径

曲线预应力钢丝束、钢绞线束的曲率半径不宜小于 4m。对折线配筋的构件，在预应力钢筋弯折处的曲率半径可适当减小。

3) 端部钢筋布置

(1) 为防止施加预应力时，构件端部产生沿截面中部的纵向水平裂缝，宜将一部分预应力钢筋在靠近支座区段弯起，并使预应力钢筋尽可能沿构件端部均匀布置。

(2) 如预应力钢筋在构件端部不能均匀布置而需集中布置在端部截面下部时，应在构件端部 0.2 倍截面高度范围内设置竖向附加焊接钢筋网等构造钢筋。

(3) 预应力钢筋锚具及张拉设备的支承处，应采用预埋钢垫板，并设置上述附加钢筋网和附加钢筋。当构件端部有局部凹进时，为防止端部转折处产生裂缝，应增设折线构造钢筋。

本模块小结

在结构承受外荷载之前，预先对其在外荷载作用下的受拉区施加压应力，以改善结构使用性能的这种结构形式称为预应力结构。

(1) 施加预应力的方法。

①先张法；②后张法。

(2) 施加预应力的设备。

①锚具与夹具；②机具设备：a.张拉设备；b.制孔器；c.灌孔水泥浆及压浆机。

(3) 混凝土需满足下列要求。

①快硬、早强；②强度高；③收缩、徐变小。

(4) 钢材需满足下列要求。

①强度高；②具有一定的塑性；③良好的加工性能；④与混凝土之间能较好地黏结。

(5) 预应力损失值。

① 预应力直线钢筋由于锚具变形和钢筋内缩引起的预应力损失。

② 预应力钢筋与孔道壁之间的摩擦引起的预应力损失。

③ 混凝土加热养护时受张拉的预应力钢筋与承受拉力的设备之间温差引起的预应力损失。

④ 预应力钢筋应力松弛引起的预应力损失。

⑤ 混凝土收缩、徐变的预应力损失。

⑥ 用螺旋式预应力钢筋作配筋的环形构件,由于混凝土的局部挤压引起的预应力损失。

(6) 对预应力混凝土构件不仅要进行使用阶段和施工阶段验算,而且还要满足《混凝土结构设计规范》(GB 50010—2010)规定的各种构造措施。

习 题

一、填空题

1. 预应力总损失 σ_l 在计算中的值,先张法不应小于_____,后张法不应小于_____。

2. 预应力钢筋张拉控制应力的大小主要与_____及_____有关。

3. 预应力构件对混凝土的基本要求有_____,_____和_____。

4. 预应力混凝土构件的设计计算一般包括以下内容:在使用阶段有_____,_____,_____;在施工阶段有_____,_____。

5. 减少预应力钢筋应力松弛引起的预应力损失 σ_{l4} 的最有效方法是_____。

二、简答题

1. 什么是无黏结预应力混凝土?
2. 什么是张拉控制应力?如何取值?
3. 预应力损失值是如何组合的?
4. 预应力筋超张拉时,有哪两种形式?
5. 预应力混凝土构件主要的构造措施有哪些?
6. 对于先张拉预应力混凝土来说,为什么混凝土需要达到一定强度后才能放松钢筋?

模块 7

钢筋混凝土梁板结构计算能力训练

教学目标

能力目标：通过本模块的学习，能初步进行现浇单向肋梁楼盖板、次梁、主梁的结构设计计算；能初步进行现浇双向板楼盖、楼梯、雨篷板的结构设计计算；能识读有梁板、楼梯平法施工图。

知识目标：了解梁板结构的类型及受力特点；理解梁板结构的计算简图、荷载组合、内力包络图；掌握单向板肋梁结构的设计要点和构造规定；熟练掌握单向板肋梁楼盖的设计计算；理解双向板肋梁结构的设计要点和构造要求；掌握楼梯和雨篷的构造。

态度养成目标：培养学生对现浇混凝土梁板结构设计计算原理的认识，为以后从事设计、施工或管理奠定理论基础。

教学要求

知识要点	能力要求	相关知识	所占分值(100 分)
梁板结构的受力特点	梁板结构的荷载传递方法	屋盖、楼盖、底板等肋形结构	5
计算简图	荷载及支座的简化	等效荷载	5
内力图及内力包络图	荷载最不利组合的确定方法	荷载最不利位置	5
板的设计	板的构造要求及配筋方法	弯起式配筋和分离式配筋	20
次梁的设计	次梁的构造要求和配筋方法	次梁的配筋图	20
主梁的设计	主梁的构造要求和配筋方法	主梁钢筋的配筋图	20
双向板楼盖的设计	双向板楼盖的内力计算方法	双向板楼盖的设计方法	5
现浇板式楼梯的设计	楼梯的配筋计算	楼梯配筋的特点	5
雨篷的设计	雨篷的配筋计算	雨篷配筋的特点	5
识读钢筋混凝土梁板结构施工图	能识读有梁板、楼梯平法施工图	有梁板、楼梯平法施工图	10

模块 7　钢筋混凝土梁板结构计算能力训练

引 例

在工业与民用建筑工程中经常见到钢筋混凝土梁板结构，图 7.1 所示的水电厂房楼盖以及图 7.2 所示的民用住宅的楼盖，都是典型的梁板结构。

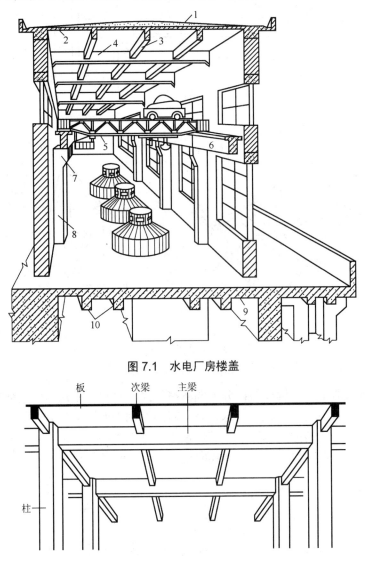

图 7.1　水电厂房楼盖

图 7.2　民用住宅楼盖

课题 7.1　梁板结构理论

梁板结构是由板和支承板的梁组成的结构，是土木工程中常见的结构形式，建筑中的楼(屋)盖(图 7.3(a))、阳台、楼梯、雨篷、地下室地板(图 7.3(b))和挡土墙(图 7.3(c))中广泛采用梁板结构，还常被用于水利工程中的水电站厂房、整体式渡槽及水池底板等。

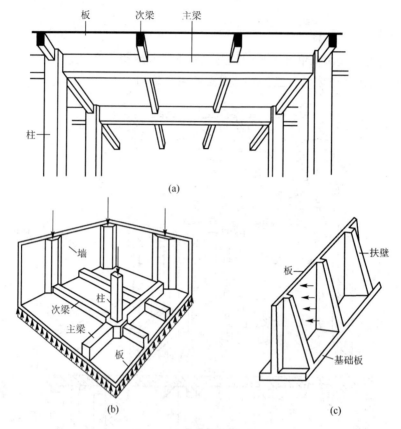

图 7.3 梁板结构工程实例
(a) 肋梁楼盖；(b) 地下室底板；(c) 挡土墙

根据施工方法的不同，梁板结构分为现浇整体式、预制装配式和装配整体式 3 种。整体式的优点是刚度大、抗震性强、防水性好，对不规则平面适应性强；缺点是模板耗费量大、施工周期长等。而装配式的优点是节约模版、施工周期短；缺点是刚度小、整体性差和抗震性差，不便开设洞口。装配整体式的优缺点介于两者之间。

7.1.1 现浇整体式

1. 肋形楼盖

现浇肋形楼盖是由板、次梁和主梁组成的梁板结构，如图 7.4 所示，是楼盖中最常见的结构形式之一，同其他结构形式相比，其整体性好、用钢量少。

梁板结构主要承受垂直于板面的荷载作用，荷载由上至下依次传递，板上的荷载先传递给次梁，次梁上的荷载再传递给主梁，主梁上的荷载再传递给柱或墙，最后传到基础和地基。在整体式梁板结构中，板区格的四周一般均有梁或墙体支承。因为梁的抗弯刚度比板大得多，所以可以将梁视为板的不动支承。四边支承的板的荷载通过板的双向弯曲传到两个方向上。传到支承上的荷载的大小，取决于该板两个方向上边长的比值。当板的长短边的比值超过一定数值时，沿板长边方向所分配的荷载可以忽略不计，故荷载可视为仅沿短边方向传递，这样的四边支承可视为两边支承。因此根据长短边的比值，肋形结构可分为单向板和双向板两种。

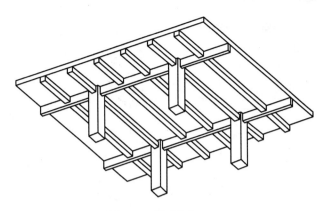

图 7.4 肋形楼盖

(1) 单向板肋形结构。当板的长短边比值 $l_2/l_1 \geqslant 3$ 时,板上的荷载主要沿短边方向传递给梁,短边为主要弯曲方向,受力钢筋沿短边方向布置,长边方向仅按构造布置分布钢筋。此种梁板结构称为单向板肋形结构。单向板肋形结构的优点是计算简单、施工方便,如图 7.5(b)、(c)所示。

(2) 双向板肋形结构。当板的长短边比值 $l_2/l_1 \leqslant 2$ 时,两个方向上的弯曲相近,板上的荷载沿两个方向传递给四边的支承,板是双向受力,在两个方向上板都要布置受力钢筋,此种梁板结构称为双向板肋形结构。双向板肋形结构的优点是经济美观,如图 7.5(d)所示。

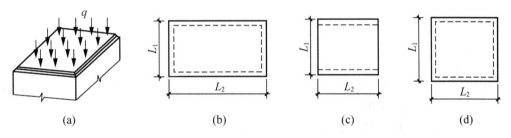

图 7.5 单、双向板

(a) 荷载图;(b) 四边支承单向板($l_2/l_1 \geqslant 3$);(c) 两边支承单向板;(d) 四边支承双向板($l_2/l_1 \leqslant 2$)

(3) 当长短边比值 $2 < l_2/l_1 < 3$ 时,宜按双向板计算,亦可按短边方向的单向板计算,但应在长边方向增加足够数量的钢筋。

一般情况下,板的跨度取 1.7~2.5m,不宜超过 3m;次梁的跨度取 4~6m;主梁的跨度取 5~8m。板、次梁和主梁的截面尺寸应满足以下要求。

板:单向板板厚 $h \geqslant l_0/40$;双向板板厚 $h \geqslant l_0/50$。

次梁:简支梁高 $h \geqslant l_0/20$;连续梁 $h \geqslant l_0/25$;梁宽 $b = (1/3 \sim 1/2)h$。

主梁:简支梁高 $h \geqslant l_0/12$;连续梁 $h \geqslant l_0/15$;梁宽 $b = (1/3 \sim 1/2)h$。

2. 无梁楼盖

无梁楼盖是一种由板、柱组成的梁板结构,没有主梁和次梁,如图 7.6 所示。其结构特点是钢筋混凝土楼板直接支承在柱上,同肋梁楼盖相比,无梁楼盖厚度更大。当荷载和柱网较大时,为了改善板的受力条件,提高柱顶处板的抗冲切能力以及降低板中的弯矩,通常在每层柱的上部设置柱帽,柱帽截面一般为矩形,其形式如图 7.7 所示。

无梁楼盖具有楼层净空高、天棚平整、采光性好、节省模板、支模简单及施工方便等优点。当楼面活荷载标准值不小于$5kN/m^2$、柱距在6m以内时，无梁楼盖比肋梁楼盖更经济。

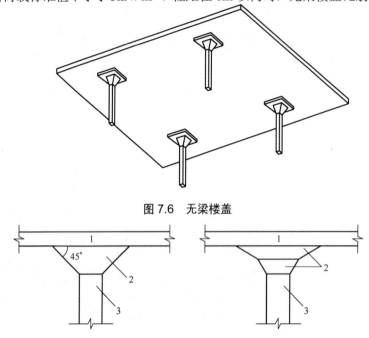

图7.6 无梁楼盖

图7.7 无梁楼盖柱帽形式

1—楼板；2—柱帽；3—柱子

无梁楼盖常用于书库、仓库、商场、水池底板以及筏板基础等结构。

(1) 无梁楼盖板一般采用等厚板，板的厚度除了满足承载力要求外，还要保证不会产生过大的变形。为了避免板产生过大变形，其截面尺寸应满足如下条件。

① 当有柱帽且有帽顶板时，$h/l_{02} \geqslant 1/35$。

② 当有柱帽但无帽顶板时，$h/l_{02} \geqslant 1/32$。

③ 当无柱帽时，柱上板带应适当加厚，加厚部分的长度为相应跨度的30%。

④ 无论何种情况下，板的厚度都不得小于150mm。

(2) 板的截面有效高度如同双向板，同一部位的两个方向上的弯矩同号时，纵横向受力钢筋叠放在一起，一般情况下，要求弯矩较大方向的纵向钢筋应位于下部，两个方向上的有效高度按各自纵向钢筋的位置取值，当为正方形区格时，有效高度可取两个方向上有效高度的平均值。

(3) 板的配筋采用绑扎式双向配筋，为便于施工，钢筋一般采用一端弯起另一端直钩的形式，对于支座处承受负弯矩的纵向钢筋，直径不得小于12mm。

无梁楼盖周边应设置圈梁，圈梁截面高度不小于板厚的2.5倍。圈梁除承受弯矩外，还承受扭矩，因此圈梁内应配置抗扭钢筋。

3. 井字楼盖

井字楼盖由肋形楼盖演变而来，与肋形楼盖不同的是，井字楼盖不分主次梁，如图7.8所示。其两个方向上的梁的截面尺寸相同，比肋形楼盖截面高度小，梁的跨度较大，常用于公共建筑的大厅等结构。

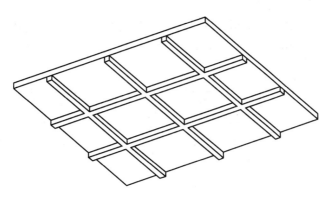

图 7.8　井字楼盖

7.1.2　预制装配式

装配式楼盖不仅要求每个预制构件有足够的强度和刚度,还应保证各构件之间有紧密、可靠的连接,从而保证整个结构的整体稳定性。因此在装配时楼盖设计中,要妥善处理好预制板与预制板之间、预制板与墙之间、预制板与梁之间、梁与墙之间的连接构造问题。

1. 预制板与预制板之间的连接

板与板之间的连接,主要通过填实板缝来处理。板缝的截面形式应有利于板间荷载的传递。为保证板缝密实,板缝的上口宽度不应小于 30mm,下口宽度不小于10mm。其次还要根据板缝的宽度选择填缝材料。当下口宽度大于20mm时,填缝材料一般用不低于C20的细石混凝土;当缝宽不大于20mm时,填缝材料宜选择不低于M15的水泥砂浆;当缝宽不小于50mm时,应按计算配置受力钢筋。当有更高要求时,可设置厚度为 40～50mm 的整浇层,采用C20细石混凝土内配$\phi 6@200$的双向钢筋网。

2. 板与墙、板与梁的连接

板与墙、板与梁的连接,一般采用在支座上坐浆(即在板搁置前,支承面铺设一层 10～15mm 厚的强度等级不低于 M5 的水泥砂浆),然后将板直接平铺上去即可。板在砖墙上的支承长度不少于100mm,在钢筋混凝土梁上的支承长度为 60～80mm。空心板搁置在墙上时,为防止嵌入墙内的端部被压碎和保证板端部的填缝材料能灌筑密实,在空心板两端需用混凝土将空洞堵塞密实。

3. 梁与墙的连接

梁在墙上的支承长度,应考虑梁内受力钢筋在支座处的锚固要求,并满足支承处梁下砌体局部抗压承载力的要求。梁在墙上的支承长度按下述方法取用。

(1) 当梁高小于400mm时,预制梁支承长度不小于110mm,现浇梁不小于120mm。
(2) 当梁高不小于400mm时,预制梁支承长度不小于170mm,现浇梁不小于180mm。
(3) 预制梁还应在支座坐浆 10～20mm。

7.1.3　装配整体式

装配整体式楼盖、屋盖是将各预制梁或板(包括叠合梁、叠合板中的预制部分),在现场吊装就位后,通过整结措施和现浇混凝土构成整体,即由预制板或预制梁间现浇一叠合层而成为一个整体,如图 7.9 所示。这种楼盖兼有现浇式和装配式的特点,由于需要进行混凝土二次浇灌,有时还需要增加焊接工作量,这是这种结构形式的不足点。

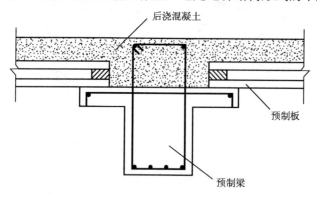

图 7.9 装配整体式体楼盖

课题 7.2 均布荷载不利布置计算

连续板和梁的内力计算方法有两种:弹性理论计算和考虑内力重分布的塑性理论计算。这里先介绍弹性理论计算。按弹性理论法计算内力,就是假定板和梁都为理想弹性体,根据前面所述的方法选取计算简图,因连续板和梁都是超静定结构,需要按结构力学的力矩分配法计算内力。由于力矩分配法计算量很大,为方便计算,多采用现成的连续板、梁的内力系数表进行计算。对于板和次梁而言,其受到的荷载大多可以简化成均布荷载,而要计算最大内力设计值,首先需要确定荷载的最不利位置,再按照效应组合来计算内力设计值。

7.2.1 均布活荷载的最不利位置

梁、板上的荷载有恒荷载和活荷载,活荷载的大小或作用位置会发生变化,则必然会引起构件各截面内力的变化。所以,要保证构件在任何荷载作用下都安全,就需要确定活荷载在哪些位置能引起构件控制截面(包括跨中和支座)的最大内力,即要确定活荷载最不利位置。

为探讨均布活荷载的最不利位置,以连续五跨梁为例,可根据力学知识大致画出均布活荷载作用在某一跨时的弯矩图和剪力图,如图 7.10 所示。

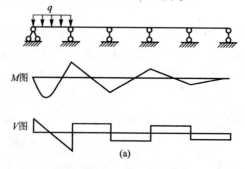

图 7.10 连续梁活荷载在不同跨时的弯矩图和剪力图

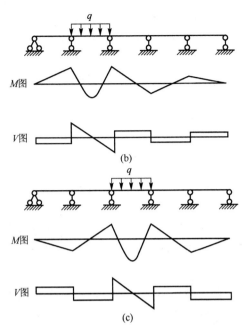

图 7.10　连续梁活荷载在不同跨时的弯矩图和剪力图(续)

(a) 活荷载 q 布置在第 1 跨；(b) 活荷载 q 布置在第 2 跨；(c) 活荷载 q 布置在第 3 跨

表 7-1 所示为五跨连续梁，根据上述的结论可知：当活荷载 q 作用在 1、3 或 5 跨时，在 1、3 和 5 跨跨中都引起正弯矩；而同时又在 2 和 4 跨跨中产生负弯矩。同理，当活荷载 q 作用在 2 或 4 跨时，在 2 和 4 跨跨中产生正弯矩；而同时在 1、3 和 5 跨跨中产生负弯矩。所以，要计算 1、3 或 5 跨跨中的弯矩时，须使活荷载 q 作用在 1、3 和 5 跨上，同时 2 和 4 跨上都不出现活荷载 q；要计算 2 和 4 跨的跨中弯矩时，活荷载必须布置在 2 和 4 跨上，同时 1、3 和 5 都不得出现活荷载 q。以此类推，可以得出确定截面最不利活荷载的如下布置原则。

表 7-1　连续五跨梁均布活荷载的最不利位置布置图

可变荷载分布图	最不利内力		
	最大正弯矩	最大负弯矩	最大剪力
跨 1、3、5 布置 q	M_1、M_3、M_5	M_2、M_4	V_A、V_F
跨 2、4 布置 q	M_2、M_4	M_1、M_3、M_5	
跨 1、2、4 布置 q		M_B	V_B^l、V_B^r
跨 2、3、5 布置 q		M_C	V_C^l、V_C^r

(1) 求某跨跨中最大弯矩时，应将活荷载布置在该跨，并每隔一跨都布置活荷载。

(2) 求某跨跨中最小弯矩时，该跨不应布置活荷载，而要在两相邻跨布置活荷载，在每隔一跨布置活荷载。

(3) 求某支座截面最大负弯矩时，应在该支座两相邻跨上布置活荷载，再每隔一跨布置活荷载。

(4) 求某支座剪力时，活荷载同(3)，即与求该支座截面最大负弯矩相同。

7.2.2 弹性法计算内力

当活荷载的最不利位置确定之后，对于等跨度、等刚度的连续梁和板，由力学知识可知，均布荷载作用下某一截面的弯矩与 gl_0^2 或 ql_0^2 成正比，剪力与 gl_n 或 ql_n 成正比，而某一截面的最大内力效应等于均布恒荷载作用产生的内力效应与处于最不利位置的活荷载作用产生的效应之和，即：$M = \alpha_1 gl_0^2 + \alpha_2 ql_0^2$、$V = \beta_1 gl_n + \beta_2 ql_n$。由此可见，计算内力关键是确定系数 α_1、α_2、β_1、β_2（称为内力系数），为简化计算，附录 B 直接列出了均布荷载对应的内力系数值，因此可直接应用该内力系数表查出均布恒载和均布活荷载在最不利位置下的内力系数，并按式(7.1)和式(7.2)计算连续板和梁的各控制截面的内力值：

$$M = \alpha_1 gl_0^2 + \alpha_2 ql_0^2 \tag{7.1}$$

$$V = \beta_1 gl_n + \beta_2 ql_n \tag{7.2}$$

式中 α_1、α_2、β_1、β_2——内力系数，见附录 B；

g、q——单位长度上的均布恒载和均布活荷载；

l_0、l_n——板或梁的计算跨度和净跨度。

如果连续板或梁的跨度不等，但相差不超过10%，仍可用内力系数表计算内力值。但在计算支座截面弯矩时，计算跨度应取相邻两跨计算跨度的平均值；而计算剪力和跨中截面弯矩时，仍取该跨的计算跨度。

应用案例 7-1

某楼盖的次梁计算简图如图 7.11 所示，为连续五跨梁，其上作用有均布恒荷载 $g = 6kN/m$，均布活荷载 $q = 4kN/m$，各跨计算跨度均为 3m，净跨均为 2.7m。试计算各跨跨中最大弯矩、各支座最大负弯矩以及各支座截面的最大剪力。

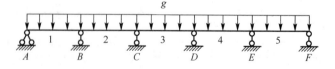

图 7.11 次梁计算简图

案例点评

要计算最大内力需要考虑活荷载的布置情况，可按表 7-1 查出活荷载的最不利位置，直接按等跨五跨连续梁应用式(7.1)和式(7.2)计算。考虑到对称性，该五跨梁只计算一半即可。

1. 计算跨中最大弯矩

(1) 对于第一跨，由表 7-1 可知，活荷载布置在 1、3、5 跨。
查附录 B 表 B-4，$\alpha_{11}=0.0781$、$\alpha_{12}=0.100$。
$$M_1 = \alpha_{11}gl_0^2 + \alpha_{12}ql_0^2 = 0.0781 \times 6 \times 3^2 + 0.100 \times 4 \times 3^2 = 7.812(\text{kN}\cdot\text{m})$$

(2) 对于第二跨，由表 7-1 可知，活荷载布置在 2、4 跨。
查附录 B 表 B-4，$\alpha_{21}=0.0331$、$\alpha_{22}=0.0787$。
$$M_2 = \alpha_{21}gl_0^2 + \alpha_{22}ql_0^2 = 0.0331 \times 6 \times 3^2 + 0.0787 \times 4 \times 3^2 = 4.626(\text{kN}\cdot\text{m})$$

(3) 对于第三跨，由表 7-1 可知，活荷载布置在 1、3、5 跨。
查附录 B 表 B-4，$\alpha_{31}=0.0462$、$\alpha_{32}=0.0855$。
$$M_3 = \alpha_{31}gl_0^2 + \alpha_{32}ql_0^2 = 0.0462 \times 6 \times 3^2 + 0.0855 \times 4 \times 3^2 = 5.544(\text{kN}\cdot\text{m})$$

(4) 第四跨同第二跨，第五跨同第一跨。

2. 支座最大负弯矩

(1) 对于 B 支座，由表 7-1 可知，活荷载布置在 1、2、4 跨。
查附录 B 表 B-4，$\alpha_{B1}=-0.105$、$\alpha_{B2}=-0.119$。
由式(7.1)得：
$$M_B = \alpha_{B1}gl_0^2 + \alpha_{B2}ql_0^2 = -0.105 \times 6 \times 3^2 - 0.119 \times 4 \times 3^2 = -9.954(\text{kN}\cdot\text{m})$$

(2) 对于 C 支座，由表 7-1 可知，活荷载布置在 2、3、5 跨。
查附录 B 表 B-4，$\alpha_{C1}=-0.079$、$\alpha_{C2}=-0.111$；
$$M_C = \alpha_{C1}gl_0^2 + \alpha_{C2}ql_0^2 = -0.079 \times 6 \times 3^2 - 0.111 \times 4 \times 3^2 = -8.262(\text{kN}\cdot\text{m})$$

(3) A 支座和 F 支座的弯矩均为 0，D 支座同 C 支座，E 支座同 B 支座。

3. 支座截面最大剪力

(1) 对于 A 支座，由表 7-1 可知，活荷载布置在 1、3、5 跨。
查附录 B 表 B-4，$\beta_{A1}=0.395$、$\beta_{A2}=0.447$。
$$V_A = \beta_{A1}gl_n + \beta_{A2}ql_n = 0.395 \times 6 \times 2.7 + 0.447 \times 4 \times 2.7 = 11.21(\text{kN})$$

(2) 对于 B 支座，由表 7-1 可知，活荷载布置在 1、2、4 跨。
查附录 B 表 B-4，$\beta_{B左1}=-0.606$、$\beta_{B左2}=-0.620$；$\beta_{B右1}=0.526$、$\beta_{B右2}=0.598$。
$$V_{B左} = \beta_{B左1}gl_n + \beta_{B左2}ql_n = -0.606 \times 6 \times 2.7 - 0.620 \times 4 \times 2.7 = -16.88(\text{kN})$$
$$V_{B右} = \beta_{B右1}gl_n + \beta_{B右2}ql_n = 0.526 \times 6 \times 2.7 + 0.598 \times 4 \times 2.7 = 15.3(\text{kN})$$

(3) 对于 C 支座，由表 7-1 可知，活荷载布置在 2、3、5 跨。
查附录 B 表 B-4，$\beta_{C左1}=-0.474$、$\beta_{C左2}=-0.576$；$\beta_{C右1}=0.500$、$\beta_{C右2}=0.591$。
$$V_{C左} = \beta_{C左1}gl_n + \beta_{C左2}ql_n = -0.474 \times 6 \times 2.7 - 0.576 \times 4 \times 2.7 = -14.18(\text{kN})$$
$$V_{C右} = \beta_{C右1}gl_n + \beta_{C右2}ql_n = 0.500 \times 6 \times 2.7 + 0.591 \times 4 \times 2.7 = 14.78(\text{kN})$$

(4) D 支座同 C 支座，E 支座同 B 支座，F 支座同 A 支座。

7.2.3 塑性法计算内力

1. 塑性计算法的基本概念

按弹性理论计算内力时，是把钢筋混凝土材料看做是理想的弹性材料，没有考虑其塑性性质。很明显，这与实际不符，计算结果不能准确反映构件的真实内力。

塑性计算法是考虑塑性变形引起结构内力重分布的实际情况计算连续板和梁内力的方

法。这种方法考虑了钢筋和混凝土的塑性性质，计算结果更符合工程实际情况。

对适量配筋的受弯构件，当控制截面的纵向钢筋达到屈服后，该截面的承载力也达到最大值，再增加少许弯矩，纵向钢筋的应力不变但应变却会急剧增加，即形成塑性变形区；该区域两侧截面产生较大的相对转角，由于纵向钢筋已经屈服，因此不能有效限制转角的增大，则此塑性变形区在构件中的作用，相当于一个能够转动的"铰"，称之为塑性铰。塑性铰形成的区域内，钢筋与混凝土的黏结发生局部破坏，塑性铰相当于把构件分为用铰连接的两部分。对于静定结构，构件一出现塑性铰，相当于少了一个约束，则立即变为机动体系失去承载力。当对于超静定结构，由于有多余约束，即使出现塑性铰，也不会转变为机动体系，仍然能够继续承载，直到构件陆续出现其他的塑性铰，当塑性铰的数目大于结构的超静定次数时，结构才转变成机动体系。很明显，由于连续板和梁均属于超静定结构，因此可以允许塑性铰的存在，即控制截面达到最大承载力之后，整个结构还可以继续承载。

钢筋混凝土结构的塑性铰和理想铰有本质区别：①塑性铰截面能够承受弯矩，而理想铰则不能；②塑性铰只能沿弯矩方向作有限的转动，而理想铰可以在两个方向自由转动；③塑性铰有一定宽度，而理想铰则集中于一点。

对于钢筋混凝土结构超静定结构，塑性铰出现后相当于减少了结构的约束，这将会引起各截面的内力发生变化，即内力重分布。下面以两跨连续梁为例，讨论一下塑性铰形成后结构承载力的变化情况，如图 7.12 所示，两跨的计算跨度均为 l_0，每跨跨中承受的集中荷载为 F。

1) 塑性铰形成之前

在塑性铰形成之前，结构可以看做是理想弹性体，因此可通过弹性计算法计算内力，先查表计算控制截面弯矩，画出弯矩图，如图 7.12(a)所示。可以看出，中间支座 B 处的弯矩值最大，故 B 支座截面首先达到受弯承载力，塑性铰也首先在此处出现。当 B 处出现塑性铰后，荷载 F 由下式确定：

$$M_{BU} = 0.188 F l_0$$

解得：
$$F = \frac{M_{BU}}{0.188 l_0}$$

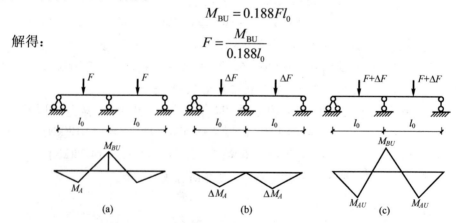

图 7.12 塑性铰出现前后控制截面弯矩变化过程
(a) 塑性铰出现前；(b) 塑性铰出现；(c) 塑性铰出现后

此时，左边跨中截面弯矩 $M_A = 0.156 F l_0$，假设此截面受弯承载力 M_{AU} 大于 M_A，则其受弯承载力还有盈余，仍可继续承载，因此该梁仍可继续承载，即该梁能承受的荷载大于 F。

2) 塑性铰形成后

中间支座 B 形成塑性铰后,按照塑性铰的特点,此截面可以看作是一个铰,则该梁可以看作是两个计算跨度均为 l_0 的简支梁,如图 7.12(b)所示。对左边简支梁而言,其最大弯矩为 M_A,小于受弯承载力,因此可以继续承载。当其跨中弯矩增大到 M_{AU} 时,如图 7.12(c)所示,该截面达到最大承载力,此时跨中截面又变为一个塑性铰之后,整个结构变为机动体系,失去承载力。增加的荷载 ΔF 大小为:

$$\Delta F = \frac{M_{AU} - M_A}{0.25 l_0}$$

此时该梁所能承受的最大荷载为

$$F + \Delta F = \frac{M_{BU}}{0.188 l_0} + \frac{M_{AU} - M_A}{0.25 l_0}$$

由此可以看出,塑性铰形成前,整个结构仍然被看做是理想弹性体,当最危险截面达到最大受弯承载力时,塑性铰形成,此时结构不再是理想弹性体了,塑性铰处的弯矩不再随荷载增大而增大,而是保持不变,但其他截面的弯矩却仍会随荷载增大而增大,荷载增量 ΔF 引起的弯矩增量集中在另一个即将出现塑性铰的截面,相当于内力重分布了,直到另一个塑性铰形成后,整个结构达到最大承载力,不能够继续承载。

2. 塑性计算法的适应范围

按塑性法计算结构内力比弹性理论计算更简单,更符合工程实际情况,更有效地发挥了材料的强度,从而提高了结构的承载力,所设计的结构更加经济,而且能克服支座处钢筋的拥挤现象,更合理地布置钢筋。在土木工程中设计钢筋混凝土连续板、梁时,应优先采用这种设计方法。

但其也有局限性,它是以形成塑性铰为前提的,形成塑性铰后的截面(通常不止一个)处于承载能力极限状态,裂缝宽度和变形都很大,而且没有安全储备,很容易破坏。因此在以下情况下,应避免使用这种设计方法,而须采用弹性理论法设计:①要求有较大安全储备、处于重要部位的结构(如整体式单向板肋梁结构中的主梁);②在使用阶段对裂缝宽度和变形有严格要求的结构;③直接承受动力和重复荷载的结构。

除此之外,为了保证塑性铰形成之后具有足够的转动能力,要求纵向钢筋屈服之后有较大的塑性变形,因此受力钢筋宜采用 HRB335 和 HRB400 级热轧钢筋,与此对应,混凝土的等级宜在 C20～C45 之内。截面的相对受压区高度系数 ξ 应在 0.10～0.35 之间。

3. 塑性计算法计算等跨度连续板和梁的内力

对工程中常见的承受均布荷载的等跨度连续板和梁的控制截面的内力,采用和弹性法相似的计算方法,计算公式如下:

$$M = \gamma_1 (g+q) l_0^2 \tag{7.3}$$

$$V = \gamma_2 (g+q) l_n \tag{7.4}$$

式中　γ_1、γ_2——考虑塑性内力重分布的弯矩系数和剪力系数,按表 7-2 和表 7-3 取用;

　　　g、q——单位长度上的均布恒载和均布活荷载;

　　　l_0、l_n——板或梁的计算跨度和净跨度。

表 7-2 考虑塑性内力重分布的弯矩系数 γ_1

支承情况	截面位置				
	端支座	边跨跨中	离端第二支座	中间跨跨中	中间支座
板、梁搁在墙上	0	$\dfrac{1}{11}$	两跨连续板、梁：$-\dfrac{1}{10}$	$\dfrac{1}{16}$	$-\dfrac{1}{14}$
板与梁整体连接	$-\dfrac{1}{16}$	$\dfrac{1}{14}$			
梁与梁整体连接	$-\dfrac{1}{24}$		三跨及以上连续板、梁：$-\dfrac{1}{11}$		
梁与柱整体连接	$-\dfrac{1}{16}$				

表 7-3 考虑塑性内力重分布的剪力系数 γ_2

支承情况	截面位置			
	端支座内侧	离端第二支座		中间支座
		外侧	内侧	
搁在墙上	0.45	0.60	0.55	0.55
与梁或柱整体连接	0.50	0.55		

应用案例 7-2

试计算在如图 7.13 所示荷载作用下，连续五跨梁各跨跨中截面的最大弯矩、支座截面的最大负弯矩及支座截面的最大剪力。已知：荷载设计值 $g=6\mathrm{kN/m}$，$q=4\mathrm{kN/m}$，各跨计算跨度均为 3m，净跨均为 2.7m。梁端放在墙上。

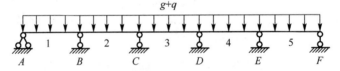

图 7.13　五跨连续梁计算简图

【解】

1. 计算跨中弯矩

查表 7-2：

第一跨：$\gamma_{11}=\dfrac{1}{11}$；

第二跨：$\gamma_{21}=\dfrac{1}{16}$；

第三跨：$\gamma_{31}=\dfrac{1}{16}$；

第四跨同第二跨，第五跨同第一跨。

由式(7.3)有：$M_1=\gamma_{11}(g+q)l_0^2=\dfrac{1}{11}\times(6+4)\times 3^2=8.18(\mathrm{kN\cdot m})$

$$M_2 = \gamma_{21}(g+q)l_0^2 = \frac{1}{16} \times (6+4) \times 3^2 = 5.63(\text{kN} \cdot \text{m})$$

$$M_3 = \gamma_{31}(g+q)l_0^2 = \frac{1}{16} \times (6+4) \times 3^2 = 5.63(\text{kN} \cdot \text{m})$$

$$M_5 = M_1 = 8.18 \text{kN} \cdot \text{m}$$

$$M_4 = M_2 = 5.63 \text{kN} \cdot \text{m}$$

2. 支座负弯矩

查表7-2：

A、F 支座：$\gamma_{A1} = \gamma_{F1} = 0$；

B、E 支座：$\gamma_{B1} = \gamma_{E1} = -\dfrac{1}{11}$；

C、D 支座：$\gamma_{C1} = \gamma_{D1} = -\dfrac{1}{14}$；

由式(7.3)有：$M_A = M_F = 0$；

$$M_B = M_E = \gamma_{B1}(g+q)l_0^2 = -\frac{1}{11} \times (6+4) \times 3^2 = -8.18(\text{kN} \cdot \text{m})$$

$$M_C = M_D = \gamma_{C1}(g+q)l_0^2 = -\frac{1}{14} \times (6+4) \times 3^2 = -6.43(\text{kN} \cdot \text{m})$$

3. 支座截面剪力

查表7-3：

A、F 支座：$\gamma_{A2} = \gamma_{F2} = 0.45$；

B、E 支座：$\gamma_{B左2} = \gamma_{E右2} = 0.60$、$\gamma_{B右2} = \gamma_{E左2} = 0.55$；

C、D 支座：$\gamma_{C左2} = \gamma_{D右2} = 0.55$、$\gamma_{C右2} = \gamma_{D左2} = 0.55$；

由式(7.4)有：$V_A = V_F = \gamma_{A2}(g+q)l_n = 0.45 \times 10 \times 2.7 = 12.15(\text{kN})$

$$V_{B左} = V_{E右} = \gamma_{B左2}(g+q)l_n = 0.60 \times (6+4) \times 2.7 = 16.20(\text{kN})$$

$$V_{B右} = V_{E左} = \gamma_{B右2}(g+q)l_n = 0.55 \times (6+4) \times 2.7 = 14.85(\text{kN})$$

$$V_{C左} = V_{D右} = \gamma_{C左2}(g+q)l_n = 0.55 \times (6+4) \times 2.7 = 14.85(\text{kN})$$

$$V_{C右} = V_{D左} = \gamma_{C右2}(g+q)l_n = 0.55 \times (6+4) \times 2.7 = 14.85(\text{kN})$$

由上例可以看出，同弹性计算法相比，塑性计算法很简洁，大大简化了计算过程。

特 别 提 示

对于单向板楼盖、板和次梁的内力计算可采用塑性法，计算较简洁，而对要求有较大安全储备、处于重要部位的结构(如整体式单向板肋梁结构中的主梁)、在使用阶段对裂缝宽度和变形有严格要求的结构和直接承受动力和重复荷载的结构内力计算则必须采用弹性法。

课题 7.3 集中荷载不利布置计算

7.3.1 集中活荷载的最不利位置计算

集中活荷载的最不利位置的确定原则与均布活荷载相同,即

(1) 求某跨跨中最大弯矩时,应将活荷载布置在该跨,并每隔一跨都应布置活荷载。

(2) 求某跨跨中最小弯矩时,该跨不应布置活荷载,而要在两相邻跨布置活荷载,在每隔一跨布置活荷载。

(3) 求某支座截面最大负弯矩时,应在该支座两相邻跨上布置活荷载,再每隔一跨布置活荷载。

(4) 求某支座剪力时,活荷载同(3),即与求该支座截面最大负弯矩相同。

由力学知识可知,集中荷载作用下某一截面的弯矩与 Gl_0 或 Ql_0 成正比,剪力与 G 或 Q 成正比,而某一截面的最大内力效应等于集中恒荷载作用产生的内力效应与处于最不利位置的集中活荷载作用产生的效应之和,即:$M = \alpha_1 Gl_0 + \alpha_2 Ql_0$、$V = \beta_1 G + \beta_2 Q$。弯矩和剪力的计算也采用查内力系数表的方法进行计算,计算公式如下:

$$M = \alpha_1 Gl_0 + \alpha_2 Ql_0 \tag{7.5}$$

$$V = \beta_1 G + \beta_2 Q \tag{7.6}$$

式中　α_1、α_2、β_1、β_2——内力系数,见附录 B;

　　　G、Q——集中恒载和集中活荷载;

　　　l_0——板或梁的计算跨度和净跨度。

计算案例见应用案例 7-3。

7.3.2 内力包络图

对于连续梁,各控制截面的内力都不相同,各截面可能出现的内力最大值所连成的图形称为内力包络图。它是各截面内力图的外包线,可以反映各个截面上内力的变化范围,从而可以方便地知道每个截面上的内力最大值和最小值。内力包络图分为弯矩包络图和剪力包络图。弯矩包络图用来计算和配置各截面的纵向钢筋,剪力包络图用来计算和配置箍筋和弯起钢筋。

下面以两跨梁为例,说明在集中恒载和集中活荷载作用下剪力包络图的做法。

应用案例 7-3

如图 7.14 所示,两跨连续梁,每跨计算跨度均为 6m,作用的恒载大小 $G=100$kN,作用在每跨的跨中,作用的活荷载大小 $Q=200$kN,作用的位置也在每跨跨中。作出该两跨梁的剪力包络图和弯矩包络图。

案例解析

为了作出剪力包络图,须先作出在恒载和各种活荷载下的剪力图(图 7.14(a)、图 7.14(b)、图 7.14(c))。

按前面活荷载最不利位置的分析，可以得出：在图 7.14(a)所示的荷载作用下，A 支座有最大剪力值；在图 7.14(b)所示的荷载作用下，C 支座有最大剪力值；在图 7.14(c)所示的荷载作用下，B 支座有最大剪力值。剪力包络图就是这些最大剪力值所构成的外包线，如图 7.15 所示。用同样的方法，可以作出该梁的弯矩包络图。

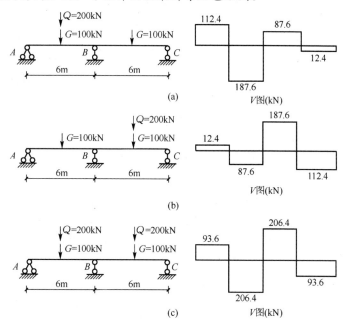

图 7.14 梁在恒载和活荷载作用的剪力图

【解】
1．剪力包络图

剪力按式(7.6)计算，根据附录 B 表 B-1 查出各内力系数。

恒载 G 作用下：$\beta_{A1}=0.312$、$\beta_{B左1}=-0.688$、$\beta_{B右1}=0.688$；$\beta_{C1}=-0.312$。

(1) 图 7.14(a)所示活荷载作用下：$\beta_{A2}=0.406$、$\beta_{B左2}=-0.594$；$\beta_{B右2}=0.094$、$\beta_{C2}=0.094$。

则：
$$V_A = \beta_{A1}G + \beta_{A2}Q = 112.4(\text{kN})$$
$$V_{B左} = \beta_{B左1}G + \beta_{B左2}Q = -187.6(\text{kN})$$
$$V_{B右} = \beta_{B右1}G + \beta_{B右2}Q = 87.6(\text{kN})$$
$$V_C = \beta_{C1}G + \beta_{C2}Q = -12.4(\text{kN})$$

画出在恒载和活荷载下的剪力图(图 7.14(a))。

(2) 图 7.14(b)所示活荷载作用下：$\beta_{A2}=0.094$、$\beta_{B左2}=0.094$；$\beta_{B右2}=-0.594$、$\beta_{C2}=0.406$。

按式(7.6)可得：
$$V_A = 12.4\text{kN}、V_{B左}=-87.6\text{kN}、V_{B右}=187.6\text{kN}、V_C=-112.4\text{kN}$$

画出在恒载和活荷载下的剪力图(图 7.14(b))。

(3) 图 7.14(c)所示活荷载作用下：$\beta_{A2}=0.312$、$\beta_{B左2}=-0.688$；$\beta_{B右2}=0.688$、$\beta_{C2}=-0.312$；

按式 7.6 可得：
$$V_A = 93.6\text{kN}、V_{B左}=-206.4\text{kN}、V_{B右}=206.4\text{kN}、V_C=-93.6\text{kN}$$

画出在恒载和活荷载下的剪力图(图 7.14(c))。

(4) 将图 7.14(a)、(b)、(c)叠加,可得到剪力包络图(图 7.15)。

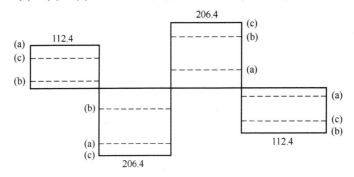

图 7.15 剪力包络图(单位:kN)

2. 弯矩包络图

弯矩按式(7.5)计算,根据附录 B 表 B-1 查出各内力系数:

恒载 G 作用下:$\alpha_{11}=0.156$、$\alpha_{21}=0.156$、$\alpha_{B1}=-0.188$。

(1) 图 7.14(a)所示活荷载作用下:$\alpha_{12}=0.203$、$\alpha_{B2}=-0.094$。

则:
$$M_1 = \alpha_{11}Gl_0 + \alpha_{12}Ql_0 = 337.2(\text{kN}\cdot\text{m})$$
$$M_B = \alpha_{B1}Gl_0 + \alpha_{B2}Ql_0 = -225.6(\text{kN}\cdot\text{m})$$
$$M_2 = 12.4\times 3 = 37.2(\text{kN}\cdot\text{m})$$

画出在恒载和活荷载下的弯矩图(图 7.16(a))。

(2) 图 7.14(b)所示活荷载作用下:$\alpha_{22}=0.203$、$\alpha_{B2}=-0.094$。

按式(7.5)可得:
$$M_1 = 12.4\times 3 = 37.2(\text{kN}\cdot\text{m})$$
$$M_2 = \alpha_{21}Gl_0 + \alpha_{22}Ql_0 = 337.2(\text{kN}\cdot\text{m})$$
$$M_B = \beta_{B1}Gl_0 + \beta_{B2}Ql_0 = -225.6(\text{kN}\cdot\text{m})$$

画出在恒载和活荷载下的弯矩图(图 7.16(b))。

(3) 图 7.14(c)所示活荷载作用下:$\alpha_{12}=0.156$、$\alpha_{B2}=-0.188$;$\alpha_{22}=0.156$。

按式(7.6)可得:
$$M_1 = M_2 = \alpha_{11}Gl_0 + \alpha_{12}Ql_0 = 280.8(\text{kN}\cdot\text{m})$$
$$M_B = \beta_{B1}Gl_0 + \beta_{B2}Ql_0 = -338.4(\text{kN}\cdot\text{m})$$

画出在恒载和活荷载下的弯矩(图 7.16(c))。

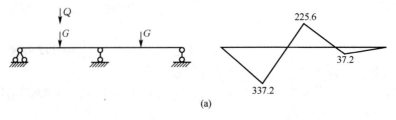

(a)

图 7.16 梁在恒载和活荷载作用下的弯矩图

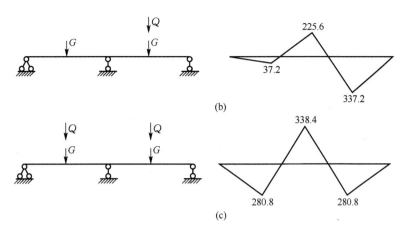

(b)

(c)

图 7.16 梁在恒载和活荷载作用下的弯矩图(续)

(4) 将图 7.16(a)、(b)、(c)叠加可得到弯矩包络图(粗黑线),如图 7.17 所示。

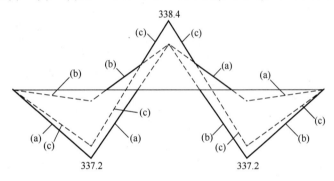

图 7.17 弯矩包络图

应用案例 7-4

某楼盖主梁计算简图如图 7.18 所示,每跨计算跨度均为 15m,恒载设计值 $G=40\text{kN}$,活载设计值 $Q=60\text{kN}$,作该主梁的弯矩包络图。

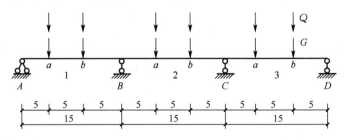

图 7.18 主梁计算简图

 案例解析

每一跨均有两个集中力作用点 a 和 b,按式(7.5)和式(7.6)计算的某跨最大正弯矩值是该

跨的 M_a 或 M_b 其中之一,而不是跨中弯矩。要作弯矩包络图,先得作出活载在各个不利位置时的弯矩图,再叠加得到弯矩包络图。集中荷载作用下的弯矩图在相邻两支座之间会发生转折,每跨弯矩图由3条折线段组成,因此需要计算每个集中力作用截面的的弯矩值。

【解】由附录B表B-2查出各个荷载作用下的内力系数,见表7-4。

表7-4 各个荷载作用下的内力系数

项次	荷载简图	弯矩值(kN·m)					剪力(kN)		
		边跨		B支座	中跨		A支座	B支座	
		$\dfrac{\alpha}{M_{1a}}$	$\dfrac{\alpha}{M_{1b}}$	$\dfrac{\alpha}{M_B}$	$\dfrac{\alpha}{M_{2a}}$	$\dfrac{\alpha}{M_{2b}}$	$\dfrac{\beta}{V_A}$	$\dfrac{\beta}{V_{B左}}$	$\dfrac{\beta}{V_{B右}}$
①		0.244 146.4	— 93.2	-0.267 -160.2	0.067 40.2	0.067 40.2	0.733 29.32	-1.267 -50.68	1.0 40
②		0.289 260.1	— 220.1	-0.133 -119.7	-0.133 -119.7	-0.133 -119.7	0.866 51.96	-1.134 -68.04	0 0
③		-0.044 -39.9	— -79.8	-0.133 -119.7	0.2 180	0.2 180	-0.133 -7.98	-0.133 -7.98	1.0 60
④		0.229 206.1	— 113.4	-0.311 -279.9	— 86.7	0.17 153	0.689 41.34	-1.311 -78.66	1.222 73.32
⑤		— -26.7	— -53.4	-0.089 -80.1	0.17 153	— 86.7	-0.089 -5.34	-0.089 -5.34	0.778 46.68
①+②		406.5	313.3	-279.9	-79.5	-79.5	81.28	-118.72	40
①+③		106.5	13.4	-279.9	220.2	220.2	21.34	-58.66	100
①+④		352.5	206.6	-440.1	126.9	193.2	70.66	-129.34	113.32
①+⑤		考虑到对称性,此项可不计算							

每跨两个集中力作用点所在的截面弯矩的求法如下:以表7-4项次②为例,在1、3跨作用有活载下,1跨最大弯矩位于$1a$截面($M_{1a}=0.289\times60\times15=260.1$(kN·m)),但查不出$1b$截面的弯矩系数,$M_{1b}$需另行计算。此时$M_B=-0.133\times60\times15=-119.7$(kN·m),取第1跨为脱离体,画出受力图,如图7.19所示。

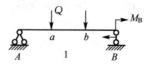

图7.19 脱离体的受力图

此时分别画出简支梁 AB 在 Q 和 M_B 单独作用下的弯矩图,如图 7.20 所示。

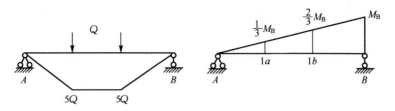

图 7.20　在 Q 和 M_B 分别单独作用下的弯矩图

按叠加法计算：$M_{1a} = 5Q - \dfrac{1}{3}M_B = 5 \times 60 - \dfrac{1}{3} \times 119.7 = 260.1(\text{kN} \cdot \text{m})$

$M_{1b} = 5Q - \dfrac{2}{3}M_B = 5 \times 60 - \dfrac{2}{3} \times 119.7 = 220.1(\text{kN} \cdot \text{m})$，填入表 7-4 对应位置,按相同方法依次填入表中其他①、②、③、④ 和 ⑤ 各项 M_{1a} 或 M_{1b}。

分别画出①+②、①+③和①+④作用下的弯矩图,叠加得到弯矩包络图,如图 7.21 所示。

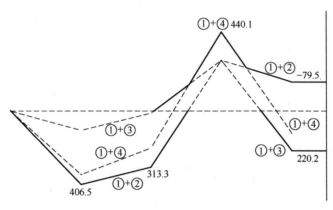

图 7.21　弯矩包络图

课题 7.4　单向板楼盖设计

钢筋混凝土梁板结构(包括单向板肋形结构和双向板肋形结构)的设计步骤是：①结构的平面布置；②板、梁的计算简图和内力计算；③板、梁的配筋计算；④绘制结构施工图。

7.4.1　整体式单向板肋梁楼盖结构的平面布置

肋梁楼盖的主梁一般应布置在整个结构刚度较小的方向(即垂直于纵墙方向),这样可使截面较大、抗弯刚度较好的主梁能与柱形成框架,以加强承受水平作用力的侧向刚度,而次梁又将各框架连接起来,加强了结构的整体性。图 7.22 所示为单向板肋梁楼盖布置的几个示例。

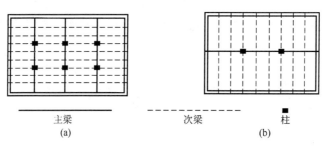

图 7.22　单向板肋梁楼盖结构布置图

(a) 主梁沿横向布置；(b) 主梁沿纵向布置图

7.4.2　整体式单向板肋梁楼盖结构的计算简图

结构布置完成以后，就可确定结构的计算简图。整体式单向板肋梁楼盖是由板、次梁、主梁整体浇筑在一起的梁板结构，为方便计算，需将其分解，以便对板、次梁和主梁分别计算。在确定计算简图时，除了考虑现浇楼盖中板和梁多跨连续的特点外，还要对荷载、支座、计算跨度和跨数做简化处理，即画出结构的计算简图。

1. 荷载的计算

荷载计算就是确定板、次梁和主梁承受的荷载大小和形式，如图 7.23 所示。

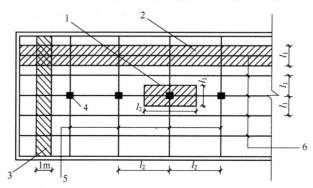

图 7.23　板、梁的计算简图

1——根主梁承受的集中荷载范围；2——根次梁承受的均布荷载范围；
3—板的计算单元；4—柱；5—主梁；6—次梁

1) 板

当楼面承受均布荷载时，通常取宽度为 1m 的板带为计算单元。板所受的荷载有恒载(包括板自重、面层及粉刷层等)和活载(均布可变荷载)。

2) 次梁

在计算板传递给某次梁的荷载时，取其相邻板跨中线所包围的面积作为该次梁的受荷面积。次梁所受的荷载为次梁自重和其受荷面积上板传来的荷载。

3) 主梁

对于主梁，其荷载为主梁自重和次梁传来的集中荷载，但由于主梁自重同次梁传来的集中荷载相比往往较小，为简化计算，一般可将主梁自重化为集中荷载，加入次梁传来的集中荷载一起计算。

2. 支座的简化与修正

次梁对板的支承、主梁对次梁的支承及柱对主梁的支承都不是理想的铰支座。在计算时需要将它们简化以方便计算。

(1) 板的支承。板的周边直接搁在墙上，可视为不动铰支座；板的中间支承为次梁，为简化计算，也把次梁支承视为铰支座，这样可以将板简化成以墙和次梁为铰支座的多跨连续板，如图 7.24(a)所示。

(2) 次梁的支承。次梁的支承是墙和主梁，为简化计算，也都简化成铰支座，这样也可以将次梁简化成以墙和主梁为铰支座的连续多跨梁，如图 7.24(b)所示。

(3) 主梁的支承。主梁的支承是墙和柱，当主梁支承在墙上时，可把墙视为主梁的不动铰支座；当主梁的支承是柱时，若支承点两侧主梁的线刚度之和与该支承点上下柱的线刚度之和的比值大于 3 时，可将柱视为主梁的铰支座，则主梁此时可以简化成以墙和柱为铰支座的多跨连续梁，否则应按框架结构计算，如图 7.24(c)所示。

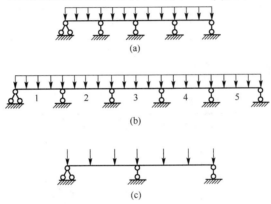

图 7.24 板、次梁及主梁的支座简化

(a) 板的支座简化；(b) 次梁的支座简化；(c) 主梁的支座简化

以上支座的简化，忽略了支座抗扭转的作用，这与实际不符，即支座实际的转角应比简化成的铰支座的要小，这种效果相当于减少了跨中的最大正弯矩。但其影响难以精确计算，实际工程中一般采用调整荷载的方法来考虑，即在进行荷载和内力计算时仍按铰支座来计算，只不过荷载需要调整，调整的方法是加大恒载、减小活载。调整后的荷载称为折算荷载，它将在计算中代替实际荷载。

板的折算荷载：恒载 $g' = g + \dfrac{q}{2}$；活载 $q' = \dfrac{q}{2}$。

梁的折算荷载：恒载 $g' = g + \dfrac{q}{4}$；活载 $q' = \dfrac{3q}{4}$。

式中　　g'、q'——折算恒载、折算活载；

　　　　g、q——实际恒载、实际活载。

> **特别提示**
>
> 在用弹性法计算板和次梁的内力时，荷载应采用折算荷载 g' 和 q'，而不采用实际荷载 g 和 q。

3. 计算跨度与跨数

连续板梁各跨的计算跨度与支座的构造形式、构件截面尺寸及内力计算方法有关。各跨的计算跨度按表 7-5 取用。

表 7-5 板和梁的计算跨度 l_0

跨数	支座形式		计算跨度 l_0	
			板	梁
单跨	两端简支		$l_0 = l_n + h$	$l_0 = l_n + a \leq 1.05 l_n$
	一端简支、一端与梁整体连接		$l_0 = l_n + 0.5h$	
	两端与梁整体连接		$l_0 = l_n$	
多跨	两端简支		当 $a \leq 0.1 l_c$ 时,$l_0 = l_c$	当 $a \leq 0.05 l_c$ 时,$l_0 = l_c$
			当 $a > 0.1 l_c$ 时,$l_0 = 1.1 l_n$	当 $a > 0.05 l_c$ 时,$l_0 = 1.05 l_n$
	一端伸入墙内一端与梁整体连接	按弹性计算	$l_0 = l_n + 0.5(h+b)$	$l_0 = l_c \leq 1.025 l_n + 0.5b$
		按塑性计算	$l_0 = l_n + 0.5h$	$l_0 = l_n + 0.5a \leq 1.025 l_n$
	两端均与梁整体连接	按弹性计算	$l_0 = l_c$	$l_0 = l_c$
		按塑性计算	$l_0 = l_n$	$l_0 = l_n$

注:l_n 为支座间净距离;l_c 为相邻两支座中心间的距离;h 为板厚;a 为边支座宽度;b 为中间支座的宽度。

在计算剪力时,计算一律用净跨。

对于连续多跨板和梁,若跨数多于五跨,并且跨度相等或相差不大于10%,可按五跨计算,即取两头各两跨及中间任一跨,并将中间这一跨的内力值作为中间各跨的内力值,这样既简化了计算,又满足实际工程的精度要求。

7.4.3 板的设计

1. 板的计算要点

板的计算对象是垂直于次梁方向的单位宽度的连续板带,次梁和端墙均视为板带的铰支座。板的计算主要是正截面的受弯承载力计算,由于板的宽度较大,一般不需要进行斜截面的受剪承载力计算,因此只需要计算板控制截面的弯矩值即可。板在支座截面承受负弯矩,因此截面上部开裂;而在跨中截面承受正弯矩,截面下部开裂,因此板的实际轴线呈拱形。在竖向荷载作用下,板将如拱一样对次梁产生水平推力,次梁将对板产生水平反推力,这种水平反推力将降低板控制截面的弯矩,因此对板的承载能力是有利的。在计算时可考虑这一有利影响,因此对四周与梁整体连接的板的中间跨的跨中及中间支座,计算弯矩值应折减20%,但边跨的跨中及支座截面不予折减。

2. 板的构造要求

前面关于板的构造规定仍然适用,这里补充一些构造规定。

1) 板的尺寸

(1) 板的厚度。板的混凝土用量占全楼盖的 50%以上,因此为经济性考虑,板的厚度应在满足可靠性要求、建筑功能要求和方便施工的条件下尽可能薄些,一般板的厚度如下。

一般屋面:板厚不小于 50mm。
一般楼面:板厚不小于 60mm。
工业房屋楼面:板厚不小于 80mm。
另外,对于单向板的板厚还应满足下述要求。
连续板:不小于跨度的 1/40。
简支板:不小于跨度的 1/35。
悬臂板:不小于跨度的 1/12。

(2) 板的支承长度。板的支承长度要满足受力钢筋在支座内的锚固要求,且不小于板的厚度,当板支承在砖墙上时,其支承长度一般不得小于 20mm。

2) 受力钢筋的构造

板的受力钢筋经计算确定之后,按构造要求进行布置。由于多跨连续板各跨截面配筋可能不同,配筋时只采用一种间距,然后通过调整钢筋直径的方法来满足截面积的要求。板中受力钢筋多采用热轧 HPB300 级钢筋,常用直径为 6mm、8mm、10mm、12mm 等。为便于施工架立,宜采用较大直径的钢筋。多跨连续板受力钢筋的配筋方式有两种:弯起式和分离式。

(1) 弯起式配筋。弯起式配筋是将跨中的一部分纵向钢筋在支座附近,距离支座 $l_n/6$ 的距离向上弯起伸过支座的距离不小于 a,弯起数量为纵向钢筋的 1/3~1/2,常采用的做法是一根纵向钢筋只在一头弯起,很少采用两头弯起的做法,弯起后作为支座截面的受拉纵向钢筋来承担支座截面的负弯矩,如数量不足,则另加直钢筋,如图 7.25 所示。弯起式配筋节约钢筋、锚固可靠、整体性好,但施工复杂。a 按下述方法确定:当 $q/g \leqslant 3$ 时,$a = l_n/4$;当 $q/g > 3$ 时,$a = l_n/3$。

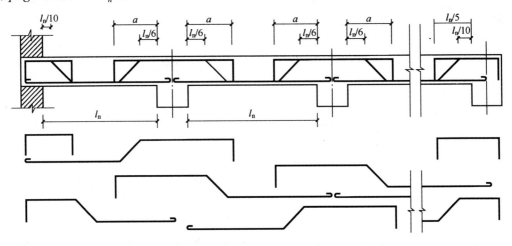

图 7.25 连续板的配筋(弯起式)

(2) 分离式配筋。分离式配筋中没有弯起钢筋,所有跨的跨中纵向钢筋都直接伸入支座,而在支座截面单独配置承受负弯矩的纵向钢筋。跨中纵向钢筋可以几跨连通或全通,支座截面的纵向钢筋伸过支座的距离 a 与弯起式要求相同,如图 7.26 所示。分离式配筋计算简单,设计方便,但整体性较差,用钢量大,不宜用于承受动力荷载的板。

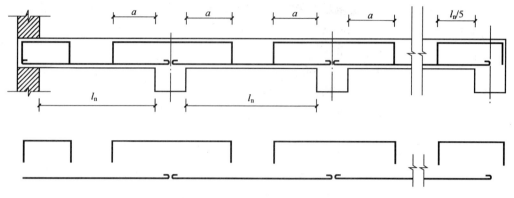

图 7.26 连续板的配筋(分离式)

3) 构造钢筋

(1) 沿长边方向的分布钢筋。见本模块 3 课题 3.1 受弯构件的一般构造要求。

(2) 垂直于主梁的板面附加配筋。在单向板与主梁连接的部位,板荷载会直接传给主梁,则在靠近主梁两侧一定宽度范围内,板内仍将产生与主梁方向垂直的负弯矩,为防止此处产生过大裂缝,需在板内垂直主梁方向配置附加钢筋。附加钢筋直径不小于 8mm,间距不大于 200mm,数量不得少于板中受力钢筋的 1/3,且伸出主梁的长度不应小于板计算跨度 l_0 的 1/4,如图 7.27 所示。

(3) 嵌固在墙内的板上部的构造钢筋。嵌固在墙上的板端,计算简图按铰支座考虑,没有考虑该处的负弯矩,但实际上墙对板的约束会产生负弯矩。因此需要配置承受负弯矩的构造钢筋,其直径不小于 8mm,间距不小于 200mm,截面积不小于该方向跨中受力钢筋截面积的 1/3,且伸出墙边的长度不应小于短跨跨度的 1/7。若板有两端嵌固在墙上,则在两端均要配置同类型的构造钢筋,但伸出墙端的长度应该加长,不宜小于短跨跨度的 1/4,如图 7.28 所示。

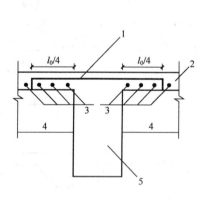

图 7.27 垂直于主梁的板面附加配筋
1—垂直于主梁的构造钢筋;2—板;
3—板内纵向钢筋;4—次梁;5—主梁

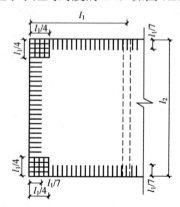

图 7.28 嵌固在墙内的板上部的构造钢筋

特别提示

连续板的配筋既可采用弯起式也可采用分离式,弯起式整体性好,但配筋较为复杂,分离式整体性差但配筋方便。

7.4.4 次梁的设计要点及构造规定

1. 次梁的配筋计算

1) 计算步骤

(1) 根据构造要求初选截面尺寸。
(2) 计算荷载。
(3) 计算内力。
(4) 计算纵向受力钢筋。
(5) 计算箍筋和弯起钢筋。
(6) 配置其他构造钢筋。
(7) 绘制配筋图。

2) 计算要点

次梁在截面设计计算时,内力一般采用塑性法计算。由于单向板肋梁楼盖的板与次梁是整体连接,板可视为次梁的上翼缘。正截面受弯承载力计算时,对跨中截面按 T 形截面梁计算,而对支座负弯矩截面仍按矩形截面梁计算。斜截面受剪计算时,当荷载和跨度较小时,一般可仅配箍筋抗剪,但箍筋的数量宜增大 20%,也可以配置弯起钢筋协助抗剪,以减少箍筋的用量。次梁可不必验算使用阶段的变形和裂缝宽度。

2. 次梁的构造要求

次梁的构造要求与一般受弯构件相同,详见模块 3 课题 3.1 受弯构件的一般构造要求。这里再补充一些,次梁伸入墙内支承长度一般不宜小于 240mm;纵向钢筋的弯起与截断应按内力包络图确定,但当相邻跨度相差不超过 20%,承受均布荷载且活荷载与恒载的比值不大于 3 时,可按图 7.29 确定纵向钢筋的弯起与截断位置。

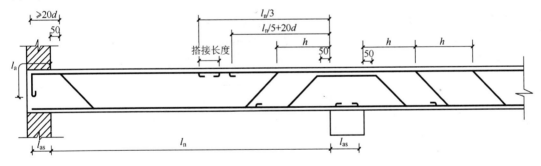

图 7.29 次梁的配筋构造要求

1) 下部受力钢筋伸入边支座的长度不应小于锚固长度 l_{as}

(1) 当 $V \leqslant 0.7 f_t b h_0$,$l_{as} \geqslant 5d$;
(2) 当 $V > 0.7 f_t b h_0$,光面钢筋:$l_{as} \geqslant 15d$,带肋钢筋:$l_{as} \geqslant 12d$。

2) 下部受力钢筋伸入中间支座的长度不应小于锚固长度 l_{as}

(1) 受拉时与边支座同。
(2) 受压时锚固长度取受拉时的 0.7 倍。
(3) 若支座宽度不满足锚固长度的要求时,应采取专门的锚固措施,如加焊横向锚固钢筋或将钢筋端部焊接在梁端部的预埋件上等。

3) 钢筋的搭接

受力钢筋一般不允许在下部截断,为节约钢筋,上部受力钢筋可截断搭接,截断位置如图 7.29 所示,搭接长度应满足下述要求。

(1) 受力钢筋之间的搭接:搭接长度不小于 $1.2l_a$。

(2) 架立筋的搭接:搭接长度为 150~200mm。

特别提示

次梁受力钢筋的数量由计算确定,受力钢筋的弯起和截断位置由图 7.29 确定,即钢筋的长度直接根据图 7.29 所示来计算。

7.4.5 主梁的设计要点及构造规定

1. 主梁的配筋计算

主梁在截面设计计算时,计算简图如前所述,其内力一般采用弹性计算法计算。

(1) 在正截面受弯计算时,和次梁一样,跨中截面按 T 形截面计算,支座截面按矩形截面计算。

(2) 主梁的荷载包括次梁传来的集中荷载和主梁自重,由于自重是均布荷载,在计算时将其等效成集中荷载,荷载作用点与次梁传来的集中荷载作用点相同。

(3) 在主梁与次梁连接的部位,主梁上部的纵向钢筋与次梁上部的纵向钢筋相互交错,主梁的纵向钢筋应放在次梁纵向钢筋的下面,因此主梁的有效高度 h_0 减小,如图 7.30 所示,h_0 按下述方法取值。

板:$h_0 = h - (20 \sim 25)$;

次梁:$h_0 = h - (35 \sim 40)$ 一排;$h_0 = h - (60 \sim 65)$ 二排;

①当主梁纵向钢筋为一排时:$h_0 = h - (55 \sim 60)$mm;

②当主梁纵向钢筋为二排时:$h_0 = h - (80 \sim 85)$mm。

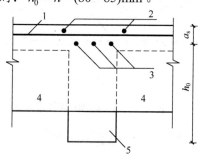

图 7.30 主梁支座的有效高度

1—次梁纵筋;2—板的钢筋;3—主梁纵筋;4—次梁;5—主梁

(4) 在计算支座负弯矩时,最大负弯矩位于支座中心截面,但由于此处主梁和柱整体连接,承载力很大,不会发生破坏,因此最大负弯矩应取支座边缘截面弯矩 M'。M' 按下式计算:

$$M' = M_0 - 0.5V_0 b \tag{7.7}$$

式中 M_0——邻近支座中心处的负弯矩；
V_0——邻近支座中心处的剪力；
b——邻近支座的宽度。

2. 主梁的构造要求

(1) 主梁纵向钢筋的弯起与截断应根据内力包络图和抵抗弯矩图来确定，主梁的剪力较大，需考虑弯起钢筋承担剪力，若纵筋的数量不够，则需要在支座配置专门抗剪的鸭筋。

(2) 钢筋的构造。主梁的一般构造详见模块 3。在次梁与主梁连接处，次梁的集中荷载会在主梁腹部产生斜裂缝。因此为了避免裂缝引起的局部破坏，应设置附加箍筋或附加吊筋，如图 7.31 所示。附加箍筋或附加吊筋布置的长度为 $3b+2h_1$，其截面积按式(7.8)计算：

$$A_s = \frac{F}{f_y \sin\alpha} \tag{7.8}$$

式中 F——次梁传来的集中荷载设计值；
A_s——附加箍筋或附加吊筋截面面积，对箍筋 $A_s = mnA_{sv1}$，A_{sv1} 为单肢箍筋截面面积，n 为同一排箍筋的肢数，m 为箍筋配置长度范围内箍筋的排数；对于附加吊筋，A_s 为两侧吊筋截面面积之和；
f_y——钢筋的抗拉强度设计值；
α——附加箍筋或附加吊筋与梁轴线的夹角，对附加吊筋宜取 45°或 60°；
b——次梁宽度。

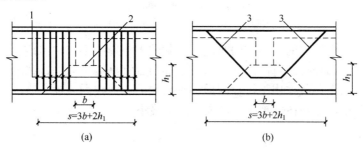

图 7.31 附加附近或附加吊筋的布置
(a) 附加箍筋构造；(b) 附加吊筋构造
1—附加箍筋；2—传递集中荷载的位置；3—附加弯起钢筋

主梁受力钢筋的弯起和截断位置须根据弯矩包络图和抵抗弯矩图共同确定，而不能像次梁那样直接根据构造要求来确定。

课题 7.5 双向板楼盖设计计算

当板两个方向上的边长比值 $l_2/l_1 \leq 2$ 时，荷载将沿两个方向传给支承梁，板在两个方向上的受力都比较大，不能忽略，两个方向上都将发生弯曲，此时必须按双向板设计。

7.5.1 双向板的试验研究

(1) 对于均布荷载作用下,四周简支正方形双向板,试验结果如下。

当均布荷载逐渐增加时,第一批裂缝出现在板底面的中间部分,其后裂缝沿着对角线向四角扩展。当板接近破坏时,板顶面四角附近也出现和各自对角线垂直的大致形成圆形的裂缝。这种裂缝的出现促使板底面沿对角线方向的裂缝进一步扩展,最后跨中纵向受力钢筋达到屈服,板发生破坏。

(2) 对于均布荷载作用下,四周简支矩形板双向板,试验结果如下。

第一批裂缝仍然出现在板底中间部分,大致与长边平行,随着荷载增大,该裂缝逐渐沿着 45°方向向四角扩展。接近破坏时,板顶面也出现和各自对角线垂直的和正方形板相似的裂缝,这些裂缝促使板底面的沿 45°方向裂缝进一步扩展,最后跨中纵向受力钢筋达到屈服,板发生破坏,如图 7.32 所示。

  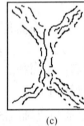 

  (a)   (b)   (c)   (d)

图 7.32　双向板的试验结果

(a) 板底;(b) 板顶;(c) 板底;(d) 板顶

试验表明:板中钢筋的布置方向对破坏荷载的大小影响不大,但钢筋沿平行于板的四边布置时,可推迟第一批裂缝的出现,而且这样布置钢筋施工方便,实际工程中多采用这种配筋方式。在均布荷载作用下,板四周都有翘起的趋势,因此板传给四周支座的压力并非沿边长均匀分布,而是在支承中部最大,两端最小。

7.5.2 双向板的内力计算

双向板的内力计算方法有弹性理论计算法和塑性理论计算法。本教材仅介绍弹性理论计算法,这种方法是根据弹性薄板小挠度理论的假定进行的。实际计算中,要精确计算双向板的内力是很复杂的,为方便计算,工程中根据板的支承情况和两个方向上的跨度比值制成了弯矩系数表,计算双向板跨中或支座的弯矩可利用弯矩系数进行计算。附录 C 中列出了双向板在 6 种支承情况下的弯矩系数,6 种支承情况如图 7.33 所示。

 (a)   (b)   (c)   (d)   (e)   (f)

图 7.33　单跨双向板四边支承情况

(a) 四边简支;(b) 一边固定、三边简支;(c) 两对边固定、两对边简支;

(d) 两邻边固定、两邻边简支;(e) 三边固定、一边简支;(f) 四边固定。

------ 简支边　　　　||||||||| 固定边

1. 单跨双向板的内力计算

计算公式如下：

$$M = \alpha(g+q)l_0^2 \quad (7.9)$$

式中　M——单位长度双向板跨中或支座的弯矩；
　　　α——表中弯矩系数，按附录 C 取用；
　　　g、q——均布恒荷载和活荷载设计值；
　　　l_0——板的跨度，取用 l_x 和 l_y 中的较小值。

> **特别提示**
>
> 附录 C 中弯矩系数是根据材料泊松比 $v=0$ 制定的，对于跨中弯矩尚需考虑横向变形的影响，当 $v \neq 0$ 时，应按下式进行计算：
>
> $$M_x^{(v)} = M_x + vM_y \quad (7.10)$$
>
> $$M_y^{(v)} = M_y + vM_x \quad (7.11)$$
>
> 式中　$M_x^{(v)}$、$M_y^{(v)}$——l_x 和 l_y 方向考虑 v 影响的跨中弯矩设计值；
> 　　　M_x、M_y——l_x 和 l_y 方向 $v=0$ 时的跨中弯矩设计值；
> 　　　v——泊松比，对混凝土泊松比取 0.2。

2. 多跨连续双向板的内力计算

当多跨连续双向板在同一方向上的跨度相差不超过 20% 时，可将多跨双向板简化成单块双向板进行计算。

1) 跨中最大正弯矩 M_0

当计算多跨连续双向板的跨中最大正弯矩时，首先要布置最不利活荷载位置，如图 7.34 所示，即在某区格及其前后左右每隔一区格棋盘式布置活荷载，则可使该区格跨中正弯矩达到最大值。对这种情况，将恒载 g 和活荷载 q 分解为 $p_1 = g + q/2$ 和 $p_2 = \pm q/2$ 两部分，相当于把多跨双向板分为分别承受 p_1 和 p_2 的单跨双向板，分别计算这两种荷载作用下的跨中弯矩值，将结果叠加即得到最终的弯矩值。

(1) $p_1 = g + q/2$ 作用下，因为荷载对称，板在支座处的转角很小，因此可把中间各支座都视为固定支座。而边支座仍按实际情况考虑。这样可查表计算此时的跨中弯矩 M_{01}。

(2) $p_2 = \pm q/2$ 作用下，板上的荷载是 $+q/2$ 和 $-q/2$ 间隔布置的。板在支座处的转角较大，因此可把中间支座都视为简支，而边支座仍按实际情况考虑。这样可查表计算此时的跨中弯矩 M_{02}。

则跨中最大正弯矩 $M_0 = M_{01} + M_{02}$

2) 支座最大负弯矩

当计算多跨连续双向板的支座负弯矩时，可认为当活荷载均布满各区格时，支座负弯矩有最大值。同样，荷载对称，仍可把中间各支座都是为固定支座。这样中间各区格都简化成四周固定的单跨双向板，而边跨仍按实际情况考虑。若相邻两跨计算同一支座的负弯矩不相等，取较大值。

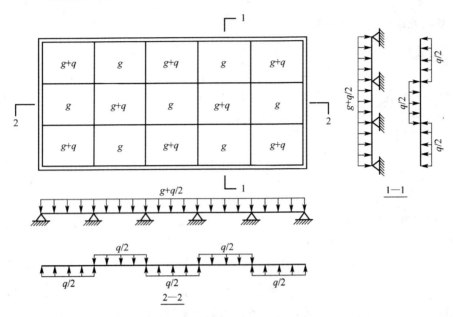

图 7.34 多跨连续双向板跨中弯矩的最不利荷载布置及分解图

7.5.3 双向板截面设计

1. 多跨连续双向板的截面设计

计算出跨中最大正弯矩和支座最大负弯矩后，可按一般受弯构件进行配筋计算。双向板两个方向上都应配置纵向钢筋，因此板内的纵向钢筋是交错布置的，纵向钢筋和横向钢筋上下紧靠连接在一起。由于短边方向上的弯矩比长边方向上的大，因此短边方向上的纵向钢筋应布置在外侧以增大截面的有效高度。短边方向上的截面有效高度 $h_0 = h - 20mm$，长边方向上的有效高度 $h_0 = h - 30mm$。

对四边与梁整体连接的双向板，由于板受弯时的起拱，梁对板会产生水平推力，会降低板截面上的弯矩，计算时应考虑这种有利影响，计算弯矩按下式进行折减。

(1) 中间区格：中间跨的跨中截面和支座截面计算弯矩折减20%。

(2) 边区格：边跨的跨中截面及离板边缘的第二支座截面，当 $l_b/l_0 < 1.5$ 时，折减20%；当 $1.5 \leq l_b/l_0 \leq 2.0$ 时，折减10%，l_b 为沿板边缘方向板的计算跨度，l_0 为垂直于板边缘方向上板的计算跨度。

(3) 角区格：不予折减。

2. 双向板的构造

双向板的厚度一般不宜小于80mm，也不宜大于160mm。不需进行刚度验算的板的厚度应符合：简支板 $h \geq l_x/45$；连续板 $h \geq l_x/50$，其中 l_x 是板的较小跨度。

受力钢筋沿纵横两个方向均匀设置，应将弯矩较大方向的钢筋(沿短向的受力钢筋)设置在外层，另一方向的钢筋设置在内层。板的配筋形式类似于单向板，有弯起式与分离式两种。为简化施工，目前在工程中多采用分离式配筋；但是对于跨度及荷载均较大的楼盖板，为提高刚度和节约钢材，宜采用弯起式。沿墙边及墙角的板内构造钢筋与单向板楼盖相同。

按弹性理论计算时，计算正弯矩时用的是跨中最大弯矩，但靠近板周边的弯矩明显要小。

为减少钢筋的用量,可将板划分为不同的板带,不同板采用不同的配筋。考虑到施工的方便,可按图 7.35 划分:将板在 l_{01} 和 l_{02} 方向均划分为 3 个板带,两边的板带分别为短跨跨度的 1/4,其余为中间板带。在中间板带上按跨中最大正弯矩均匀配置纵向钢筋,而在两边板带上,按中间板带配筋量的一半均匀配置纵向钢筋,但均不得少于 4 根。支座配筋时不能划分板带。

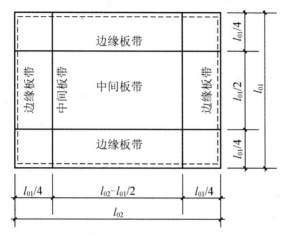

图 7.35 双向板的板带划分

3. 双向板支承梁的设计

双向板的荷载沿四周向最近的支座传递,精确计算双向板传递给支承梁的荷载比较困难,在设计时采用近似方法进行分配。从每一区格板的四角分别作 45°线与平行于长边的中线相交,每一区格被分成四块,每一块面积上的荷载只传递给邻近支承梁。因此传递给短边方向上的支承梁的荷载形式是三角形,而传递给长边方向的支承梁的荷载形式是梯形,如图 7.36 所示。

$$p_E = (1 - 2\alpha^2 + \alpha^3)p, \quad \alpha = \frac{a}{l_0}$$

$$p_E = \frac{5}{8}p$$

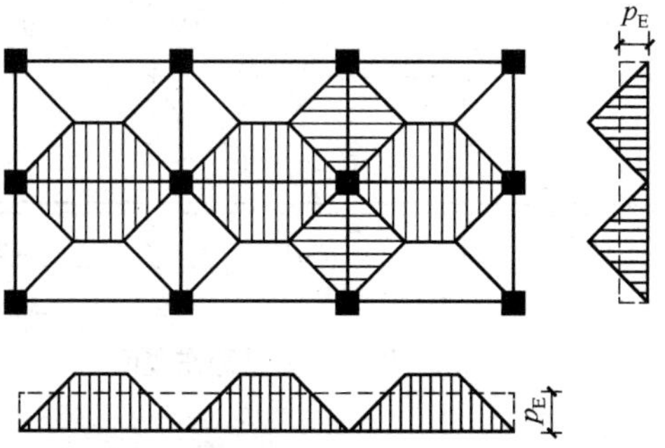

图 7.36 双向板传给支承梁的荷载示意图

对于支承梁的内力计算,可按单向板次梁的计算方法进行计算。但双向板传递给支承梁的荷载并不是均布的,因此要加以简化。当支承梁是连续的,且跨度相差不超过10%时,可将支承梁上的荷载等效成均布荷载 p_E,如图 7.37 所示。

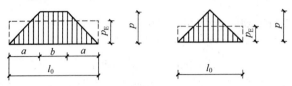

图 7.37 双向板支承梁的等效荷载

● 特 别 提 示

双向板楼盖的配筋计算方法同单向板是一样的。

应用案例 7-5

某工业厂房楼盖平面布置图如图 7.38 所示,四周为边墙(厚度为 370mm),板厚 100mm。均布恒荷载设计值 $g=4\text{kN/m}$(包括面层及板底抹灰层自重),楼面活荷载设计值 $q=6\text{kN/m}$,试计算各区格的弯矩值。

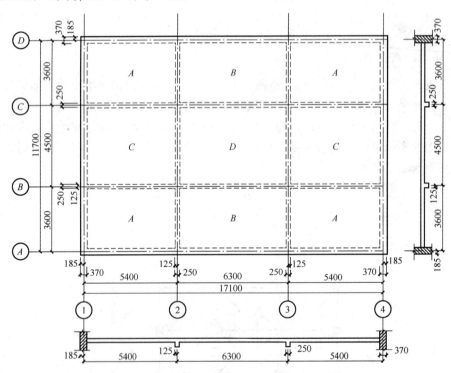

图 7.38 厂房楼盖平面布置图

案例解析

这是连续多跨板,当求跨中最大正弯矩时,活荷载按图 7.34 布置,将恒载 g 和活荷载 q 分解为 $p_1=g+q/2$ 和 $p_2=\pm q/2$ 两部分,先计算 $p_1=g+q/2$ 作用下的跨中弯矩 M_{01},再计算 $p_2=\pm q/2$ 作用下时的跨中弯矩 M_{02},则跨中最大正弯矩 $M_0=M_{01}+M_{02}$;当计算支座负弯矩时，活荷载均布满各区格，将中间各区格都简化成四周固定的单跨双向板，而边跨仍按实际情况考虑。若相邻两跨计算同一支座的负弯矩不相等，取较大值。本案例中，统一取 $v=0$ 进行计算。

【解】

为简化计算，根据板块的对称性，将整个楼盖分为 A、B、C、D 4 个区格。
$g+q=10\text{kN/m}$，$g+q/2=4+3=7\text{kN/m}$，$q/2=3\text{kN/m}$。

1. A 区格

为方便查表，短边跨度为 l_x，长边跨度为 l_y

$$l_x = l_n + 0.5(h+b) = (3600-125-185) + 0.5 \times (250+100) = 3465(\text{mm})$$
$$l_y = l_n + 0.5(h+b) = (5400-125-185) + 0.5 \times (250+100) = 5265(\text{mm})$$

求 A 区格跨中最大正弯矩时，在 $p_1=g+q/2$ 作用下，支承条件为两邻边固定、两邻边简支，在 $p_2=\pm q/2$ 作用下，支承条件为四边简支。在求支座负弯矩时，支承条件为实际的两邻边固定、两邻边简支。

l_x/l_y	支承条件	$M_{x,\max}$	$M_{y,\max}$	M_0^x	M_0^y
0.65	两邻边固定两邻边简支	0.0465	0.0183	−0.1045	−0.0777
	四边简支	0.0750	0.0271	—	—

则跨中最大正弯矩：

$$M_{x,\max} = 0.0465 \times (g+q/2) \times l_x^2 + 0.0750 \times q/2 \times l_x^2$$
$$= 0.0465 \times 7 \times 3.465^2 + 0.0750 \times 3 \times 3.465^2$$
$$= 6.61(\text{kN} \cdot \text{m})$$

$$M_{y,\max} = 0.0183 \times (g+q/2) \times l_x^2 + 0.0271 \times q/2 \times l_x^2$$
$$= 0.0183 \times 7 \times 3.465^2 + 0.0271 \times 3 \times 3.465^2$$
$$= 2.51(\text{kN} \cdot \text{m})$$

支座负弯矩：

$$M_0^x = -0.1045 \times (g+q) \times l_x^2$$
$$= -0.1045 \times 10 \times 3.465^2$$
$$= -12.55(\text{kN} \cdot \text{m})$$

$$M_0^y = -0.0777 \times (g+q) \times l_x^2$$
$$= -0.0777 \times 10 \times 3.465^2$$
$$= -9.33(\text{kN} \cdot \text{m})$$

2. B 区格

为方便查表，短边跨度为 l_x，长边跨度为 l_y

$$l_x = l_n + 0.5(h+b) = (3600-125-185) + 0.5 \times (250+100) = 3465(\text{mm})$$
$$l_y = l_c = 6300(\text{mm})$$

求 A 区格跨中最大正弯矩时，在 $p_1=g+q/2$ 作用下，三边固定、一边简支，在 $p_2=\pm q/2$ 作用下，支承条件为四边简支。在求支座负弯矩时，支承条件为实际的三边固定、一边简支。

l_x/l_y	支承条件	$M_{x,max}$	$M_{y,max}$	M_0^x	M_0^y
0.55	三边固定一边简支	0.0496	0.0127	−0.1093	−0.0780
	四边简支	0.0892	0.0210	—	—

则跨中最大正弯矩：

$$M_{x,max} = 0.0496 \times (g+q/2) \times l_x^2 + 0.0892 \times q/2 \times l_x^2$$
$$= 0.0496 \times 7 \times 3.465^2 + 0.0892 \times 3 \times 3.465^2$$
$$= 7.38(kN \cdot m)$$

$$M_{y,max} = 0.0127 \times (g+q/2) \times l_x^2 + 0.0210 \times q/2 \times l_x^2$$
$$= 0.0127 \times 7 \times 3.465^2 + 0.0210 \times 3 \times 3.465^2$$
$$= 1.82(kN \cdot m)$$

支座负弯矩：

$$M_0^x = -0.1093 \times (g+q) \times l_x^2$$
$$= -0.1093 \times 10 \times 3.465^2$$
$$= -13.12(kN \cdot m)$$

$$M_0^y = -0.0780 \times (g+q) \times l_x^2$$
$$= -0.0780 \times 10 \times 3.465^2$$
$$= -9.36(kN \cdot m)$$

3. C 区格

为方便查表，短边跨度为 l_x，长边跨度为 l_y

$$l_x = l_c = 4500mm$$
$$l_y = l_n + 0.5(h+b) = (5400-125-185) + 0.5 \times (250+100) = 5265(mm)$$

求 A 区格跨中最大正弯矩时，在 $p_1 = g+q/2$ 作用下，三边固定、一边简支，在 $p_2 = \pm q/2$ 作用下，支承条件为四边简支。在求支座负弯矩时，支承条件为实际的三边固定、一边简支。

l_x/l_y	支承条件	$M_{x,max}$	$M_{y,max}$	M_0^x	M_0^y
0.85	三边固定一边简支	0.0293	0.0155	−0.0693	−0.0567
	四边简支	0.0506	0.0348	—	—

则跨中最大正弯矩：

$$M_{x,max} = 0.0293 \times (g+q/2) \times l_x^2 + 0.0506 \times q/2 \times l_x^2$$
$$= 0.0293 \times 7 \times 4.5^2 + 0.0506 \times 3 \times 4.5^2$$
$$= 7.23(kN \cdot m)$$

$$M_{y,max} = 0.0155 \times (g+q/2) \times l_x^2 + 0.0348 \times q/2 \times l_x^2$$
$$= 0.0155 \times 7 \times 4.5^2 + 0.0348 \times 3 \times 4.5^2$$
$$= 4.31(kN \cdot m)$$

支座负弯矩：

$$M_0^x = -0.0693 \times (g+q) \times l_x^2$$
$$= -0.0693 \times 10 \times 4.5^2$$
$$= -14.03(\text{kN} \cdot \text{m})$$
$$M_0^y = -0.0567 \times (g+q) \times l_x^2$$
$$= -0.0567 \times 10 \times 4.5^2$$
$$= -11.48(\text{kN} \cdot \text{m})$$

4. D 区格

为方便查表，短边跨度为 l_x，长边跨度为 l_y

$$l_x = l_c = 4500\text{mm}$$
$$l_y = l_c = 6300\text{mm}$$

求 A 区格跨中最大正弯矩时，在 $p_1 = g+q/2$ 作用下，四边固定，在 $p_2 = \pm q/2$ 作用下，支承条件为四边简支。在求支座负弯矩时，支承条件为实际的四边固定。

l_x/l_y	支承条件	$M_{x,\max}$	$M_{y,\max}$	M_0^x	M_0^y
0.70	四边固定	0.0321	0.0113	−0.0735	−0.0569
	四边简支	0.0683	0.0296	—	—
0.75	四边固定	0.0296	0.0130	−0.0701	−0.0565
	四边简支	0.0620	0.0317	—	—
0.71	四边固定	0.0316	0.0116	−0.0728	−0.0568
	四边简支	0.0670	0.0300	—	—

则跨中最大正弯矩：

$$M_{x,\max} = 0.0316 \times (g+q/2) \times l_x^2 + 0.0670 \times q/2 \times l_x^2$$
$$= 0.0316 \times 7 \times 4.5^2 + 0.0670 \times 3 \times 4.5^2$$
$$= 8.55(\text{kN} \cdot \text{m})$$
$$M_{y,\max} = 0.0116 \times (g+q/2) \times l_x^2 + 0.0300 \times q/2 \times l_x^2$$
$$= 0.0116 \times 7 \times 4.5^2 + 0.0300 \times 3 \times 4.5^2$$
$$= 3.47(\text{kN} \cdot \text{m})$$

支座负弯矩：

$$M_0^x = -0.0728 \times (g+q) \times l_x^2$$
$$= -0.0728 \times 10 \times 4.5^2$$
$$= -14.74(\text{kN} \cdot \text{m})$$
$$M_0^y = -0.0568 \times (g+q) \times l_x^2$$
$$= -0.0568 \times 10 \times 4.5^2$$
$$= -11.50(\text{kN} \cdot \text{m})$$

课题 7.6 现浇板式楼梯计算

楼梯是房屋的竖向通道,由梯段和平台组成。为了满足承重及防火的要求,建筑中较多采用的是钢筋混凝土楼梯。

7.6.1 楼梯的形式

1. 楼梯的分类

按平面布置可分为单跑、双跑和三跑楼梯;按施工方法分为整体式楼梯和装配式楼梯;按结构形式分为梁式楼梯、板式楼梯、剪刀式楼梯和螺旋式楼梯,如图 7.39 所示。

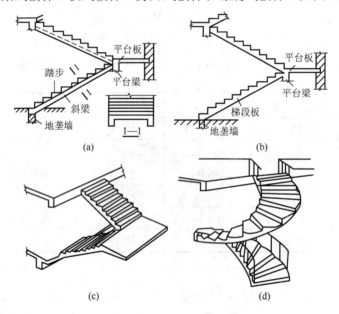

图 7.39 楼梯结构形式

(a) 梁式楼梯;(b) 板式楼梯;(c) 剪刀式楼梯;(d) 螺旋式楼梯

2. 楼梯结构形式的选择

对于楼梯结构形式的选择应考虑楼梯的使用要求、材料供应、施工条件等因素,本着安全、适用、经济和美观的原则确定。当楼梯使用时的荷载较小,且水平投影长度小于 3m 时,通常采用施工方便、外形美观的板式楼梯;而当荷载较大、水平投影长度大于 3m 时,则多采用梁式楼梯。板式楼梯和梁式楼梯受力简单,除此之外还可以采用受力较为复杂的剪刀式楼梯和螺旋式楼梯。当建筑中不方便设置平台梁或平台板的支承时,可考虑采用剪刀式楼梯,剪刀式楼梯具有悬臂的梯段和平台,具有新颖、轻巧的特点。螺旋式楼梯通常用于建筑上有特殊要求的地方(如不便设置平台或需要特殊造型时)。剪刀式楼梯和螺旋式楼梯属于空间受力体系,内力计算比较复杂,造价高、施工麻烦。

7.6.2 现浇板式楼梯的计算与构造要求

板式楼梯由梯段板、平台板和平台梁组成。梯段板和平台板均支承在平台梁上,平台梁支承在墙上,因此板式楼梯的荷载传递途径是:梯段板和平台板的荷载传递给平台梁,平台梁再将荷载传递给墙。

板式楼梯的计算包括梯段板的计算、平台板的计算和平台梁的计算。

1. 梯段板的计算与构造

1) 板厚

为保证刚度要求,板厚 h 取垂直于梯段板轴线的最小高度,不考虑三角形踏步部分,可取梯段水平投影长度的1/30,一般为 100~120mm。

2) 内力的计算

梯段板倾斜地支承在平台梁和楼层梁上,其承受的荷载包括斜板、踏步及粉刷层等恒载和活荷载。计算时取 1m 宽板带作为计算单元,同时将梯段板两端支承简化为铰支座,梯段板按简支板计算,计算简图如图 7.40 所示。

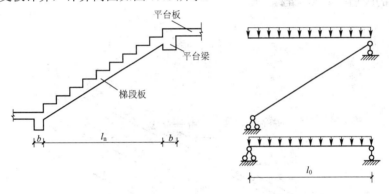

图 7.40 梯段板计算简图

则梯段板的内力可按下式计算。

当梯段板支承在平台梁和砖墙上时,跨中弯矩按式(7.12)计算:

$$M = \frac{1}{8}(g+q)l_0^2 \qquad (7.12)$$

当梯段板支承在平台梁和楼层梁上时,要考虑支座的嵌固作用,梯段板的跨中弯矩按式(7.13)计算:

$$M = \frac{1}{10}(g+q)l_0^2 \qquad (7.13)$$

式中 g、q——分别为梯段板上作用的沿水平投影长度分布的竖向均布恒载和活荷载;

l_0——梯段板的计算跨度,为梯段板的水平投影长度。

梯段板不进行斜截面受剪承载力计算。

3) 钢筋的布置

当按跨中弯矩计算出受力钢筋的截面积后,按梯段板的斜向轴线布置。在支座负弯矩区段,可不必计算,按跨中受力钢筋截面积配筋。受力钢筋的配置方式有弯起式和分离式。除受力钢筋外,还应在垂直方向配置分布钢筋,要求每个踏步范围内需配置一根直径不小于6mm 的分布钢筋。梯段板的配筋如图 7.41 所示。

2. 平台板的计算与构造

平台板厚度 $h = l_0 / 35$(l_0 为平台板计算跨度),一般不小于 60mm,平台板按单向板考虑,计算时两端支承简化为铰支座，取 1m 板带作为计算单元，因此平台板的内力计算可按单跨简支板计算。

当平台板支承在平台梁和砖墙上时，跨中弯矩按式(7.14)计算：

$$M = \frac{1}{8}(g+q)l_0^2 \tag{7.14}$$

当平台板两端与梁整体连接时，需要考虑支座的嵌固作用，平台板的跨中弯矩按式(7.15)计算：

$$M = \frac{1}{10}(g+q)l_0^2 \tag{7.15}$$

式中　g、q——分别为梯段板上作用的沿水平投影长度分布的竖向均布恒载和活荷载；
　　　l_0——平台板的计算跨度。

平台板的配筋图如图 7.42 所示。

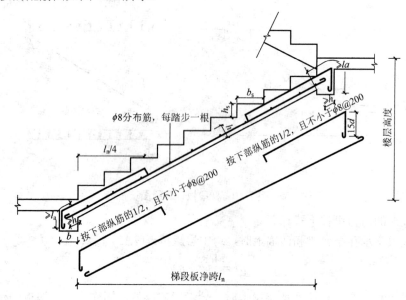

图 7.41　梯段板的配筋图

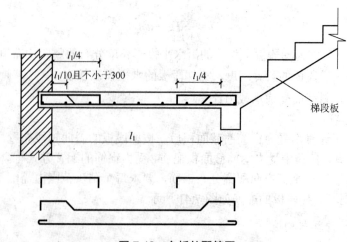

图 7.42　台板的配筋图

平台板与平台梁整体连接时，连接处会产生负弯矩，则应配置承受负弯矩的纵向钢筋，此时可不用计算，直接按跨中纵向钢筋的数量配置连接处负弯矩钢筋。当平台板的跨度远小于梯段板的跨度时，平台板内可能只出现负弯矩而无正弯矩，此时应按计算通长配置负弯矩纵向钢筋。

平台板不进行斜截面受剪承载力计算。

3. 平台梁的计算与构造

(1) 平台梁的截面高度 $h = l_0/12$（l_0 为平台梁计算跨度，$l_0 = l_n + a$，但不大于 $1.05l_n$，l_n 为平台梁的净跨，a 为平台梁的支承宽度）。

(2) 计算要点。在确定平台梁所承受的荷载时，忽略上下梯段板之间的空隙，并认为上下梯段板施加给平台梁的荷载相等，因此荷载可简化为沿梁长的均布荷载。平台梁的支承是两侧的墙体或柱，计算时简化为铰支座。这样平台梁可按承受均布荷载作用的倒 L 形简支梁计算。考虑到实际情况下，上下梯段板对平台梁的荷载大小不一，梁内会产生扭矩，因此还应配置适量的抗扭钢筋。其他钢筋的构造同一般梁。

应用案例 7-6

某建筑现浇整体式钢筋混凝土板式楼梯，其结构布置如图 7.43 所示。踏步尺寸 150mm×300mm，水磨石面层重 $\gamma_1 = 0.65 \text{kN/m}^2$，板底 20mm 厚抹灰，重度 $\gamma_2 = 17 \text{kN/m}^3$，活荷载标准值 $q_k = 3 \text{kN/m}$。混凝土采用 C20，受力钢筋采用 HPB235 级。试设计此楼梯。

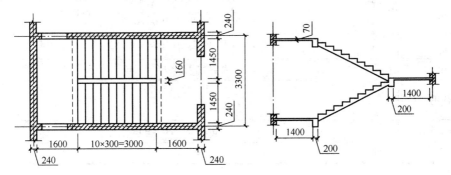

图 7.43 楼梯布置图

案例分析

按梯段板—平台板—平台梁的顺序依次设计。

【解】

$f_c = 9.6 \text{kN/m}^2$，$f_t = 1.1 \text{kN/m}^2$，$\alpha_1 = 1.0$，$f_y = 210 \text{kN/m}^2$。

1. 梯段板的设计

1) 确定板厚

$$h = l/30 = 3000/30 = 100 \text{(mm)}$$

2) 荷载计算（取 1m 宽板带作为计算单元）

梯段板的倾角 $\tan\alpha = \dfrac{150}{300} = 0.5$，$\cos\alpha = 0.894$，每米长度范围内踏步的数量为 $\dfrac{1}{0.3}$ 个。

荷载		荷载标准值/(kN/m)
恒载	水磨石面层	$g_{1k}=(0.15+0.3)\times 0.65\times \dfrac{1}{0.3}=0.975$
	踏步(三角形)	$g_{2k}=\dfrac{1}{2}\times 0.15\times 0.3\times \dfrac{1}{0.3}\times 25=1.875$
	梯段板自重	$g_{3k}=0.1/\cos\alpha\times 25=2.796$
	板底抹灰	$g_{4k}=0.02/\cos\alpha\times 17=0.340$
	合计	$g_k=0.975+1.875+2.796+0.340=5.99$
活载		3

恒载设计值 $\qquad g=1.2\times 5.99=7.19(\mathrm{kN/m})$

活载设计值 $\qquad q=1.4\times 3=4.2(\mathrm{kN/m})$

3) 内力计算

计算跨度 $l_0=3\mathrm{m}$，按简支梁考虑。

$$M=\dfrac{1}{10}(g+q)l_0^2=\dfrac{1}{10}\times(7.19+4.2)\times 3^2=10.25(\mathrm{kN\cdot m})$$

4) 配筋计算

按单向板设计。

$M/\mathrm{kN\cdot m}$	10.25
h_0/mm	$h_0=h-a_s=100-20=80$
α_s	$\alpha_s=\dfrac{M}{\alpha_1 f_c b h_0^2}=\dfrac{10.25\times 10^6}{1\times 9.6\times 1000\times 80^2}=0.1668$
ξ	$\xi=1-\sqrt{1-2\alpha_s}=1-\sqrt{1-2\times 0.1668}=0.1837\leqslant \xi_b=0.614$
x/mm	$x=h_0\xi=80\times 0.1837=14.7$
A_s/mm^2	$A_s=\dfrac{\alpha_1 f_c bx}{f_y}=\dfrac{1\times 9.6\times 1000\times 14.7}{210}=672$
实配钢筋	$\phi 8@75(A_s=670\mathrm{mm}^2)$
分布筋	$\phi 6@300$

梯段板的配筋图如图 7.44 所示。

2. 平台板的设计

1) 确定板厚

$$h=l_0/35=1400/35=40(\mathrm{mm})$$

取 $h=70\mathrm{mm}$。

2) 荷载计算(按 1m 考虑)

荷载		荷载标准值/(kN/m)
恒载	水磨石面层	$g_{1k}=0.65\times 1=0.65$
	平台板自重	$g_{2k}=0.07\times 1\times 25=1.75$
	板底抹灰	$g_{3k}=0.02\times 1=0.34$
	合计	$g_k=0.65+1.75+0.34=2.74$
活载		3

恒载设计值　　　　　　　　　$g = 1.2 \times 2.74 = 3.29 (\text{kN/m})$

活载设计值　　　　　　　　　$q = 1.4 \times 3 = 4.2 (\text{kN/m})$

3) 内力计算

平台板计算跨度

$$l_0 = l_n + h/2 = 1.4 + 0.07/2 = 1.435 (\text{m})$$

$$M = \frac{1}{8}(g+q)l_0^2 = \frac{1}{8} \times (3.29 + 4.2) \times 1.435^2 = 1.93 (\text{kN} \cdot \text{m})$$

4) 配筋计算

按单向板设计。

M/kN·m	1.93
h_0/mm	$h_0 = h - a_s = 70 - 20 = 50$
α_s	$\alpha_s = \dfrac{M}{\alpha_1 f_c b h_0^2} = \dfrac{1.93 \times 10^6}{1 \times 9.6 \times 1000 \times 50^2} = 0.0804$
ξ	$\xi = 1 - \sqrt{1 - 2\alpha_s} = 1 - \sqrt{1 - 2 \times 0.0804} = 0.084 \leqslant \xi_b = 0.614$
x/mm	$x = h_0 \xi = 50 \times 0.084 = 4.2$
A_s/mm²	$A_s = \dfrac{\alpha_1 f_c b x}{f_y} = \dfrac{1 \times 9.6 \times 1000 \times 4.2}{210} = 192$
实配钢筋	$\phi 6/8@200 (A_s = 196 \text{mm}^2)$
分布筋	$\phi 6@200$

平台板的配筋图如图 7.44 所示。

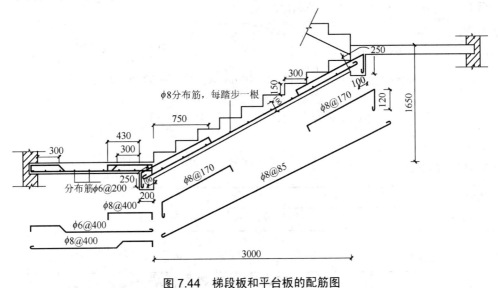

图 7.44 梯段板和平台板的配筋图

3. 平台梁设计

1) 确定平台梁截面尺寸

拟定截面尺寸为 200mm×300mm，考虑到平台板可看作平台梁的受压翼缘，因此平台梁按倒 L 形设计。

计算跨度

$$l_0 = l_n + a = (3300 - 240) + 240 = 3300 \text{(mm)}$$

或

$$l_0 = 1.05 l_n = 1.05 \times (3300 - 240) = 3213 \text{(mm)}$$

取 $l_0 = 3213\text{mm}$。

受压翼缘的宽度如下。

按受压翼缘高度：$b'_f = b + 5h'_f = 200 + 5 \times 70 = 550 \text{(mm)}$

或按跨度：$b'_f = \dfrac{1}{6}l_0 = \dfrac{1}{6} \times 3213 = 536 \text{(mm)}$

取 $b'_f = 536 \text{(mm)}$。

2) 荷载计算(按 1m 考虑)

荷载		荷载标准值/(kN/m)
恒载	平台梁自重	$g_{1k} = 0.2 \times (0.3 - 0.07) \times 25 = 1.15$
	两侧抹灰	$g_{2k} = 0.02 \times (3 - 0.07) \times 2 \times 17 = 0.156$
	梯段板传来	$g_{3k} = 5.99 \times 3/2 = 8.985$
	平台板传来	$g_{4k} = 2.74 \times (\dfrac{1.4}{2} + 0.2) = 2.466$
	合计	$g_k = 1.15 + 0.156 + 8.985 + 2.466 = 12.76$
活载 (传递范围为平台板一半+梯段板一半)		$q_k = 3 \times [(\dfrac{1.4}{2} + 0.2) + \dfrac{3}{2}] = 7.2$

恒载设计值：$g = 1.2 \times 12.76 = 15.31 \text{(kN/m)}$

活载设计值：$q = 1.4 \times 7.2 = 10.08 \text{(kN/m)}$

3) 内力计算

按简支倒 L 形截面梁设计。

$$M = \dfrac{1}{8}(g + q)l_0^2 = \dfrac{1}{8} \times (15.31 + 10.08) \times 3.213^2 = 32.76 \text{(kN·m)}$$

$$V = \dfrac{1}{2}(g + q)l_n = \dfrac{1}{2} \times (15.31 + 10.08) \times 3.06 = 38.85 \text{(kN)}$$

4) 配筋计算

纵向受力钢筋：

M/kN·m	32.76
h_0/mm	$h_0 = h - a_s = 300 - 35 = 265$
α_s	$\alpha_s = \dfrac{M}{\alpha_1 f_c b h_0^2} = \dfrac{32.76 \times 10^6}{1 \times 9.6 \times 200 \times 265^2} = 0.243$
ξ	$\xi = 1 - \sqrt{1 - 2\alpha_s} = 1 - \sqrt{1 - 2 \times 0.243} = 0.2831 \leqslant \xi_b = 0.544$
x/mm	$x = h_0 \xi = 265 \times 0.2831 = 75.02$
A_s/mm²	$A_s = \dfrac{\alpha_1 f_c b x}{f_y} = \dfrac{1 \times 9.6 \times 265 \times 75.02}{300} = 636$
实配钢筋	2Φ16+1Φ18 ($A_s = 656\text{mm}^2$)

腹筋：

$$V_c = 0.7 f_t b h_0 = 0.7 \times 1.1 \times 200 \times 265 = 40810 \text{N} = 40.81 (\text{kN})$$
$$> V = 38.85 \text{kN}$$

因此按构造要求配置箍筋即可，选配 $\phi 6@200$。

平台梁配筋图如图 7.45 所示。

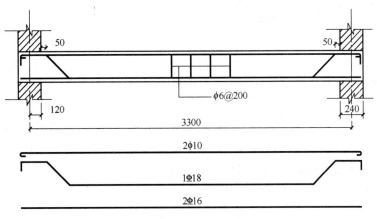

图 7.45 平台梁配筋图

课题 7.7 雨篷承载力计算

雨篷是房屋结构中常见的悬挑构件，一般由雨篷板和雨篷梁组成，雨篷板直接承受作用在雨篷上的恒载和活载，雨篷梁一方面支承雨篷板，承受雨篷板传来的荷载，另一方面，又兼做过梁，承受上部墙体、楼面梁或楼梯平台传来的各种荷载。对于悬挑较长的雨篷，一般还要设置边梁来支撑雨篷。

一般雨篷承受荷载后有 3 种破坏形式(图 7.46)：①雨篷板在支承端(根部)发生受弯破坏；②雨篷梁发生受弯、受剪、受扭复合破坏；③雨篷整体发生倾覆破坏。

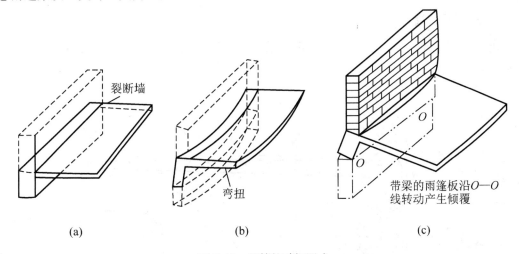

图 7.46 雨篷的破坏形式
(a) 雨篷板断裂；(b) 雨篷板弯扭；(c) 雨篷板倾覆

1. 雨篷板的设计要点与构造要求

雨篷板是悬臂板，按悬臂受弯构件设计。

1) 构造要求

雨篷板厚可取 $h=l_n/12$，雨篷板挑出长度一般为 0.6～1.2m，现浇雨篷板一般做成变厚度的，根部的厚度可取挑出长度的 1/10，当雨篷板挑出的长度超过 0.6m 时，雨篷板板根部的厚度不应小于 70mm，自由端部不应小于 50mm。

2) 荷载计算

雨篷板上的荷载有自重、抹灰层重、面层重、雪荷载、均布活荷载和施工或检修集中荷载。其中均布活荷载的标准值按不上人屋面考虑，取 $0.5kN/m^2$。施工或检修集中荷载取 1.0kN，并且在计算承载力时，沿板宽每米作用一个集中荷载；进行抗倾覆验算时，沿板宽每隔 2.5～3.0m 作用一个集中荷载，并应作用于最不利位置。均布活荷载与雪荷载不同时考虑，且取两者的较大值。均布活荷载与施工或检修集中荷载不同时考虑。

雨篷板的计算通常是取 1m 宽的板带，在上述荷载作用下，按悬臂板计算，雨篷板受力图如图 7.47 所示。

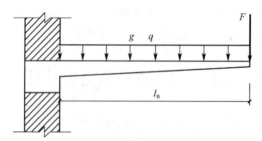

图 7.47　雨篷板受力图

3) 配筋

对一般无边梁的雨篷板，其配筋按悬臂板计算，钢筋构造与普通板相同，需要补充的是雨篷板的受力钢筋必须伸入雨篷梁，并与梁中的钢筋搭接，其配筋图如图 7.48 所示。

2. 雨篷梁的设计

雨篷梁承受的荷载有：①雨篷板传来的荷载；②上部墙体、楼面梁或楼梯平台传来的各种荷载；③自重。

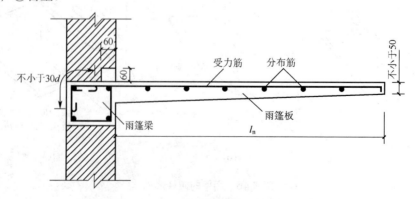

图 7.48　雨篷的配筋图

雨篷梁是受弯、受剪、受扭复合受力构件，故应按弯剪扭构件设计配筋，雨篷梁的配筋图如图 7.48 所示。

雨篷梁的宽度一般与墙厚相同，高度除满足普通梁的高跨比之外，还应为砖的皮数。为防止雨水沿着墙缝深入墙内，一般在雨篷梁的顶部靠近外部的一侧设置一个高 60mm 的凸块，如图 7.48 所示。

3. 雨篷的整体抗倾覆验算

雨篷是悬挑构件，除了进行承载力计算之外，还应进行整体抗倾覆验算。如图 7.49 所示的雨篷，雨篷板上的荷载绕 O 点产生倾覆力矩 M_{ov}，而雨篷梁的自重 G、作用在梁上的墙体重量 G_r 以及楼盖传来的荷载产生抗倾覆力矩 M_r。雨篷整体抗倾覆验算的条件是：

$$M_r \geqslant M_O \tag{7.16}$$

式中　M_r——抗倾覆力矩，$M_r = 0.8 G_r (l_2 - x_0)$；

　　　G_r——作用在雨篷梁上的墙体重量，按雨篷梁尾部上端 45°扩散角内的墙体重量，该部分墙体的宽度为 $l_n + 2a + 2l_3$，$l_3 = l_n / 2$；

　　　x_0——计算倾覆点至墙外边缘的距离，一般 $0.13 l_1$，l_1 为墙厚；

　　　M_{ov}——作用在雨篷上的所有荷载对 O 点的倾覆力矩。

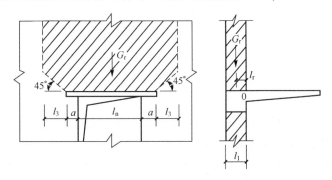

图 7.49　雨篷整体抗倾覆验算受力图

课题 7.8　识读钢筋混凝土梁板结构施工图

7.8.1　钢筋混凝土楼(屋)盖结构施工图

钢筋混凝土楼(屋)盖施工图一般包括楼层结构平面图、屋盖结构平面图和钢筋混凝土构件详图。

楼层结构平面图是假想用一个紧贴楼面的水平面剖切后所得的水平投影图，主要用于表示每层楼(屋)面中的梁、板、柱、墙等承重构件的平面布置情况，现浇板还应反映出板的配筋情况，预制板则应反映出板的类型、排列、数量等。

1. 楼层结构平面图的特点

(1) 轴线网及轴线间距尺寸与建筑平面图相一致。

(2) 标注墙、柱、梁的轮廓线以及编号、定位尺寸等内容。可见墙体轮廓线用中实线，楼板下面不可见墙体轮廓线用中虚线；剖切到的钢筋混凝土柱可涂黑表示，并分别标注代号 Z_1、Z_2 等；由于钢筋混凝土梁被板压盖，一般用中虚线表示其轮廓，也可在其中心位置用一道粗实线表示，并在旁侧标注梁的构件代号。

(3) 钢筋混凝土楼板的轮廓线用细实线表示，板内钢筋用粗实线表示。

(4) 楼层的标高为结构标高，即建筑标高减去构件装饰面层后的标高。

(5) 门窗过梁可用虚线表示其轮廓线或用粗点划线表示其中心位置，同时旁侧标注其代号。圈梁可在楼层结构平面图中相应位置涂黑或单独绘制小比例单线平面示意图，其断面形状、大小和配筋通过断面图表示。

(6) 楼层结构平面图的常用比例为 1∶100、1∶200 或 1∶50。

(7) 当各层楼面结构布置情况相同时，只需用一个楼层结构平面图表示，但应注明合用各层的层数。

(8) 预制楼板中，预制板的数量、代号和编号以及板的铺设方向、板缝的调整和钢筋配置情况等均通过结构平面图反映。

2. 楼层结构平面图中钢筋的表示方法

(1) 现浇板的配筋图一般直接画在结构平面布置图上，必要时加画断面图。

(2) 钢筋在结构平面图上的表达方式为：底层钢筋弯钩应向上或向左，若为无弯钩钢筋，则端部以 45° 短画线符号向上或向左表示；顶层钢筋则弯钩向下或向右。

(3) 相同直径和间距的钢筋，可以用粗实线画出其中一根来表示，其余部分可不再表示。

(4) 钢筋的直径、根数与间距采用标注直径和相邻钢筋中心距的方法标注，如 8@150，并注写在平面配筋图中相应钢筋的上侧或左侧。对编号相同而设置方向或位置不同的钢筋，当钢筋间距相一致时，可只标注一处，其他钢筋只在其上注写钢筋编号即可。

(5) 钢筋混凝土现浇板的配筋图包括平面图和断面图。通常板的配筋用平面图表示即可，必要时可加画断面图。断面图反映板的配筋形式、钢筋位置、板厚及其他细部尺寸。

3. 识图楼层结构平面图

识读钢筋混凝土楼(屋)盖施工图时，先看结构平面布置图，再看构件详图；先看轴线网和轴线尺寸，再看各构件墙、梁、柱等与轴线的关系；先看构件截面形式、尺寸和标高，再看楼(屋)面板的布置和配筋。

1) 单向板肋形楼盖结构施工图

图 7.50 所示为某现浇钢筋混凝土单向板肋形楼盖结构平面图，板、次梁和主梁的配筋图实例。

图 7.50(a)所示为结构平面布置图，主梁三跨沿横向布置，跨度为 6m；次梁五跨沿纵向布置，跨度为 6m；单向板有九跨，每跨跨度为 2m。楼盖四周支承在砌体墙上，中间主梁支承在钢筋混凝土柱上。楼盖为对称结构平面。

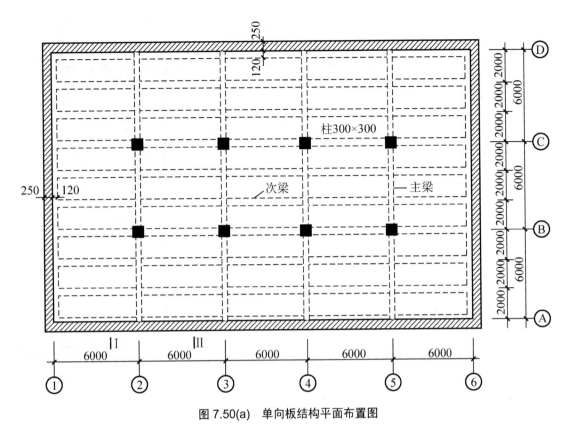

图 7.50(a)　单向板结构平面布置图

图 7.50(b)所示为单向板配筋图,由于结构对称,故取出板面的 1/4 进行配筋。板内钢筋均为 HPB300 级钢筋。板底受力钢筋有①号、②号、③号、④号 4 种规格钢筋,分别位于不同板块内。①~②、⑤~⑥轴线间受力钢筋间距均为 180mm,其中边跨为①号钢筋直径 10mm,中间跨为③号钢筋直径 8mm;②~⑤轴线间受力钢筋间距为 200mm,其中边跨为②号钢筋直径 10mm,中间跨为④号钢筋直径 8mm。

板面受力钢筋有⑤号、⑥号两种规格钢筋,沿次梁长度方向设置,均为扣筋形式。①~②、⑤~⑥轴线间为⑤号扣筋,直径 8mm,间距为 180mm,②~⑤轴线间为⑥号扣筋,直径 8mm,间距 200mm。扣筋伸出次梁两侧边的长度均为 450mm。

板中分布钢筋为⑩号钢筋,沿板内纵向均匀布置,直径 6mm 间距为 200mm,从墙边开始设置,板中梁宽范围内不设分布钢筋。

板中设有周边嵌入墙内的板面构造钢筋、垂直于主梁的板面构造钢筋。周边嵌入墙内的板面构造钢筋为⑦号扣筋,直径 6mm 间距 200mm,钢筋伸出墙边长度 260mm;板角部分双向设置⑨号扣筋,直径 6mm 间距 200mm,伸出墙边长度为 450mm。垂直于主梁的板面构造钢筋为⑧号扣筋,直径 6mm 间距 200mm,伸出主梁两侧边的长度均为 450mm。

从 1—1 断面图中,反映出受力钢筋与分布钢筋之间的相互关系(受力钢筋位于外侧),同时反映出板面受力钢筋的布置方式(扣筋)。

图 7.50(b) 单向板配筋图

图 7.50(c)所示为次梁配筋详图。①～②轴线间梁下部配有①、②号两种规格钢筋，①号筋 2Φ18 为直钢筋，②号筋 1Φ16 为弯起钢筋，位于梁底中部；②～⑤轴线间梁下部配有④号、⑤号两种规格钢筋，④号筋 2Φ14 为直钢筋，⑤号筋 1Φ16 为弯起钢筋，位于梁底中部；轴线②处梁上部配有③号、②号和⑤号 3 种规格钢筋，③号筋 2Φ18 为直钢筋，在距离轴线②左右各 2050mm 处截断；②号筋为从左跨弯来的钢筋，⑤号筋为从右跨弯来的钢筋，分别在距离轴线②左右各 1600mm 处截断；在①～②轴线间梁的上部加设⑦号 2 根直径 10mm 的 HPB300 级架立钢筋，左侧伸入支座，右端与③号钢筋搭接；其余不再赘述。

图 7.50(d)所示为主梁配筋详图。在主梁上与次梁相交处，分别设置了 2 根直径 18mm 的⑩号附加吊筋；在主梁与柱相交处，增设了 1 根直径 25mm 的⑨号鸭筋；沿梁高每侧设有⑫号 2Φ10 纵向构造钢筋。其余配筋叙述略。

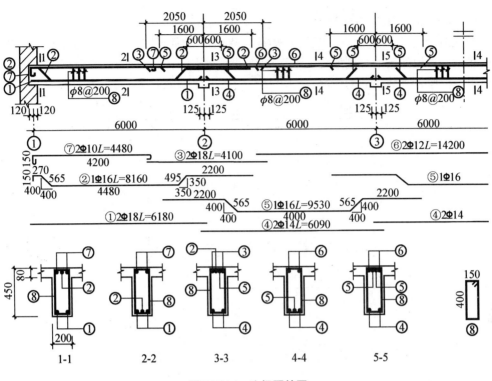

图 7.50(c) 次梁配筋图

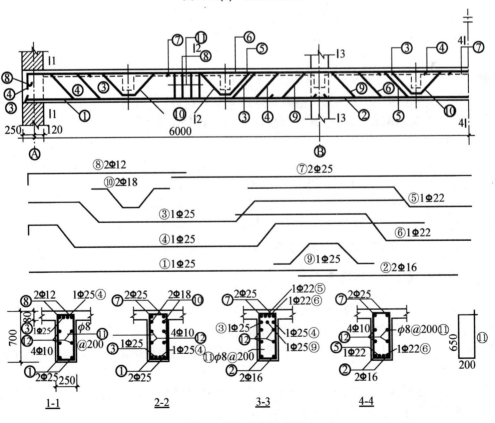

图 7.50(d) 主梁配筋图

2) 钢筋混凝土双向板配筋图

图7.51所示为一现浇钢筋混凝土板(代号 XBI)的配筋详图，混凝土等级 C20，这是一种板底钢筋和板面钢筋分别配置，不设弯起钢筋的配筋方式，称为板的分离式配筋。它通常适用于板厚 $h \leqslant 120mm$ 的情况。

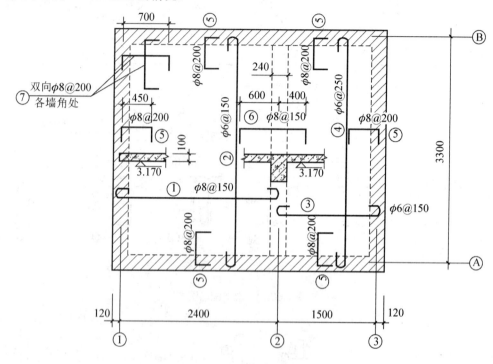

图7.51　XBI板分离式配筋图

(1) 先看板底钢筋：①～②区格为双向板(通常板区格长边与短边之比小于等于2时称为双向板)，故底板配有两个方向的受力筋，即在该区格①号钢筋按 $\phi 8@150$ 布置，②号按 $\phi 6@150$ 布置。

②～③区格为单向板(通常板区格长边与短边之比大于2时称为单向板)，板底沿短向为受力筋，即③号钢筋按 $\phi 6@150$ 布置；沿长向为分布钢筋，按 $\phi 6@250$ 布置。

(2) 再看板面钢筋：沿各区格板边均为⑤号筋，按 $\phi 8@200$ 布置，角区为⑦号筋，按双向 $\phi 8@200$ 布置；②轴线支座板面钢筋为⑥号，按 $\phi 8@150$ 布置。

另外，可以看出该板均采用HPB300级钢筋，板厚为100mm，板底标高为3.170m。

7.8.2　识读有梁楼盖板平法施工图

"混凝土结构施工图平面整体表示方法"简称平法，所谓"平法"的表达方式，是将结构构件的尺寸和配筋，按照平面整体表示法的制图规则，直接表示在各类构件的结构平面布置图上，再与标准构造详图相配合，即构成一套完整的结构施工图。平面整体表示法施工图主要绘制梁、柱、板、剪力墙的构造配筋图。本部分主要以《混凝土结构施工图平面整体表示方法制图规则和构造详图》(11G101-1)(现浇混凝土框架、剪力墙、梁、板)为依据对有梁楼盖板平法施工图进行讲解。

有梁楼盖板指以梁为支座的楼面与屋面板。

1. 有梁楼盖板平法施工图表达方式

有梁楼盖板平法施工图，是在楼面板和屋面板布置图上，采用平面注写的表达方式。板平面注写主要包括：板块集中标注和板支座原位标注。

为方便设计表达和施工识图，规定结构平面的坐标方向如下。

(1) 当两向轴网正交布置时，图面从左至右为 X 向，从下至上为 Y 向。

(2) 当轴网转折时，局部坐标方向顺轴网转折角做相应转折。

(3) 当轴网向心布置时，切向为 X 向，径向为 Y 向。

此外，对于平面布置比较复杂的区域，如轴网转折交界区域、向心布置的核心区域等，其平面坐标方向应由设计者另行规定并在图上明确表示。

2. 板块集中标注

板块集中标注的内容为：板块编号、板厚、贯通纵筋，以及当板面标高不同时的标高高差。

对于普通楼面，两向均以一跨为一板块；对于密肋楼盖，两向主梁(框架梁)均以一跨为一板块(非主梁密肋不计)。所有板块应逐一编号，相同编号的板块可择其一做集中标注，其他仅注写置于圆圈内的板编号，以及当板面标高不同时的标高高差。板块编号按表 7-6 的规定。

表 7-6　板块编号

板类型	代号	序号
楼面板	LB	××
屋面板	WB	××
悬挑板	XB	××

板厚注写为 h—×××(为垂直于板面的厚度)；当悬挑板的端部改变截面厚度时，用斜线分隔根部与端部的高度值，注写为 h—×××/×××；当设计已在图注中统一注明板厚时，此项可不注。

贯通纵筋按板块的下部和上部分别注写(当板块上部不设贯通纵筋时则不注)，并以 B 代表下部，以 T 代表上部，B&T 代表下部与上部；X 向贯通纵筋以 X 打头，Y 向贯通纵筋以 Y 打头，两向贯通纵筋配置相同时则以 X&Y 打头。当为单向板时，分布筋可不必注写，而在图中统一注明。当在某些板内(例如在悬挑板 XB 下部)配置有构造钢筋时，则 X 向以 xc，Y 向以 Yc 打头注写。当 Y 向采用放射配筋时(切向为 X 向，径向为 Y 向)，设计者应注明配筋间距的定位尺寸。当贯通筋采用两种规格钢筋"隔一布一"方式时，表达为 $\phi XX/YY@XXX$，表示直径为 XX 的钢筋和直径为 YY 的钢筋二者之间间距为 XXX，直径 XX 的钢筋的间距为 XXX 的 2 倍，直径 YY 的钢筋的间距为 XXX 的 2 倍。

板面标高高差指相对于结构层楼面标高的高差，应将其注写在括号内，且有高差则注，无高差不注。

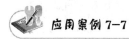

应用案例 7-7

设有一楼面板块注写为：LB5　h=110
B: Xϕ12@120; Yϕ10@110

表示 5 号楼面板,板厚 110mm,板下部配置的贯通纵筋 X 向为 $\phi12@120$;Y 向为 $\phi10@10$;板上部未配置贯通纵筋。

应用案例 7-8

设有一延伸悬挑板注写为:XB2 h=150/100
B:Xc&Yc$\phi8@200$

表示 2 号悬挑板,板根部厚 150mm,端部厚 100mm,板下部配置构造钢筋双向均为 $\phi8@200$(上部受力钢筋见板支座原位标注)。

同一编号板块的类型、板厚和贯通纵筋均应相同,但板面标高、跨度、平面形状以及板支座上部非贯通纵筋可以不同,如同一编号板块的平面形状可为矩形、多边形及其他形状等。施工预算时,应根据其实际平面形状,分别计算各板块的混凝土与钢材用量。

设计与施工应注意:单向或双向连续板的中间支座上部同向贯通纵筋,不应在支座位置连接或分别锚固。当相邻两跨的板上部贯通纵筋配置相同,且跨中部位有足够空间连接时,可在两跨任意一跨的跨中连接部位连接;当相邻两跨的上部贯通纵筋配置不同时,应将配置较大者越过其标注的跨数终点或起点伸至相邻跨的跨中连接区域连接。

特别提示

设计应注意板中间支座两侧上部贯通纵筋的协调配置,施工及预算应按具体设计和相应标准构造要求实施。等跨与不等跨板上部贯通纵筋的连接有特殊要求时,其连接部位及方式应由设计者注明。

3. 板支座原位标注

板支座原位标注的内容为:板支座上部非贯通纵筋和悬挑板上部受力钢筋。

板支座原位标注的钢筋,应在配置相同跨的第一跨表达(当在梁悬挑部位单独配置时则在原位标注)。在配置相同跨的第一跨(或梁悬挑部位),垂直于板支座(梁或墙)绘制一段适宜长度的中粗实线(当该筋通长设置在悬挑板或短跨板上部时,实线段应画至对边或贯通短跨),以该线段代表支座上部非贯通纵筋,并在线段上方注写钢筋编号(如①、②等)、配筋值、横向连续布置的跨数(注写在括号内,当为一跨时可不注),以及是否横向布置到梁的悬挑端。例如:(××)为横向布置的跨数,(××A)为横向布置的跨数及一端的悬挑梁部位,(××B)为横向布置的跨数及两端的悬挑梁部位。

板支座上部非贯通筋自支座中线向跨内的伸出长度,注写在线段的下方位置。

当中间支座上部非贯通纵筋向支座两侧对称伸出时,可仅在支座一侧线段下方标注伸出长度,另一侧不注,如图 7.52(a)所示。

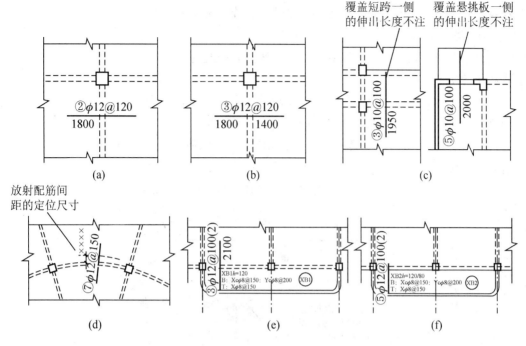

图 7.52 板支座原位标注

(a) 板支座上部非贯通筋对称伸出；(b) 板支座上部非贯通筋对称伸出；
(c) 板支座非贯通筋贯通全跨或伸出至悬挑端；(d) 弧形支座处放射配筋；
(e)、(f) 悬挑板支座非贯通筋

当向支座两侧非对称伸出时，应分别在支座两侧线段下方注写伸出长度，如图 7.52(b)所示。

对线段画至对边贯通全跨或贯通全悬挑长度的上部通长纵筋，贯通全跨或伸出至全悬挑一侧的长度值不注，只注明非贯通筋另一侧的伸出长度值，如图 7.52(c)所示。

当板支座为弧形，支座上部非贯通纵筋呈放射状分布时，设计者应注明配筋间距的度量位置并加注"放射分布"四字，必要时应补绘平面配筋图，如图 7.52(d)所示。

悬挑板的注写方式如图 7.52(e)、(f)所示。当悬挑板端部厚度不小于 150mm 时，设计者应指定板端部封边构造方式，当采用 U 形钢筋封边时，尚应指定 U 形钢筋的规格、直径。

此外，悬挑板的悬挑阳角上部放射钢筋的表示方法如图 7.53 所示。

在板平面布置图中，不同部位的板支座上部非贯通纵筋及悬挑板上部受力钢筋，可仅在一个部位注写，对其他相同者则仅需在代表钢筋的线段上注写编号及横向连续布置的跨数(当为一跨时可不注)即可。

 应用案例 7-9

在板平面布置图某部位，横跨支承梁绘制的对称线段上注有⑦ϕ12@100(5A)和 1500，表示支座上部⑦号非贯通纵筋为 ϕ12@100，从该跨起沿支承梁连续布置 5 跨加梁一端的悬挑端，该筋自支座中线向两侧跨内的伸出长度均为 500mm。在同一板平面布置图的另一部位横跨梁支座绘制的对称线段上注有⑦(2)者，是表示该筋同⑦号纵筋，沿支承梁连续布置2跨，且无梁悬挑端布置。

此外，与板支座上部非贯通纵筋垂直且绑扎在一起的构造钢筋或分布钢筋，应由设计者在图中注明。

当板的上部已配置有贯通纵筋，但需增配板支座上部非贯通纵筋时，应结合已配置的同向贯通纵筋的直径与间距采取"隔一布一"方式配置。

"隔一布一"方式为非贯通纵筋的标注间距与贯通纵筋相同，两者组合后的实际间距为各自标注间距的1/2。当设定贯通纵筋为纵筋总截面面积的50%时，两种钢筋应取相同直径；当设定贯通纵筋大于或小于总截面面积的50%时，两种钢筋则取不同直径。

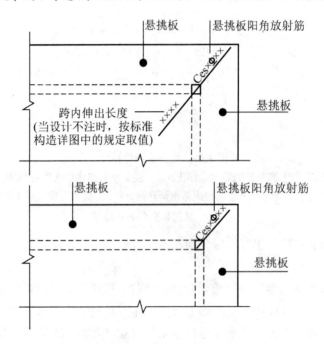

图 7.53 悬挑板阳角放射筋 Ces 引注图示

应用案例 7-10

板上部已配置贯通纵筋 $\phi 12@250$，该跨同向配置的上部支座非贯通纵筋为⑤$\phi 12@250$，表示在该支座上部设置的纵筋实际为 $\phi 12@125$，其中 1/2 为贯通纵筋，1/2 为⑤号非贯通纵筋(伸出长度值略)。

施工应注意：当支座一侧设置了上部贯通纵筋(在板集中标注中以 T 打头)，而在支座另一侧仅设置了上部非贯通纵筋时，如果支座两侧设置的纵筋直径、间距相同，应将二者连通，避免各自在支座上部分别锚固。

板平法施工图示例如图 7.54 所示。

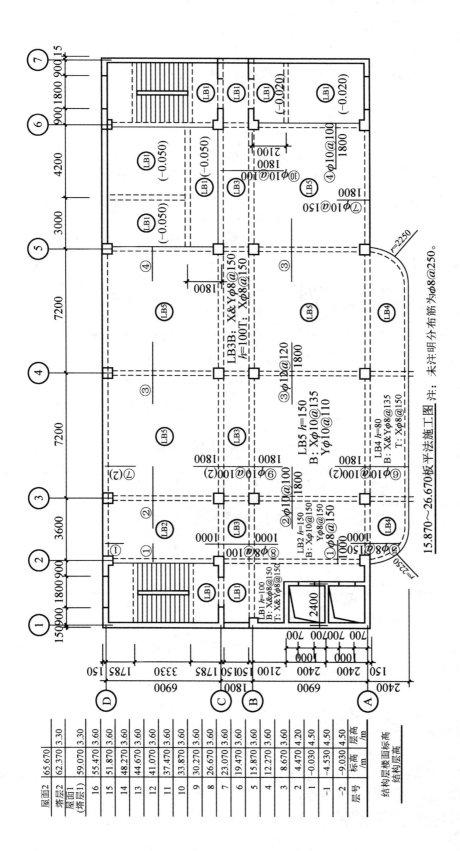

图 7.54 板平法施工图示例

7.8.3 板式楼梯平法识图

现浇混凝土板式楼梯平法施工图有平面标注、剖面标注和列表标注 3 种表达方式。

1. 楼梯类型

11G101-2 图集楼梯包含 11 种类型，见表 7-7。

表 7-7 楼梯类型

梯板代号	适用范围		特征	示意图所在图集位置
	抗震构造措施	适用结构		
AT	无	框架、剪力墙、砌体结构	AT 型梯板全部由踏步段构成	11Gl01-2 P$_{11}$
BT			BT 型梯板由低端平板和踏步段构成	
CT	无	框架、剪力墙、砌体结构	CT 型梯板由踏步段和高端平板构成	11G101-2 P$_{12}$
DT			DT 板由低端板、踏步板和高端平板构成	
ET	无	框架、剪力墙、砌体结构	ET 型由低端踏步段、中位平板和高端踏步段构成	11Gl01.2 P$_{13}$
FT			FT 型由层间平板、踏步段和楼层平板构成	
GT	无	框架结构	GT 型由层间平板、踏步段和楼层平板构成	11G101-2 P$_{14}$
HT		框架、剪力墙、砌体结构	HT 型楼梯由层间平板和踏步段构成	
ATa	有	框架结构	ATa 型为带滑动支座的板式楼梯，梯板全部由踏步段构成	11G101-2 P$_{15}$
ATb			ATb 型为带滑动支座的板式楼梯，梯板全部由踏步段构成与	
ATc			ATc 型梯板全部由踏步段构成，其支承方式为梯板两端均支承在梯梁上	

2. 板式楼梯平面标注方式

板式楼梯平面标注方式是指在楼梯平面布置图上标注截面尺寸和配筋具体数值的方式来表达楼梯施工图，包括集中标注和外围标注两部分。

1) 楼梯集中标注

楼梯集中标注的内容有五项，具体规定如下。

(1) 梯板类型代号与序号，如 ATXX。

(2) 梯板厚度，标注 $h=×××$。当为带平板的梯板且梯段板厚度和平板厚度不同时，可在梯段板厚度后面括号内以字母 P 打头标注平板厚度。例如：$h=100(P120)$，100 表示梯段板厚度，120 表示梯板平板段的厚度。

(3) 踏步段总高度和踏步级数，之间以 "/" 分隔。

(4) 梯板支座上部纵筋，下部纵筋，之间以";"分隔。

(5) 梯板分布筋，以 F 打头标注分布钢筋具体值。

下面以 AT 型楼梯举例介绍平面图中梯板类型及配筋的完整标注，如图 7.55 所示。

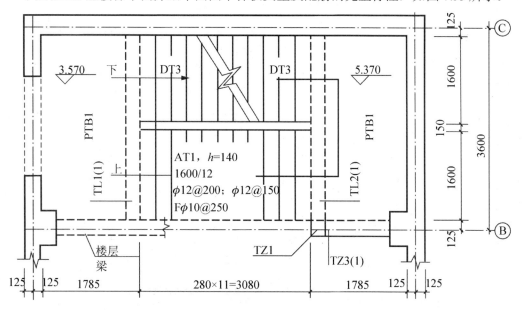

图 7.55　楼梯平面标注示意图(尺寸单位：mm)

图 7.55 中梯板类型及配筋的标注表达的内容如下。

AT1，h=140 表示梯板类型及编号，梯板板厚。1600/12 表示踏步段总高度/踏步级数。ϕ12@200；ϕ12@150 表示上部纵筋；下部纵筋。Fϕ10@250 表示梯板分布筋。

2) 楼梯外围标注

楼梯外围标注的内容包括楼梯间的平面尺寸、楼层结构标高、层间结构标高、楼梯的上下方向、梯板的平面几何尺寸、平台板配筋、梯梁及梯柱配筋等。

3. 楼梯的剖面标注方式

(1) 剖面标注方式是指在楼梯平法施工图中绘制楼梯平面布置图和楼梯剖面图，标注方式分平面标注、剖面标注两种。

(2) 楼梯平面布置图标注内容包括楼梯间的平面尺寸、楼层结构标高、层间结构标高、楼梯的上下方向、梯板的平面几何尺寸、梯板类型及编号、平台板配筋、梯梁及梯柱配筋等。

(3) 楼梯剖面图标注内容包括梯板集中标注、梯梁梯柱编号、梯板水平及竖向尺寸、楼层结构标高、层间结构标高等。

楼梯的剖面标注示意图如图 7.56 所示。

4. 楼梯列表标注方式

(1) 列表标注方式是指用列表方式标注梯板截面尺寸和配筋具体数值的方式来表达楼梯施工图。

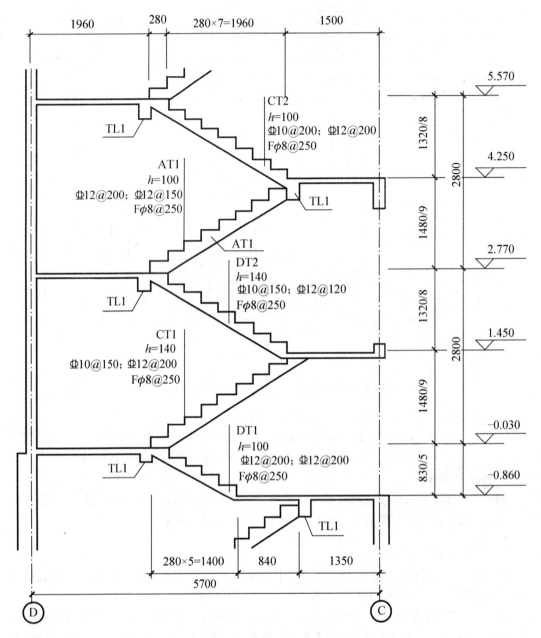

图 7.56 楼梯的剖面标注示例图

(2) 列表标注方式的具体要求同剖面标注方式，仅将剖面标注方式中的梯板配筋标注项改为列表标注项即可。梯板列表格式见表 7-8。

表 7-8 梯板几何尺寸和配筋表

梯板编号	踏步段总高度/踏步级数	板厚 h	上部纵向钢筋	下部纵向钢筋	分布筋

本模块小结

(1) 梁板结构的形式有整体式(包括肋形楼盖、井字楼盖、无梁楼盖)、装配式和装配整体式 3 种。整体式楼盖抗震性好,是一种连续板梁组成的结构,应用最多。装配式楼盖的显著特点是计算简单、施工方便,但整体性和刚度较差。内力计算时板和梁均按单跨简支梁计算。无梁楼盖的特点是没有支承梁,板的支承是柱,板和柱用柱帽连接。

(2) 整体式单向板肋梁的内力计算方法有两种:弹性理论计算法和塑性理论计算法。弹性理论法是把构件看作理想弹性体,用结构力学的方法计算构件的内力的方法。由于没有考虑钢筋和混凝土材料的塑性性质,因此计算结果与实际不符。而塑性计算法则利用材料的塑性性质,用塑性铰的概念阐述了材料塑性对结构内力的影响,计算方法简单实用,因此在土建工程中多采用此法。但其也有局限性,按照塑性计算法设计的构件没有安全储备,不适于重要性很高和对安全储备有要求的结构。在设计结构构件时注意选择合适的计算方法。

(3) 对于多跨超静定结构内力的计算,当跨数超过五跨时,若计算跨度彼此相差不超过 10%,则可按五跨计算。

(4) 在计算多跨梁、板控制截面的内力时,要充分考虑活荷载的最不利位置。

(5) 连续板的配筋有弯起式和分离式两种,各有优缺点。板和次梁可不按内力包络图确定纵向钢筋的弯起和截断位置,一般按构造规定即可。但主梁则须按内力包络图确定纵向钢筋的弯起和截断位置。

(6) 当板四周支承且长短边的比值小于或等于 2 时,板应视作双向板,则在两个方向都必须配置受力钢筋。对双向板内力的计算,主要按弹性理论法计算。双向板活荷载按棋盘式布置即是最不利位置,并将恒载和活荷载重新划分,分为 $g+q/2$ 和 $\pm q/2$ 两部分,则双向板的荷载可以看作是对称荷载 $(g+q/2)$ 和反对称荷载 $(\pm q/2)$ 所组成。双向板传递给其支承的荷载按 45°方向传递。在计算支承梁的内力时,要把双向板传递的荷载等效成均布荷载。

(7) 建筑中楼梯的形式多种多样,现浇楼梯主要有板式楼梯、梁式楼梯和折线形楼梯。板式楼梯由梯段板、平台板和平台梁组成,计算时应分别计算,对梯段板的计算时要取沿梯段板水平投影方向上的荷载设计值。

(8) 雨篷由雨篷板和雨篷梁构成。设计计算时,雨篷板按悬臂板设计,雨篷梁按弯剪扭复合受力构件设计,另外还要验算雨篷整体抗倾覆性。

一、简答题

1. 肋形楼盖的特点是什么?
2. 无梁楼盖的特点是什么?
3. 装配式楼盖的特点是什么?
4. 如何区分单向板和双向板?两者在受力、变形和配筋上有何不同?
5. 简述梁板结构的计算步骤。

6．弹性理论计算法和塑性理论计算的要点是什么？

7．在单向板肋梁楼盖计算时，对板、次梁和主梁都作了哪些简化？

8．什么是内力包络图？如何绘制？

9．板的配筋有哪几种？各有什么作用？

10．次梁和主梁的钢筋有哪些？各有什么作用？

11．什么是塑性铰？塑性铰的特点是什么？

12．同弹性理论法相比，塑性理论法计算的构件内力有何特点？

13．双向板的破坏特征是什么？双向板肋梁楼盖内力计算时，荷载如何简化？相应的支座又如何简化？

14．楼梯有哪些形式？板式楼梯的计算要点有哪些？

15．雨篷的计算要点有哪些？

二、计算题

1．某厂房现浇钢筋混凝土肋梁楼盖，平面图如图 7.57 所示。楼面活荷载标准值 $q_k = 10\text{kN/m}^2$，楼面面层为 20mm 水泥砂浆抹面(重度为 20kN/m³)，板底抹灰为 15mm 混合砂浆(重度为 18kN/m³)，采用 C20 混凝土，外墙采用 240mm 厚砖墙，不设边柱，板在墙上的搁置长度为 120mm，次梁和主梁在墙上的搁置长度为 240mm。试计算板、次梁和主梁的荷载大小，并画出它们的计算简图(板厚 $h = 100\text{mm}$)。

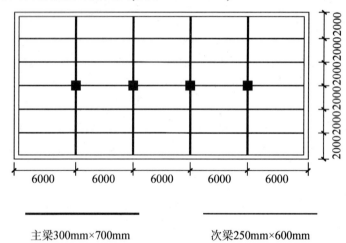

图 7.57　计算题 1 图

2．已知条件同习题 1，已知梁中受力钢筋采用 HRB335 级钢筋，其他钢筋均采用 HPB300 级钢筋。柱的截面尺寸为 400mm×400mm，试按塑性理论计算板和次梁的配筋，按弹性理论计算主梁的配筋。

3．双向板楼盖平面尺寸如图 7.58 所示，板厚 80mm，次梁截面 $b \times h = 250\text{mm} \times 500\text{mm}$，主梁截面 $b \times h = 250\text{mm} \times 500\text{mm}$，楼面面层为 20mm 水泥砂浆抹面(重度为 20kN/m³)，板底抹灰为 15mm 混合砂浆(重度为 18kN/m³)，楼面活荷载标准值 $q_k = 3\text{kN/m}^3$，混凝土采用 C20，板内受力钢筋采用 HPB235 级，外墙采用 240mm 厚砖墙，不设边柱，板在墙上的搁置长度为 120mm，要求按弹性理论计算板的内力。本题中，统一取 $\nu = 0$ 进行计算。

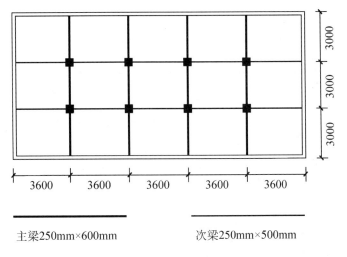

图 7.58 计算题 3 图

能力训练项目：单向板肋梁楼盖设计训练

1. 能力训练项目指导书

某多层工业厂房钢筋混凝土楼盖平面如图 7.59 所示，其平面尺寸为 25m×18m。楼面面层为 20mm 水泥砂浆抹面，自重为 0.4kN/m²，梁底和板底均为 15mm 石灰砂浆抹灰，自重为 0.25kN/m²，板的重度为 25kN/m³，板上的活荷载标准值 $q_k = 6kN/m^2$。采用 C25 混凝土，梁中受力钢筋采用 HRB335 级钢筋，其他钢筋均采用 HPB300 级钢筋。恒载分项系数 1.2，活载分项系数 1.3。

外墙均采用 240mm 厚砖墙，不设边柱，板在墙上的搁置长度为 120mm，次梁和主梁在墙上的搁置长度为 240mm。试设计此楼盖并绘结构施工图。

【解】

1. 板的设计

1) 计算简图

(1) 板厚 $h = 80mm$，取 $b = 1000mm$ 宽的板带为计算单元。

(2) 跨数：实际跨数为九跨，按五跨计算。

计算跨度：板的计算跨度与次梁的截面宽度有关，取次梁截面高 $h = 500mm$，次梁宽 $b = 200mm$。则板的实际支承情况如图 7.60 所示。

考虑到板的内力计算按塑性法计算，板的计算跨度如下。

边跨： $l_0 = l_n + 0.5h = 2280mm + 0.5 \times 80mm = 2320mm$。

中间跨： $l_0 = l_n = 2300mm$。

两者相差 $(2320-2300)/2300 = 0.9\% < 10\%$，故可按等跨考虑。

板的两边长比值 $l_2/l_1 = 6000mm/2500mm = 2.4 > 2$，按单向板考虑。

(3) 板的计算简图如图 7.61 所示。

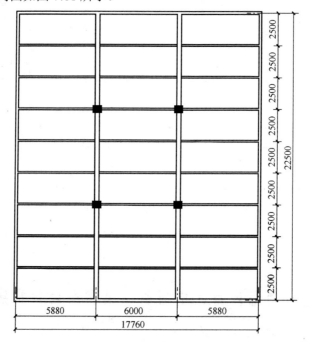

图 7.59 肋形楼盖平面布置图

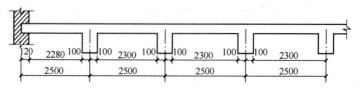

图 7.60 板的实际支承情况

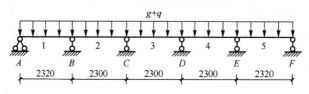

图 7.61 板的计算简图

2) 荷载计算

(1) 恒载。

板面水泥砂浆抹面 $0.4\,\text{kN/m}^2$。

板底石灰砂浆抹灰 $0.25\,\text{kN/m}^2$。

板自重：$25 \times 0.08 = 2.0(\text{kN/m}^2)$。

$g_k = (0.4 + 0.25 + 2.0) \times 1.0 = 2.65(\text{kN/m})$。

(2) 活载。

$q_k = 6 \times 1.0 = 6\,\text{kN/m}$。

恒载分项系数为 1.2，活载分项系数为 1.3。

则荷载设计值 $g + q = 1.2 \times 2.65 + 1.3 \times 6 = 10.98(\text{kN/m})$。

3) 内力计算

板不需要进行斜截面承载力计算。只需计算弯矩，按塑性法计算。

跨中正弯矩：

$$M_1 = M_5 = \gamma_{11}(g+q)l_0^2 = \frac{1}{11} \times 10.98 \times 2.32^2 = 5.37(\text{kN} \cdot \text{m})$$

$$M_2 = M_3 = M_4 = \gamma_{21}(g+q)l_0^2 = \frac{1}{16} \times 10.98 \times 2.30^2 = 3.63(\text{kN} \cdot \text{m})$$

支座负弯矩：

取 $M_A = M_F = 0$。

$$M_B = M_E = \gamma_{B1}(g+q)l_0^2 = -\frac{1}{11} \times 10.98 \times 2.32^2 = -5.37(\text{kN} \cdot \text{m})$$

$$M_C = M_D = \gamma_{C1}(g+q)l_0^2 = -\frac{1}{14} \times 10.98 \times 2.30^2 = -4.15(\text{kN} \cdot \text{m})$$

4) 配筋计算

取 $a_s = 25\text{mm}$，则截面有效高度 $h_0 = 80 - 25 = 55\text{mm}$。按单筋矩形截面受弯构件正截面受弯承载力计算。考虑到中间区格的板与梁四周整体连接，其弯矩值应折减20%，即 M_2、M_3、M_4、M_C 及 M_D 均降低20%。计算过程见表7-9。

表7-9 板的配筋计算

截面位置	1、5	2、3、4	B、E	C、D
弯矩 M / kN·m	5.37	3.63 折减后 2.91	5.37	4.15 折减后 3.32
$\alpha_s = \dfrac{M}{\alpha_1 f_c b h_0^2}$	0.1849	0.125 折减后 0.100	0.1849	0.1429 折减后 0.1143
$\xi = 1 - \sqrt{1 - 2\alpha_s}$	0.2061	0.1340 折减后 0.1056	0.2061	0.1549 折减后 0.1217
$\rho = \xi f_c / f_y$	0.0094	0.0061 折减后 0.0048	0.0094	0.0071 折减后 0.0056
$A_s = \rho b h_0$ / mm²	517	336 折减后 264	517	389 折减后 308
实配钢筋 / mm²	$\phi 10@150$ $A_s = 523$	边板带 $\phi 8@150$ $A_s = 335$ 中板带 $\phi 8@150$ $A_s = 335$	$\phi 10@150$ $A_s = 523$	边板带 $\phi 10@150$ $A_s = 523$ 中板带 $\phi 8@150$ $A_s = 335$

5) 板的配筋图如图7.62所示。

2. 次梁的设计

1) 计算简图

(1) 次梁截面高 $h = 500\text{mm}$，次梁宽 $b = 200\text{mm}$。

(2) 跨数：次梁的实际跨数为三跨，故仍按三跨计算。

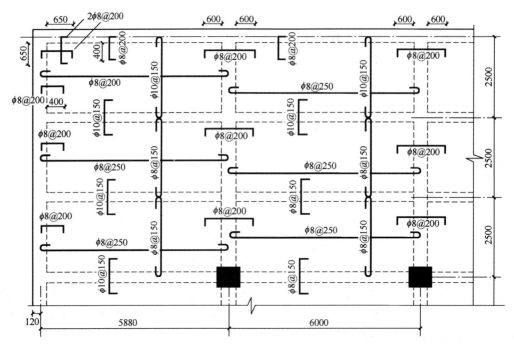

图 7.62 板的配筋图(分离式)

计算跨度：次梁的计算跨度与主梁的截面宽度有关，取主梁截面高 $h = 700\text{mm}$，主梁宽 $b = 300\text{mm}$。则次梁的实际支承情况如图 7.63 所示。

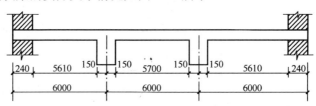

图 7.63 次梁的实际支承情况

考虑到次梁的内力计算按塑性法计算，则次梁的计算跨度如下。

边跨：$l_0 = l_n + 0.5a = 5610 + 0.5 \times 240 = 5730\text{mm} < 1.025 l_n = 5750(\text{mm})$；

中间跨：$l_0 = l_n = 5700(\text{mm})$；

两者相差 $(5730\text{mm} - 5700\text{mm})/5730\text{mm} = 0.5\% < 10\%$，故可按等跨考虑。

(3) 次梁的计算简图如图 7.64 所示。

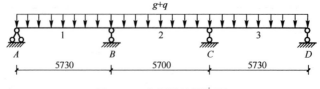

图 7.64 次梁的计算简图

2) 荷载计算

(1) 恒载。

次梁两侧石灰砂浆抹灰 $0.25 \times (0.5 - 0.08) \times 2 = 0.21(\text{kN/m})$。

次梁自重：$25×0.2×(0.5-0.08)=2.1(\text{kN/m})$。
板传来的恒载：$2.65×2.5=6.625(\text{kN/m})$。
$g_k=0.21+2.1+6.625=8.935(\text{kN/m})$。

(2) 活载。
$$q_k=6×2.5=15(\text{kN/m})$$

恒载分项系数为 1.2，活载分项系数为 1.3，次梁荷载设计值：
$$g+q=1.2×8.935+1.3×15=30.222(\text{kN/m})$$

3) 内力计算

次梁需要进行斜截面承载力计算，既要计算弯矩，还要计算剪力。按塑性法计算。跨中正弯矩：

$$M_1=M_3=\gamma_{11}(g+q)l_0^2=\frac{1}{11}×30.22×5.73^2=90.2(\text{kN}\cdot\text{m})$$

$$M_2=\gamma_{21}(g+q)l_0^2=\frac{1}{16}×30.22×5.70^2=61.37(\text{kN}\cdot\text{m})$$

支座负弯矩：
$$M_A=M_D=0$$
$$M_B=M_C=\gamma_{B1}(g+q)l_0^2=-\frac{1}{11}×30.22×5.73^2=-90.2(\text{kN/m})$$

支座剪力：
$$V_A=V_D=\gamma_{A2}(g+q)l_n=0.45×30.22×5.61=76.29(\text{kN})$$
$$V_{B左}=V_{C右}=\gamma_{B左2}(g+q)l_n=0.60×30.22×5.61=101.72(\text{kN})$$
$$V_{B右}=V_{C左}=\gamma_{B右2}(g+q)l_n=0.55×30.22×5.7=94.74(\text{kN})$$

4) 配筋计算

由于次梁与板整体连接，在承受正弯矩时，板可以作为次梁的受压翼缘，因此跨中配筋时应按 T 形截面计算；而承受负弯矩时，则支座截面仍要按矩形截面计算。

按计算跨度 l_0 考虑：$b_f'=l_0/3=5700/3=1900(\text{mm})$。
按纵肋净距考虑：$b_f'=b+S_n=200+2300=2500(\text{mm})$。
按翼缘高度 h_f' 考虑：$b_f'=b+12h_f'=200+12×80=1160(\text{mm})$。
取较小值，$b_f'=1160\text{mm}$，而翼缘计算高度 $h_f'=80\text{mm}$。

判断 T 形截面类型：跨中及支座截面均布置一层纵向钢筋，则 a_s 取 40mm，$h_0=460\text{mm}$，$\alpha_1 f_c b_f' h_f'(h_0-h_f'/2)=1×9.6×1160×80×(460-80/2)=374.17(\text{kN}\cdot\text{m})>\max(M_1,M_2,M_3)$，因此各跨跨中截面均为第一类 T 形截面。

(1) 次梁正截面承载力配筋计算见表 7-10。

表 7-10 次梁正截面配筋计算

截面位置	1、3	2	B、C
弯矩 $M/\text{kN}\cdot\text{m}$	90.2	61.37	90.2
$\alpha_s=\dfrac{M}{\alpha_1 f_c b_f' h_0^2}$（T 形）或 $\alpha_s=\dfrac{M}{\alpha_1 f_c b h_0^2}$	0.0382	0.026	0.222

续表

截面位置	1、3	2	B、C
$\xi = 1-\sqrt{1-2\alpha_s}$	0.039	0.0264	0.2543＜0.35
$\rho = \xi f_c / f_y$	0.001 248	0.008 45	0.008 137 6
$A_s = \rho b'_f h_0$ (T 形)或 $A_s = \rho b h_0$ / mm²	665.9	450.7	748.7
实配钢筋 / mm²	2Φ16+1Φ18 $A_s = 656.5$	2Φ14+1Φ18 $A_s = 562.5$	3Φ18 $A_s = 763$

(2) 次梁的斜截面配筋计算。在采用塑性计算法计算次梁内力时，考虑塑性内力重分布时，箍筋的数量应增加20%。由于 $q/g = 15/8.935 = 1.68 < 3$，且跨度相差 $0.5\% < 20\%$，故弯起钢筋的弯起和截断位置可不通过计算确定，直接按构造要求弯起和截断即可。

① 先复核截面尺寸，$h_w/b = (460\text{mm} - 80\text{mm})/200\text{mm} = 1.9 < 4$，按下式复核：

$$0.25\beta_c f_c b h_0 = 0.25 \times 1 \times 9.6 \times 200 \times 460 = 220.8 \times 10^3 (\text{N})$$
$$> \max(V_A, V_{B左}, V_{B右}, V_{C左}, V_{C右}, V_D)$$

因此截面尺寸复核要求。

② 计算是否需要按计算配置箍筋：

$$0.7 f_t b h_0 = 0.7 \times 1.1 \times 200 \times 460 = 70.84 \times 10^3 (\text{N}) < \min(V_A, V_{B左}, V_{B右}, V_{C左}, V_{C右}, V_D)$$

因此均需要按计算配置箍筋。

③ 次梁箍筋的计算见表 7-11。

表 7-11 次梁的箍筋计算

截面位置	A、D	B 左、C 右	B 右、C 左
V / kN	76.29	101.72	94.74
$V_c = 0.7 f_t b h_0$ / kN	70.84	70.84	70.84
$\dfrac{A_{sv}}{s} = \dfrac{V - V_c}{f_{yv} h_0}$	0.044	0.249	0.193
增大 20%	0.052	0.299	0.231
双肢 φ6 箍筋 A_{sv}(mm²)	57	57	57
实配箍筋	双肢 φ6@150	双肢 φ6@150	双肢 φ6@150

④ 验算箍筋最小配筋率：

$$\rho_{sv} = \frac{A_{sv}}{bs} \times 100\% = \frac{57}{200 \times 150} = 0.0019 > \rho_{sv\min} = 0.24 \frac{f_t}{f_{yv}} = 0.001\ 25$$

5) 次梁的配筋图如图 7.65 所示。

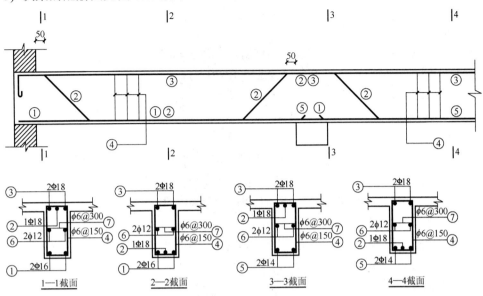

图 7.65 次梁配筋图

3. 主梁的设计

1) 计算简图

(1) 主梁截面高 $h = 700$mm，主梁宽 $b = 300$mm。

(2) 跨数：主梁的实际跨数为三跨，故仍按三跨计算。

(3) 计算跨度：主梁的计算跨度与支承柱的截面尺寸有关，取柱的截面尺寸为 $b \times h = 400\text{mm} \times 400\text{mm}$。则主梁的实际支承情况如图 7.66 所示。

(4) 主梁的计算简图如图 7.67 所示。

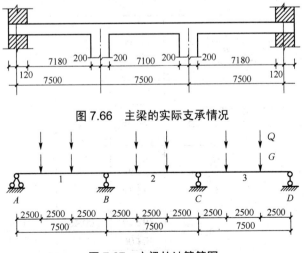

图 7.66 主梁的实际支承情况

图 7.67 主梁的计算简图

考虑到主梁的内力计算按弹性法计算，则主梁的计算跨度如下。

边跨：$l_0 = l_c = 7500\text{mm} < 1.025l_n + 0.5b = 7560(\text{mm})$。

取 $l_0 = 7500$ mm；中间跨：$l_0 = l_c = 7500$ mm；故可按等跨考虑。

2) 荷载计算

(1) 恒载。

主梁两侧石灰砂浆抹灰 $0.25 \times (0.7 - 0.08) \times 2 \times 2.5 = 0.78$(kN)。

主梁自重：$25 \times 0.3 \times (0.7 - 0.08) \times 2.5 = 11.63$(kN)。

次梁传来的恒载：$8.935 \times 6 = 53.61$(kN)。

$G_k = 0.78 + 11.63 + 53.61 = 66.02$(kN)。

(2) 活载。

$$Q_k = 6 \times 2.5 \times 6 = 90 \text{(kN)}$$

恒载分项系数为1.2，活载分项系数为1.3；则次梁荷载设计值为：

$$G = 66.02 \times 1.2 = 79.22 \text{(kN)}；\quad Q = 90 \times 1.3 = 117 \text{(kN)}$$

3) 主梁的计算简图

主梁承受的是集中荷载(包括恒载和活载)，均作用在次梁的支承点处。计算简图如图7.67所示。

4) 内力计算

主梁的内力须按弹性法计算。同时要考虑荷载的最不利组合，弯矩计算结果见表7-12。

表7-12 主梁的弯矩计算

项次	荷载简图	弯矩值/kN·m				
		边跨		B 支座	中跨	
		$\dfrac{\alpha}{M_{1a}}$	$\dfrac{\alpha}{M_{1b}}$	$\dfrac{\alpha}{M_B}$	$\dfrac{\alpha}{M_{2a}}$	$\dfrac{\alpha}{M_{2b}}$
①		0.244 / 142.65	— / 89.93	-0.267 / -157.37	0.067 / 39.81	0.067 / 39.81
②		0.289 / 249.54	— / 210.55	-0.133 / -115.77	— / -115.77	— / -115.77
③		— / -38.59	— / -77.18	-0.133 / -115.77	0.2 / 175.5	0.2 / 175.5
④		0.229 / 197.73	— / 107.73	-0.311 / -270.72	— / 86.2	0.17 / 149.18
	①+②	392.19	300.48	-273.14	-75.96	-75.96
	①+③	104.06	12.75	-273.14	215.31	215.31
	①+④	340.38	197.66	-428.09	126.01	188.99

剪力包络图见表7-13。

表 7-13　主梁的剪力计算

项次	荷载简图	剪力/kN A 支座 $\dfrac{\beta}{V_A}$	B 支座 $\dfrac{\beta}{V_{B左}}$	$\dfrac{\beta}{V_{B右}}$
①	图示	0.733 58.07	-1.267 -100.37	1.0 79.22
②	图示	0.866 101.32	-1.134 -132.68	0 0
③	图示	-0.133 -15.56	-0.133 -15.56	1.0 117
④	图示	0.689 80.61	-1.311 -153.39	1.222 142.97
	①+②	159.39	-233.5	79.22
	①+③	42.51	-115.93	196.22
	①+④	138.68	-253.76	222.19

5) 内力包络图

(1) 剪力包络图。根据各段梁的剪力图都是水平直线的特点，可按下述方法画剪力包络图。

第一步：将上述计算的各支座截面的最大剪力依次按比例画在图上。

第二步：根据截面上剪力的突变规律，利用①+④组合计算各集中力作用点之间的梁段上的剪力，并按同比例画在图上，即得到剪力包络图，如图 7.68 所示。

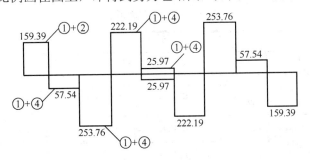

图 7.68　剪力包络图(单位：kN)

(2) 弯矩包络图。弯矩包络图如图 7.69 所示。

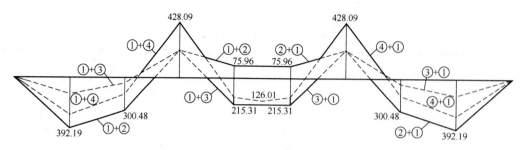

图 7.69　主梁弯矩包络图(单位：kN·m)

6) 配筋计算

(1) 正截面承载力计算。同次梁一样，主梁跨中截面(1、2、3 截面)在正弯矩作用下按 T 形截面梁计算，在负弯矩作用下仍按矩形截面梁计算；支座截面均按矩形截面梁计算。

主梁 T 形截面受压翼缘的计算宽度取下述计算值的较小值。

按计算跨度 l_0 考虑：$b'_f = l_0/3 = 7380/3 = 2460(mm)$。

按纵肋净距考虑：$b'_f = b + s_n = 300 + 5700 = 6000(mm)$。

按翼缘高度 h'_f 考虑：$b'_f = b + 12h'_f = 300 + 12 \times 80 = 1260(mm)$。

取较小值，$b'_f = 1260mm$，而翼缘计算高度 $h'_f = 80mm$。

判断 T 形截面类型：跨中正弯矩截面均布置一层纵向钢筋，则 a_s 取 60mm，$h_0 = h - a_s = 640(mm)$。

$\alpha_1 f_c b'_f h'_f (h_0 - h'_f/2) = 1 \times 9.6 \times 1260 \times 80 \times (640 - 80/2) = 580.6 kN \cdot m > \max(M_1, M_2, M_3)$，因此各跨跨中截面均为第一类 T 形截面。

对于支座截面和跨中负弯矩截面，截面有效高度：

$h_0 = h - a_s = 700 - 80 = 620(mm)$，支座截面计算弯矩应取支座边缘截面的剪力值 M'_B，按下式取用：

$$M'_B = M'_C = -(M_B - 0.5bV_0)$$
$$V_0 = 79.22kN + 117kN = 196.22kN$$

则 $M'_B = M'_C = -(428.09 - 0.5 \times 0.4 \times 196.22) = 388.85(kN \cdot m)$。

正截面承载力计算结果见表 7-14。

表 7-14　主梁正截面承载力计算

截面位置	1、3	2		B、C
弯矩 $M/(kN \cdot m)$	392.19	215.31	-75.96	-388.85
$\alpha_s = \dfrac{M}{\alpha_1 f_c b'_f h_0^2}$ (T 形)或 $\alpha_s = \dfrac{M}{\alpha_1 f_c b h_0^2}$	0.0792	0.0435	0.0695	0.3513
$\xi = 1 - \sqrt{1-2\alpha_s}$	0.0826	0.0444	0.0721	0.4547
$\rho = \xi f_c / f_y$	0.00264	0.00142	0.002 307	0.014 550
$A_s = \rho b'_f h_0$ (T 形)或 $A_s = \rho b h_0 / mm^2$	2130.6	1146.9	429.1	2706.3
实配钢筋 $/mm^2$	4Φ22+2Φ18 $A_s = 2029$	2Φ22+2Φ18 $A_s = 1269$	2Φ22 $A_s = 760$	6Φ22+2Φ18 $A_s = 2790$

(2) 斜截面承载力计算。

① 先复核截面尺寸，$h_w/b = (660\text{mm} - 80\text{mm})/300\text{mm} = 1.93 < 4$，按下式复核：

$$0.25\beta_c f_c b h_0 = 0.25 \times 1 \times 9.6 \times 300 \times 620$$
$$= 446.4 \times 10^3 (\text{N}) > \max(V_A, V_{B\text{左}}, V_{B\text{右}}, V_{C\text{左}}, V_{C\text{右}}, V_D)$$

因此截面尺寸复核要求。

② 计算是否需要按计算配置箍筋

B、C 支座：

$$0.7 f_t b h_0 = 0.7 \times 1.1 \times 300 \times 620 = 143.22 \times 10^3 (\text{N}) < \min(V_{B\text{左}}, V_{B\text{右}}, V_{C\text{左}}, V_{C\text{右}})$$

因此均需要按计算配置箍筋。

A、D 支座：

$$0.7 f_t b h_0 = 0.7 \times 1.1 \times 300 \times 660 = 152.46 \times 10^3 (\text{N}) < \min(V_A, V_D)$$

因此均需要按计算配置箍筋。

③ 箍筋计算结果见表 7-15。

表 7-15　主梁斜截面承载力计算

截面位置	A、D	B 左、C 右	B 右、C 左
V / kN	159.39	253.76	222.19
$V_c = 0.7 f_t b h_0$ / kN	152.46	143.22	143.22
选配箍筋	双肢 $\phi 8@200$	双肢 $\phi 8@200$	双肢 $\phi 8@200$
$0.7 f_t b h_0 + f_{yv} \dfrac{A_{sv}}{s} h_0$	242.10	227.42	227.42
A_{sb} / mm²	不需要	26.33	不需要
配置弯起钢筋 / mm²	2Φ18 $A_{sb} = 509$	2Φ18 $A_{sb} = 509$	2Φ18 $A_{sb} = 509$

7) 吊筋的计算

由次梁传递给主梁的全部集中荷载设计值为：

$$F = 1.2 \times 53.61 + 1.3 \times 90 = 181.33 (\text{kN})$$

则所需吊筋的截面积为：

$$A_s = \frac{F}{2 f_y \sin \alpha} = \frac{181\,330}{2 \times 300 \times \sin 45°} = 427.5 \text{mm}^2$$

选用 2Φ18，$A_s = 509 \text{mm}^2$。

8) 纵向钢筋的弯起与截断

主梁配筋图如图 7.70 所示。

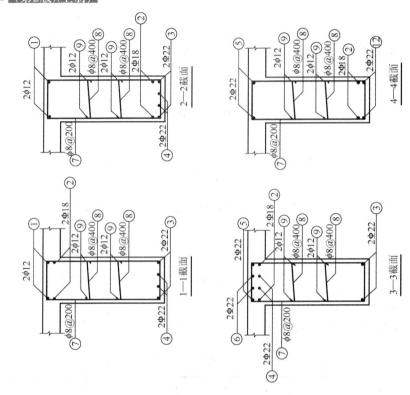

图 7.70 主梁配筋图

楼盖施工图如图 7.71 所示。

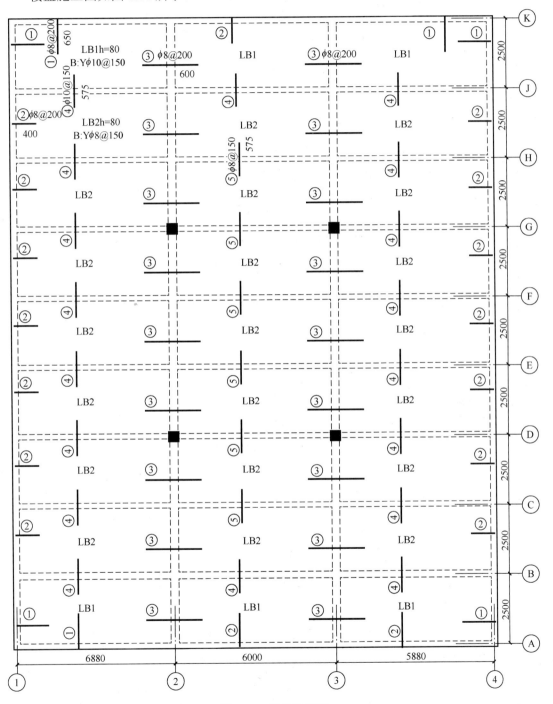

图 7.71 楼盖施工图

主梁和次梁施工图如图 7.72 所示。

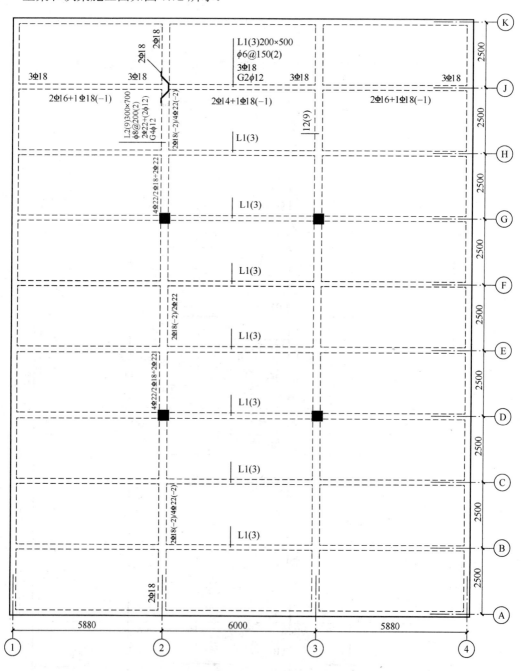

图 7.72 主梁和次梁施工图

2. 能力训练任务书

设计某三层轻工厂房车间楼盖。拟采用整体式钢筋混凝土单向板肋形楼盖。要求进行第二层楼面梁板布置，确定梁板截面尺寸，计算梁板配筋，并绘制施工图。

1) 设计目的

建筑结构课程设计是课程教学标准中的一个重要的实践教学环节，对培养和提高学生的基本技能，启发学生对实际结构工程的工作原理认识及巩固理论知识具有重要的作用。本课程设计的主要目的如下。

(1) 了解钢筋混凝土结构设计的一般程序和内容，为今后从事实际工作奠定基础。

(2) 复习巩固加深所学的基本构件中受弯构件和钢筋混凝土平面楼盖等的理论知识。

(3) 掌握钢筋混凝土肋梁楼盖的一般设计方法。

① 进一步理解单向板肋形楼盖的结构布置、荷载计算、荷载传递、计算简图。

② 掌握弹性理论和塑性理论的设计方法。

③ 理解内力包络图和抵抗弯矩图的绘制方法。

④ 了解构造设计的重要性，掌握现浇梁板的有关构造要求。

⑤ 掌握现浇钢筋混凝土结构施工图的表示方法和制图规定。

⑥ 学习书写结构计算书。

⑦ 学习运用规范。

2) 设计内容及要求

(1) 结构布置：确定柱网尺寸、主次梁布置、构件截面尺寸、绘制楼盖平面结构布置图。

(2) 板的设计：按考虑塑性内力重分布的方法计算板的内力，计算板的正截面承载力，绘制板的配筋图。

(3) 次梁设计：按考虑塑性内力重分布的方法计算次梁的内力、计算次梁的正截面、斜截面承载力，绘制次梁的配筋图。

(4) 主梁设计：按弹性法计算主梁的内力，绘制主梁的弯矩、剪力包络图，根据包络图计算主梁正截面，斜截面的承载力，并绘制主梁的抵抗弯矩图及配筋图(主梁按弯矩包络图)。

(5) 写出结构计算书一份，步骤清楚，计算正确，书写工整。

(6) 用平法绘制结构施工图两张(图幅自定)，内容：①楼盖施工图；②主梁、次梁施工图。

3) 时间及进度安排

学完本模块后即可布置此次训练任务，灵活安排 2~4 周，利用课余及自习时间完成。

4) 设计方案

(1) 车间轴网及平面图如图 7.73 所示，楼梯间除外，按照不同用途的车间楼面活荷载标准值见表 7-16。车间内无侵蚀性介质，轴网尺寸见表 7-17。

表 7-16 楼面活荷载值

kN/m^2

序号	①	②	③	④	⑤	⑥	⑦
活荷载标准值	4.5	5.0	5.5	6.0	6.5	7.0	7.5

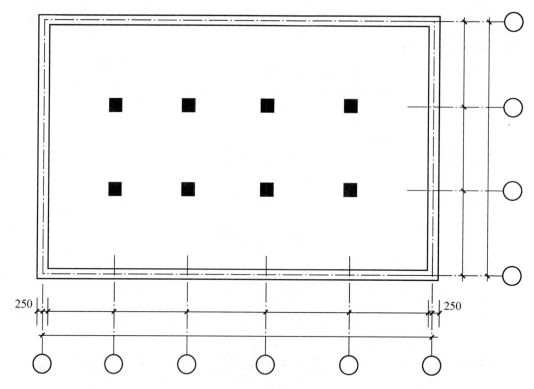

图 7.73　车间轴网及平面图

表 7-17　轴线尺寸 L_x、L_y

mm

序号	L_x	L_y
①	6000	6600
②	6300	6600
③	6600	6600
④	6300	6900
⑤	6600	6900
⑥	6900	6900

(2) 每位学生按学号顺序根据表 7-18，选取一组数据，作为课程设计的条件进行设计。

表 7-18　选题顺序

荷载序号 \ 轴线序号	①	②	③	④	⑤	⑥
①	1	2	3	4	5	6
②	7	8	9	10	11	12
③	13	14	15	16	17	18
④	19	20	21	22	23	24
⑤	25	26	27	28	29	30
⑥	31	32	33	34	35	36
⑦	37	38	39	40	41	42

(3) 楼面做法说明：20mm 水泥砂浆($20kN/m^3$)

钢筋混凝土现浇板(厚度按设计，$25kN/m^3$)

15mm 板底顶棚混合砂浆抹灰($18kN/m^3$)

15mm 梁底及梁侧混合砂浆抹灰($18kN/m^3$)

(4) 材料：混凝土采用 C30，梁内受力钢筋采用 HRB335，箍筋采用 HPB300，板内钢筋采用 HPB300。

(5) 四周墙体厚度均为 370mm，定位轴线均偏内 250mm，板伸入墙内 120mm，次梁伸入墙内 240mm，主梁伸入墙内 370mm。柱的截面尺寸自定。

附录A 各种直径钢筋的公称截面面积、计算截面面积及理论质量

表 A-1 钢筋的计算截面面积及理论重量

公称直径 d/mm	不同根数钢筋的计算截面面积/mm²									单根钢筋理论重量 (kg/m)
	1	2	3	4	5	6	7	8	9	
6	28.3	57	85	113	142	170	198	226	255	0.222
6.5	33.2	66	100	133	166	199	232	265	299	0.260
8	50.3	101	151	201	252	302	352	402	453	0.395
8.2	52.8	106	158	211	264	317	370	423	475	0.432
10	78.5	157	236	314	393	471	550	628	707	0.617
12	113.1	226	339	452	565	678	791	904	1017	0.888
14	153.9	308	461	615	769	923	1077	1231	1385	1.21
16	201.1	402	603	804	1005	1206	1407	1608	1809	1.58
18	254.5	509	763	1017	1272	1526	1780	2036	2290	2.00
20	314.2	628	941	1256	1570	1884	2200	2513	2827	2.47
22	380.1	760	1140	1520	1900	2281	2661	3041	3421	2.98
25	490.9	982	1473	1964	2454	2945	3436	3927	4418	3.85
28	615.8	1232	1847	2463	3079	3695	4310	4926	5542	4.83
32	804.2	1609	2413	3217	4021	4826	5630	6434	7238	6.31
36	1017.9	2036	2054	4072	5089	6107	7125	8143	9161	7.99
40	1256.6	2513	3770	5027	6283	7540	8796	10 053	11310	9.87

注：表中直径 d=8.2mm 的计算截面面积及理论重量仅适用于有纵肋的热处理钢筋。

表 A-2 每米板宽内的钢筋截面面积表

钢筋间距 a/mm	当钢筋直径(mm)为下列数值时的钢筋截面面积(mm²)											
	4	4.5	5	6	8	10	12	14	16	18	20	22	25
70	180	227	280	404	718	1122	1616	2199	2872	3635	4488	5430	7012
75	168	212	262	377	670	1047	1508	2053	2681	3393	4189	5068	6545
80	157	199	245	353	628	982	1414	1924	2513	3181	3927	4752	6136
90	140	177	218	314	559	873	1257	1710	2234	2827	3491	4224	5454
100	126	159	196	283	503	785	1131	1539	2011	2545	3142	3801	4909
110	114	145	178	257	457	714	1028	1399	1828	2313	2856	3456	4462
120	105	133	164	236	419	654	942	1283	1676	2121	2618	3168	4091
125	101	127	157	226	402	628	905	1232	1608	2036	2513	3041	3927
130	97	122	151	217	387	604	870	1184	1547	1957	2417	2924	3776
140	90	114	140	202	359	561	808	1100	1436	1818	2244	2715	3506
150	84	106	131	188	335	524	754	1026	1340	1696	2094	2534	3272
160	79	99	123	177	314	491	707	962	1257	1590	1963	2376	3068
170	74	94	115	166	296	462	665	906	1183	1497	1848	2236	2887
175	72	91	112	162	287	449	646	880	1149	1454	1795	2172	2805
180	70	88	109	157	279	436	628	855	1117	1414	1745	2112	2727
190	66	84	103	149	265	413	595	810	1058	1339	1653	2001	2584
200	63	80	98	141	251	392	565	770	1005	1272	1571	1901	2454
250	50	64	79	113	201	314	452	616	804	1018	1257	1521	1963
300	42	53	65	94	168	262	377	513	670	848	1047	1267	1636

附录 B 等截面、等跨连续梁在常用荷载作用下的内力系数表

1. 在均布及三角形荷载作用下：$M=$表中系数$\times ql^2$ $V=$表中系数$\times ql$
2. 在集中荷载作用下：$M=$表中系数$\times Pl$ $V=$表中系数$\times P$
3. 内力正负号规定：

M——使截面上部受压、下部受拉为正；

V——对邻近截面所产生的力矩沿顺时针方向者为正。

表 B-1 两跨梁

序号	荷载简图	跨中最大弯矩		支座弯矩	横向剪力			
		M_1	M_2	M_B	V_A	V_B^l	V_B^r	V_C
1		0.070	0.070	−0.125	0.375	−0.625	0.625	−0.375
2		0.096	−0.025	−0.063	0.437	−0.563	0.063	0.063
3		0.156	0.156	−0.188	0.312	−0.688	0.688	−0.312
4		0.203	−0.047	−0.094	0.406	−0.594	0.094	0.094

表 B-2 三跨梁

序号	荷载简图	跨中最大弯矩		支座弯矩		横向剪力				
		M_1	M_2	M_B	M_C	V_A	V_B^l	V_B^r	V_C^l	V_C^r	V_E
1		0.080	0.025	−0.100	−0.100	0.400	−0.600	0.500	−0.500	0.600	−0.400
2		0.101	−0.050	−0.050	−0.050	0.450	−0.550	0.000	0.000	0.550	−0.450
3		−0.025	0.075	−0.050	−0.050	−0.050	−0.050	0.500	−0.500	0.050	0.050
4		0.073	0.054	−0.117	−0.033	0.383	−0.617	0.583	−0.417	0.033	0.033
5		0.094	—	−0.067	0.017	0.433	−0.567	0.083	0.083	−0.017	−0.017
6		0.175	0.100	−0.150	−0.150	0.350	−0.650	0.500	−0.500	0.650	−0.350
7		0.213	−0.075	−0.075	−0.075	0.425	−0.575	0.000	0.000	0.575	−0.425
8		−0.038	−0.175	−0.075	−0.075	−0.075	−0.075	0.500	−0.500	0.075	0.075
9		0.162	0.137	−0.175	−0.050	0.325	−0.675	0.625	−0.375	0.050	0.050

续表

序号	荷载简图	跨中最大弯矩		支座弯矩		横向剪力					
		M_1	M_2	M_B	M_C	V_A	V_B^l	V_B^r	V_C^l	V_C^r	V_E
10		0.200	—	-0.100	0.025	0.400	-0.600	0.125	0.125	-0.025	-0.025
11		0.244	0.067	-0.267	-0.267	0.733	-1.267	1.000	-1.000	1.267	-0.733
12		0.289	-0.133	-0.133	-0.133	0.866	-1.133	0.000	0.000	1.134	-0.866
13		-0.044	0.200	-0.133	-0.133	-0.133	-0.133	1.000	-1.000	0.133	0.133
14		0.229	0.170	-0.311	-0.089	0.689	-1.311	1.222	-0.778	0.089	0.089
15		0.274	—	-0.178	0.044	0.822	-1.178	0.222	0.222	-0.044	-0.044

表 B-3 四跨梁

序号	荷载简图	跨中最大弯矩				支座弯矩			横向剪力						
		M_1	M_2	M_3	M_4	M_B	M_C	M_D	V_A	V_B^l	V_B^r	V_C^l	V_C^r	V_D^l	V_D^r	V_K
1		0.077	0.036	0.036	0.077	-0.107	-0.071	-0.107	0.393	-0.607	0.536	-0.464	0.464	-0.563	0.607	-0.393
2		0.100	-0.045	0.081	-0.023	-0.054	-0.036	-0.054	0.446	-0.554	0.018	0.018	0.482	-0.518	0.054	0.054
3		0.072	0.061	—	0.098	-0.121	-0.018	-0.058	0.380	-0.620	0.603	-0.397	-0.040	-0.040	0.558	-0.442
4		—	0.056	0.056	—	-0.036	-0.107	-0.036	-0.036	-0.036	0.429	-0.571	0.571	-0.429	0.036	0.036
5		0.094	—	—	—	-0.067	0.018	-0.004	0.433	-0.567	0.085	0.085	-0.022	-0.022	0.004	0.004
6		—	0.074	—	—	-0.049	-0.054	0.013	-0.049	-0.049	0.496	-0.504	0.067	0.067	-0.013	-0.013
7		0.169	0.116	0.116	0.169	-0.161	-0.107	-0.161	0.339	-0.661	0.553	-0.446	0.446	-0.553	0.661	-0.339
8		0.210	-0.067	0.183	-0.040	-0.080	-0.054	-0.080	0.420	-0.580	0.027	0.027	0.473	-0.527	0.080	0.080
9		0.159	0.146	—	0.206	-0.181	-0.027	-0.087	0.319	-0.681	0.654	-0.346	-0.060	-0.060	0.587	-0.413
10		—	0.142	0.142	—	-0.054	-0.161	-0.054	-0.054	-0.054	0.393	-0.607	0.607	-0.393	0.054	0.054
11		0.202	—	—	—	-0.100	0.027	-0.007	0.400	-0.600	0.127	0.127	-0.033	-0.033	0.007	0.007
12		—	0.173	—	—	-0.074	-0.080	0.020	-0.074	-0.074	0.493	-0.507	0.100	0.100	-0.020	-0.020

附录 B 等截面、等跨连续梁在常用荷载作用下的内力系数表

表 B-4 五跨梁

序号	荷载简图	跨中最大弯矩			支座弯矩				横向剪力									
		M_1	M_2	M_3	M_B	M_C	M_D	M_E	V_A	V_B^l	V_B^r	V_C^l	V_C^r	V_D^l	V_D^r	V_E^l	V_E^r	V_F
1		0.0781	0.0331	0.0462	-0.105	-0.079	-0.079	-0.105	0.395	-0.606	0.526	-0.474	0.500	-0.500	0.474	-0.526	0.606	-0.395
2		0.100	-0.0461	0.0855	-0.053	-0.040	-0.040	-0.053	0.447	-0.553	0.013	0.013	0.500	-0.500	-0.013	-0.013	0.553	-0.447
3		0.0263	0.0787	-0.0395	-0.053	-0.040	-0.040	-0.053	-0.053	-0.053	0.513	-0.487	0.000	0.000	0.487	-0.513	0.053	0.053
4		—	—	—	-0.119	-0.022	-0.044	-0.051	0.380	-0.620	0.598	-0.402	-0.023	-0.023	0.493	-0.507	0.052	0.052
5		—	—	—	-0.035	-0.111	-0.020	-0.057	-0.035	-0.035	0.424	-0.576	0.591	-0.409	-0.037	-0.037	0.557	-0.443
6		—	—	—	-0.067	0.018	-0.005	0.001	0.433	-0.567	0.085	0.085	-0.023	-0.023	0.006	0.006	-0.001	-0.001
7		—	—	—	-0.049	-0.054	0.014	-0.004	-0.049	-0.049	0.495	-0.505	0.068	0.068	-0.018	-0.018	0.004	0.004
8		—	—	—	0.013	-0.053	-0.053	0.013	0.013	0.013	-0.066	-0.066	0.500	-0.500	0.066	0.066	-0.013	-0.013
9		0.171	0.112	0.132	-0.158	-0.118	-0.118	-0.158	0.342	-0.658	0.540	-0.460	0.500	-0.500	0.460	-0.540	0.658	-0.342
10		0.211	-0.069	0.191	-0.079	-0.059	-0.059	-0.079	0.421	-0.579	0.020	0.020	0.500	-0.500	-0.020	-0.020	0.579	-0.421
11		-0.039	0.181	-0.059	-0.079	-0.059	-0.059	-0.079	-0.079	-0.079	0.520	-0.480	0.000	0.000	0.480	-0.520	0.079	0.079
12		—	—	—	-0.179	-0.032	-0.066	-0.077	0.321	-0.679	0.647	-0.353	-0.034	-0.034	0.489	-0.511	0.077	0.077
13		—	—	—	-0.052	-0.167	-0.031	-0.086	-0.052	-0.052	0.385	-0.615	0.637	-0.363	-0.056	-0.056	0.586	-0.414
14		—	—	—	-0.100	0.027	-0.007	0.002	0.400	-0.600	0.127	0.127	-0.034	-0.034	0.009	0.009	-0.002	-0.002
15		—	—	—	-0.073	-0.081	0.022	-0.005	-0.073	-0.073	0.493	-0.507	0.102	0.102	-0.027	-0.027	0.005	0.005
16		—	—	—	0.020	-0.079	-0.079	0.020	0.020	0.020	-0.099	-0.099	0.500	-0.500	0.099	0.099	-0.020	-0.020
17		0.240	0.100	0.122	-0.281	-0.211	-0.211	-0.281	0.719	-1.281	1.070	-0.930	1.000	-1.000	0.930	-1.070	1.281	-0.719
18		0.287	-0.117	0.228	-0.140	-0.105	-0.105	-0.140	0.860	-1.140	0.035	0.035	1.000	-1.000	-0.035	-0.035	1.140	-0.860
19		-0.047	0.216	-0.105	-0.140	-0.105	-0.105	-0.140	-0.140	-0.140	1.035	-0.965	0.000	0.000	0.965	-1.035	0.140	0.140
20		—	—	—	-0.319	-0.057	-0.118	-0.137	0.681	-1.319	1.262	-0.738	-0.061	-0.061	0.981	-1.019	0.137	0.137
21		—	—	—	-0.093	-0.297	-0.054	-0.153	-0.093	-0.093	0.796	-1.204	1.243	-0.757	-0.099	-0.099	1.153	-0.847
22		—	—	—	-0.179	0.048	-0.013	0.003	0.821	-1.179	0.227	0.227	-0.061	-0.061	0.016	0.016	-0.003	-0.003
23		—	—	—	-0.131	-0.144	0.038	-0.010	-0.131	-0.131	0.987	-1.013	0.182	0.182	-0.048	-0.048	0.010	0.010
24		—	—	—	0.035	-0.140	-0.140	0.035	0.035	0.035	-0.175	-0.175	1.000	-1.000	0.175	0.175	-0.035	-0.035

附录 C 按弹性理论计算在均布荷载作用下矩形双向板的弯矩系数表

符号说明：

$$B_c = \frac{Eh^3}{12(1-v^2)}$$

式中　　E——弹性模量；

　　　　h——板厚；

　　　　v——泊松比；

a_l, $a_{f,\max}$——分别为板中心点的挠度和最大挠度；

m_x, $m_{\max}$——分别为平行于 l_x 方向板中心点单位板宽内的弯矩和板跨内最大弯矩；

m_y, $m_{\max}$——分别为平行于 l_y 方向板中心点单位板宽内的弯矩和板跨内最大弯矩；

　　　　m'_x——固定边中点沿 l_x 方向单位板宽内的弯矩；

　　　　m'_y——固定边中点沿 l_y 方向单位板宽内的弯矩；

　　　　m_{me}——平行于 l_x 方向自由边上固定端单位板宽内的支座变矩；

　　　　--------代表简支边；———代表固定边；

正负号规定：

弯矩：使板的受荷面受压者为正；

挠度：变位方向与荷载方向相同者为正。

表 C-1　四 边 简 支

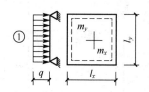

挠度＝表中系数×$\dfrac{ql^4}{B_c}$；

$v=0$，弯矩＝表中系数×ql^2。

式中 l 取用 l_x 和 l_y 中的较小者。

l_x/l_y	a_l	m_x	m_y	l_x/l_y	a_l	m_x	m_y
0.50	0.01013	0.0965	0.0174	0.80	0.00603	0.0561	0.0334
0.55	0.00940	0.0892	0.0210	0.85	0.00547	0.0506	0.0348
0.60	0.00867	0.0820	0.0242	0.90	0.00496	0.0456	0.0358
0.65	0.00796	0.0750	0.0271	0.95	0.00449	0.0410	0.0364
0.70	0.00727	0.0683	0.0296	1.00	0.00406	0.0368	0.0368
0.75	0.00663	0.0620	0.0317				

表 C-2　三边简支、一边固定

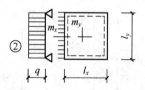

挠度＝表中系数×$\dfrac{ql^4}{B_c}$；

$v=0$，弯矩＝表中系数×ql^2。

式中 l 取用 l_x 和 l_y 中的较小者。

l_x/l_y	l_y/l_x	a_l	$a_{f,\max}$	m_x	$m_{x,\max}$	m_y	$m_{y,\max}$	m'_x
0.50		0.00488	0.00504	0.0583	0.0646	0.0060	0.0063	−0.1212
0.55		0.00471	0.00492	0.0563	0.0618	0.0084	0.0087	−0.1187

附录 C 按弹性理论计算在均布荷载作用下矩形双向板的弯矩系数表

续表

l_x/l_y	l_y/l_x	a_l	$a_{f,max}$	m_x	$m_{x,max}$	m_y	$m_{y,max}$	m'_x
0.60		0.00453	0.00472	0.0539	0.0589	0.0104	0.0111	−0.1158
0.65		0.00432	0.00448	0.0513	0.0559	0.0126	0.0133	−0.01124
0.70		0.00410	0.00422	0.0485	0.0529	0.0148	0.0154	−0.1087
0.75		0.00388	0.00399	0.0457	0.0496	0.0168	0.0174	−0.1048
0.80		0.00365	0.00376	0.0428	0.463	0.0187	0.0193	−0.1007
0.85		0.00343	0.00352	0.0400	0.0431	0.0204	0.0211	−0.0965
0.90		0.00321	0.00329	0.0372	0.0400	0.0219	0.0226	−0.0922
0.95		0.00299	0.00306	0.0345	0.0369	0.0232	0.0239	−0.0880
1.00	1.00	0.00279	0.00285	0.0319	0.0340	0.0243	0.0249	−0.0839
	0.95	0.00316	0.00324	0.0324	0.0345	0.0280	0.0287	−0.0882
	0.90	0.00360	0.00368	0.00328	0.0347	0.0322	0.0330	−0.0925
	0.85	0.00409	0.00417	0.0329	0.0345	0.0370	0.0373	−0.0970
	0.80	0.00464	0.00473	0.0326	0.0343	0.0424	0.0433	−0.1014
	0.75	0.00526	0.00536	0.0319	0.0335	0.0485	0.0494	−0.1056
	0.70	0.00595	0.00605	0.0308	0.0323	0.0553	0.0562	−0.1096
	0.65	0.00670	0.00680	0.0291	0.0306	0.0627	0.0637	−0.1133
	0.60	0.00752	0.00762	0.0263	0.0289	0.0707	0.0717	−0.1166
	0.55	0.00838	0.00848	0.0239	0.0271	0.0792	0.0801	−0.1193
	0.50	0.00927	0.00935	0.0205	0.0249	0.0880	0.0888	−0.1215

表 C-3 对边简支、两对边固定

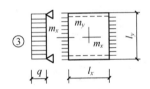

挠度 = 表中系数 × $\dfrac{ql^4}{B_c}$；

$\upsilon = 0$，弯矩 = 表中系数 × ql^2。

式中 l 取用 l_x 和 l_y 中的较小者。

l_x/l_y	l_y/l_x	a_l	m_x	m_y	m'_x
0.50		0.00261	0.0416	0.0017	−0.0843
0.55		0.00259	0.0410	0.0028	−0.0840
0.60		0.00255	0.0402	0.0042	−0.0834
0.65		0.00250	0.0392	0.0057	−0.0826
0.70		0.00243	0.0379	0.0072	−0.0814
0.75		0.00236	0.0366	0.0088	−0.0799
0.80		0.00228	0.0351	0.0103	−0.0782
0.85		0.00220	0.0335	0.0118	−0.0763
0.90		0.00211	0.0319	0.0133	−0.0743
0.95		0.00201	0.0302	0.0146	−0.0721	−0.0698
1.00	1.00	0.00192	0.0285	0.0158	−0.0746
	0.95	0.00223	0.0296	0.0189	−0.0797
	0.90	0.00260	0.0306	0.0224	−0.0850
	0.80	0.00303	0.0314	0.0266	−0.0904
	0.85	0.00354	0.0319	0.0316	−0.0959
	0.75	0.00413	0.0321	0.0374	−0.1013
	0.70	0.00482	0.0318	0.0441	−0.1066
	0.65	0.00560	0.0308	0.0518	−0.1114
	0.60	0.00647	0.0292	0.0604	−0.1156
	0.55	0.00743	0.0267	0.0698	−0.1191
	0.50	0.00844	0.0234	0.0789	

表 C-4 四边固定

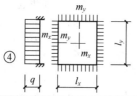

挠度=表中系数 $\times \dfrac{ql^4}{B_c}$;

$v=0$,弯矩=表中系数 $\times ql^2$。

式中 l 取用 l_x 和 l_y 中的较小者。

l_x/l_y	a_l	m_x	m_y	m'_x	m'_y
0.50	0.00253	0.0400	0.0038	−0.0829	−0.0570
0.55	0.00246	0.0385	0.0056	−0.0814	−0.0571
0.60	0.00236	0.0367	0.0076	−0.0793	−0.0571
0.65	0.00224	0.0345	0.0095	−0.0766	−0.0571
0.70	0.00211	0.0321	0.0113	−0.0735	−0.0569
0.75	0.00197	0.0296	0.0130	−0.0701	−0.0565
0.80	0.00182	0.0271	0.0144	−0.0664	−0.0559
0.85	0.00168	0.0246	0.0156	−0.0626	−0.0551
0.90	0.00153	0.0221	0.0165	−0.0588	−0.0541
0.95	0.00140	0.0198	0.0172	−0.0550	−0.0528
1.00	0.00127	0.0176	0.0176	−0.0513	−0.0513

表 C-5 两邻边简支、两邻边固定

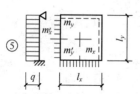

挠度=表中系数 $\times \dfrac{ql^4}{B_c}$;

$v=0$,弯矩=表中系数 $\times ql^2$。

l_x/l_y	a_l	$m_{f,max}$	m_x	$m_{x,max}$	m_y	$m_{y,max}$	m'_x	m'_y
0.50	0.00468	0.00471	0.0559	0.0562	0.0079	0.0135	−0.1179	−0.0786
0.55	0.00445	0.00454	0.0529	0.0530	0.0104	0.0153	−0.1140	−0.0785
0.60	0.00419	0.00429	0.0496	0.0498	0.0129	0.0169	−0.1095	−0.0782
0.65	0.00391	0.00399	0.0461	0.0465	0.0151	0.0183	−0.1045	−0.0777
0.70	0.00636	0.00368	0.0426	0.0432	0.0172	0.0195	−0.0992	−0.0770
0.75	0.00335	0.00340	0.0390	0.0369	0.0189	0.0206	−0.0938	−0.0760
0.80	0.00308	0.00313	0.0356	0.0361	0.0204	0.0218	−0.0883	−0.0748
0.85	0.00281	0.00286	0.0322	0.0328	0.0215	0.0229	0.0829	−0.0733
0.90	0.00256	0.00261	0.0291	0.0297	0.0224	0.0238	−0.0776	−0.0716
0.95	0.00232	0.00237	0.0261	0.0267	0.0230	0.0244	−0.0726	−0.0698
1.00	0.00210	0.00215	0.0234	0.0240	0.0234	0.0249	−0.0677	−0.0677

表 C-6 一边简支、三边固定

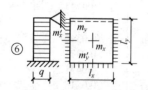

挠度=表中系数 $\times \dfrac{ql^4}{B_c}$;

$v=0$,弯矩=表中系数 $\times ql^2$。

式中 l 取用 l_x 和 l_y 中的较小者。

l_x/l_y	l_y/l_x	a_l	$a_{f,max}$	m_x	$m_{x,max}$	m_y	$m_{y,max}$	m'_x	m'_y
0.50		0.00257	0.00258	0.0408	0.0409	0.0028	0.0089	−0.0836	−0.569

附录 C 按弹性理论计算在均布荷载作用下矩形双向板的弯矩系数表

续表

l_x/l_y	l_y/l_x	a_l	$a_{f,max}$	m_x	$m_{x,max}$	m_y	$m_{y,max}$	m'_x	m'_y
0.55		0.00252	0.00225	0.0398	0.0399	0.0042	0.0093	−0.0827	−0.0570
0.60		0.00245	0.00249	0.0384	0.0386	0.0059	0.0105	−0.0814	−0.0571
0.65		0.00237	0.00240	0.0368	0.0371	0.0076	0.0116	−0.0796	−0.0572
0.70		0.00227	0.00229	0.0350	0.0354	0.0093	0.0127	−0.0774	−0.0572
0.75		0.00216	0.00219	0.0331	0.0335	0.0109	0.0137	−0.0750	−0.0572
0.80		0.00205	0.00208	0.0310	0.0314	0.0124	0.0147	−0.0722	−0.0570
0.85		0.00193	0.00196	0.0289	0.0293	0.0138	0.0155	−0.0693	−0.0567
0.90		0.00181	0.00184	0.0268	0.0273	0.0159	0.0163	−0.0663	−0.0563
0.95		0.00169	0.00172	0.0247	0.0252	0.0160	0.0172	−0.0631	−0.0558
1.00	1.00	0.00157	0.00160	0.0227	0.0231	0.0168	0.0180	−0.0600	−0.0550
	0.95	0.00178	0.00182	0.0229	0.0234	0.0194	0.0207	−0.0629	−0.0599
	0.90	0.00201	0.00206	0.0228	0.0234	0.0223	0.0238	−0.0656	−0.0653
	0.85	0.00227	0.00233	0.0225	0.0231	0.0225	0.0273	−0.0683	−0.0711
	0.80	0.00256	0.00262	0.0219	0.0224	0.0290	0.0311	−0.0707	−0.0772
	0.75	0.00286	0.00294	0.0208	0.0214	0.0329	0.0354	−0.0729	−0.0837
	0.70	0.00319	0.00327	0.0194	0.0200	0.0370	0.0400	−0.0748	−0.0903
	0.65	0.00352	0.00365	0.0175	0.0182	0.0412	0.0446	−0.0762	−0.0970
	0.60	0.00386	0.00403	0.0153	0.0160	0.0454	0.0493	−0.0773	−0.1033
	0.55	0.00419	0.00437	0.0127	0.0133	0.0496	0.0541	−0.0780	−0.1093
	0.50	0.00449	0.00463	0.0099	0.0103	0.0534	0.0588	−0.0784	−0.1146

参 考 文 献

[1] 中华人民共和国国家标准. 工程结构可靠性设计统一标准(GB 50153—2008)[S]. 北京：中国建筑工业出版社，2008.

[2] 中华人民共和国国家标准. 建筑结构可靠度设计统一标准(GB 50068—2001)[S]. 北京：中国建筑工业出版社，2001.

[3] 中华人民共和国国家标准. 建筑结构荷载规范(GB 50009—2012)[S]. 北京：中国建筑工业出版社，2012.

[4] 中华人民共和国国家标准. 混凝土结构设计规范(GB 50010—2010)[S]. 北京：中国建筑工业出版社，2010.

[5] 中华人民共和国国家标准. 砌体结构设计规范(GB 50003—2011)[S]. 北京：中国建筑工业出版社，2011.

[6] 中华人民共和国国家标准. 钢结构设计规范(送审稿)(GB 50017—2012)[S]. 北京：中国计划出版社，2012.

[7] 中华人民共和国国家标准. 建筑地基基础设计规范(GB 50007—2011)[S]. 北京：中国建筑工业出版社，2011.

[8] 中华人民共和国国家标准. 建筑工程抗震设防分类标准(GB 50223—2008)[S]. 北京：中国建筑工业出版社，2008.

[9] 中华人民共和国国家标准. 建筑抗震设计规范(附条文说明)(GB 50011—2010)[S]. 北京：中国建筑工业出版社，2010.

[10] 中华人民共和国国家标准. 高层建筑混凝土结构技术规程(JGJ 3—2010)[S]. 北京：中国建筑工业出版社，2010.

[11] 中华人民共和国国家标准. 建筑结构制图标准(GB/T 50105—2010)[S]. 北京：中国建筑工业出版社，2010.

[12] 中国建筑标准设计研究院. 混凝土结构施工图平面整体表示方法制图规则和构造详图(11G101)[S]. 北京：中国计划出版社，2011.

[13] 上官子昌. 11G101 图集应用——平法钢筋算量[M]. 北京：中国建筑工业出版社，2012.

[14] 张季超. 新编凝土结构设计原理[M]. 北京：科学出版社，2011.

[15] 方建邦. 建筑结构[M]. 北京：中国建筑工业出版社，2010.

[16] 伊爱焦，张玉敏，建筑结构[M]. 大连：大连理工大学出版社，2011.

[17] 张延年. 建筑结构抗震[M]. 北京：机械工业出版社，2011.

[18] 贾瑞晨，甄精莲，项林. 建筑结构[M]. 北京：中国建材工业出版社，2012.

[19] 施岚清. 注册结构工程师专业考试应试指南[M]. 北京：中国建筑工业出版社，2012.

[20] 徐锡权，李达. 钢结构[M]. 北京：冶金工业出版社，2010.

[21] 汪霖祥. 钢筋混凝土结构与砌体结构[M]. 北京：机械工业出版社，2008.

[22] 宗兰. 建筑结构[M]. 北京：机械工业出版社，2006.

[23] 胡兴福. 建筑结构[M]. 北京：高等教育出版社，2005.

[24] 丁天庭. 建筑结构[M]. 北京：高等教育出版社，2003.

[25] 张学宏. 建筑结构[M]. 北京：中国建筑工业出版社，2007.

[26] 张宇鑫，等. PKPM 结构设计应用[M]. 上海：同济大学出版社，2006.

[27] 《钢结构设计规范》编制组. 《钢结构设计规范》应用讲解[M]. 北京：中国计划出版社，2003.

[28] 唐丽萍，乔志远. 钢结构制造与安装[M]. 北京：机械工业出版社. 2008.

[29] 中国建筑标准设计研究院. 钢结构设计制图深度和表示方法(03G102)[S]. 北京：中国计划出版社，2003.

北京大学出版社高职高专土建系列规划教材

序号	书名	书号	编著者	定价	出版时间	印次	配套情况
\multicolumn{8}{c}{基础课程}							
1	工程建设法律与制度	978-7-301-14158-8	唐茂华	26.00	2012.7	6	ppt/pdf
2	建设法规及相关知识	978-7-301-22748-0	唐茂华等	34.00	2014.9	2	ppt/pdf
3	建设工程法规(第2版)	978-7-301-24493-7	皇甫婧琪	40.00	2014.12	2	ppt/pdf/答案/素材
4	建筑工程法规实务	978-7-301-19321-1	杨陈慧等	43.00	2012.1	4	ppt/pdf
5	建筑法规	978-7-301-19371-6	董伟等	39.00	2013.1	4	ppt/pdf
6	建设工程法规	978-7-301-20912-7	王先恕	32.00	2012.7	3	ppt/pdf
7	AutoCAD 建筑制图教程(第2版)	978-7-301-21095-6	郭 慧	38.00	2014.12	7	ppt/pdf/素材
8	AutoCAD 建筑绘图教程(第2版)	978-7-301-24540-8	唐英敏等	44.00	2014.7	1	ppt/pdf
9	建筑CAD项目教程(2010版)	978-7-301-20979-0	郭 慧	38.00	2012.9	2	pdf/素材
10	建筑工程专业英语	978-7-301-15376-5	吴承霞	20.00	2013.8	8	ppt/pdf
11	建筑工程专业英语	978-7-301-20003-2	韩薇等	24.00	2014.7	2	ppt/pdf
12	★建筑工程应用文写作(第2版)	978-7-301-24480-7	赵立等	50.00	2014.7	1	ppt/pdf
13	建筑识图与构造(第2版)	978-7-301-23774-8	郑贵超	40.00	2014.12	2	ppt/pdf/答案
14	建筑构造	978-7-301-21267-7	肖 芳	34.00	2014.12	4	ppt/pdf
15	房屋建筑构造	978-7-301-19883-4	李少红	26.00	2012.1	4	ppt/pdf
16	建筑识图	978-7-301-21893-8	邓志勇等	35.00	2013.1	2	ppt/pdf
17	建筑识图与房屋构造	978-7-301-22860-9	负禄等	54.00	2015.1	2	ppt/pdf/答案
18	建筑构造与设计	978-7-301-23506-5	陈玉萍	38.00	2014.1	1	ppt/pdf/答案
19	房屋建筑构造	978-7-301-23588-1	李元玲等	45.00	2014.1	1	ppt/pdf
20	建筑构造与施工图识读	978-7-301-24470-8	南学平	52.00	2014.8	1	ppt/pdf
21	建筑工程制图与识图(第2版)	978-7-301-24408-1	白丽红	29.00	2014.7	1	ppt/pdf
22	建筑制图习题集(第2版)	978-7-301-24571-2	白丽红	25.00	2014.8	1	pdf
23	建筑制图(第2版)	978-7-301-21146-5	高丽荣	32.00	2015.4	5	ppt/pdf
24	建筑制图习题集(第2版)	978-7-301-21288-2	高丽荣	28.00	2014.12	5	pdf
25	建筑工程制图(第2版)(附习题册)	978-7-301-21120-5	肖明和	48.00	2012.8	3	ppt/pdf
26	建筑制图与识图	978-7-301-18806-2	曹雪梅	36.00	2014.9	1	ppt/pdf
27	建筑制图与识图习题册	978-7-301-18652-7	曹雪梅等	30.00	2012.8	4	pdf
28	建筑制图与识图	978-7-301-20070-4	李元玲	28.00	2012.8	5	ppt/pdf
29	建筑制图与识图习题集	978-7-301-20425-2	李元玲	24.00	2012.3	4	ppt/pdf
30	新编建筑工程制图	978-7-301-21140-3	方筱松	30.00	2014.8	2	ppt/pdf
31	新编建筑工程制图习题集	978-7-301-16834-9	方筱松	22.00	2014.1	2	pdf
\multicolumn{8}{c}{建筑施工类}							
1	建筑工程测量	978-7-301-16727-4	赵景利	30.00	2010.2	12	ppt/pdf/答案
2	建筑工程测量(第2版)	978-7-301-22002-3	张敬伟	37.00	2015.4	6	ppt/pdf/答案
3	建筑工程测量实验与实训指导(第2版)	978-7-301-23166-1	张敬伟	27.00	2013.9	2	pdf/答案
4	建筑工程测量	978-7-301-19992-3	潘益民	38.00	2012.2	2	ppt/pdf
5	建筑工程测量	978-7-301-13578-5	王金玲等	26.00	2011.8	3	pdf
6	建筑工程测量实训(第2版)	978-7-301-24833-1	杨凤华	34.00	2015.1	1	pdf/答案
7	建筑工程测量(含实验指导手册)	978-7-301-19364-8	石 东等	43.00	2012.6	3	ppt/pdf/答案
8	建筑工程测量	978-7-301-22485-4	景 铎等	34.00	2013.6	1	ppt/pdf
9	建筑施工技术	978-7-301-21209-7	陈雄辉	39.00	2013.2	4	ppt/pdf
10	建筑施工技术	978-7-301-12336-2	朱永祥等	38.00	2012.4	7	ppt/pdf
11	建筑施工技术	978-7-301-16726-7	叶 雯等	44.00	2013.5	6	ppt/pdf/素材
12	建筑施工技术	978-7-301-19499-7	董伟等	42.00	2011.9	2	ppt/pdf
13	建筑施工技术	978-7-301-19997-8	苏小梅	38.00	2013.5	3	ppt/pdf
14	建筑工程施工技术(第2版)	978-7-301-21093-2	钟汉华等	48.00	2013.8	5	ppt/pdf
15	数字测图技术	978-7-301-22656-8	赵 红	36.00	2013.6	1	ppt/pdf
16	数字测图技术实训指导	978-7-301-22679-7	赵 红	27.00	2013.6	1	ppt/pdf
17	基础工程施工	978-7-301-20917-2	董伟等	35.00	2012.7	2	ppt/pdf
18	建筑施工技术实训(第2版)	978-7-301-24368-8	周晓龙	30.00	2014.12	2	pdf
19	建筑力学(第2版)	978-7-301-21695-8	石立安	46.00	2014.12	5	ppt/pdf

序号	书名	书号	编著者	定价	出版时间	印次	配套情况
20	★土木工程实用力学(第2版)	978-7-301-24681-8	马景善	47.00	2015.7	1	pdf/ppt/答案
21	土木工程力学	978-7-301-16864-6	吴明军	38.00	2011.11	2	ppt/pdf
22	PKPM软件的应用(第2版)	978-7-301-22625-4	王娜等	34.00	2013.6	2	Pdf
23	建筑结构(第2版)(上册)	978-7-301-21106-9	徐锡权	41.00	2013.4	3	ppt/pdf/答案
24	建筑结构(第2版)(下册)	978-7-301-22584-4	徐锡权	42.00	2013.6	2	ppt/pdf/答案
25	建筑结构	978-7-301-19171-2	唐春平等	41.00	2012.6	4	ppt/pdf
26	建筑结构基础	978-7-301-21125-0	王中发	36.00	2012.8	2	ppt/pdf
27	建筑结构原理及应用	978-7-301-18732-6	史美东	45.00	2012.8	1	ppt/pdf
28	建筑力学与结构(第2版)	978-7-301-22148-8	吴承霞等	49.00	2014.12	5	ppt/pdf/答案
29	建筑力学与结构(少学时版)	978-7-301-21730-6	吴承霞	34.00	2013.2	4	ppt/pdf/答案
30	建筑力学与结构	978-7-301-20988-2	陈水广	32.00	2012.8	1	pdf/ppt
31	建筑力学与结构	978-7-301-23348-1	杨丽君等	44.00	2014.1	1	ppt/pdf
32	建筑结构与施工图	978-7-301-22188-4	朱希文等	35.00	2013.3	2	ppt/pdf
33	生态建筑材料	978-7-301-19588-2	陈剑峰等	38.00	2013.7	1	ppt/pdf
34	建筑材料(第2版)	978-7-301-24633-7	林祖宏	35.00	2014.8	1	ppt/pdf
35	建筑材料与检测	978-7-301-16728-1	梅杨等	26.00	2012.11	9	ppt/pdf/答案
36	建筑材料检测试验指导	978-7-301-16729-8	王美芬等	18.00	2014.12	7	pdf
37	建筑材料与检测	978-7-301-19261-0	王辉	35.00	2012.6	5	ppt/pdf
38	建筑材料与检测试验指导	978-7-301-20045-2	王辉	20.00	2013.1	3	ppt/pdf
39	建筑材料选择与应用	978-7-301-21948-5	申淑荣等	39.00	2013.3	2	ppt/pdf
40	建筑材料检测实训	978-7-301-22317-8	申淑荣等	24.00	2013.4	1	pdf
41	建筑材料	978-7-301-24208-7	任晓菲	40.00	2014.7	1	ppt/pdf /答案
42	建设工程监理概论(第2版)	978-7-301-20854-0	徐锡权等	43.00	2014.12	5	ppt/pdf /答案
43	★建设工程监理(第2版)	978-7-301-24490-6	斯庆	35.00	2014.9	1	ppt/pdf /答案
44	建设工程监理概论	978-7-301-15518-9	曾庆军等	24.00	2012.12	5	ppt/pdf
45	工程建设监理案例分析教程	978-7-301-18984-9	刘志麟等	38.00	2013.2	2	ppt/pdf
46	地基与基础(第2版)	978-7-301-23304-7	肖明和等	42.00	2014.12	2	ppt/pdf/答案
47	地基与基础	978-7-301-16130-2	孙平平等	26.00	2013.2	3	ppt/pdf
48	地基与基础实训	978-7-301-23174-6	肖明和等	25.00	2013.10	1	ppt/pdf
49	土力学与地基基础	978-7-301-23675-8	叶火炎等	35.00	2014.1	1	ppt/pdf
50	土力学与基础工程	978-7-301-23590-4	宁培淋等	32.00	2014.1	1	ppt/pdf
51	建筑工程质量事故分析(第2版)	978-7-301-22467-0	郑文新	32.00	2014.12	3	ppt/pdf
52	建筑工程施工组织设计	978-7-301-18512-4	李源清	26.00	2014.12	7	ppt/pdf
53	建筑工程施工组织实训	978-7-301-18961-0	李源清	40.00	2014.12	4	ppt/pdf
54	建筑施工组织与进度控制	978-7-301-21223-3	张廷瑞	36.00	2012.9	3	ppt/pdf
55	建筑施工组织项目式教程	978-7-301-19901-5	杨红玉	44.00	2012.1	2	ppt/pdf/答案
56	钢筋混凝土工程施工与组织	978-7-301-19587-1	高雁	32.00	2012.5	2	ppt/pdf
57	钢筋混凝土工程施工与组织实训指导(学生工作页)	978-7-301-21208-0	高雁	20.00	2012.9	1	ppt
58	建筑材料检测试验指导	978-7-301-24782-2	陈东佐等	20.00	2014.9	1	ppt
59	★建筑节能工程与施工	978-7-301-24274-2	吴明军等	35.00	2014.11	1	ppt/pdf
60	建筑施工工艺	978-7-301-24687-0	李源清等	49.50	2015.1	1	pdf/ppt/答案
61	建筑材料与检测(第2版)	978-7-301-25347-2	梅杨等	33.00	2015.2	1	pdf/ppt/答案
62	土力学与地基基础	978-7-301-25525-4	陈东佐	45.00	2015.2	1	ppt/ pdf/答案
工程管理类								
1	建筑工程经济(第2版)	978-7-301-22736-7	张宁宁等	30.00	2014.12	6	ppt/pdf/答案
2	★建筑工程经济(第2版)	978-7-301-24492-0	胡六星等	41.00	2014.9	2	ppt/pdf/答案
3	建筑工程经济	978-7-301-24346-6	刘晓丽等	38.00	2014.7	1	ppt/pdf/答案
4	施工企业会计(第2版)	978-7-301-24434-0	辛艳红等	36.00	2014.7	1	ppt/pdf/答案
5	建筑工程项目管理	978-7-301-12335-5	范红岩等	30.00	2012.4	9	ppt/pdf
6	建设工程项目管理(第2版)	978-7-301-24683-2	王辉	36.00	2014.9	1	ppt/pdf/答案
7	建设工程项目管理	978-7-301-19335-8	冯松山等	38.00	2013.11	3	pdf/ppt
8	★建设工程招投标与合同管理(第3版)	978-7-301-24483-8	宋春岩	40.00	2014.12	2	ppt/pdf/ 答案/试题/教案
9	建筑工程招投标与合同管理	978-7-301-16802-8	程超胜	30.00	2012.9	2	pdf/ppt

序号	书名	书号	编著者	定价	出版时间	印次	配套情况
10	工程招投标与合同管理实务(第2版)	978-7-301-25769-2	杨甲奇等	48.00	2015.7	1	ppt/pdf/答案
11	工程招投标与合同管理实务	978-7-301-19290-0	郑文新等	43.00	2012.4	2	ppt/pdf
12	建设工程招投标与合同管理实务	978-7-301-20404-7	杨云会等	42.00	2012.4	2	ppt/pdf/答案/习题库
13	工程招投标与合同管理	978-7-301-17455-5	文新平	37.00	2012.9	1	ppt/pdf
14	工程项目招投标与合同管理(第2版)	978-7-301-24554-5	李洪军等	42.00	2014.12	2	ppt/pdf/答案
15	工程项目招投标与合同管理(第2版)	978-7-301-22462-5	周艳冬	35.00	2014.12	3	ppt/pdf
16	建筑工程商务标编制实训	978-7-301-20804-5	钟振宇	35.00	2012.7	1	ppt
17	建筑工程安全管理	978-7-301-19455-3	宋 健等	36.00	2013.5	4	ppt/pdf
18	建筑工程质量与安全管理	978-7-301-16070-1	周连起	35.00	2014.12	8	ppt/pdf/答案
19	施工项目质量与安全管理	978-7-301-21275-2	钟汉华	45.00	2012.10	2	ppt/pdf/答案
20	工程造价控制(第2版)	978-7-301-24594-1	斯 庆	32.00	2014.8	1	ppt/pdf/答案
21	工程造价管理	978-7-301-20655-3	徐锡权等	33.00	2013.8	3	ppt/pdf
22	工程造价控制与管理	978-7-301-19366-2	胡新萍等	30.00	2014.12	4	ppt/pdf
23	建筑工程造价管理	978-7-301-20360-6	柴 琦等	27.00	2014.12	4	ppt/pdf
24	建筑工程造价管理	978-7-301-15517-2	李茂英等	24.00	2012.1	4	pdf
25	工程造价案例分析	978-7-301-22985-9	甄 凤	30.00	2013.8	2	pdf/ppt
26	建设工程造价控制与管理	978-7-301-24273-5	胡芳珍等	38.00	2014.6	1	ppt/pdf/答案
27	建筑工程造价	978-7-301-21892-1	孙咏梅	40.00	2013.2	1	ppt/pdf
28	★建筑工程计量与计价(第3版)	978-7-301-25344-1	肖明和等	65.00	2015.7	1	pdf/ppt
29	★建筑工程计量与计价实训(第3版)	978-7-301-25345-8	肖明和等	29.00	2015.7	1	pdf
30	建筑工程计量与计价综合实训	978-7-301-23568-3	龚小兰	28.00	2014.1	2	pdf
31	建筑工程估价	978-7-301-22802-9	张 英	43.00	2013.8	1	ppt/pdf
32	建筑工程计量与计价——透过案例学造价(第2版)	978-7-301-23852-3	张 强	59.00	2014.12	3	ppt/pdf
33	安装工程计量与计价(第3版)	978-7-301-24539-2	冯 钢	54.00	2014.8	3	pdf/ppt
34	安装工程计量与计价综合实训	978-7-301-23294-1	成春燕	49.00	2014.12	3	pdf/素材
35	安装工程计量与计价实训	978-7-301-19336-5	景巧玲等	36.00	2013.5	4	pdf/素材
36	建筑水电安装工程计量与计价	978-7-301-21198-4	陈连姝	36.00	2013.8	3	ppt/pdf
37	建筑与装饰工程工程量清单(第2版)	978-7-301-25753-1	翟丽旻等	36.00	2015.5	1	ppt
38	建筑工程清单编制	978-7-301-19387-7	叶晓容	24.00	2011.8	2	ppt/pdf
39	建设项目评估	978-7-301-20068-1	高志云等	32.00	2013.6	2	ppt/pdf
40	钢筋工程清单编制	978-7-301-20114-5	贾莲英	36.00	2012.2	2	ppt/pdf
41	混凝土工程清单编制	978-7-301-20384-2	顾 娟	28.00	2012.5	1	ppt/pdf
42	建筑装饰工程预算(第2版)	978-7-301-25801-9	范菊雨	44.00	2015.7	1	pdf/ppt
43	建设工程安全监理	978-7-301-20802-1	沈万岳	28.00	2012.7	1	pdf/ppt
44	建筑工程安全技术与管理实务	978-7-301-21187-8	沈万岳	48.00	2012.9	2	pdf/ppt
45	建筑工程资料管理	978-7-301-17456-2	孙 刚等	36.00	2014.12	5	pdf/ppt
46	建筑施工组织与管理(第2版)	978-7-301-22149-5	翟丽旻等	43.00	2014.12	3	ppt/pdf/答案
47	建设工程合同管理	978-7-301-22612-4	刘庭江	46.00	2013.6	1	ppt/pdf/答案
48	★工程造价概论	978-7-301-24696-2	周艳冬	31.00	2015.1	1	ppt/pdf/答案
49	建筑安装工程计量与计价实训(第2版)	978-7-301-25683-1	景巧玲等	36.00	2015.7	1	pdf
建 筑 设 计 类							
1	中外建筑史(第2版)	978-7-301-23779-3	袁新华等	38.00	2014.2	2	ppt/pdf
2	建筑室内空间历程	978-7-301-19338-9	张伟孝	53.00	2011.8	1	pdf
3	建筑装饰CAD项目教程	978-7-301-20950-9	郭 慧	35.00	2013.1	2	ppt/素材
4	室内设计基础	978-7-301-15613-1	李书青	32.00	2013.5	3	ppt/pdf
5	建筑装饰构造	978-7-301-15687-2	赵志文等	27.00	2012.11	6	ppt/pdf/答案
6	建筑装饰材料(第2版)	978-7-301-22356-7	焦 涛等	34.00	2013.5	2	ppt/pdf
7	★建筑装饰施工技术(第2版)	978-7-301-24482-1	王 军	37.00	2014.7	2	ppt/pdf
8	设计构成	978-7-301-15504-2	戴碧锋	30.00	2012.10	2	ppt/pdf
9	基础色彩	978-7-301-16072-5	张 军	42.00	2011.9	2	pdf
10	设计色彩	978-7-301-21211-0	龙黎黎	46.00	2012.9	1	ppt
11	设计素描	978-7-301-22391-8	司马金桃	29.00	2013.4	2	ppt
12	建筑素描表现与创意	978-7-301-15541-7	于修国	25.00	2012.11	3	Pdf
13	3ds Max效果图制作	978-7-301-22870-8	刘 晗等	45.00	2013.7	1	ppt

序号	书名	书号	编著者	定价	出版时间	印次	配套情况
14	3ds max 室内设计表现方法	978-7-301-17762-4	徐海军	32.00	2010.9	1	pdf
15	Photoshop 效果图后期制作	978-7-301-16073-2	脱忠伟等	52.00	2011.1	2	素材/pdf
16	建筑表现技法	978-7-301-19216-0	张 峰	32.00	2013.1	2	ppt/pdf
17	建筑速写	978-7-301-20441-2	张 峰	30.00	2012.4	1	pdf
18	建筑装饰设计	978-7-301-20022-3	杨丽君	36.00	2012.2	1	ppt/素材
19	装饰施工读图与识图	978-7-301-19991-6	杨丽君	33.00	2012.5	1	ppt
20	建筑装饰工程计量与计价	978-7-301-20055-1	李茂英	42.00	2013.7	3	ppt/pdf
21	3ds Max & V-Ray 建筑设计表现案例教程	978-7-301-25093-8	郑恩峰	40.00	2014.12	1	ppt/pdf
规 划 园 林 类							
1	城市规划原理与设计	978-7-301-21505-0	谭婧婧等	35.00	2013.1	2	ppt/pdf
2	居住区景观设计	978-7-301-20587-7	张群成	47.00	2012.5	1	ppt
3	居住区规划设计	978-7-301-21031-4	张 燕	48.00	2012.8	2	ppt
4	园林植物识别与应用	978-7-301-17485-2	潘利等	34.00	2012.9	1	ppt
5	园林工程施工组织管理	978-7-301-22364-2	潘利等	35.00	2013.4	1	ppt/pdf
6	园林景观计算机辅助设计	978-7-301-24500-2	于化强等	48.00	2014.8	1	ppt/pdf
7	建筑•园林•装饰设计初步	978-7-301-24575-0	王金贵	38.00	2014.10	1	ppt/pdf
房 地 产 类							
1	房地产开发与经营(第2版)	978-7-301-23084-8	张建中等	33.00	2014.8	2	ppt/pdf/答案
2	房地产估价(第2版)	978-7-301-22945-3	张 勇等	35.00	2014.12	2	ppt/pdf/答案
3	房地产估价理论与实务	978-7-301-19327-3	褚菁晶	35.00	2011.8	2	ppt/pdf/答案
4	物业管理理论与实务	978-7-301-19354-9	裴艳慧	52.00	2011.9	1	ppt/pdf
5	房地产测绘	978-7-301-22747-3	唐春平	29.00	2013.7	1	ppt/pdf
6	房地产营销与策划	978-7-301-18731-9	应佐萍	42.00	2012.8	2	ppt/pdf
7	房地产投资分析与实务	978-7-301-24832-4	高志云	35.00	2014.9	1	ppt/pdf
市 政 与 路 桥 类							
1	市政工程计量与计价(第2版)	978-7-301-20564-8	郭良娟等	42.00	2015.1	6	pdf/ppt
2	市政工程计价	978-7-301-22117-4	彭以舟等	39.00	2015.2	1	pdf/ppt
3	市政桥梁工程	978-7-301-16688-8	刘 江等	42.00	2012.10	2	ppt/pdf/素材
4	市政工程材料	978-7-301-22452-6	郑晓国	37.00	2013.5	1	ppt/pdf
5	道桥工程材料	978-7-301-21170-0	刘水林等	43.00	2012.9	1	ppt/pdf
6	路基路面工程	978-7-301-19299-3	偶昌宝等	34.00	2011.8	1	ppt/pdf/素材
7	道路工程技术	978-7-301-19363-1	刘 雨等	33.00	2011.12	1	ppt/pdf
8	城市道路设计与施工	978-7-301-21947-8	吴颖峰	39.00	2013.1	1	ppt/pdf
9	建筑给排水工程技术	978-7-301-25224-6	刘 芳等	46.00	2014.12	1	ppt/pdf
10	建筑给水排水工程	978-7-301-20047-6	叶巧云	38.00	2012.2	1	ppt/pdf
11	市政工程测量(含技能训练手册)	978-7-301-20474-0	刘宗波等	41.00	2012.5	1	ppt/pdf
12	公路工程任务承揽与合同管理	978-7-301-21133-5	邱 兰等	30.00	2012.9	1	ppt/pdf/答案
13	★工程地质与土力学(第2版)	978-7-301-24479-1	杨仲元	41.00	2014.7	1	ppt/pdf
14	数字测图技术应用教程	978-7-301-20334-7	刘宗波	36.00	2012.8	1	ppt
15	水泵与水泵站技术	978-7-301-22510-3	刘振华	40.00	2013.5	1	ppt/pdf
16	道路工程测量(含技能训练手册)	978-7-301-21967-6	田树涛等	45.00	2013.2	1	ppt/pdf
17	桥梁施工与维护	978-7-301-23834-9	梁 斌	50.00	2014.2	1	ppt/pdf
18	铁路轨道施工与维护	978-7-301-23524-9	梁 斌	36.00	2014.1	1	ppt/pdf
19	铁路轨道构造	978-7-301-23153-1	梁 斌	32.00	2013.10	1	ppt/pdf
建 筑 设 备 类							
1	建筑设备基础知识与识图(第2版)	978-7-301-24586-6	靳慧征等	47.00	2014.12	2	ppt/pdf/答案
2	建筑设备识图与施工工艺	978-7-301-19377-8	周业梅	38.00	2011.8	4	ppt/pdf
3	建筑施工机械	978-7-301-19365-5	吴志强	30.00	2014.12	5	pdf/ppt
4	智能建筑环境设备自动化	978-7-301-21090-1	余志强	40.00	2012.8	1	pdf/ppt
5	流体力学及泵与风机	978-7-301-25279-6	王 宁等	35.00	2015.1	1	pdf/ppt/答案

如您需要更多教学资源如电子课件、电子样章、习题答案等，请登录北京大学出版社第六事业部官网www.pup6.cn搜索下载。

如您需要浏览更多专业教材，请扫下面的二维码，关注北京大学出版社第六事业部官方微信（微信号：pup6book），随时查询专业教材、浏览教材目录、内容简介等信息，并可在线申请纸质样书用于教学。

感谢您使用我们的教材，欢迎您随时与我们联系，我们将及时做好全方位的服务。联系方式：010-62750667，yangxinglu@126.com，pup_6@163.com，lihu80@163.com，欢迎来电来信。客户服务QQ号：1292552107，欢迎随时咨询。